DER GROSSE ATLAS DER UR GESCHICHTE

IN BILDERN, DATEN UND FAKTEN

Douglas Palmer

DER GROSSE ATLAS DER UR GESCHICHTE

IN BILDERN, DATEN UND FAKTEN

Aus dem Englischen von
Gabriele Horvath, Werner Horwarth
und Feryal Kanbay

area

Titel der englischen Originalausgabe:
The Atlas of the Prehistoric World,
erschienen 1999 bei Marshall Publishing, London

Der große Atlas der Urgeschichte in Bildern, Daten und Fakten

Genehmigte Sonderausgabe für area verlag gmbh, Erftstadt

2001 Deutschsprachige Lizenzausgabe
Frederking & Thaler Verlag, München
www.frederking-thaler.de

Übersetzung: Gabriele Horvath, Zug (S. 160–215);
Werner Horwarth, München (S. 8–47, S. 158/159);
Feryal Kanbay, München (S. 48–157)
Redaktion: Christina Freiberg, München
Umbruch: Veit Rost – DTP und Typographie, Ingolstadt
Gesamtkoordination der deutschen Ausgabe:
InterConcept Medienagentur, München
Einbandgestaltung: Bille Fuchs
Einbandillustrationen: entnommen aus dem Innenteil,
siehe Bildnachweis
Printed in Slovakia 2006

ISBN 3-89996-610-4

www.area-verlag.de

Inhalt

EINLEITUNG 8

DIE ERDE IM WANDEL

DIE DRIFT DER KONTINENTE 12
PROTEROZOIKUM 14
UNTERKAMBRIUM 16
OBERKAMBRIUM 18
ORDOVIZIUM 20
SILUR 22
DEVON 24
KARBON 26
PERM 28
TRIAS 30
JURA 32
UNTERKREIDE 34
OBERKREIDE 36
KREIDE-TERTIÄR-GRENZE 38
DAS FRÜHE TERTIÄR (PALÄOZÄN) 40
DAS MITTLERE TERTIÄR (MIOZÄN) 42
DAS JUNGTERTIÄR (PLIOZÄN) 44
QUARTÄR 46

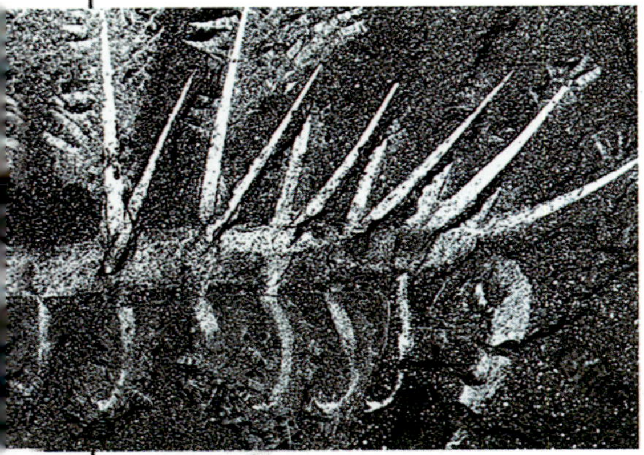

Leben in der Vorzeit

Ursprung des Lebens 50
Im Wasser beginnt das Leben 52
Das Proterozoikum 54
Komplexe Organismen tauchen auf 56
Kambrische Explosion 58
Meereslebewesen im Unterkambrium 60
Oberkambrium 62
Die Meereswelt von Burgess 64
Pikaia – unser Vorfahr? 66
Das Ordovizium 68
Das Meeresleben im Ordovizium 70
Das Silur 72
Leben zu Land und Wasser 74
Das Devon 76
Die Ausstattung für ein Leben an Land 78
Das Karbon 80
Die ersten Vierfüsser 82
Kohle und Reptilien 84
Das Perm 86
Vorläufer der Säugetiere 88
Massenaussterben 90
Die Trias 92
Anfänge der Dinosaurier 94
Die Herrschaft der Reptilien 96
Der Jura 98
Reptilien der Jura-Meere 100
Ein neues Weltbild entsteht 102
Lebewesen erobern die Lüfte 104
Erste Säugetiere 106
Die Unterkreide 108
Die Welt des Iguanodon 110
Die Nachbildung von Dinosauriern 112
Die Oberkreide 114
Säuger und Dinosaurier aus der Mongolei 116
Hadrosaurier und Carnosaurier 118
Die Bestie von Maastricht 120
Die Kreide-Tertiär-Grenze 122
Die letzten Dinosaurier 124
Meteoriteneinschlag 126
Gewinner und Verlierer 128
Das frühe Tertiär 130
Pflanzen und Tiere aus Messel 132
Die Öffnung des Nordatlantiks 134
Die Entwicklung von Pflanzen und Blüten 136
Das mittlere Tertiär 138
Die Beuteltiere von Riversleigh 140
Himalaya und Tibetisches Hochland 142
Das späte Tertiär 144
Hominiden und andere Säugetiere 146
Die Säugetiere Amerikas 148
Affen und Hominiden 150
Das Quartär 152
Die Mammutsteppe in Russland 154
Die Reise des Menschen 156
Das Postglazial 158

Die Erde im Überblick

Erdgeschichte: Die Geologische Gliederung 162

Die Geologische Zeitskala 164

Datierungsmethoden: Innovationen und Entdeckungen 166

Kontroverse Ansätze 168

Gesteine 170

Metamorphes Gestein und Sedimentgestein 172

Geologische Prozesse: Plattentektonik 174

Erdbeben und Tsunamis 176

Vulkane 178

Sedimentation 180

Die Gegenwart als Schlüssel zur Vergangenheit 182

Wohin geht die Reise? 184

Fossilien: Klassifikation 186

Fossilienbildung 188

Fossilienfunde 190

Evolution und Fossilienfolge 192

Fossilien und die Molekulare Uhr 194

Fortschritt und Katastrophe 196

Biographien 198

Museen, Institutionen, Internet-Seiten 202

Glossar 204

Bibliographie 216

Index 218

Bildnachweis 224

Einleitung

Viereinhalb Milliarden Jahre lang – vielleicht sogar noch länger – zieht die Erde bereits ihre Bahnen um die Sonne, und die Oberfläche unseres Planeten hat sich dabei kontinuierlich verändert. Riesige Ozeane und hohe Gebirge entstanden und verschwanden wieder, es bildete sich eine Atmosphäre, Landflächen wurden überflutet und fielen in der Folge wieder trocken, Flüsse haben auf ihrem Lauf gewaltige Canyons in das Gestein geschürft. Das Leben auf der Erde entfaltete sich langsam und alle Lebewesen – ob Pflanzen, Tiere oder Mikroorganismen – haben sich den Veränderungen ihrer Umwelt immer bestmöglich angepasst. Die Geologie und die Paläontologie, das heißt die Wissenschaft der fossilen Organismen, geben uns Einblick in die Geschichte der Erde und die Entstehung des Lebens.

Viele Wissenschaftler arbeiten auf dem Gebiet der Paläontologie, weil sie die Frage nach den Ursprüngen des Daseins nicht ruhen lässt. Die Spuren ihrer Geschichte sind überall auf der Erde und in jeder Form von Leben sichtbar. Plattentektonische Prozesse türmten den einstigen Meeresboden zu hohen Gebirgszügen auf, die von Gletschern überformt und von Erdbeben erschüttert werden. Genauso tragen wir Menschen die Spuren der Evolution in uns. Der menschliche Körper ist mit einem komplexen Organsystem ausgestattet, besonders die Nieren und Teile des Hormonsystems, die die Bedingungen im Wasser, dem Lebensraum unserer Vorfahren, simulieren. Wir haben paarweise angeordnete Unterarm- und Unterschenkelknochen, die noch immer für eine in die Frühzeit der Wirbeltiere zurückreichende Art der Fortbewegung ausgelegt sind. Bei menschlichen Föten bilden sich in einem der ersten Entwicklungsstadien Kiemen!

Das vorliegende Buch »Die Geschichte unseres Planeten« nimmt Sie mit auf eine Reise durch den langen Entwicklungsprozess der Erde. Auf den ersten Seiten erfahren Sie anhand einer Reihe von Karten, wie sich die Kontinente – so wie wir sie heute kennen – über einen Zeitraum von etwa 620 Millionen Jahren entwickelt haben. Die Karten nehmen Bezug auf Fossilien, die Rückschlüsse auf die Pflanzen- und Tierwelt erlauben, die vor Jahrmillionen in den heute exotisch anmutenden Meeren und an Land existierte. In einem ausführlichen Anhang lernen Sie die Forschungsschwerpunkte und Arbeitsweise der Geologie und Paläontologie kennen.

Der heutige, moderne Ansatz in der Wissenschaft von der Erdgeschichte ist annähernd zweihundert Jahre alt. Es begann mit dem Versuch, die Oberfläche, Struktur und Zusammensetzung von Gesteinen zu beschreiben. Fossilien wurden als Überreste vergangenen organischen Lebens akzeptiert und nicht mehr als Launen der Natur betrachtet. In dem Vorhandensein fossiler Meeresmuscheln im Gebirge sah man sich zunächst im Glauben an die Sintflut bestätigt. Später wurden diese Funde dann zur Grundlage der Stratigraphie, der Lehre von der zeitlichen Aufeinanderfolge der Gesteinsschichten.

Dann wandte man sich der genauen Datierung der Gesteinsschichten zu. Den unteren Lagen wurde generell ein höheres Alter zugeschrieben als den höher gelegenen. Nur wenige Orte auf der Erde aber zeigen die gesamte Abfolge der Gesteinsschichten. Erst die Entdeckung der Radioaktivität und der Gesetze des Isotopenverfalls ermöglichten eine genauere Altersbestimmung der Gesteinsschichten. Schon Darwin und andere Geologen früherer Zeiten hatten mehr oder weniger genaue Vorschläge dazu unterbreitet.

Schließlich blieb zu klären, wie die einzelnen, sich ähnelnden Funde an ihre weit voneinander entfernten Standorte gelangt waren. Eine schlüssige Antwort darauf bot die Hypothese von der Kontinentaldrift. Zunächst nicht mehr als eine Idee, hat sich diese Theorie zur heute allgemein akzeptierten Lehre der Plattentektonik weiterentwickelt, und damit zum übergreifenden Konzept der modernen Geologie. Die Bewegung der Kontinente, Erdbeben und Vulkanausbrüche, das Entstehen und Verschwinden von Ozeanen, all diese Vorgänge sind Spielarten desselben Phänomens, der Plattentektonik. Diese Einsicht ermöglichte den Wissenschaftlern schließlich, den Ursprung und die Entwicklung der Atmosphäre, der Ozeane, ja der Erde selbst und des Lebens auf ihr besser zu verstehen.

Dieses Buch ist ein Atlas für Zeitreisende. Wir erfahren weniger über den jetzigen als über den früheren Zustand der Erde. Es berichtet nicht von ihren heutigen Bewohnern, sondern von denen lange vergangener Zeiten, wenn möglich, auch von ihren besonderen Eigenschaften und Gewohnheiten. Vor allem aber ist dieser Band ein Buch darüber, wie die Dinge zu dem wurden, was sie heute sind. Es erzählt von der Entwicklung der Blütenpflanzen, von einem großen Massenaussterben, das vor 250 Millionen Jahren das Leben in den Ozeanen fast vollständig vernichtet hat, von der Bewegung des indischen Subkontinents von der südlichen auf die nördliche Halbkugel und wie dabei das gewaltige Gebirge des Himalayas entstand. Das Buch berichtet auch von jenen wundersamen Lebewesen, die die Erde über lange Zeiten bevölkert haben, sich in Jahrmillionen entwickelt, ganze Zeitalter geprägt haben und dann wieder verschwunden sind.

»Die Geschichte unseres Planeten« bietet in kompakter Form einen Überblick über den aktuellen Kenntnisstand der Geologie. Sie liefert in Text und Bild Fakten, Anregungen und Stichwörter für die weitere Auseinandersetzung mit diesem Thema, ob in Bibliotheken, Museen oder im Internet. Freuen Sie sich aber zunächst auf eine Reise durch über 600 Millionen Jahre Geschichte unseres Planeten.

Kevin Padian
Paläontologisches Museum der Universität von Südkalifornien

Die Erde im Wandel

Der Planet, auf dem wir leben, unterliegt einer ständigen Veränderung. Große Kontinentalplatten fügen sich auf der Erdoberfläche zu einem gigantischen Puzzle. Die Darstellungen auf den folgenden Seiten zeigen den dynamischen Prozess der Plattentektonik über 620 Millionen Jahre bis hin zur heutigen Verteilung und Lage der Kontinente. Die Entstehung mächtiger Faltengebirge bei der Kollision zweier Erdplatten wird ebenso deutlich wie die Bildung großer Ozeane zwischen den Teilbereichen einstiger Superkontinente.

Die Drift der Kontinente

Im Laufe seiner langen geologischen Geschichte war die Erde tief greifenden Veränderungen unterworfen, die die Verteilung und die Form ihrer Kontinente, ihres Klimas, ihrer Lebensformen und die Ausdehnung und Tiefe ihrer Ozeane beeinflusste. Einer der Gründe für den ständigen Wandel ist die Bewegung der Kontinentalschollen – riesigen, einzelnen Platten der Erdkruste. Die Plattentektonik ist Folge gewaltiger Strömungen des heißen, glutflüssigen Materials im Erdmantel unterhalb der Erdkruste. Die einzelnen Schollen bestehen aus der so genannten Kontinentalkruste, der ozeanischen Kruste (Meeresböden) oder beidem. An ozeanischen Rücken am Meeresgrund wird unablässig neue ozeanische Kruste aus dem durch Risse in der Erdkruste austretenden flüssigen Gestein gebildet. Geschieht dies an einer Scholle aus kontinentaler und ozeanischer Kruste, wird die betroffene Landmasse vom Meeresrücken fortgeschoben. Viele hundert Millionen Jahre lang veranlassten diese Bewegungen Verschiebungen der Kontinente über tausende von Kilometern.

Bei dieser Kontinentaldrift kollidieren die einzelnen Schollen miteinander, wobei sich hohe Gebirgsketten an den Rändern auffalten. Dort wo sie aufeinander stoßen, tauchen auch Teile der ozeanischen Kruste ins Erdinnere ab, was Erdbeben und Vulkanausbrüche hervorrufen kann mit drastischen Auswirkungen bis hin zu globalen klimatischen Veränderungen. Klimawechsel wiederum haben einen Einfluss auf den Meeresspiegel und das Vorkommen von Pflanzen und Tieren.

PROTEROZOIKUM, VOR 620 MILLIONEN JAHREN

DEVON, VOR 360 MILLIONEN JAHREN

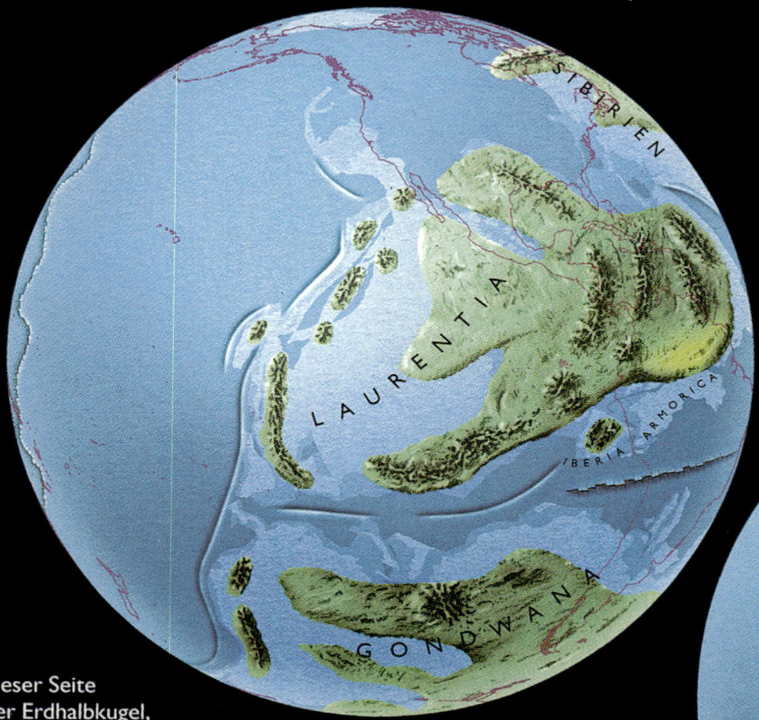

OBERKREIDE, VOR 65 MILLIONEN JAHREN

DREI PRÄHISTORISCHE ZEITALTER

Die Karten auf dieser Seite zeigen den Teil der Erdhalbkugel, auf dem sich heute Nord- und Südamerika erstrecken, in drei verschiedenen Zeitabschnitten der Erdgeschichte. Vor etwa 620 Millionen Jahren (oben) existierten zwei große Landmassen. Bis vor 360 Millionen Jahren (Mitte) haben sich diese vereinigt und südwärts gedreht, und der losgelöste Kontinent, Laurentia, driftete nach Norden. Vor etwa 65 Millionen Jahren (rechts) nahmen die Landmassen langsam ihre heutige Form an. Laurentia teilte sich in Nordamerika und in Teile Europas und Asiens, während aus Gondwana die meisten anderen Kontinente hervorgingen.

ERLÄUTERUNG DER KARTEN

ZEITLEISTE
Über jeder Doppelseite befindet sich eine Zeitleiste, die in Perioden von 50 Millionen Jahre unterteilt ist. Die kleine Erdkugel markiert den Abschnitt der Erdgeschichte, den die Karten auf der jeweiligen Seite darstellen.

2. FLACHMEERZONEN
Die hellblauen Flächen stellen Bereiche der Kontinentalschollen dar, die im jeweiligen Zeitraum von Flachmeeren eingenommen wurden. Die früheren Landmassen waren oft großflächig überflutet. Die Form des Festlandes veränderte sich stetig mit steigendem und sinkendem Meeresspiegel.

WELTKARTE

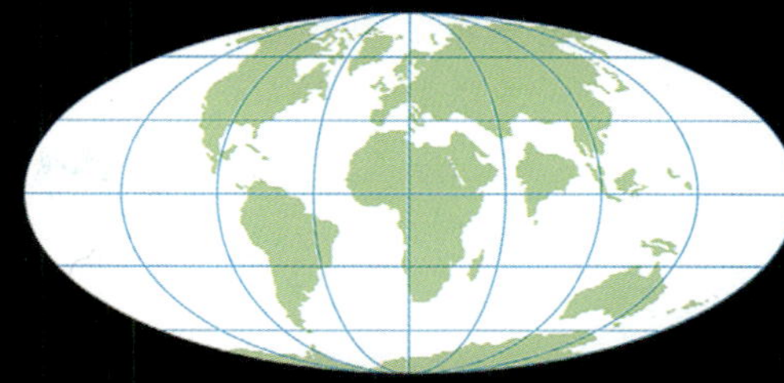

WELTKARTE
Diese kleinmaßstäbige Projektion stellt für jedes Erdzeitalter die jeweilige Landverteilung auf der Erde dar. So lässt sich die veränderte Lage der Kontinente auf einen Blick erkennen.

1. DIE HEUTIGE GESTALT DER KONTINENTE
Die violetten Linien stellen die heutigen Küstenverläufe der Kontinente und Inseln dar. Sie dienen der Orientierung auf dem dargestellten Teil der Erdhalbkugel und geben die Blickrichtung (äquator- oder polwärts) vor.

3. FRÜHERE GEBIRGSKETTEN
Gebirge werden so dargestellt wie auf physischen Karten heute üblich – als hervorgehobene braune Flächen. Gebirge entstehen meist aufgrund von vulkanischer Aktivität oder bei Kontinentalverschiebungen. Hochgebirge der Vorzeit können inzwischen erodiert und nur noch als Hügellandschaften erhalten sein.

4. FRÜHERE LANDFLÄCHE
Die grünen, braunen und gelben Flächen kennzeichnen die ehemaligen Festlandsbereiche. Je älter sie sind, desto weniger entspricht ihre Form der heutiger Kontinente.

5. ARIDE ZONEN
Diese gelb dargestellten Bereiche markieren das Vorkommen von Evaporiten (Sedimentgesteine, die durch Wasserverdunstung aus flachen Salzseen entstanden sind).

ALTTERTIÄR, VOR 45 MILLIONEN JAHREN

6. KOHLENLAGERSTÄTTEN
Die dunkelgrünen Flächen stellen Wälder in tiefer gelegenen Regionen oder Sumpfgebieten mit Ablagerungen von Torf und Kohle dar.

8. SUBDUKTIONSZONE
Durchgängige, geschwungene Linien im Ozean stellen Subduktionszonen dar – dort wo an Kontinentalrändern ozeanische Kruste unter die Kontinentalkruste oder eine andere ozeanische Kruste abtaucht. Entlang von Subduktionszonen treten häufig Erdbeben und Vulkanismus auf.

7. OZEANISCHE RÜCKEN
Mittelozeanische Rücken, die in den Karten als erhobene, gezackte Linien dargestellt werden, sind die Bereiche, an denen neue ozeanische Kruste entsteht. Die Entstehung neuen Meeresbodens, der sich vom mittelozeanischen Rücken langsam zu beiden Seiten fortbewegt, ist eine der Hauptursachen für die Kontinentalverschiebung.

PROTEROZOIKUM

Vor 620 Millionen Jahren, zu Beginn des Proterozoikums und gegen Ende der lange dauernden Erdfrühzeit (Präkambrium), stellt sich die Erde in für uns sehr ungewohnter Weise dar. Weite Teile des heutigen Pazifischen Ozeans werden von Land eingenommen, während Urmeere die Bereiche ausfüllen, wo heute Europa, Asien und Afrika liegen. Zwei große Kontinente beherrschen den Globus: Das nördliche Gondwana besteht aus der Landmasse, die heute Indien, Australien und die Antarktis bildet, während das südliche Gondwana das jetzige Afrika, Nord- und Südamerika sowie Teile Asiens umfasst. Die heutigen tropischen Bereiche Westafrikas und Südamerikas befanden sich damals in Nähe des Südpols und waren stark vergletschert.

1. PASSIVE RÄNDER
Die Küsten im Nordwesten Australiens (hier im nördlichen Gondwana), im Nordosten Nordamerikas (hier Laurentia) und im Nordosten Sibiriens waren passive Ränder – Bereiche am Rand von Krustenplatten ohne die sonst häufigen Erdbebenaktivitäten. Im Proterozoikum entstanden am Boden solcher Flachmeere mächtige Sedimentschichten .

6. MEERENGE
Der Ozean zwischen dem nördlichen und südlichen Teil des späteren Superkontinents Gondwana hat sich rasch geschlossen. Vor etwa 580 Millionen Jahren stieß bereits die Nordküste des südlichen Gondwana mit der Südküste des nördlichen Gondwana zusammen und es entstand die als Pannotia bezeichnete Landmasse, die vermutlich aber nur wenige Millionen Jahre bestand.

5. NAMIBISCHE FLACHMEERE
Das heute in Südwestafrika gelegene Namibia war während des Proterozoikums lange Zeit von warmen, äquatorialen Flachmeeren bedeckt. Heute befinden sich dort einige der bekanntesten Fundorte für Ediacara-Fossilien (auch wenn diese jünger als 600 Millionen Jahre sind und nicht aus dem hier dargestellten Zeitraum stammen).

WELTKARTE

2. EDIACARA-FAUNA, SÜDAUSTRALIEN
Australien lag im Proterozoikum auf der Nordhalbkugel. Die für diese Periode typischen Sandsteinschichten lagerten sich an flachem, sandigem Meeresboden ab und sind hier hervorragend erhalten. Aus den Ediacara-Hügeln in der südaustralischen Flinderskette stammen Leitfossilien dieser Epoche, die Ediacara-Organismen. Diese Weichtiere lebten in Flachmeerbereichen, wo sie sich am Boden verankerten oder in den Sand eingruben.

4. NEUFUNDLAND
Der Sandstein aus dem Proterozoikum ist in Neufundland feinkörniger als der in Australien. Vermutlich stammen die Sedimente hier von »Unterwasser-Lawinen«, so genannten Trübeströmen, die von Seebeben verursacht werden. An einigen Fundstellen, wie in »Mistaken Point«, wurden auch Ediacara-Fossilien entdeckt.

3. TILLITVORKOMMEN IN CHINA
Die Nantuo-Formation in Südchina besteht aus Tilliten, glazialem, präkambrischem Geschiebelehm. Nach der Schichtenfolge kann man davon ausgehen, dass dieses Gebiet etwa 20 Millionen Jahre nach dem hier dargestellten Zeitpunkt, gegen Ende des Proterozoikums, von Gletschern bedeckt war. Der Meeresspiegel war damals gesunken, da das Wasser in den Eismassen gebunden war. Das Ausmaß der Vergletscherung ist noch nicht bekannt, einige Wissenschaftler gehen von einer fast vollständigen Vergletscherung der Erde aus, was andere für ausgeschlossen halten.

UNTERKAMBRIUM

Die Welt unterlag bereits zu Beginn des Kambriums vor etwa 540 Millionen Jahren tiefgreifenden Veränderungen. Alle Kontinente aus präkambrischer Zeit waren kurzfristig im Superkontinent Pannotia vereinigt, der aber bald wieder zerbrach. Bis zum Unterkambrium erstreckte sich ein Rest Pannotias, das nun großflächig vereinte Gondwana, noch immer fast von Pol zu Pol. Es umfasste die Landmassen des heutigen Chinas, Indiens, Australiens, , Afrikas, Südamerikas und der Antarktis. Zwei große, davon getrennte Festlandblöcke bildeten Laurentia (mit großen Teilen Nordamerikas) und Sibirien. Durch einen zwischen ihnen und Gondwana entstandenen mittelozeanischen Rücken drifteten sie weit nach Norden.

1. KALKSTEINRIFFE IN LAURENTIA
Die von ruhigen Meeresströmungen umgebenen Küstengebiete Laurentias, das große Teile Nordamerikas sowie Neufundlands, Schottlands und Grönlands umfasste, boten gute Voraussetzungen für die Ablagerung und Konservierung der kalkhaltigen Gerüste winziger Schalentiere am Meeresboden, aus denen sich schließlich Kalkstein bildete. In Sibirien herrschten ähnliche Bedingungen, doch wurden hier andere Fossilien gefunden als in Laurentia, woraus man schließen kann, dass beide Landmassen weit voneinander entfernt waren.

7. IAPETUS (URATLANTIK)
Während des Unterkambriums trennte der als Iapetus bezeichnete Ozean Laurentia von Gondwana, Avalonia und Baltica (das Skandinavien und Osteuropa umfasste). Florida und Teile Mittelamerikas bildeten Küstenbereiche Gondwanas und waren somit vom Rest Nordamerikas getrennt. Auch der Osten und Westen Neufundlands lagen sich beiderseits des Iapetus gegenüber.

6. TROPISCHES GRÖNLAND
Das heute im äußersten Norden Grönlands jenseits des nördlichen Polarkreises gelegene Pearyland wurde im Unterkambrium von warmen Meeren umgeben . In den Kalk- und Schlammsedimenten dieser Region wurden Fossilien wärmeliebender Arthropoden, Schwämme, Brachiopoden und Würmer gefunden, die nachweislich in ruhigen Meeren vorkamen.

WELTKARTE

2. WANDERUNG DER SIBIRISCHEN SCHOLLE
Bei ihrer Entstehung richten sich Magnetitkristalle im Gestein am Magnetfeld der Erde aus. Anhand der Ausrichtung in den Gesteinen Sibiriens lässt sich nachvollziehen, dass es im Kambrium von der ursprünglichen Lage nahe des Südpols nach Norden wanderte und dass die sibirische Kontinentalplatte im Vergleich zur gegenwärtigen Position eine Drehung um 180 Grad vollzog.

3. NORD- UND SÜDCHINA
China bestand zu jener Zeit aus zwei, durch Flachmeere überfluteten Kontinentalschollen, die vor der Küste Gondwanas den Boden eines tropisch warmen Meeres bildeten. Beide Teile Chinas drifteten während des Kambriums südwärts.

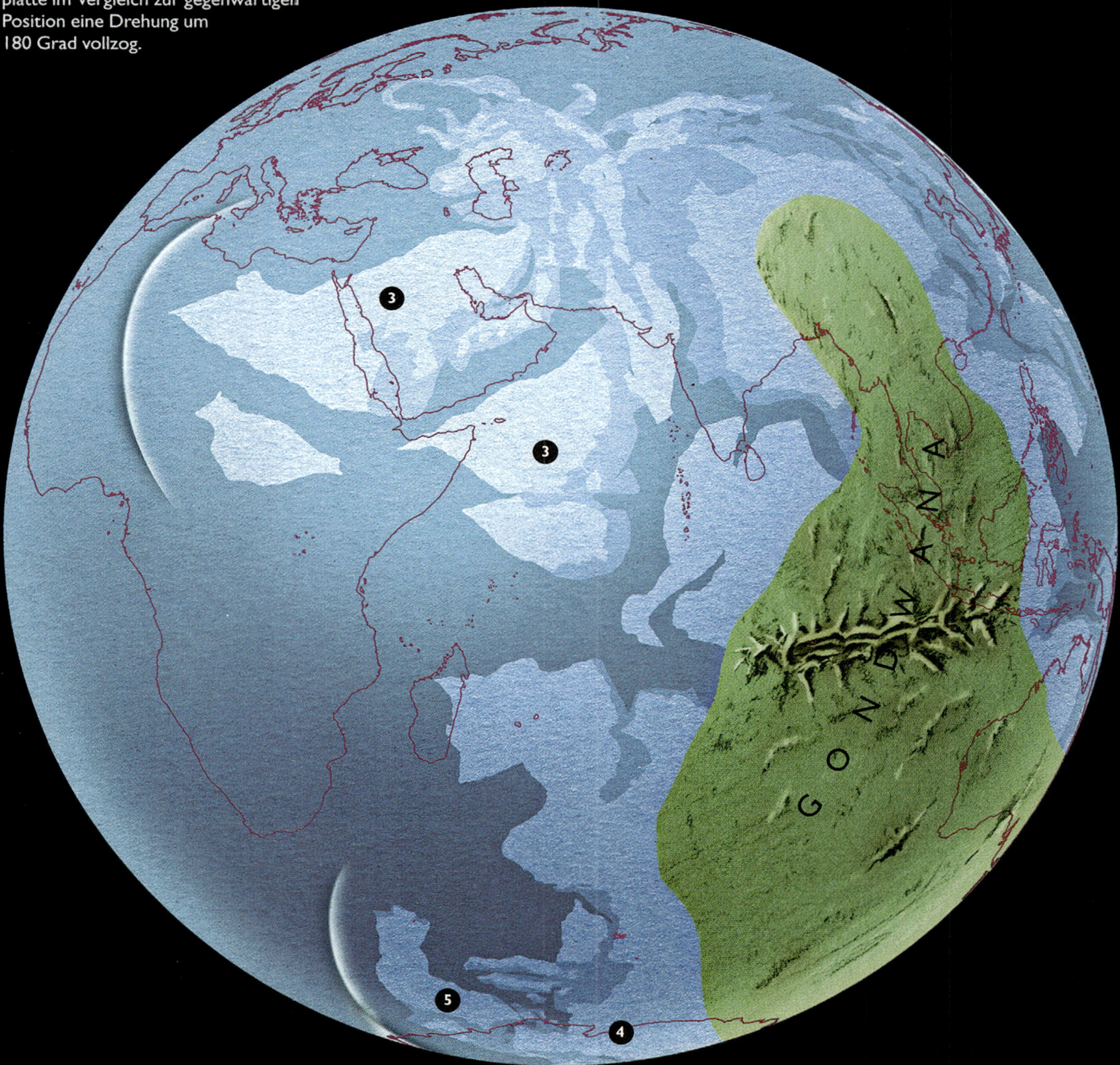

5. AVALONIA
Wales war Teil Avalonias, einem von Gondwana abgetrennten Teil der Kontinentalscholle, die auch England, Teile Neufundlands sowie Neuenglands und Neuschottlands umfasste. Kambrische Gesteinsschichten wurden zwar erstmalig in Wales datiert, doch der Beginn des Kambriums wird mittlerweile anhand von fossilen Spuren in Gesteinen Neufundlands definiert.

4. RÄTSEL UM NORDAFRIKA
Paläomagnetische Messungen in marokkanischen Gesteinen ergaben, dass sich Nordafrika im Unterkambrium in Südpolnähe befunden haben muss. Die in dortigen Korallenriffen und Sandsteinen gefundenen Fossilien aus jener Zeit stammen aber von Wärme liebenden Arten, die nahe des Äquators lebten. Dieser Widerspruch ist noch nicht endgültig geklärt.

OBERKAMBRIUM

Vor 500 Millionen Jahren boten die Pole der Erde ein ungewöhnliches Bild. Der größte Teil der heutigen Landmassen konzentriert sich um den Nordpol (in der Abbildung unten im Zentrum) und die Landmasse ist deutlich größer als im Süden. Doch damals war die Nordhalbkugel fast landfrei – abgesehen von einem überfluteten Teil des heutigen Russlands in Nordpolnähe. Auch die Situation auf der Südhalbkugel glich nicht annähernd der heutigen: In Südpolnähe lagen Avalonia (mit Teilen Großbritanniens, Irlands und des ostamerikanischen Küstenstrichs), Iberia (Portugal und Spanien) sowie Armorica (weitere Teile Westeuropas) vor der Küste Gondwanas unter dem Meeresspiegel, etwa 13 000 Kilometer von ihrer heutigen Position entfernt.

1. GEBIRGSBILDUNG IN AUSTRALIEN
Das Gebiet des heutigen Ostaustraliens befand sich damals an der Nordküste Gondwanas. Es wies mehrere Gebirgszüge auf, die vor rund 500 Millionen Jahren entstanden sind, als der alte Kontinentalkern mit kleineren, in der kontinentalen Schelfzone vorgelagerten Schelfinseln zusammenstieß.

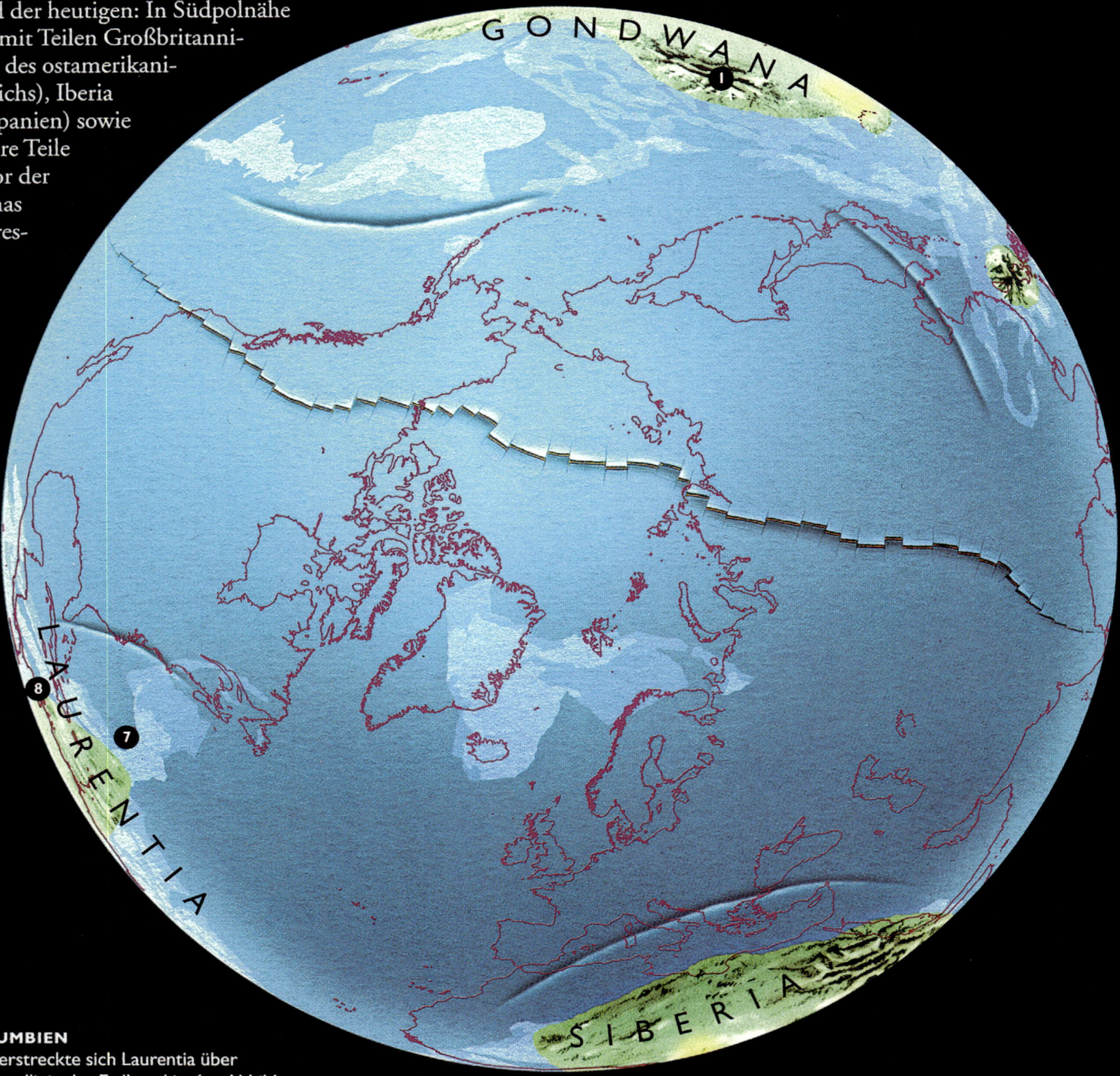

8. BRITISCH-KOLUMBIEN
Im Oberkambrium erstreckte sich Laurentia über den Äquator (die Randlinie der Erdkugel in der Abbildung unten) hinweg. Im Kambrium stieg der Meeresspiegel und das Festland wurde zunehmend durch Flachmeere überflutet, so dass gegen Ende des Kambrium die Hälfte Laurentias von Wasser bedeckt war. Im östlichen Teil des heutigen Britisch-Kolumbien wurden durch abrutschenden Schlamm unter Wasser die Fossilien des berühmten Burgess-Schiefers eingeschlossen.

7. ALASKA BEKOMMT ZUWACHS
Laurentia ist der alte Kernkontinent Nordamerikas. Im Oberkambrium war die Westküste Nordamerikas noch anders strukturiert als heute. Alaska war damals nur eine kleine Halbinsel, bis Schelfinseln südlich von Alaska mit der Küste Laurentias kollidierten. Die Plattenbewegungen drückten diese nordwärts bis an Alaska heran, wodurch es deutlich größer wurde.

WELTKARTE

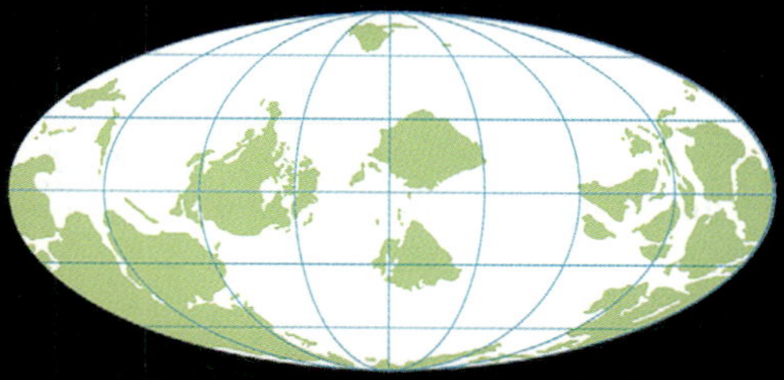

2. WECHSELNDE KÜSTENLINIEN
Aus Gesteinsschichten in verschiedenen Gebieten Avalonias und Armoricas lässt sich die Dynamik der Meeresspiegelschwankungen während des Kambriums ableiten: Je grobkörniger das am Meeresboden gebildete Sedimentgestein ist, desto näher lag es an der damaligen Küstenlinie. Die ältesten kambrischen Gesteine dieser Region sind grobkörniger Sandstein. Darüber liegendes jüngeres Gestein besteht meist aus feinkörnigem Tonstein, der damals schon in einiger Entfernung von der Küstenlinie abgelagert wurde. Daraus kann man schließen, dass der Meeresspiegel während des Kambriums anstieg.

3. NAMENSGEBUNG
Das Kambrium ist nach der römischen Bezeichnung für Wales, »Cambria«, benannt, da die erstmalige Datierung von Gesteinen dieser Periode zu Beginn des 19. Jahrhunderts in Nordwales erfolgte. Die Gesteinsschichten enthalten Schiefer, Sandstein und einige Vulkangesteine sowie Fossilien von Würmern und frühen Schalentieren.

4. MEERESBECKEN IN ARMORICA
Im Norden von Wales und im Südosten Irlands sammelten sich in tiefen Meeresbecken bis zu fünf Kilometer mächtige Schichten aus Sedimenten, Schlamm und Sand an. Der Meeresschlamm von Nordwales wurde später zu Schiefer verdichtet, der heute als Baumaterial zum Einsatz kommt.

6. KALEDONISCHE GEBIRGSBILDUNG
Gegen Ende des Kambriums, vor 495 Millionen Jahren, begann sich in Baltica, dem nördlichsten Teil des heutigen Skandinaviens, eine Gebirgskette aufzufalten. Das Gebirge entstand, als Baltica mit mehreren vulkanischen Inseln zusammenstieß – es war der Beginn eines Prozesses, der später zur Kaledonischen Gebirgsbildung in Schottland und der Entstehung der Appalachen in Nordamerika führte.

5. OZEANÜBERQUERUNG
Bis zum Oberkambrium war der Iapetus ein riesiger Ozean, der Gondwana von Baltica und Laurentia trennte. Im Lauf der nächsten Jahrmillionen erfolgte durch plattentektonische Bewegungen die Loslösung Avalonias, Armoricas und Iberias von der Küste Gondwanas mit Kurs auf Laurentia. Der Iapetus wurde dabei verdrängt und ein neues Meer öffnete sich: der Rheische Ozean.

ORDOVIZIUM

Gegen Ende des Ordoviziums vor etwa 460 Millionen Jahren begann sich der Iapetus oder Uratlantik zu schließen und ein anderer, der Rheische Ozean, öffnete sich. Diese Urozeane befanden sich auf beiden Seiten schmaler Festlandstreifen nahe des Südpols, die heute die Ostküste Nordamerikas bilden. Teile von Gondwana trennten sich vom Rest des Superkontinents ab. Die Überreste drifteten südwärts, bis das heutige Nordafrika direkt über dem Südpol lag. Die Landfläche der Kontinente nahm zu: Phasen intensiver vulkanischer Aktivität bildeten sowohl an der Ostküste Australiens als auch in Teilen Antarktikas und Südamerikas neues Land.

1. NORDENGLAND
Die Berge und Hügel des englischen Lake Districts bestehen aus etwa 450 Millionen Jahre alten Gesteinen. Ihr Gemisch aus Schieferton, kiesartigem Sandstein und vulkanischer Lava, Asche und Basalt ist äußerst widerstandsfähig gegen Erosion. Die vulkanische Asche wurde an flache Küstenbereiche und in Seen gespült, wo sie sich zu Gestein verfestigte. Während der letzten Eiszeit wurde sie von Gletschern überformt und so entstand die heute typische sanfte Hügellandschaft mit Trogtälern.

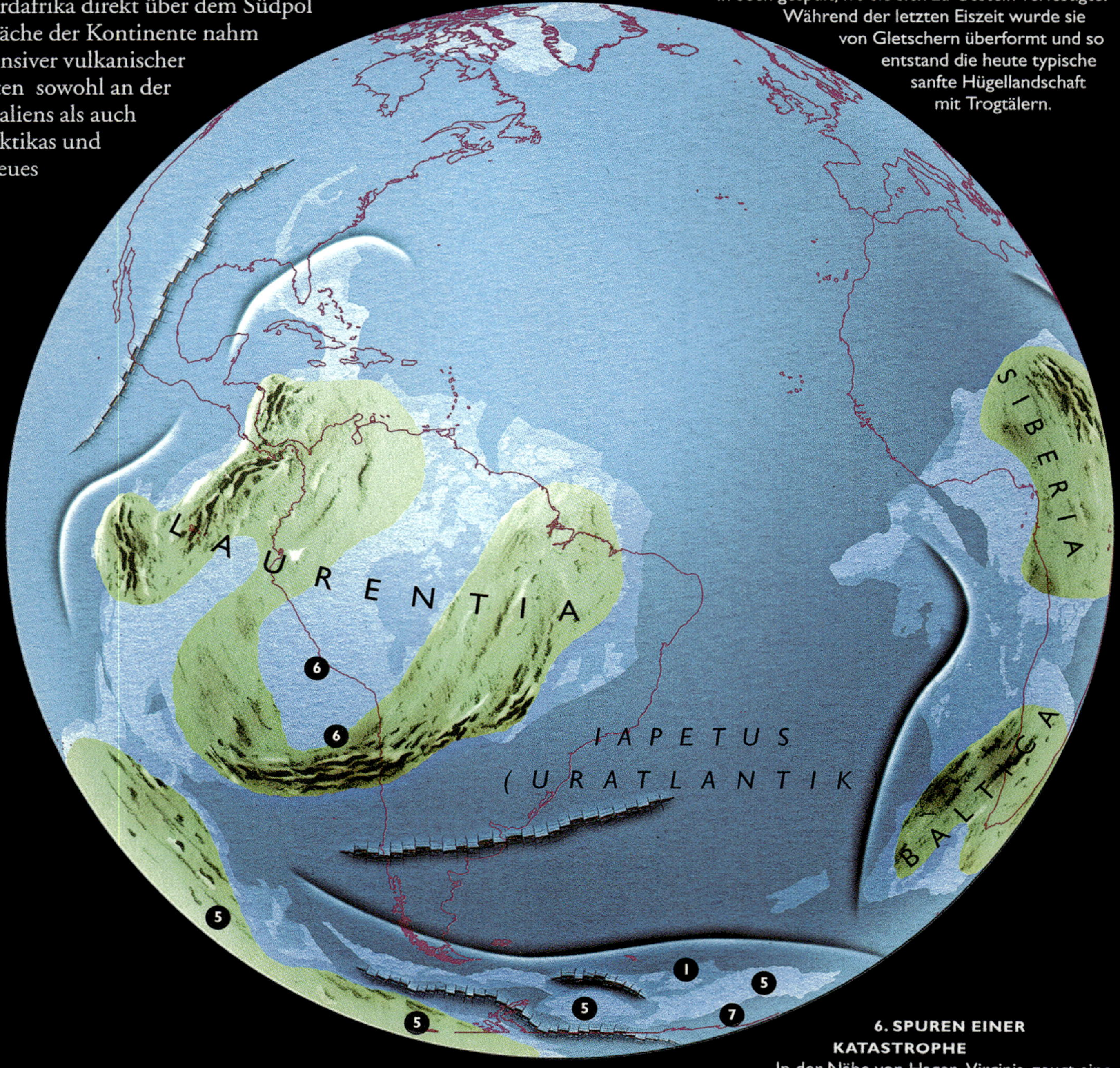

7. EIN NEUER OZEAN ENTSTEHT
Im Ordovizium trennten sich Avalonia und Armorica, kontinentale Landmassen, die heute Teile von Nordamerika und Europa bilden, vom Superkontinent Gondwana (der aus Afrika, Südamerika, Antarktika, Australien und Indien bestand). Als diese Bruchstücke nordwärts drifteten, öffnete sich hinter ihnen ein neues Meer – der so genannte Rheische Ozean.

6. SPUREN EINER KATASTROPHE
In der Nähe von Hagen, Virginia, zeugt eine Schicht vulkanischer Asche aus dem Ordovizium von einer gewaltigen Eruption. Die Schicht erstreckt sich bis nach Minnesota und enthält 500-mal mehr Asche als beim Ausbruch des Mount St. Helens von 1980. Der Ausbruch hatte ein Massenaussterben zur Folge, dem alle einheimischen Echinodermen (Vorfahren heutiger Seesterne) und Cephalopoden (Kopffüßer) zum Opfer fielen.

2. CHINA

Zu Beginn des Ordoviziums war der Kontinentalsockel im westlichen Gondwana, dem heutigen China, von Meeren bedeckt. Am Meeresboden bildeten Sedimente stellenweise mehrere tausend Meter mächtige Kalksteinschichten. Sie enthalten die reichhaltigste marine Fossilfolge dieses Erdzeitalters, unter anderem Korallen, Trilobiten (die an Königskrabben erinnern) und Nautiloiden (Verwandte der heutigen Tintenfische). Zeitweise trockneten die flachen Lagunen in diesem Gebiet aus und hinterließen mineralische Ablagerungen wie Salze und Gips.

3. EHEMALIGE MEERE

Vor rund 460 Millionen Jahren erstreckte sich die Fläche Australiens über den Äquator hinweg. Anhand der Sandsteinvorkommen bei Alice Springs im Zentrum Australiens aus dem Ordovizium lässt sich schließen, dass Australien zu jener Zeit teilweise von flachen Meeren überflutet war. Das Sediment enthält einige der ältesten bekannten Fischfossilien.

WELTKARTE

4. SÜDAFRIKA

Die rund 440 Millionen Jahre alten Gesteinsschichten von Clanwilliam in der südafrikanischen Provinz Western Cape, sind in zweierlei Hinsicht interessant. Oberflächliche Gletscherspuren deuten zum Einen auf eine Eiszeit im späten Ordovizium hin. Über den glazialen Ablagerungen befindet sich Schiefer, der sich in flachen Meeren verfestigte. Vom Meereis transportierte Findlinge im Schiefer weisen darauf hin, dass diese Gewässer im Ordovizium teilweise von Treibeis oder Eisbergen bedeckt waren. Fossile Funde im Schiefer geben Aufschluss über die Körperform von Conodonten (aalartige Tiere, die winzige, zahnförmige Fossilien hinterlassen) und belegen, dass sie bereits Augen und eine Chorda dorsalis (primitives Rückenmark) besaßen. Daneben finden sich Trilobiten und andere Arthropoden, Cephalopoden (frühe Vorfahren der Tintenfische) und Brachiopoden (einfache Schalentiere).

5. HINWEISE AUF VERGLETSCHERUNGEN

Das Vorkommen von Tillit – verfestigtem Geschiebelehm mit Gletscherschliff sowohl im brasilianischen Amazonasbecken als auch in Nordafrika und Saudi-Arabien dient als Nachweis dafür, dass Teile Gondwanas in Südpolnähe im Ordovizium großflächig vereist waren. Andere Anzeichen einer Vergletscherung wie zum Beispiel Findlinge, wurden auch in Frankreich oder Spanien gefunden, die sich zu jener Zeit vor der Küste Gondwanas befanden.

Silur

Betrachtet man die Erde von einem Standort senkrecht über den Polen (dem Südpol auf dieser, dem Nordpol auf der gegenüberliegenden Seite), wird deutlich, dass vor 420 Millionen Jahren, im Silur, die meisten Kontinente auf der Südhalbkugel lagen. Der große Kontinent Gondwanda, mit dem heutigen Südamerika, Afrika, Australien und Indien, lag am Südpol. Avalonia, eine kontinentale Landmasse, die heute die Ostküste Nordamerikas bildet, driftete in Richtung Laurentia (dem Großteil Nordamerikas) und verdrängte dadurch den Iapetus. Südlich von Avalonia öffnete sich der Rheische Ozean. Grönland und Alaska, die heute am nördlichen Polarkreis liegen, befanden sich während des Silurs am Äquator.

1. BESTIMMUNG DES ERDZEITALTERS
Der Übergang von Ordovizium und Silur wurde anhand der Gesteinsschichten von Dob's Linn in Schottland datiert. Während des Silurs lag dieses Gebiet am Rande von Baltica, einer großen Insel, die auch Skandinavien und Teile Nordeuropas umfasste. Am Meeresgrund verfestigten sich Schichten aus Sandstein und darüberliegendem Schiefer, deren Grenzlinie den Übergang vom älteren Gestein des Ordoviziums zum jüngeren Gestein aus dem Silur markiert.

7. TSCHECHISCHE GRENZE
Bei den tschechischen Schiefer- und Kalksteinschichten aus Klonk in der Nähe von Prag handelt es sich um die jüngsten Silur-Gesteine. Sie markieren den Übergang zum nächsten Erdzeitalter, dem Devon und enthalten die Fossilien mehrerer tausend Schalentierarten, vor allem Trilobiten.

6. WALES UND SÜDIRLAND
Im Silur war die kontinentale Landmasse von Avalonia eine Inselkette vor der Küste Laurentias. In Gesteinen aus Wales und Irland – damals Teile Avalonias – lassen sich Fossilien der ersten Landpflanzen nachweisen und zwar in Schichten, die sich am Grund eines flachen Meeres bildeten, unweit der früheren Küstenlinien, an denen die Pflanzen einst wuchsen.

WELTKARTE

2. OSTAUSTRALIEN
Die Subduktion (das Abtauchen einer kontinentalen Platte unter einer anderen) am Ostrand Gondwanas führte zu verstärkter vulkanischer Aktivität. Bei der Subduktion dringt das abtauchende Gestein in den Erdmantel vor und schmilzt unter der enormen Wärme im Erdinneren. Glutflüssig bahnt es sich wieder einen Weg an die Oberfläche. In Ostaustralien kam es dadurch ab Mitte des Silurs bis zum Devon häufig zu Vulkanausbrüchen.

3. DIE FOSSILE UHR SÜDCHINAS
Silurschichten in Südchina enthalten viele verschiedene Arten fossiler Graptolithen. Dabei handelt es sich um winzige Meerestiere, die auf der ganzen Erde verbreitet waren und sich ungewöhnlich schnell zu neuen Formen weiterentwickelten. Die Aufeinanderfolge bestimmter Graptolithenarten in den Gesteinsschichten lässt sich zeitlich exakt zuordnen, so dass die Silur-Schichten Chinas als Maßstab zum Vergleich mit Graptolithengesteinen in aller Welt herangezogen werden können.

5. SPUREN IM SAND
Fossile Spuren im Sandstein des Obersilurs von Kalbarri, Westaustralien, geben Aufschluss über die damaligen Umweltbedingungen auf dem Festland. Spurenfossilien – versteinerte Lebens-, Fraß- und Fährtenspuren kleiner Tiere – an sandigen Flussufern und auf Sanddünen zeigen, dass dieses Gebiet im Silur vegetationslos war. Den damaligen Organismen diente stattdessen ein dünner Algen- und Bakterienfilm auf der Gesteinsoberfläche als Nahrungsgrundlage.

4. WELTMEER
Den Ozean, der ab dem Silur bis zum Mesozoikum den halben Globus bedeckte, nennt man Panthalassa oder Urpazifik. Er war so groß, dass man vom All aus betrachtet zeitweise eine völlig von Wasser bedeckte Erde gesehen hätte. Die Ausbreitung Panthalassas und die Bewegungen der Kontinentalplatten, über die er sich erstreckte, wurden wohl durch das Auseinanderdriften des Meeresbodens an einem mittelozeanischen Rücken hervorgerufen. Die genaue Lage des Rückens, wie hier auf der Karte dargestellt, ist jedoch noch nicht bekannt.

Devon

Ein Blick auf die Erde vor 360 Millionen Jahren zeigt zwei Superkontinente, die langsam aufeinanderzudriften. Im Süden liegt Gondwana, mit der Landmasse des heutigen Australiens, Indiens, Afrikas, Südamerikas und der Antarktis. Der nördliche Superkontinent ist Laurentia, der Nordamerika und Nordeuropa umfasst. Die Form dieses Kontinents stimmt mit den heutigen Küstenlinien jedoch nicht überein. Flachmeere bedecken zum Beispiel das Gebiet, das heute den Mittleren Westen Amerikas bildet und Iberia (das heutige Spanien und Portugal) liegt als Insel vor der Südküste Laurentias.

1. KOLLISIONSZONE
Vor etwa 360 Millionen Jahren stieß Baltica (mit dem heutigen Skandinavien) auf Laurentia (Nordamerika). Dabei wurden in Skandinavien mächtige Gebirgsketten emporgefaltet. Anfangs waren diese Berge mehrere tausend Meter hoch. Die den Gebirgsstock bildenden Gesteine in einigen Kilometern Tiefe wurden unter großer Wärme verdichtet, wobei sich metamorphe Gesteine, wie kristalliner Schiefer und Gneis, bildeten. Heute sind die Berge durch Erosion so weit abgetragen, dass die metamorphen Gesteine oberflächlich anstehen.

7. GEBIRGE IN AMERIKA
Vor etwa 380 Millionen Jahren fand ein Gebirgsbildungsprozess (Orogenese) entlang der Appalachen im Osten Nordamerikas statt. Man bezeichnet dies als akadische Gebirgsbildung. Bis zum Oberdevon vor 360 Millionen Jahren hatten Flüsse Gesteinsmaterial (Molasse) aus diesem jungen Gebirge in tiefe Becken beiderseits der Gebirgskette verfrachtet. Die Sedimente verfestigten sich in dieser Region mit der Zeit zu charakteristischen roten Felsen.

6. MEERESBILDUNG
Armorica (aus Teilen Westeuropas) traf während des Silurs auf Avalonia (England, Wales und Teile des östlichen Nordamerikas), doch schon im frühen Devon waren die beiden Kontinentalschollen wieder getrennt. Beim Auseinanderdriften der zwei Landmassen entstand dazwischen ein kleines Meeresbecken, das allmählich verlandete und sich mit Sedimentgestein füllte.

WELTKARTE

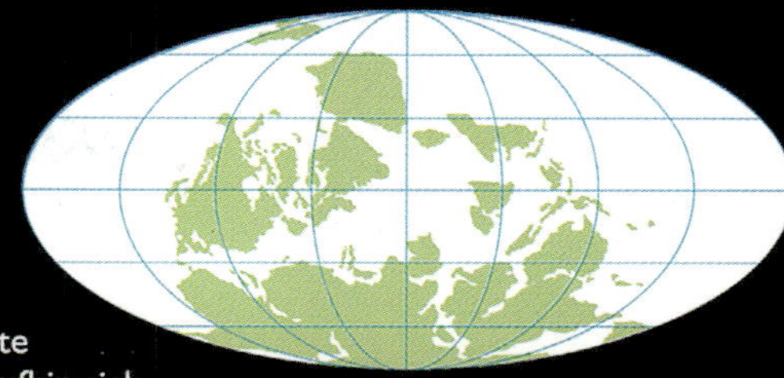

2. LAND UND MEER IN CHINA

Im Unterdevon liefen in China weiträumige Gebirgsbildungsprozesse ab. In den meisten Teilen Chinas, das zu jener Zeit aus zahlreichen Inseln bestand, wurde das Land durch diesen Prozess über den Meeresspiegel emporgehoben. Nur der Nordosten und Südosten blieb von Flachmeeren bedeckt. In diesen Bereichen finden sich Kalksteine aus dem Devon (verdichtete marine Sedimente mit Fossilien aus Korallenriffen). Das Vorkommen von devonischem Old Red-Sandstein im übrigen China deutet darauf hin, dass es dort zu jener Zeit heiß und trocken war.

3. AUSTRALISCHE KORDILLEREN

Auch in Australien kam die Orogenese während des Devons nicht zum Stillstand. Die Südostküste des Kontinents kollidierte mit einer Kette vulkanischer Inseln, woraufhin sich ein langer Gebirgszug bildete. Die dort entspringenden Flüsse lagerten Molasse in den innerkontinentalen Becken ab und hinterließen durch Erosion markante Talformen .

5. DIE BEZEICHNUNG »DEVON«

Das Erdzeitalter des Devons wurde 1839 nach der südwestenglischen Grafschaft Devonshire benannt. Die Geologen Adam Sedgwick und Roderick Murchison kartierten damals die dortigen Gesteinsschichten. Dabei stießen sie in den aus marinen Sedimenten bestehenden Gesteinen auf Fossilien, die sich von älteren Silur- und jüngeren Karbonschichten deutlich unterschieden.

4. WESTAUSTRALISCHE RIFFE

Im Devon war Australien Teil des südlichen Superkontinents Gondwana. Der westliche Teil war teilweise von Flachmeeren bedeckt. Im Lauf der Zeit wurden die Sedimente am Meeresboden zu charakteristischem Riffkalkstein und Tonstein zusammengepresst. Diese Gesteine enthalten Fossilien unterschiedlichster Fisch- und anderer Meerestierarten.

Karbon

Das Zeitalter des Karbons begann vor 354 Millionen Jahren. Erstmals formiert sich der größte aller Superkontinente, Pangaea. Er bildete sich zu jener Zeit nach der Kollision von Laurentia (Nordamerika und Europa) und dem alten südlichen Superkontinent Gondwana. Zuvor erfolgte eine Drehung Gondwanas im Uhrzeigersinn, so dass dessen Ostteil (Indien, Australien und Antarktika) südwärts und der Westteil (Südamerika und Afrika) nordwärts wanderte. Durch diese Rotation entstand im Osten ein neuer Ozean, Tethys, und der Rheische Ozean im Westen wurde verdrängt. Zur gleichen Zeit schloss sich das Meer zwischen Baltica und Sibirien, was zum Zusammenschluss auch dieser zwei Kontinente führte.

1. DER ANSCHLUSS KALIFORNIENS
Der größte Teil Nordamerikas entsprach in prähistorischer Zeit dem Kontinent Laurentia. Die Westküste gehörte ursprünglich nicht dazu. Sie entstand durch die Kollision einer Reihe vulkanischer Inseln im Panthalassa mit der Westküste Laurentias. Diese Inseln wurden an die Kontinentalkruste Laurentias geschoben, als Meeresboden an der Subduktionszone ins Erdinnere abtauchte. Im Karbon war der Zusammenstoß der ostwärts driftenden Antler-Vulkaninseln mit Laurentia Auslöser für die so genannte Antler-Gebirgsbildung. Die Auswirkungen dieses Prozesses sind heute noch in Kalifornien und Nevada spürbar.

7. FLORIDA TRIFFT AUF AMERIKA
Während der größte Teil des heutigen nordamerikanischen Kontinents dem früheren Laurentia entspricht, war Florida ursprünglich ein Teil von Gondwana. Es spaltete sich beim erstmaligen Aufeinandertreffen der beiden Kontinentalplatten gegen Ende des Karbons von Gondwana ab und schloss sich Laurentia an. Als sich Gondwana und Laurentia später wieder trennten und den Atlantischen Ozean öffneten, blieb Florida mit Laurentia verbunden.

6. KOHLEFELDER
Die Joggins-Kohlefelder im heutigen Neuschottland entstanden aus den Resten eines Sumpfwaldes, der sich hier während des Karbons ausdehnte. In den Kohle führenden Schichten wurden ganze Stämme riesiger Schuppenbäume konserviert. Ähnliche Kohlelager erstrecken sich in einem damals durchgängigen Band von Alabama entlang der Appalachen bis nach Deutschland.

WELTKARTE

2. CHINA IM KARBON
Zur Zeit des Karbons war China vorwiegend von Flachmeeren überflutet. Teilbereiche lagen trocken oder befanden sich nur zeitweise unter Wasser. Aus dieser Zeit stammende Gesteine aus dem Norden Chinas enthalten eine wechselnde Folge Kohle führender Schichten aus den Feuchtgebieten an Land und dem Kalkgestein kompakter Sedimentschichten vom Meeresboden.

3. AUSTRALIEN DRIFTET NACH SÜDEN
Im frühen Karbon war der Norden Australiens von warmen Meeren umgeben, in denen sich Korallenriffe entwickeln konnten, die heute noch sichtbare Kalksteinrücken bilden. Im Ostteil des Kontinents sind dünne Kohleschichten im Gestein nachweisbar, die auf dichten Waldbewuchs hindeuten. Im späteren Karbon driftete Gondwana nach Süden und die Wachstumsbedingungen verschlechterten sich durch zurückgehende Temperaturen. Glazigene Formen im Südosten Australiens geben Rückschlüsse darauf. Innerhalb von 30 Millionen Jahren trieb Australien um 20 Breitengrade in südliche Richtung.

5. EUROPA FORMIERT SICH
Die Kollision von Armorica (heute ein Teil Westeuropas) und Iberia (Portugal und Spanien) mit der Südküste von Avalonia (England und Wales) hatte die variskische Gebirgsbildung zur Folge, bei der eine Gebirgskette vom heutigen Deutschland über den Süden Großbritanniens bis nach Irland aufgefaltet wurde. Auf die gleiche Weise kam es nach der Kollision von Gondwana und Laurentia zur Allegheny-Gebirgsbildung im Bereich der Appalachen.

4. GONDWANA ROTIERT
Ab dem späten Devon begann Gondwana sich im Uhrzeigersinn zu drehen. Diese Bewegung wurde vermutlich von einem mittelozeanischen Rücken verursacht, an dem sich nördlich davon neuer Meeresboden bildete, und den Osten Gondwanas durch die Spreizung südwärts schob. Die genaue Lage des mittelozeanischen Rückens, wie hier auf der Karte dargestellt, ist bisher nicht bekannt.

Perm

Die Periode des Perms wird 290 bis 248 Millionen Jahre zurückdatiert. In dieser Zeit erhielt der Superkontinent Pangaea seine endgültige Form, als sich der Inselkontinent Sibirien an die anderen großen Landmassen der Erde anschloss. Das gewaltige Puzzle aus Krustenplatten, das auch Laurentia, Baltica und Gondwana einbezog, erstreckte sich fast von Pol zu Pol. Am Ende des Perms fand das größte Massenaussterben in der Geschichte des Lebens statt. Es wurde vermutlich durch ein rasches Absinken des Meeresspiegels verursacht, dem die meisten damals existierenden Lebewesen der Schelfzonen zum Opfer fielen. Eine Ursache der Klimaveränderungen könnten gewaltige Vulkanausbrüche in Sibirien gewesen sein.

1. AUFFALTUNG DES URALS
Sibirien und Baltica waren im Perm auf Kollisionskurs, wobei der dazwischen liegende Ozean zunehmend verdrängt wurde und beide Landmassen schließlich aufeinander trafen. Die Kollision presste die Gesteine am Rand der Kontinente zusammen und faltete das Uralgebirge auf (das Perm-Zeitalter ist nach der Stadt Perm im Ural benannt). Die Formationen der Gesteine im Ural sind reich an Fossilien und bekannt geworden als Fundort für frühe Vorfahren der Säugetiere.

7. FLACHMEERE IN NORDAMERIKA
Zur Zeit des Perms wurde das Innere Laurentias (der Kern des heutigen Nordamerikas) von Flachmeeren eingenommen. Aus den von Schwämmen und Algen gebildeten Riffen entstand der mächtige Perm-Kalkstein im Westen von Texas. Gegen Ende des Perms führte ein Temperaturanstieg zum Austrocknen der Meere.

6. AUFBAU DER AMERIKANISCHEN WESTKÜSTE
An die Westküste von Nord- und Südamerika, die während des Perms den Westteil Laurentias und Gondwanas bildeten, wurden unablässig Fragmente der Kontinentalkruste aufgeschoben. Gleichzeitig tauchte Meeresboden in der Subduktionszone an den Rändern der Kontinentalschollen ab, was zur Entstehung eines Vulkangürtels führte.

2. GONDWANA BRICHT AUSEINANDER
Kurz nachdem die Bildung des Superkontinents Pangaea abgeschlossen war, brachen im Süden die ersten Fragmente des ehemaligen Gondwanas bereits wieder ab. Ein mittelozeanischer Rücken wurde in dieser Zone aktiv. Darüber dehnte sich ein neues Meer zunehmend aus, was zur Folge hatte, dass sich Randteile Gondwanas immer weiter vom Festland entfernten. Diesen nordwärts driftenden Teilkontinenten entspricht das heutige Tibet und Malaysia.

3. EISZEIT IM SÜDEN
Auf der Südhalbkugel bestand eine ausgedehnte Eisdecke im Übergang vom Oberkarbon zum »Rotliegenden« (frühes Perm), bevor es zu einer globalen Erwärmung in der Mitte des Perms kam. Glazigene Ablagerungen aus dieser Zeit finden sich in Südamerika, im südlichen Afrika, der Antarktis und in Australien.

5. DIE KAROO-SERIE
Im südafrikanischen Karoo-Becken lagerten sich zur Zeit des Perms gewaltige Sedimentfolgen ab. Damals herrschte in dieser Region kühles Klima mit einer artenreichen Fauna, darunter die mutmaßlichen Vorfahren der Säugetiere. Die Flüsse im Karoo-Becken unterlagen häufigen Flussbettverlagerungen mit starker Sedimentation und boten so gute Voraussetzungen für die Entstehung von Fossilien.

4. KÄLTE LIEBENDE VEGETATION
Gesteinsschichten aus dem Perm, die dem ehemaligen Gondwana zugeordnet werden, enthalten Reste von Pflanzen, die für kühle Klimazonen typisch waren. Sie belegen, dass die Landmassen des heutigen Südamerikas, Afrikas, Indiens, Antarktikas und Australiens zu jener Zeit eine geschlossene Fläche nahe am Südpol bildeten.

Trias

Ein Blick auf die Erde vor 240 Millionen Jahren zeigt, dass eine Halbkugel fast ausschließlich von Wasser, die andere von einer einzigen zusammenhängenden Landmasse eingenommen wurde. Der Superkontinent Pangaea umfasste das heutige Nordamerika, Europa, Nordasien, Afrika, Südamerika, Indien, Australien und Antarktika. Während des Trias driftete er langsam nordwärts. Im Zechstein gegen Ende des Perms bewirkten der sinkende Meeresspiegel und tief greifende Klimaveränderungen ein Massenaussterben der Tier- und Pflanzenarten. Mit dem anschließenden sukzessiven Anstieg des Meeresspiegels konnten sich Meereslebewesen wie Korallen langsam wieder entwickeln; an Land wurde es wärmer und trockener und die Wachstumsbedingungen für die an feucht-warmes Klima gebundenen, Kohle bildenden Wälder und Feuchtgebiete wurden immer schlechter.

1. PLATTENTEKTONIK
Im Trias wurde Panthalassa vermutlich von einem mittelozeanischen Rücken durchzogen. An einem solchen Rücken, gewissermaßen eine labile Stelle der Erdkruste, tritt flüssiges Gestein aus der Tiefe des Erdmantels und bildet neuen Ozeanboden, der seitlich von ständig nachströmendem Material verdrängt wird, was man als »sea floor spreading« bezeichnet. Gleichzeitig (und mit derselben Geschwindigkeit) tauchen Teile der ozeanischen Platten an den Subduktionszonen der Kontinentalränder wieder in den Erdmantel ab. Obwohl sich der Meeresboden jährlich nur ein bis zehn Zentimeter bewegt, wurde er seit der Trias auf diese Weise inzwischen vollständig ausgewechselt.

7. SINKENDER MEERESSPIEGEL
Während der Trias befand sich der Meeresspiegel zunächst auf einem hohen Niveau. Das es gegen Ende der Trias dennoch zu einem Aussterben vieler Meereslebewesen, vor allem Korallen, kam, wird auf einen deutlichen Klimawandel und das darauf folgende Absinken des Meeresspiegels zurückgeführt. Viele der kontinentalen Flachmeere, in denen Korallen und andere Tiergemeinschaften lebten, fielen dabei trocken.

6. DIE WESTKÜSTE AMERIKAS
Am Ostrand der Panthalassa schob sich eine aus marinen Sedimenten und vulkanischem Material bestehende Insel auf den Westen Laurentias auf. Sie bildet den heutigen Westen Nevadas und das nördliche Kalifornien. Im Landesinneren entstanden in dem semiariden Klima rötliche Sedimente, wie zum Beispiel der Navajo-Sandstein im Süden Utahs.

2. DIE AUSBREITUNG DER REPTILIEN
Während des Trias breiteten sich die Reptilien an Land, zu Wasser und in der Luft immer weiter aus. Die ersten Ichthyosaurier (delfinähnliche, schwimmende Meeresechsen) erschienen im Trias in der Schelfzone vor der Küste Laurentias; manche wurden bis zu vier Meter lang. Fossile Funde der ersten Dinosaurier stammen aus heute weit voneinander entfernten Gebieten wie New Mexico (dem damaligen Südwesten Laurentias), Westeuropa (Ost-Laurentia) und dem südlichen Afrika (Teil Gondwanas).

WELTKARTE

3. SALZLAGERSTÄTTEN
In dem warmen, kontinentalen Klima der Trias trockneten die flachen Meere Europas aus. Zurück blieben Salzseen und Evaporite (mineralische Absonderungen aus verdunstetem Meerwasser). Diese Mineralien werden in den Salzlagerstätten Deutschlands, Polens und Englands seit Jahrhunderten abgebaut. Der Begriff Trias ist abgeleitet aus der dreifachen Schichtung dieser Gesteine in die einzelnen Einheiten Bundsandstein, Muschelkalk und Keuper, wobei die jeweils vorherrschende Gesteinsart namengebend war.

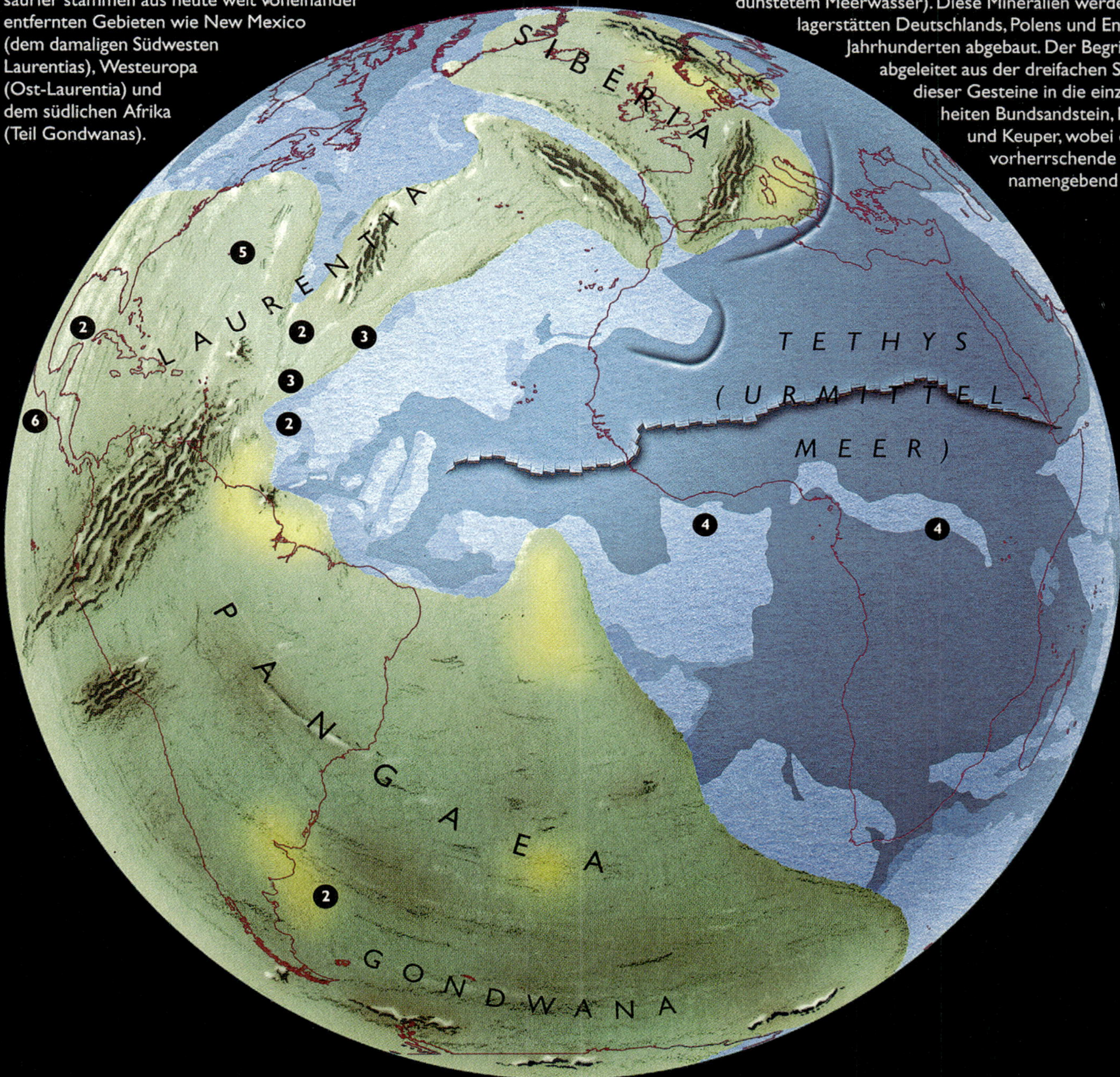

5. METEORITENEINSCHLAG IN KANADA
Vor etwa 209 Millionen Jahren, gegen Ende des Trias und kurz vor Beginn des Juras, schlug ein großer Meteorit auf der Erde ein. Der gewaltige Aufprall lässt sich am Manicougan-Krater in Québec, Kanada, nachweisen. Er hatte jedoch offensichtlich keine globalen Auswirkungen.

4. DIE AUFLÖSUNG GONDWANAS
Gondwana brach an den Rändern weiterhin auseinander und Fragmente der Kontinentalschollen, wie das heutige Tibet, Malaysia und Südchina, drifteten nordwärts durch die Tethys. Beim Zusammenstoß mit Sibirien entstand der asiatische Kontinent. Im späten Trias stieß Südchina mit Nordchina zusammen, wobei die imposante Gebirgskette Qin Ling aufgefaltet wurde.

JURA

Einem auf die beiden Pole herabblickenden Betrachter wäre die Oberfläche der Erde im Zeitalter des Juras vor 170 Millionen Jahren weniger vielfältig als heute erschienen. Das Klima war wärmer, die Pole vermutlich eisfrei, der Meeresspiegel war höher und der Anteil der Landmasse geringer. Dafür gab es aber ausgedehnte kontinentale Flachmeere mit einer artenreichen Pflanzen- und Tierwelt. Der Superkontinent Pangaea zerbrach in Teilkontinente mit uns heute vertrauten Umrissen wie zum Beispiel Nordamerika und Eurasien. Der nördliche und südliche Atlantik öffnete sich zu einem weiten Ozean und im Osten breitete sich das Urmittelmeer Tethys aus.

1. WARME POLE
Noch lassen sich polare Eiskappen während des Juras wissenschaftlich nicht nachweisen, doch gab es sicher Schnee und Eis während der Winter. Dinosaurier- und Pflanzenfossilien aus Sibirien und Alaska deuten darauf hin, dass selbst in Polnähe relativ mildes Klima herrschte. Auf Grund der gefundenen Pflanzenfossilien hat man ermittelt, dass das jährliche Temperaturmittel zwischen zwei und acht Grad Celsius lag. Deshalb war pflanzliche Nahrung für die Tiere in den kurzen Tagen während des Polarwinters über Monate hinweg knapp.

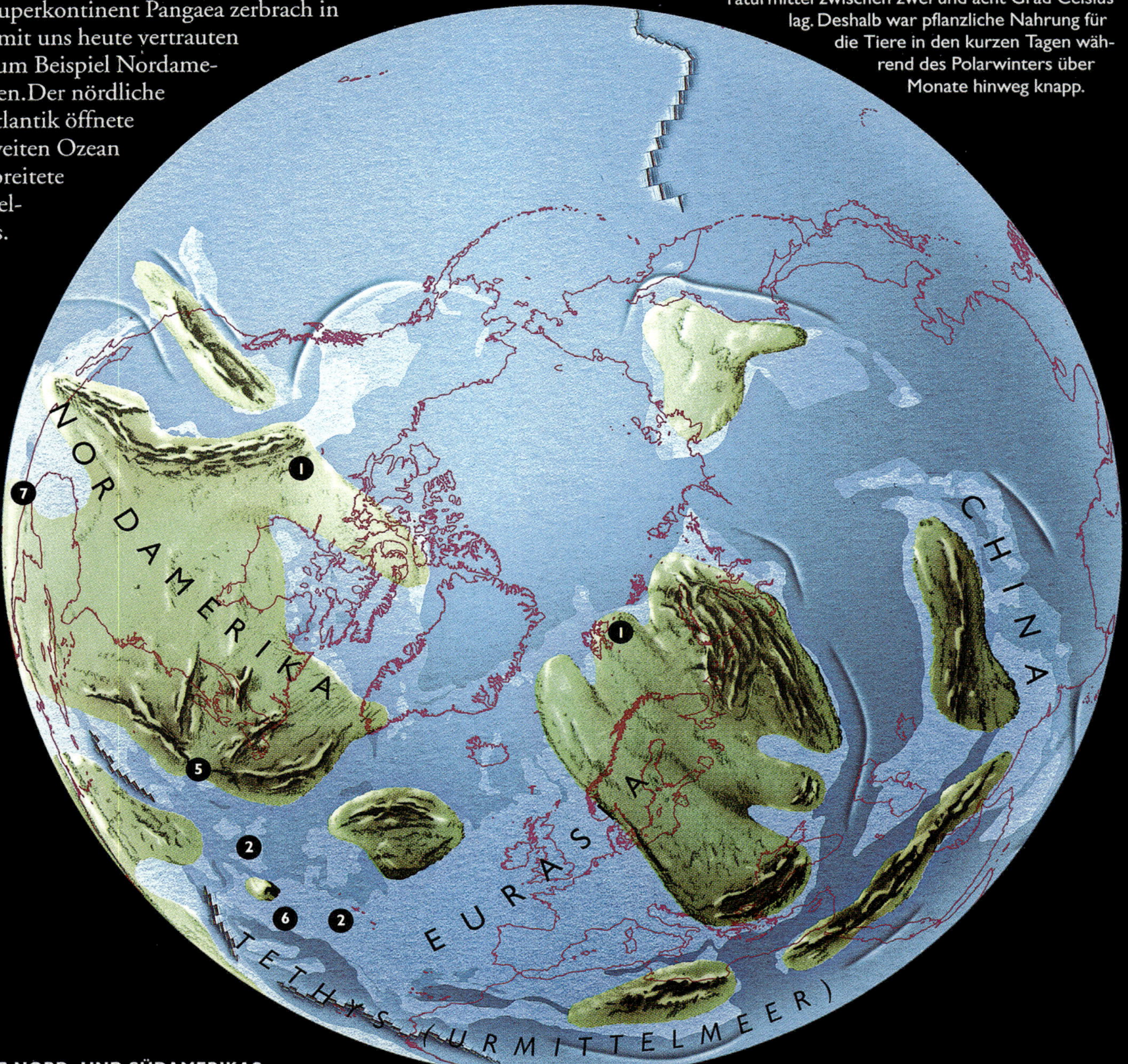

7. DIE TRENNUNG NORD- UND SÜDAMERIKAS
Der Anstieg des Meeresspiegels im Jura durch Transgression hatte zur Folge, dass das Meer zunehmend Landbereiche des westlichen Pangaeas überflutete, wodurch Nord- und Südamerika voneinander getrennt wurden. Im Osten breitete sich die Tethys aus und bildete den Golf von Mexiko. Die Riffe in den Schelfzonen von Nord- und Südamerika entwickelten sich – besonders in den subtropischen Bereichen – zu einem artenreichen Lebensraum.

6. DIE BEZEICHNUNG »JURA«
Das Jura-Gebirge im alpinen Grenzbereich zwischen Frankreich und der Schweiz gab dieser Periode seinen Namen. Der Kalkstein entstand aus Sedimenten der Flachmeere, die zu jener Zeit das Gebiet überfluteten. Er ist reich an Fossilien von Meereslebewesen, vor allem Ammoniten.

WELTKARTE

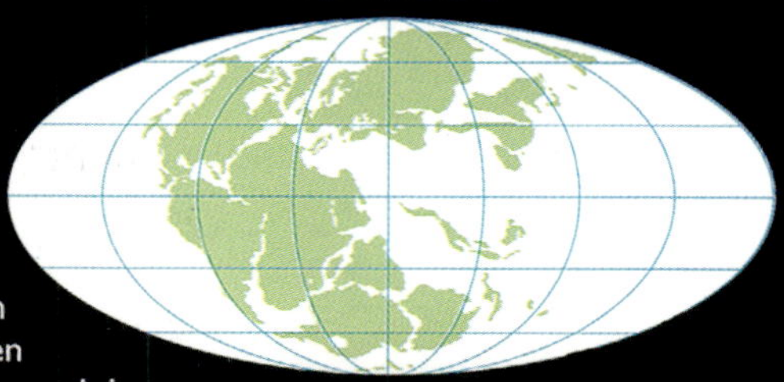

2. EUROPA ALS FLACHMEER
Bedeutende Fossilfunde von Meeresreptilien, wie Ichthyosaurier und Plesiosaurier, stammen aus Kalkstein- und Schiefersedimenten des frühen Juras in England und Deutschland. Zu jener Zeit war Europa von flachen Meeren überflutet, an deren Boden sich Sedimente ablagerten. Deren Ausbreitung war die Folge einer Reihe von Grabenbrüchen in der Erdkruste, die die Trennung von Nordamerika und Eurasien bewirkten.

3. ÖFFNUNG DES SÜDATLANTIKS
Zur Zeit des Juras dehnte glutflüssiges Gestein aus dem Erdmantel die Kruste im südlichen Gondwana zwischen dem heutigen südlichen Afrika und dem Osten Südamerikas. Dabei kam es zu einem Grabenbruch, der den Südatlantik öffnete.

5. VULKANTÄTIGKEIT IN GONDWANA
In Antarktika, Südafrika und dem östlichen Nordamerika kam es gegen Ende des Juras zu heftigen Vulkanausbrüchen mit basaltischer Lava. Durch die starke Rauchentwicklung und große Aschemengen in der Atmosphäre wurde die Sonneneinstrahlung vermindert, was erhebliche Folgen für das Erdklima hatte. Möglicherweise ist darin einer der Gründe für das Massenaussterben zu sehen, das den Übergang vom Jura zur Kreidezeit markiert.

4. PANGAEA DRIFTET NACH NORDEN
Während des Juras driftete Gondwana nordwärts. Große Gebiete von Antarktika, damals ein Teil von Gondwana, waren weit vom Südpol entfernt. Der Kontinent wies stellenweise eine üppige Vegetation auf, die sich in dünnen Kohleschichten fossil nachweisen lässt. In heute 4 000 Metern hoch gelegenem Gestein der Antarktis stieß man auf fossile Dinosaurier.

Unterkreide

Die Kreidezeit dauerte fast 80 Millionen Jahre und liegt 142 bis 65 Millionen Jahre zurück. In dieser Zeit begann die Oberfläche der Erde mit dem Auseinanderdriften des früheren Superkontinents Pangaea ihre heutige Gestalt anzunehmen. Der neu entstandene Atlantische Ozean weitete sich nach Norden und Süden aus und trennte Afrika und Eurasien von Amerika. Die Kontinente Afrika, Indien, Antarctica und Australien lösten sich vor etwa 120 Millionen Jahren voneinander, als sich neue Ozeane zwischen den Fragmenten des alten Gondwanas ausdehnten. Der asiatische Kontinent erlangte erst später seine heutige Form. Indochina und Indien waren zu jener Zeit noch vorgelagerte Inseln.

1. VERBINDUNG ZWISCHEN DEN OZEANEN
Die im Jura begonnene Öffnung des Atlantischen Ozeans setzte sich in der Kreidezeit fort. Der junge Ozean hatte eine Verbindung mit dem Westteil der Tethys (zwischen Eurasien und Gondwana), während gleichzeitig der Ostteil der Tethys schrumpfte. Zu Beginn der Kreidezeit bestand eine Landbrücke zwischen Nord- und Südamerika und zwischen Afrika und Eurasien, über die ein reger Artenaustausch stattfand. In der späteren Kreidezeit waren diese Verbindungen erneut überflutet.

7. DER ATLANTIK ÖFFNET SICH WEITER
Der lange Entstehungsprozess des Atlantischen Ozeans zieht sich über die gesamte Kreidezeit hin. In Südwestafrika und Südamerika wird in der Unterkreide Plateaubasalt gebildet – entstanden durch gewaltige Spaltenergüsse am Meeresboden. Zu ähnlichen Vorgängen kommt es später im Nordatlantik; der Ozean öffnet sich allmählich bis zur Oberkreide über 60 Millionen Jahre hinweg von Süden nach Norden.

6. ERDÖLVORKOMMEN IM GOLF VON MEXIKO
Die flachen Küstenbereiche der Tethys wurden während der Kreidezeit von einer Vielzahl von Meereslebewesen besiedelt. Große Mengen abgestorbenen Planktons sammelten sich in tieferen Meeresbecken als schlammige Sedimente. Die dabei entstandenen Kohlenwasserstoffe wurden im Laufe von Jahrmillionen unter großem Druck zusammengepresst und bilden heute den Rohstoff für das im Industriezeitalter unerlässliche Erdöl.

300 MIO | 250 MIO | 200 MIO | 150 MIO | 130 MIO | 100 MIO | 50 MIO | HEUTE

WELTKARTE

2. TIBET STÖSST AUF ASIEN
In der Unterkreide bestand die Landmasse des heutigen Tibets aus einzelnen Inseln, von denen eine zum in der Karte dargestellten Zeitraum südlich der Tethys noch existierte. Durch das Abtauchen ozeanischer Kruste an der Subduktionszone Südasiens wanderten die Einzelteile Tibets, aber auch andere Fragmente des auseinander brechenden Gondwanas, unter anderem Indochina, in nördlicher Richtung auf den asiatischen Kontinent zu.

3. CHINA TAUCHT AUF
Vom späten Jura bis in die Kreidezeit vollzog sich ein Gebirgsbildungsprozess, bei dem sich die Landmasse Chinas aus dem Meer erhob. Die Landfläche im Westen des heutigen Chinas bildete ein Tieflandbecken mit artenreicher Vegetation. Es war die Heimat vieler verschiedener Dinosaurierarten, was durch zahlreiche Fossilienfunde belegt werden konnte.

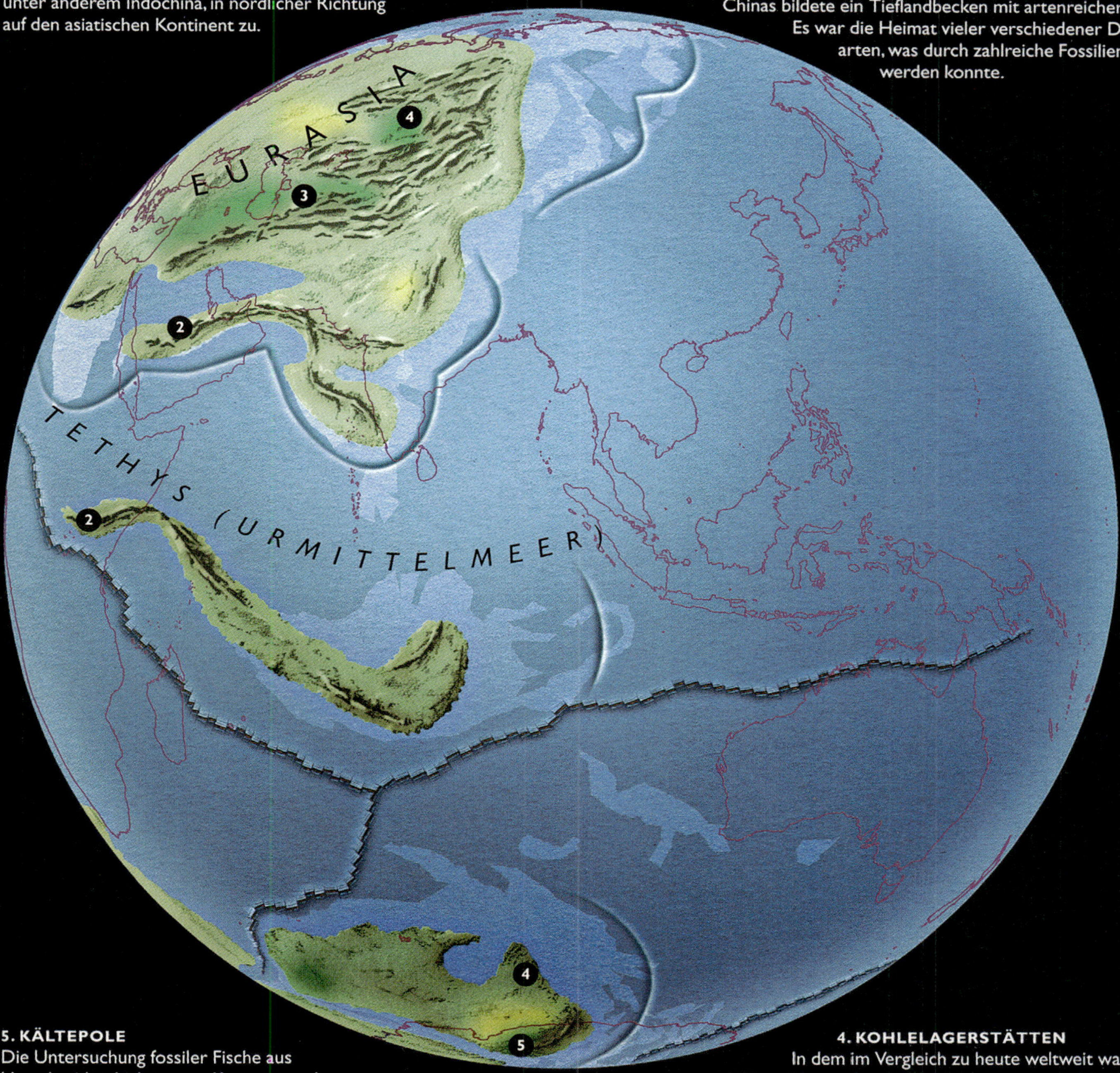

5. KÄLTEPOLE
Die Untersuchung fossiler Fische aus Unterkreideschichten von Koonwarra, Australien, ergab, dass sie vermutlich an Sauerstoffmangel im Wasser starben. Die Sauerstoffzufuhr wird unterbunden, wenn ein See zum Beispiel völlig von Eis bedeckt ist. Das würde bedeuten, dass die Winter in diesem Teil Australiens trotz des vergleichsweise warmen Weltklimas äußerst kalt waren – was der südpolnahen Lage Australiens während der Kreidezeit durchaus entsprechen würde.

4. KOHLELAGERSTÄTTEN
In dem im Vergleich zu heute weltweit warmen Klima bilden sich zunehmend Kohlelagerstätten auf der Erde, auch im Bereich des Polarkreises, in dem Antarktika, Neuseeland, Nordaustralien, Kanada und Sibirien damals bereits lagen. Die Voraussetzung für die Entstehung von Kohle aus Bäumen und Pflanzen ist ein feuchtwarmes Klima, wie es heute in tropischen Regionen der Erde herrscht. Die Kohlevorkommen lassen darauf schließen, dass es auf der Erde während der Kreidezeit relativ warm war.

Oberkreide

Vor rund 90 Millionen Jahren entsprach die Lage der Kontinente bereits weitgehend der heutigen Situation. Auf der Kartendarstellung befinden sich Nordpol (auf dieser Seite) und Südpol (auf der gegenüberliegenden Seite) jeweils im Zentrum. Der Atlantische Ozean trennte nunmehr die Neue Welt Amerika von der Alten Welt Europa, Asien und Afrika. Asien fehlte nur noch ein wichtiger Teil des kontinentalen »Puzzles« – Indien. Australien war noch immer im äußersten Süden mit Antarktika verbunden und Indien mit Madagaskar.

1. VON KALIFORNIEN NACH ALASKA
An der Westküste Amerikas hielt die Subduktion (das Abtauchen ozeanischer Kruste in den Erdmantel an einer Plattengrenze) an. Im südlichen Kalifornien wurde ein Fragment ozeanischer Kruste über den Westrand der Kontinentalplatte Nordamerikas geschoben und dann am Westrand entlang weiter nach Norden. Einige Schollen wurden durch solche Verwerfungen bis zu 3 000 Kilometer weit nach Alaska verfrachtet.

7. ÜBERFLUTUNG DES MITTLEREN WESTENS
In der mittleren Kreidezeit kam es durch den Anstieg des Meeresspiegels zur Transgression. Das Meer breitete sich vom Golf von Mexiko über Nordamerika bis zum Nordpolarmeer aus. Die Bildung eines in Nord-Süd-Richtung verlaufenden Meeresarms trennte die Rocky Mountains im Westen von den Ebenen und Gebirgsketten im Osten.

6. MEERESARME
Der westliche Atlantik war in der Oberkreide durch einen Meeresarm in Äquatornähe zwischen Nord- und Südamerika mit dem Pazifik verbunden. Östlich bestand eine Verbindung zwischen Atlantik und der Tethys. Somit war Südamerika von Nordamerika und Afrika sowohl von Europa als auch von Asien getrennt.

WELTKARTE

2. DIE LOSLÖSUNG AUSTRALIENS
Mit der Bildung eines mittelozeanischen Rückens zwischen Antarctica und Australien begann die Öffnung eines Ozeans zwischen den beiden Kontinenten. Durch »sea floor spreading«, dem Auseinanderspreizen neuen Meeresbodens in diesem Bereich, wurde Australien langsam nordwärts geschoben.

3. DIE FALKLAND-INSELN
Die Falklandinseln vor der Südostküste Argentiniens befinden sich in einer labilen Lage zwischen zwei Kontinenten. Die Geologie der Inseln zeigt deutlich, dass sie ursprünglich ein Teil der Südwestspitze Südafrikas waren und in der mittleren Kreidezeit nach Südamerika drifteten. Als sich der Südatlantik und das Südpolarmeer öffneten, wurden sie um 180 Grad gedreht.

5. ISOLATION ANTARCTICAS
Bis zur mittleren Kreidezeit hatte sich der alte südliche Superkontinent Gondwana schon in Einzelteile aufgelöst. Drei Kontinente – Südamerika, Afrika und Indien – die einst eine geschlossene Landmasse bildeten, waren nun getrennt, während Australien und Antarktika noch durch schmale Landbrücken miteinander verbunden blieben. Das Auseinanderbrechen Gondwanas wurde durch die Bewegung mehrerer mittelozeanischer Rücken verursacht, die sich langsam um Antarctica herum bildeten und die übrigen Kontinente nordwärts driften ließ.

4. MADAGASKAR WIRD ZUR INSEL
Nachdem es sich vom afrikanischen Kontinent gelöst hatte, war Madagaskar immer noch mit Indien verbunden. Eine aufsteigende Blase aus glutflüssigem Magma unter Madagaskar dehnte die Kruste, bis es schließlich zur Spalteneruption kam. Mit dieser Bruchbildung begann die Loslösung Indiens von Madagaskar.

KREIDE-TERTIÄR-GRENZE

Der Übergang zwischen dem Ende der Kreide vor 65 Millionen Jahren und dem Beginn des Tertiärs wird allgemein als Kreide-Tertiär-Grenze bezeichnet. Ein Meteoriteneinschlag bei Chicxulub in Mexiko hatte katastrophale Folgen für das Leben auf der Erde und wird für das Aussterben zahlreicher Tier- und Pflanzenarten mitverantwortlich gemacht. Verstärkt wurde dies noch durch die Zunahme der vulkanischen Aktivität im Westen Indiens, einer globalen Abkühlung des Klimas und das Absinken des Meeresspiegels, wodurch weite Teile des Kontinentalschelfs freigelegt wurden.

1. »SEA FLOOR SPREADING« IM ATLANTIK
Die Öffnung des Atlantischen Ozeans ließ Alte und Neue Welt weiter auseinander driften. Der mittelozeanische Rücken hatte inzwischen den Nordatlantik erfasst und geweitet, wobei der Westrand der europäischen Kruste auseinander gezogen wurde. Dies führte dazu, dass Teilbereiche des Kontinentalschelfs um die Britischen Inseln absanken.

7. GIGANTISCHE FLUTWELLE
Eine Sandschicht an der Kreide-Tertiär-Grenze entlang des Flusses Brazos in Texas wurde vermutlich von einem gewaltigen Tsunami hinterlassen, den der Chicxulub-Einschlag hervorrief. Die Flutwelle dieses Tsunamis muss etwa einen Kilometer hoch gewesen sein. Sie riss Sedimente vom Meeresgrund im Golf von Mexiko mit sich, bevor sie das gesamte karibische Festland überspülte.

6. DER METEORIT VON CHICXULUB
In Chicxulub in Mexiko schlug ein Meteorit mit einem Durchmesser von etwa zehn Kilometern ein. Der Einschlag warf einen acht Kilometer hohen Gebirgswall auf. Der Wall sackte schon bald in sich zusammen und hinterließ konzentrische Höhenzüge bis zu einer Entfernung von 150 Kilometern um das Epizentrum. Heute ist der Krater von jüngeren, über einen Kilometer mächtigen Sedimentschichten bedeckt.

WELTKARTE

2. ZEICHEN EINER KATASTROPHE
Marine Sedimente aus der Gegend um Gubbio in Italien enthalten im Bereich der Kreide-Tertiär-Grenze eine dünne Tonschicht. Der Ton ist mit dem seltenen Metall Iridium angereichert und enthält auch noch andere Metallspuren, die auf einen Asteroiden- oder Kometeneinschlag hindeuten. Diese iridiumreiche Schicht entdeckte Walter Alvarez in den 1970-er Jahren; sie war der erste Hinweis auf einen großen Meteoriteneinschlag an der Kreide-Tertiär-Grenze.

3. VULKANISMUS IN INDIEN
Gegen Ende der Kreidezeit lag der Westteil Indiens in einem Gebiet verstärkter vulkanischer Aktivität. Im Hochland von Dekkan kam es zu zahlreichen Spaltenergüssen und Vulkanausbrüchen mit Ascheregen und starker Rauchentwicklung . Möglicherweise waren dadurch ausgelöste globale Klimaänderungen für das große Artensterben an der Kreide-Tertiär-Grenze mitverantwortlich.

5. HINWEIS AUF GLOBALE ABKÜHLUNG
Die Gesteinsschichten der Seymour-Insel vor der antarktischen Küste bestehen aus marinen Sedimenten der Oberkreide. Die in diesen Gesteinen enthaltene Fossilfolge zeigt schon vor dem Einschlag von Chicxulub einen stetigen Rückgang der Artenvielfalt. Daraus lässt sich schließen, dass die globale Abkühlung bereits gegen Ende der Kreidezeit einsetzte und das Überleben kälteempfindlicher Arten am Polarkeis erschwerte.

4. NEUSEELAND ENTKOMMT
In Neuseeland zeigt die Fossilfolge winziger Meereslebewesen keine Anzeichen eines Massenaussterbens am Ende der Kreidezeit. Im Gegenteil: Die Artenvielfalt nahm in dieser Region sogar zu. Vermutlich hatte hier die in anderen Teilen der Erde zum Artensterben führende Abkühlung eher positive Auswirkungen auf das Ökosystem.

Das frühe Tertiär (Paläozän)

Die Obere Kreidezeit im ausgehenden Mesozoikum leitet über zu einer dritten Ära der Erdgeschichte – dem Känozoikum, dessen erste Periode das Tertiär darstellt. Die Karten zeigen die Erde vor 45 Millionen Jahren, als sich Norwegen und Grönland voneinander lösten, Amerika westwärts driftete und der Atlantische Ozean sich zunehmend aufweitete. Die Nordostwärtsbewegung Afrikas führte zur Auffaltung der Pyrenäen und der Alpen. Indien driftete weiter nach Norden über den Äquator und Australien löste sich endgültig von Antarctica.

1. REGRESSION IN AMERIKA

In der vorangegangenen Kreidezeit hatte ein flaches Meer den Mittleren Westen Nordamerikas überflutet. Der so genannte Cannonball-Sea blieb als kleiner Rest bis zum frühen Tertiär erhalten. Die anhaltenden Plattenbewegungen, die auch zur Auffaltung der Rocky Mountains führten, überformten die Landschaft während sich das Meer zurückzog und hinterließen einzelne Seebecken. In einem davon, dem Uintasee in Wyoming, wurden die Ölschieferschichten der Green-River-Formation für ihren fossilen Reichtum bekannt.

7. OSTAFRIKANISCHER GRABENBRUCH

Zu Grabenbrüchen, wie im Roten Meer, kam es unter der enormen Spannung der Erdkruste Ostafrikas bei der Kollision der Afrikanisch-Arabischen Platte mit Eurasien. Im späten Eozän (vor 40 Millionen Jahren) war das Äthiopische Hochland eine vulkanisch aktive Zone, und entlang des Grabenbruchs entstand eine Reihe von Vulkanen.

6. SPANIEN UND ITALIEN TREFFEN AUF EUROPA

Der Golf von Biscaya entstand, als sich Iberia (Spanien und Portugal) gegen den Uhrzeigersinns drehte. Es stieß auf Südfrankreich, faltete die dazwischen liegenden Schichten und bildete so die Pyrenäen. Italien wurde im Zuge der Verengung des Tethys nordwärts auf die Europäische Kontinentalscholle geschoben und die Auffaltung der Alpen begann.

WELTKARTE

2. VULKANISMUS IM ATLANTIK
Im Nordatlantik zwischen Großbritannien und Grönland kam es durch die Aufspreizung des Ozeanbodens zu verstärktem Vulkanismus. Unter dem Druck gewaltiger Magmaströme brach die Erdkruste auf, große Lavamassen traten aus und Plateaubasalte bedeckten weite Gebiete Nordwesteuropas. Zeugen dieser vulkanisch aktiven Zeit sind zum Beispiel der Giant's Causeway in Nordirland und die Fingalshöhle auf der schottischen Insel Staffa.

3. HOT SPOT IM PAZIFIK
Ein »hot spot« im Pazifischen Ozean bildete die Kette vulkanischer Inseln des Hawaii-Archipels, während die Pazifische Platte darüber hinwegdriftete. Der erste Vulkan brach vor 70 Millionen Jahren untermeerisch aus. Durch die Plattenbewegung wurde dieser Vulkan inzwischen in den Nordpazifik verlagert. Vor etwa 43 Millionen Jahren änderte sich die Streichrichtung der Pazifischen Platte, was eine Krümmung in der Ausrichtung der Vulkankette verursachte.

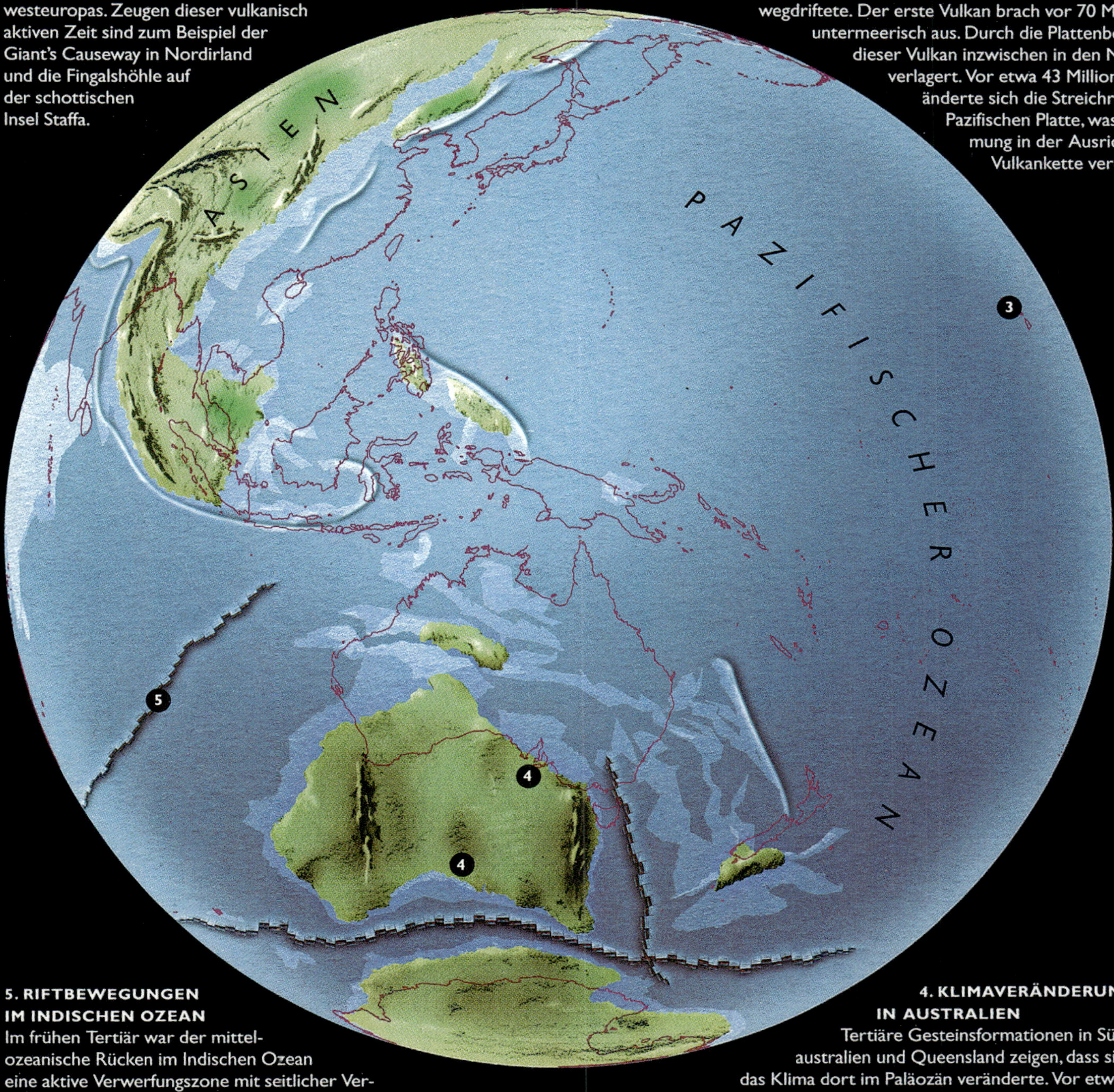

5. RIFTBEWEGUNGEN IM INDISCHEN OZEAN
Im frühen Tertiär war der mittelozeanische Rücken im Indischen Ozean eine aktive Verwerfungszone mit seitlicher Verschiebung – also ein Gebiet, in dem zwei tektonische Platten aneinander vorbei glitten. Die Bewegung zwischen den Platten des Indischen und des Australischen Ozeans kam erst zur Ruhe, als Indien auf den asiatischen Kontinent stieß. Heute ist der Rücken nicht mehr aktiv, erhebt sich aber noch immer drei Kilometer über den Meeresgrund im Indischen Ozean.

4. KLIMAVERÄNDERUNG IN AUSTRALIEN
Tertiäre Gesteinsformationen in Südaustralien und Queensland zeigen, dass sich das Klima dort im Paläozän veränderte. Vor etwa 55 Millionen Jahren war es nass und feucht, so dass sumpfige Wälder entstehen konnten, deren Überreste später zu Braunkohle und Ölschiefer gepresst wurden. Sedimentschichten, die sich vor 40 Millionen Jahren ablagerten, sind dagegen dünner und deuten auf eine weniger üppig ausgebildete Vegetation hin. Aus ihnen bildeten sich Sandsteine, was auf zunehmende Trockenheit hindeutet.

Das mittlere Tertiär (Miozän)

Als sich Afrika im Miozän vor 20 Millionen Jahren Eurasien näherte, wurde die dazwischen liegende Tethys immer kleiner. Eine durch alpidische Faltung entstandene Gebirgskette erstreckte sich in Ost-Westrichtung von der Türkei über den Balkan. Beim Abtauchen des Meeresbodens unter Südeuropa entstanden sowohl vulkanische Inseln als auch die Gebirgszüge der Karpaten und des Kaukasus (beiderseits des heutigen Schwarzen Meers). Italien, das früher Teil des zu Gondwana zählenden Nordafrikas war, wurde auf Südeuropa aufgeschoben, und die Auffaltung der Alpen setzte ein.

1. DAS HAWAII-ARCHIPEL WÄCHST EMPOR

Hawaii erhob sich vor über fünf Millionen Jahren aus dem Meer. Sie ist die jüngste Insel einer Kette vulkanischen Ursprungs, zu denen auch Maui, Oahu, Kauai sowie Gruppen kleinerer Inseln gehören, die sich über 6 100 Kilometer nach Nordwesten erstrecken. Hawaii erhebt sich mehr als fünf Kilometer über den Meeresboden und weitere 4 170 Meter über den Meeresspiegel, ist also im Verhältnis zur Basis der höchste Berg der Erde. Südöstlich von Hawaii ist eine neue Insel im Entstehen, doch ihr Gipfel befindet sich immer noch mehr als 900 Meter unter dem Meeresspiegel. Es wird noch einige Jahrtausende dauern, bis sie aus dem Wasser ragt.

7. LANDBRÜCKE ZWISCHEN NORD- UND SÜDAMERIKA

In Subduktionszonen an den Plattenrändern im Ostpazifik wurde ozeanische Kruste in den Erdmantel gedrückt, was zu heftigen Vulkanausbrüchen und Gebirgsbildungsprozessen im Westen Mittelamerikas und Nordwesten Südamerikas führte. Vor etwa drei Millionen Jahren sank der Meeresspiegel, die nördlichen Anden wurden aufgefaltet, und ein Landweg zwischen Nord- und Südamerika entstand. Die beiden Kontinentalschollen bewegen sich noch heute im gleichen Verhältnis, und es ist nicht ausgeschlossen, dass sie sich wieder trennen.

6. KLIMAWECHSEL IN AMERIKA

Im Miozän wurde das Klima in Nordamerika durch die Auffaltung der Sierra Nevada, der Kaskadenkette und der Rocky Mountains zunehmend kühler und trockener, insbesondere im Osten der Gebirge. Die tropische Vegetation wurde nach Süden verdrängt und durch Laub abwerfende Wälder und Prärien ersetzt. Die zunehmende Versteppung förderte die Entwicklung grasender Tiere, vor allem der Pferde, die zu jener Zeit in Nordamerika eine artenreiche Tiergruppe bildeten.

WELTKARTE

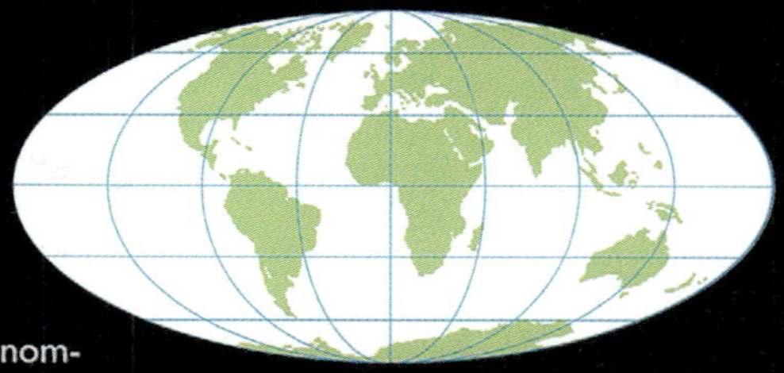

2. ENTSTEHUNG DES MITTELMEERS
In der Geosynklinalzone zwischen Nordafrika und Südeuropa bildete sich ein langes, von Ost nach West verlaufendes Becken südlich der gerade aufgefalteten Alpen und Karpaten. Das Becken füllte sich mit Meerwasser – das heutige Mittelmeer. Es blieb im Osten mit den Resten der Tethys verbunden, die im Schwarzen und im Kaspischen Meer fortbestand.

3. GESTEIN AUS TAIWAN
Im Tertiär war die Insel Taiwan abwechselnd vom Meer überflutet oder wurde von Tieflandsümpfen eingenommen. Die Gesteinsschichten weisen einen zyklischen Wechsel mariner und terrestrischer Sedimente mit Kohlenflözen und Schichten vulkanischer Asche und Lava auf.

5. JAPAN DRIFTET NACH OSTEN
Die Vulkankette, die die japanischen Inseln bildete, wurde durch die Öffnung der Japanischen See vom asiatischen Festland aus ostwärts in den Pazifik geschoben. Ein Tiefseegraben vor der Pazifikküste der Inseln markiert die Subduktionszone, an der Ozeanboden unter den Inseln abtaucht. Diese labile Zone verursacht in der Region häufig Erdbeben. Durch plattentektonische Bewegungen änderte Japan in der Vergangenheit mehrmals seinen Abstand zum asiatischen Kontinent.

4. BILDUNG DES HIMALAYA
Bei der Nordostdrift der Indisch-Australischen Platte wurde Indien auf den Südrand Asiens geschoben. Die Sedimente der dazwischen liegenden Tethys wurden bei der Kollision zunächst in den Mantel gedrückt und dann emporgehoben, was zur Auffaltung des Himalayas führte. Die neue ostwestgerichtete Gebirgskette stellte eine Barriere mit weit reichenden klimatischen Folgen dar und rief den jahreszeitlichen Südost-Monsun hervor.

Jungtertiär (Pliozän)

Bis zum Ende des Tertiärs vor fünf Millionen Jahren erhielt die Erdoberfläche fast ihr heutiges Gesicht, wobei alle Kontinente mehr oder weniger ihre gegenwärtigen Positionen einnahmen. Mitten im Nordatlantik erhob sich der lang gestreckte mittelozeanische Rücken über den Wasserspiegel und bildete eine neue Vulkaninsel: Island. In Ostafrika dehnte sich weiterhin die Erdkruste, mit der Folge, dass sich die Grabenbrüche im Roten Meer und im Golf von Aden öffneten. Die Auffaltung des Himalayas und die Anhebung des Tibetischen Hochlands nach dem Auftreffen der Indischen Platte auf Asien setzte sich fort. Auch Australien driftete weiter nordwärts in tropische Regionen.

1. SPUREN IM YELLOWSTONE-PARK
Die heißen Quellen und Geysire des Yellowstone-Nationalparks in Wyoming sind Zeugen vulkanischer Aktivität im Nordwesten Amerikas während der letzten 18 Millionen Jahre. Zu jener Zeit befand sich ein »hot spot« – aus dem Erdmantel aufsteigendes Magma – an dieser Stelle unter der nordamerikanischen Kontinentalkruste. Die ausströmende Lava formte das Ergusstafelland des Snake River Plateaus in Idaho. Durch die kontinuierliche Drift hat sich die Nordamerikanische Platte bereits 80 Kilometer über den »hot spot« hinwegbewegt, nachvollziehbar anhand vulkanischer Spuren. In etwa 20 Millionen Jahren wird sich die kanadische Grenze über ihm befinden.

7. VULKANE IN INDONESIEN
Die Nordostdrift Australiens nahm starken Einfluss auf die Entstehung der indonesischen Inselwelt. Während der letzten 15 Millionen Jahre hat sich die Australische Platte rund 800 Kilometer in nördliche Richtung bewegt. Über den nördlich davon gelegenen Tiefseegräben im Pazifik, an denen ozeanische Kruste ins Erdinnere abtaucht, sind viele vulkanische Inseln entstanden. Vor fünf Millionen Jahren stieß die australische Kontinentalplatte mit der Sundainsel Timor zusammen, was zu weiteren Gebirgsbildungsprozessen führte.

6. VEREISUNG DER ANTARKTIS
Vor fünf Millionen Jahren war die Antarktis schließlich von anderen Kontinenten völlig isoliert. Plattentektonische Bewegungen führten zur Trennung von Südamerika und ein kalter Meeresstrom umgab den gesamten Kontinent. Die Zufuhr warmer Meeresströme in diese Region wurde unterbrochen, so dass das Land abkühlte und sich mächtige Eisdecken bildeten. Durch die starke Reflektion des Sonnenlichts wurde die Abkühlung noch beschleunigt.

WELTKARTE

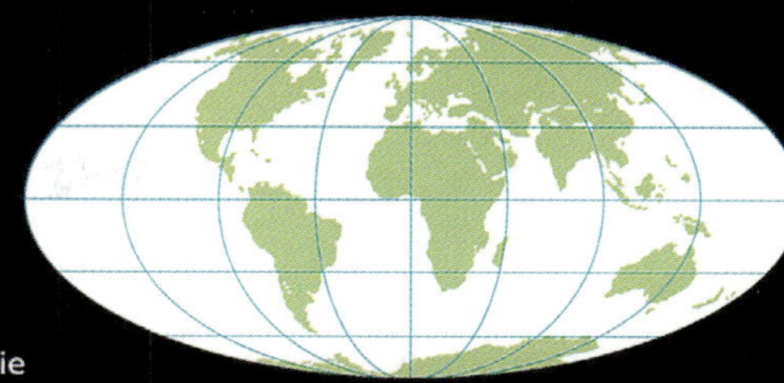

2. SALZSEEN IM MITTELMEER

Vor fünf bis sieben Millionen Jahren wurde das Mittelmeer durch starke Meeresspiegelschwankungen mehrmals vom Atlantik abgeschnitten. Durch Evaporation kam es in dem ausgetrockneten Meer zur Bildung von bis zu 2 000 Meter mächtigen Salzablagerungen. In Trockenzeiten wanderten Tiere über die Landbrücke von Afrika nach Südeuropa. Mit dem Steigen des Meeresspiegels konnte vor fünf Millionen Jahren Wasser aus dem Atlantik entweder durch die Straße von Gibraltar oder über die Tiefländer Südwestfrankreichs ins Mittelmeer zurückströmen.

3. AUFBAU UND ABTRAG DES HIMALAYA-GEBIRGES

Die Indisch-Australische Platte schob sich pro Jahr fünf Zentimeter weit über die Asiatische Kontinentalscholle – fünf Kilometer in 100 000 Jahren – und faltete so das Himalaya -Gebirge auf. Obwohl weiterhin Material aus dem Erdinneren hoch gepresst wurde, blieb die Gesamthöhe aufgrund des analogen oberflächlichen Erosionsabtrags immer auf gleichem Niveau.

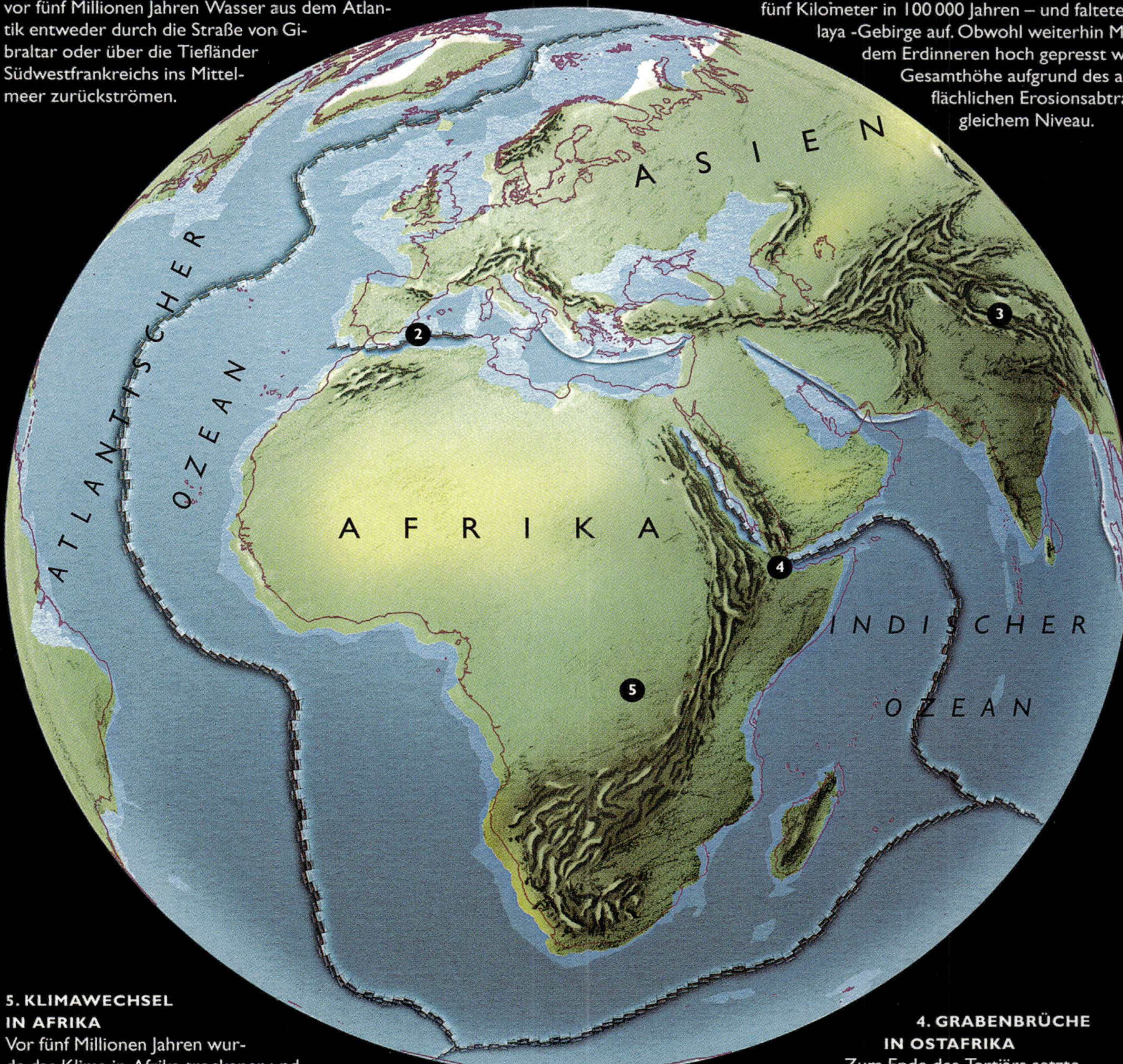

5. KLIMAWECHSEL IN AFRIKA

Vor fünf Millionen Jahren wurde das Klima in Afrika trockener und kühler, was nachhaltige Auswirkungen auf die Vegetation hatte. Der Anteil der Wälder ging zurück; große Bestände wurden zu lückigen Waldflächen mit weniger dichtem Wuchs. Sie wurden durch ausgedehnte Savannen ersetzt. Veränderungen wie diese hatten weitreichende Folgen für die Entwicklung afrikanischer Säugetiere, vor allem der Primaten. Sie mussten den schützenden Wald verlassen und sich auf das riskante Leben in der Savanne einstellen.

4. GRABENBRÜCHE IN OSTAFRIKA

Zum Ende des Tertiärs setzte sich in Ostafrika die Bildung von Grabenbrüchen fort. Das Rote Meer und der Ostafrikanische Graben liegen in einem labilen Bereich der Kontinentalkruste, in dem sich damals wie heute aufgrund erhöhter vulkanischer Aktivität Spalten und Risse bilden. Ostafrika wird sich dadurch irgendwann vielleicht vom Rest des Kontinents lösen und ostwärts in den Indischen Ozean driften.

Quartär

Für die geologischen Prozesse im noch heute andauernden, jüngsten Zeitabschnitt der Erdgeschichte sind weltweite Klimaschwankungen der bei weitem prägendste Faktor gewesen. Seit seinem Beginn vor 1,8 Millionen Jahren verzeichnet das Quartär eine Aufeinanderfolge mehrerer Eiszeiten. Globale Temperaturschwankungen führten zum Wechsel zwischen Ausdehnung und Rückzug der polaren Eiskappen, der kontinentalen Inlandseismassen und der Gebirgsgletscher, was tief greifende Auswirkungen auf das Landschaftsbild hatte. In der kältesten Phase war so viel Wasser in Eis gebunden, dass der Meeresspiegel eustatisch um 100 Meter sank und die Schelfzonen der Kontinentalplatten großflächig trocken fielen.

1. EISZEIT IN NORDAMERIKA
Das nordamerikanische Inlandseis bedeckte eine Fläche von 13 Millionen Quadratkilometern. Während es sich langsam nach Süden ausdehnte, wurde das Relief Nordkanadas bis auf das im Paläozoikum und Präkambrium entstandene Grundgestein von Gletschern abgeschliffen. Eis und Schmelzwasser transportierten den Gesteinsschutt nach Süden und lagerten ihn als Moränen um die Großen Seen ab.

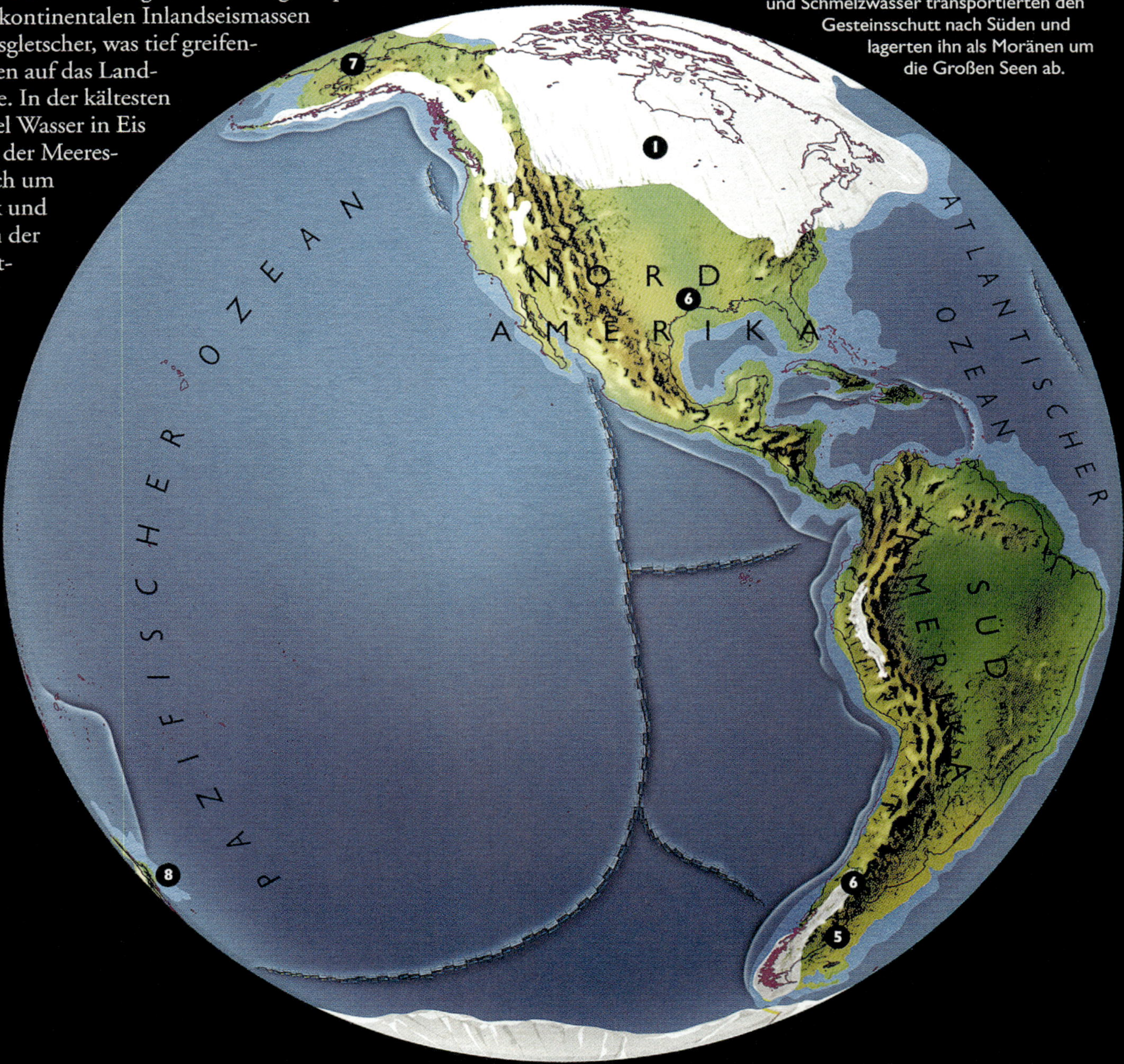

8. VERGLETSCHERUNG IN AUSTRALIEN
Höhere Berge in Tasmanien, Neuseeland und Südostaustralien zeigen Spuren intensiver Gletschererosion. Der glaziale Formenschatz umfasst U-förmige Trogtäler, Kare (tiefe, halbkreisförmige Becken), Grate (scharf geschnittene Bergkämme) und Karlinge (scharfkantige Bergpyramiden im Überschneidungsbereich mehrerer Kare) und lässt sich eindeutig der letzten Eiszeit zuordnen.

7. BERING-LANDBRÜCKE
Nach dem eustatischen Absinken des Meeresspiegels w Eurasia und Amerika über eine lange, schmale Landenge miteinander verbunden. Die Öffnung dieser »Bering-Lar brücke« ermöglichte den kontinentalen Austausch von Landlebewesen. Den Lebewesen im Meer war dagegen Weg zwischen dem Nordpolarmeer und dem Pazifische Ozean versperrt.

WELTKARTE

2. EISLAST AUF SKANDINAVIEN

Die Eisdecke über Skandinavien erreichte eine vertikale Ausdehnung von vier Kilometern. Unter dem Gewicht des Eises senkte sich der Kontinentalsockel. Die heutigen Steilküsten sind Zeugen dafür, dass sich die Landmasse Skandinaviens nach dem Rückzug der Gletscher wieder hob.

3. EURASISCHE EISSCHICHT

Das kontinentale Klima im Inneren Eurasiens war für den Aufbau einer mächtigen Eisdecke zu trocken. Die Eismassen beschränkten sich daher vorwiegend auf die Küsten und Gebirge im Nordwesten Europas und einen Landstreifen entlang der Nordküste Sibiriens. Das gesamte Eis- und Schneevolumen belief sich auf schätzungsweise 17 Kubikkilometer.

4. ASIATISCHE TUNDRA

In weiten Gebieten Nordasiens war der Boden dauerhaft gefroren (Permafrost), aber größtenteils schneefrei und nicht von Inlandeis bedeckt. Das oberflächliche Auftauen im Sommer ermöglichte das Wachstum spärlicher Vegetation, die wandernden Mammutherden als Nahrungsquelle diente.

6. VERGLETSCHERUNG IN SÜDAMERIKA

Auch heute noch finden sich auf den höchsten Andengipfeln Gletscher. Auf dem Höhepunkt des Pleistozäns waren hier einige der eindrucksvollsten Berggipfel der Welt eisbedeckt. Im Süden Chiles und Argentiniens drangen die Gletscher bis in die Täler vor und bedeckten einen großen Teil der Südspitze des Kontinents.

5. LÖSSGEBIETE

In Teilen Mitteleuropas, Tunesiens, Pakistans, Tibets, Zentralasiens, Patagoniens, Neuseelands und im Mississippi-Tal häufte sich feiner Flugstaub an, der von den kalten, trockenen Ebenen am Rand der Permafrostgebiete herangeweht wurde. Dieser so genannte Löss erreichte mancherorts eine Mächtigkeit von mehreren hundert Metern und wurde mit der Zeit verfestigt. Lössgebiete zeichnen sich durch fruchtbare Böden aus und werden bevorzugt landwirtschaftlich genutzt .

Leben in der Vorzeit

In über vier Milliarden Jahren hat sich die Erde aus Gasen und flüssigem Gestein allmählich in jenen blauen Planeten verwandelt, auf dem wir heute leben. Dieser Prozess, die Entstehung von Wasser, die Bildung einer Atmosphäre, die Entwicklung mikroskopisch kleiner Organismen und die Evolution einer großen Zahl höherer Tiere und Pflanzen haben auf der Erde Spuren hinterlassen, besonders in den Gesteinen. In den vergangenen 200 Jahren haben Wissenschaftler die geologische und biologische Entwicklungsgeschichte unseres Planeten rekonstruiert und kartografisch erfasst. Das folgende Kapitel gibt einen Überblick über den heutigen Kenntnisstand.

Ursprung des Lebens

Die Frühgeschichte der Erde ist geprägt von langsamen, aber mächtigen Umbildungsprozessen. Die glühende Oberfläche kühlt allmählich ab und erste mikroskopisch kleine Organismen bilden sich.

Als unser Sonnensystem entstand, bestand die Erde lediglich aus miteinander verschmolzenen Gesteinsfragmenten, Eisbrocken, Staub und Gasen. Das Aufeinandertreffen dieser Bestandteile vor 4,6 Milliarden Jahren setzte unvorstellbare Energiemengen frei, und erhöhte die Temperatur auf 5000 ° C. Während der langsamen Abkühlung in den darauf folgenden 100 Millionen Jahren erhielt das Erdinnere seinen endgültigen Aufbau. Schwermetalle, vor allem Eisen und Nickel, setzten sich nach innen ab und bildeten einen glühenden, dichten Kern mit einem Radius von 3485 Kilometern. Die leichteren Bestandteile konzentrierten sich an der Oberfläche und so entstand vor etwa 4,5 Milliarden Jahren die äußere Gesteinskruste. Zwischen dem Erdkern und der Erdkruste bildete sich eine 2900 km starke Gesteinsschicht, der Erdmantel. Das heiße und flüssige Gestein dieser Zone dringt durch Spalten in der Erdkruste an die Oberfläche und ist bei Vulkanausbrüchen und Erdbeben noch immer an den Form gebenden Abläufen der Erdoberfläche beteiligt.

SCHWARZE RAUCHER
Auf dem Meeresboden gibt es in tektonisch aktiven Zonen hydrothermale Schlote, die heißes, mineralreiches Wasser ausstoßen und den Urbakterien vermutlich als Nahrungsquelle dienten.

Die Planeten entstanden vermutlich durch aufeinander treffende Gesteinstrümmer und Staubpartikel, die in einer spiralförmigen Drehung verschmolzen.

Das Universum entstand vor etwa zwölf Milliarden Jahren mit dem so genannten Urknall, bei dem enorm verdichtete Materie in einer gewaltigen Explosion freigesetzt wurde.

Unser Sonnensystem entstand vor etwa sechs Milliarden Jahren in einer sich spiralförmig drehenden Scheibe aus Gas und Staub.

ENTSTEHUNG DER ERDE
Zwischen dem Urknall, dem Beginn des Universums, und der Entwicklung des Lebens auf der Erde liegen etwa acht Milliarden Jahre. Erst weitere drei Milliarden Jahre später entwickelten sich höhere Organismen.

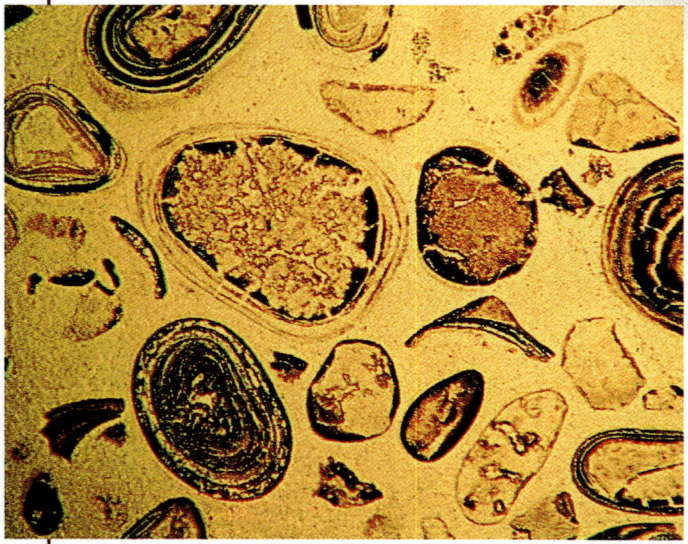

GUNFLINT ROCK
Der 1,9 Milliarden Jahre alte, quarzreiche Felsen aus Feuerstein in Westontario enthält einige der weltweit am besten erhaltenen Mikrofossilien des Präkambriums. Im Querschnitt werden die unterschiedlichen Strukturen der Bakterien jener Zeit sichtbar.

LAND, MEER UND LEBEN

Bei Vulkanausbrüchen entwichener Wasserdampf und diverse Gase bildeten die Uratmosphäre und schafften die Voraussetzung für das Vorkommen von Wasser auf der Erde . Noch nicht endgültig geklärt sind die Form gebenden Abläufe auf der Erdoberfläche. Silikatgesteine haben sich vermutlich bereits vor etwa vier Milliarden Jahren inselartig aus dem Wasser erhoben. Etwa eine Milliarde Jahre später wurden dann beim Aufeinandertreffen einzelner Schollen die ersten großen Landmassen gebildet. Vor vier Milliarden Jahren war die Erdkruste soweit abgekühlt, dass mikroskopisch kleine Organismen entstehen konnten. Der genaue Vorgang von der Entstehung des Lebens bleibt jedoch weiterhin Spekulation. Anfang der 1950-er Jahre gelang es Stanley Miller in Chicago Aminosäuren künstlich herzustellen. Er simulierte die Uratmosphäre, indem er eine Flasche mit Wasser, Ammoniak, Methan und Wasserstoff füllte und dieses Gemisch Sonnenstrahlung und elektrischen Impulsen aussetzte. Einer anderen Theorie zufolge könnten organische Moleküle im Sonnensystem entstanden und durch Meteoriteneinschläge auf die Erde gelangt sein. Wie auch immer, fest steht, dass die ersten Mikroorganismen ohne Sauerstoff und Schutz vor ultravioletten Strahlen existiert haben.

DER MOND

Die Untersuchung von Gesteinsproben der Mondoberfläche ergab ein Alter von 4,5 Milliarden Jahren. Er ist somit etwas jünger als die Erde und vermutlich bei der Kollision der Erde mit einem anderen Planeten abgespalten worden. Vielleicht handelt es sich aber auch um einen anderen Himmelskörper, eingefangen durch die Erdanziehungskraft..

EISENFORMATIONEN
Die rote Farbe dieser 1,8 bis 2,5 Milliarden Jahre alten Gesteinsformationen im Westen Australiens wird durch Eisenoxid (Rost) verursacht. Die Anreicherung der Atmosphäre mit Sauerstoff führte durch Oxidation zur Entstehung von Rost.

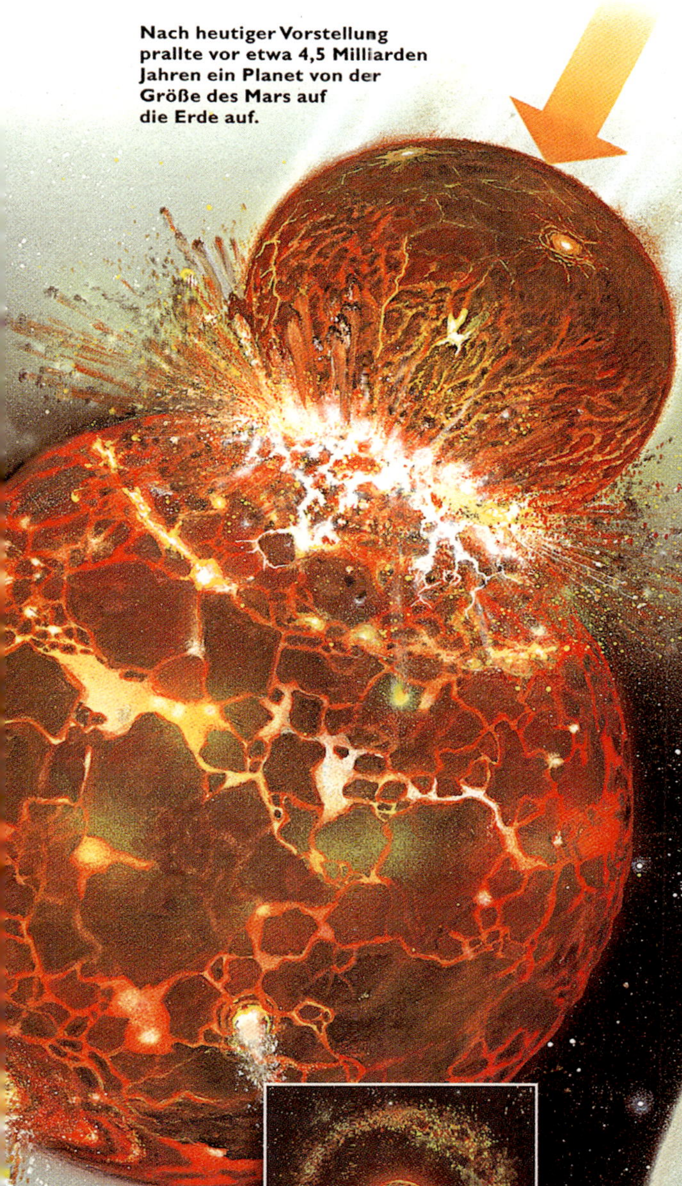

Nach heutiger Vorstellung prallte vor etwa 4,5 Milliarden Jahren ein Planet von der Größe des Mars auf die Erde auf.

Vor etwa 3,5 Milliarden Jahren kühlte die Erde soweit ab, dass es zur Bildung von Ozeanen und einer sauerstofffreien Uratmosphäre kommen konnte.

Der Mond könnte beim Zusammenstoß der Erde mit einem anderen Planeten von der Größe des Mars aus dabei abgespaltenen Gesteinströmmern entstanden sein.

IM WASSER BEGINNT DAS LEBEN

Die ältesten fossilen Funde über die Anfänge des Lebens auf der Erde wurden vor etwa 3,5 Milliarden Jahren auf dem Meeresboden abgelagert. Diese mikroskopisch kleinen Organismen lebten in einer Umgebung ohne Sauerstoff und waren extremen Temperaturen und einem hohen Säuregrad ausgesetzt.

EXTREME LEBENSFORMEN

Wie man aus Untersuchungen fossiler Funde seit den 1980-er Jahren weiß, lebten die frühesten Mikroorganismen auf der Erde unter vielfältigsten, sehr extremen Bedingungen. Aufschluss über ihre Lebensweise können die Springquellen im Yellowstone-National-Park geben. Sie sind Lebensraum thermophiler (Wärme liebender) Bakterien, die sich im 85 °Celsius heißen Wasser aufhalten. Das andere Extrem bilden psychrophile (kälteliebende) Bakterien in der Antarktis bei Temperaturen von etwa 5 °Celsius. Alkalibakterien leben in basischen Gewässern, azidophile Bakterien in nährstoffarmen Seen.Die Entdeckung heißer Springquellen auf dem Grund der Ozeane hat die Existenz chemosynthetischer Bakterien bestätigt, die ohne Sonnenlicht zur Zellteilung fähig sind. Diese einzelligen Organismen existieren bei Temperaturen bis über 100° Celsius. Sie leben von Mineralsalzen, die in kochendem Wasser gelöst sind.

All diese Bakterien gehören zu der primitivsten Gruppe von Organismen, den Archebakterien. Archebakterien und Eubakterien (zu denen auch Cyanobakterien zählen) sind Gruppen primitiver Organismen mit kleinen, einfach gebauten Zellen ohne Zellkern. Dadurch unterscheiden sie sich von höheren Tieren und Pflanzen, die große, differenzierte Zellen mit einem Zellkern besitzen. Archebakterien leben unter extremen Bedingungen in kochendem Wasser, Eis, Säuren, Laugen und Dunkelheit. Sie sind anaerob, das heißt sie existieren auch ohne Sauerstoff. Im Präkambrium

LEBENDE FOSSILIEN
In warmen, flachen Gewässern, wie in der Cortez-See in Mexiko, entstehen die Stromatolithen heute genauso, wie sie vor drei Milliarden Jahren von frühen Lebensformen gebildet wurden. Diese seltsamen Strukturen werden durch Algen und dem von ihnen ausgeschiedenen Kalk geformt.

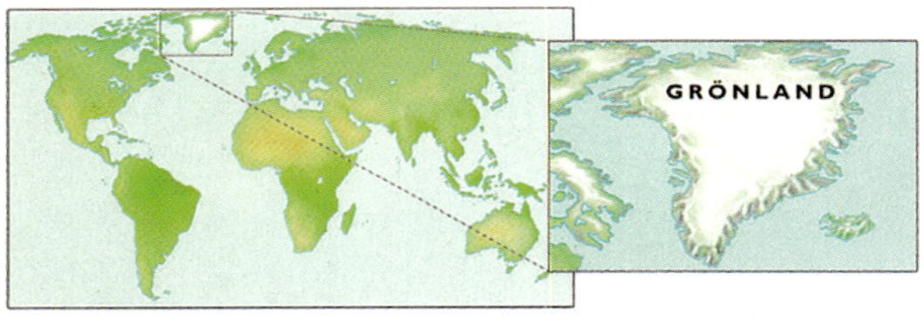

FRÜHE LEBENSZEICHEN
Vor 3,5 Milliarden Jahren besiedelten primitive Algen und Bakterien die Ufer flacher, warmer Gewässer und bildeten Rasen auf dem Meeresboden, die periodisch von Sedimenten überlagert wurden. Die Organismen wuchsen durch das Sediment nach oben zum Licht und bildeten darauf einen neuen Rasen. Dabei entstanden schließlich die charakteristischen Stromatolithen-Hügel. Diese Gebilde waren vermutlich die einzigen sichtbaren Lebenszeichen in der kahlen, vulkanischen Landschaft des Präkambriums.

bestand die Erdatmosphäre fast ausschließlich aus Stickstoff und Kohlendioxid, sodass jede Lebensform anaerob war.

STROMATOLITHEN

Die ältesten mit bloßem Auge erkennbaren Fossilien sind Stromatolithen, seltsame, geschichtete Kalksedimente im Flachwasser der Meere, die über drei Milliarden Jahre alt sind und zu den Leitfossilien des Präkambriums zählen. Stromatolithen entstehen durch Fotosynthese der Blaualgen. Der dabei ausgeschiedene Kalk lagert sich auf den Blaualgenrasen ab. Durch Schichtung mehrerer Lagen wächst das Gebilde nach oben und mit der Zeit entsteht ein schaliger Aufbau von bis zu einem Meter Höhe und 30 Zentimeter Breite. Ähnliche Kalkstrukturen findet man noch heute in warmen tropischen Gewässern. Die knollenförmigen Gebilde sind sehr charakteristisch und bleiben als Fossilien erhalten.

SAUERSTOFF IN DER ATMOSPHÄRE

Alle Fotosynthese treibenden Organismen produzieren Sauerstoff, ein Nebenprodukt, das bei der Zellteilung durch Verbrauch von Kohlendioxid, Wasser und Sonnenenergie entsteht. Bis diese Organismen etwa vor 2,5 Milliarden Jahren zahlreicher wurden, war der Anteil von Sauerstoff in der Atmosphäre unbedeutend. Bis dahin bestand die Atmosphäre hauptsächlich aus Kohlendioxid und Stickstoff.

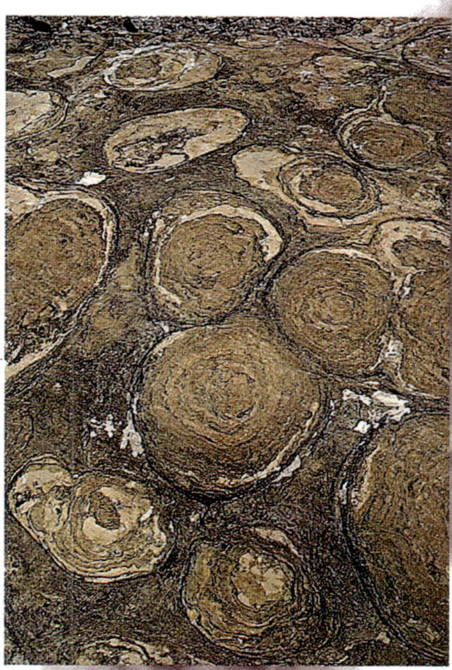

FOSSILE STROMATOLITHEN
Diese Stromatolithen stammen aus fossilem, marinem Sedimentgestein im Glacier-National-Park in Montana.

KOHLENSTOFF-RESTE

Spuren von noch älteren Organismen weisen Gesteine aus einer Zeit auf, in der die Erde relativ jung und hohen Temperaturen sowie hohem Druck ausgesetzt war. Fossilien konnten diese Vorgänge nicht überdauern, sodass mit sichtbaren Lebensspuren, die weiter als dreieinhalb Milliarden Jahre zurückreichen, nicht zu rechnen ist. Einige chemische Spurenelemente sind aber auch unter diesen Bedingungen noch nachweisbar.

Nur selten steht Gestein, das älter ist als 3,5 Milliarden Jahre, an der Erdoberfläche an. Einer der wenigen Orte, wo dies der Fall ist, ist die Isua-Formation auf West-Grönland. Dieses 3,7 Milliarden Jahre alte Gestein zeigt Spuren von Kohlenstoff, die man für die Überreste von Fotosynthese treibenden photoautotrophen Bakterien hält. Sie lebten auf der Wasseroberfläche und ihre Überreste sanken auf den Meeresboden, wo sie im Sediment eingelagert wurden. Eine ähnliche Funktion übernimmt heute das Plankton als Basis für die meisten Nahrungsketten im Lebensraum Wasser.

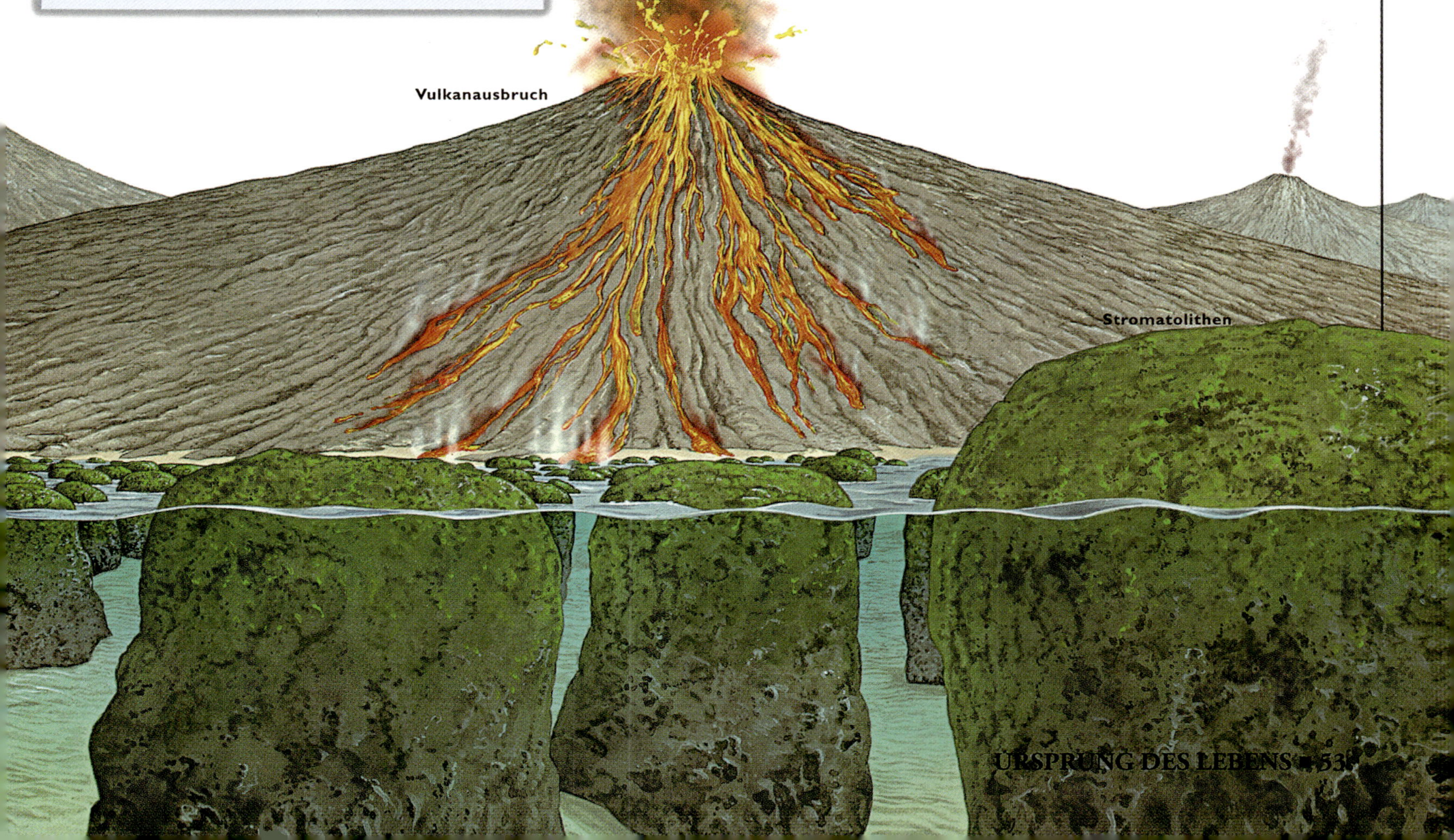

Das Proterozoikum

Entgegen früheren Annahmen belegen fossile Funde mittlerweile, dass sich bereits im Präkambrium in den Ozeanen mehrzellige Organismen entwickelten.

Das Proterozoikum, das vor 545 Millionen Jahren zu Ende ging, umfasst den letzten Abschnitt des Präkambriums. In dieser langen Periode der Erdgeschichte kam es zu Kontinentalverschiebungen und Änderungen in der chemischen Zusammensetzung der Atmosphäre und der Meere. Die Kontinente wurden durch zunehmende Sedimentation größer, Kontinentalschollen schoben sich übereinander und schmolzen zusammen. Geologen sehen es inzwischen als erwiesen an, dass sich im Proterozoikum die meisten Kontinente als zusammenhängende Landmasse auf der Südhalbkugel befanden, wobei Nordwestafrika über dem Südpol lag. Gegen Ende dieser Periode schoben sich die Kontinentalplatten zusammen und bildeten den großen Kontinent Pannotia, der nur sehr kurz existierte.

KONTINENTE IM WANDEL

Die äußeren Bedingungen im Proterozoikum galten früher als ausgesprochen lebensfeindlich. Die Landschaften bestanden aus nacktem Felsgestein, wilden Wasserläufen, Seen und ausgedehnten Steinwüsten und Sedimentflächen – eine nicht gerade einladende Umgebung für die Entwicklung des Lebens. In den Meeren waren die Bedingungen dagegen sehr viel besser. Das Meerwasser bot mehr Schutz für das Leben: Die schädlichen Lichtstrahlen wurden gefiltert, die empfindlichen Zellwände von Organismen blieben feucht und profitierten von der vergleichsweise hohen Dichte des Wassers.

SÜDAUSTRALISCHE ORGANISMEN
Spriggina ist eine der fossilen Ediacara-Organismen, die in Flinders Range in Südaustralien gefunden wurden. Sie wiesen sehr unterschiedliche Formen auf und waren die ersten höheren Organismen, die sichtbare Spuren im Gestein hinterließen, obwohl sie nur weiche Körperteile besaßen. *Spriggina* dürfte einem Trilobiten geähnelt haben.

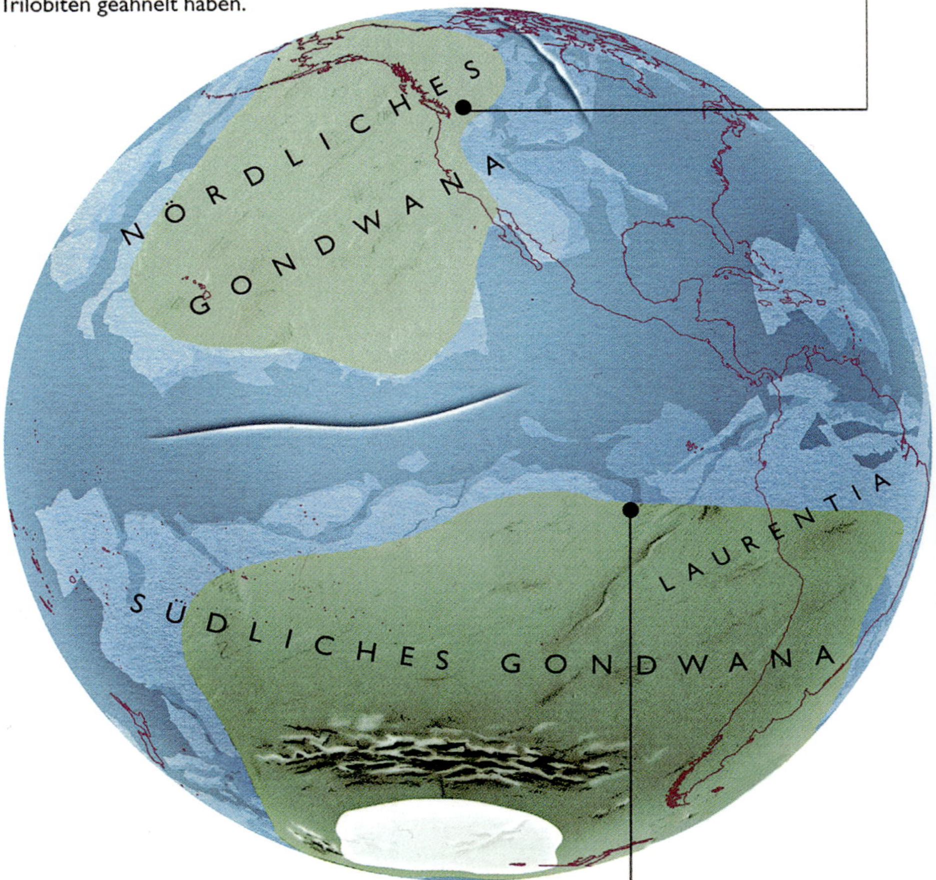

Im Sand von Namibia
Der aus dem Proterozoikum stammende Sandstein Namibias enthält einige der am besten erhaltenen versteinerten Ediacara-Funde der Welt. Sie wurden ursprünglich in Flachwasserseen abgelagert und bei der späteren Faltung und Veränderung der Gesteine nicht zerstört.

Dass sich die Evolution höheren Lebens bereits im Proterozoikum vollzogen hat, kann heute anhand fossiler Funde und der großen Vielfalt verschiedener Lebensformen in Gesteinsformationen des frühen Kambriums belegt werden, die sich bereits im Proterozoikum entwickelt haben.

DIFFERENZIERTE LEBENSFORMEN

Gruppen komplexer, mehrzelliger Organismen, gesondert von höheren Pflanzen, sind in der Zeit des Proterozoikums entstanden. Leider sind von diesen Lebewesen kaum fossile Spuren erhalten.

ERDÖL IM PROTEROZOIKUM

Spuren von Erdöl und Gas, die etwa zwei Milliarden Jahre alt sind, wurden vor Kurzem in Australien und Südafrika entdeckt. Da Erdöl und Gas durch die Zersetzung winziger Meeresorganismen entstehen, kann man den Schluss ziehen, dass in den Meeren zu jener Zeit eine viel größere Zahl primitiver Mikroorganismen existiert haben muss, als man früher annahm. Diese Mikroorganismen waren als Plankton eine wichtige Nahrungsquelle für höhere Lebewesen. Dennoch dauerte es überraschend lange, bis sich größere Mehrzeller, die diese Nahrung verwerten konnten, entwickelten.

Hohltiere
Unter den seltsamsten Ediacara-Organismen Namibias sind diese zwei Exemplare von *Pteridinium* in dreidimensionaler Form erhalten. Sie lebten wahrscheinlich eingegraben im Meeresboden und hatten sackförmige, mit Sand gefüllte Körper. Die kleine Münze vermittelt einen Eindruck von der Größenordnung.

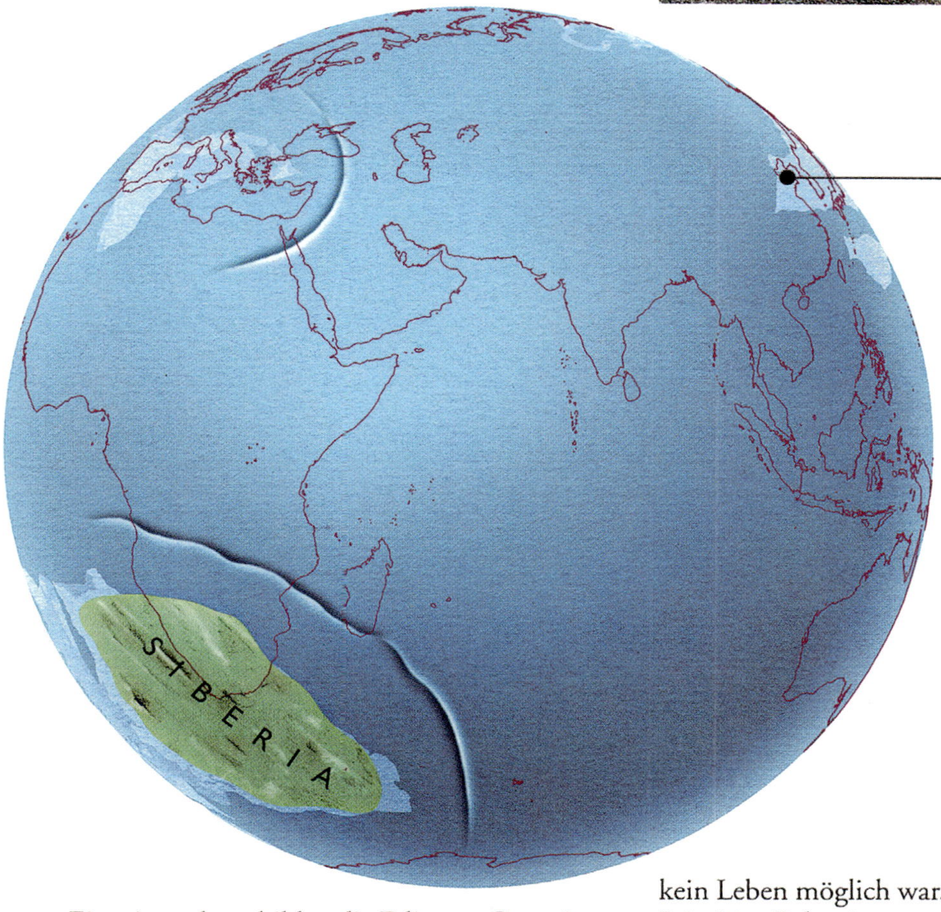

Eine Ausnahme bilden die Ediacara-Organismen – die ersten höheren Lebewesen, deren versteinerte Spuren in Ablagerungen am Meeresboden gefunden wurden. Sie besaßen weder Schalen noch andere harte Körperteile, nur ihre Abdrucke sind in einem breiten Spektrum verschiedener Formen im Sediment erhalten. Sie ähnelten meist Quallen oder Würmern. Welche Bedeutung sie für die Entwicklungsgeschichte haben, ist noch ungeklärt.

DAS FEHLEN VON SAUERSTOFF

Der Sauerstoffgehalt vor 620 Millionen Jahren war noch sehr gering, sodass außerhalb des Wassers kein Leben möglich war. Primitive Bakterien nutzten in den Ozeanen bereits vor mindestens 3,8 Milliarden Jahren Sonnenenergie, um durch Fotosynthese Sauerstoff zu produzieren. Der Sauerstoff wurde von gelösten Eisenmineralien aufgenommen, die als unlösliches Eisenerz ausfallen. So entstanden große Eisenerzlager, die »gebänderten Eisenerze«.

Es dauerte fast eine Milliarde Jahre, bis der Sauerstoffanteil in der Atmosphäre von 0,2 auf 17 Prozent stieg, was annähernd dem heutigen Wert von 21 Prozent entspricht.

Ediacara-Organismen
Die flachen Scheiben der *Dickinsonia* erreichten eine Länge von 60 Zentimetern und stellten somit eines der ersten größeren Lebewesen dar. Der Körper ist segmentiert und zeigt eine mittige Symmetrieachse. Die Beschaffenheit ihres Körpers war wahrscheinlich fester als die von Quallen oder Würmern.

Komplexe Organismen tauchen auf

Der erste überzeugende fossile Beweis für die Existenz komplexer Organismen gegen Ende des Präkambriums wurde in den 1940-er Jahren in Südaustralien entdeckt. Diese Ediacara-Fossilien – benannt nach den »Ediacara Hills« bei »Flinders Range« in Australien, wo sie zuerst gefunden wurden – sind in Form kleiner Abdrucke in sandigen Ablagerungen erhalten. Hunderte von Ediacara-Organismen wurden inzwischen in der ganzen Welt gefunden, immer in Gesteinen, die der Periode des Proterozoikums zugeordnet werden. Mal treten sie in kleinen Klumpen, mal als gerippte Wedel oder als Bänder in Größen von einem Zentimeter bis zu einem Meter auf. Ihre weichen Körper besaßen scheinbar keine schützenden, harten Teile wie beispielsweise Schalen.

Flinders Range
Die »Ediacara Hills« in »Flinders Range« im Süden Australiens wurden in den 1940-er Jahren durch den Geologen R. C. Sprigg berühmt, der eine Reihe von Fossilien aus dem Präkambrium entdeckte, die Größen von einem Zentimeter bis zu einem Meter aufwiesen.

Präkambrische Quallen

Ursprünglich wurden die Ediacara-Organismen als Vorfahren der wichtigsten Gruppen Wirbelloser Tiere (Invertebrata) angesehen und den Quallen, Würmern und Seefedern zugeordnet. Diese Rolle wird nach neueren Erkenntnissen in Frage gestellt. Man geht heute davon aus, dass die Ediacara-Organismen im Ganzen eine ausgestorbene Gruppe darstellen, die weder tierisch noch pflanzlich war und gewissermaßen in einer Art evolutionärer Sackgasse endete. Denkbar wäre aber auch, dass sich zumindest einige rezente Wirbellose wie Gliederfüßer (Arthropoden) und Ringelwürmer (Anneliden) aus Ediacara-Organismen entwickelt haben. Charnia und Pteridinium zum Beispiel könnten die Vorfahren der heutigen Seefedern sein.

Rätsel der Evolution

Der genaue Zeitpunkt vom Auftreten der ersten mehrzelligen Lebewesen (Metazoen) ist noch immer eines der großen ungelösten Rätsel der Evolu-

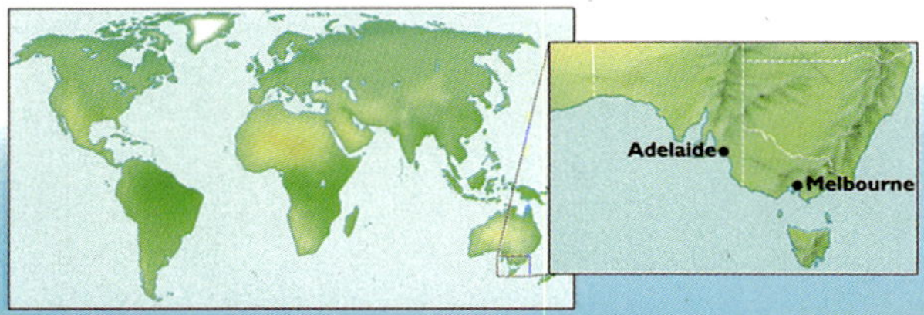

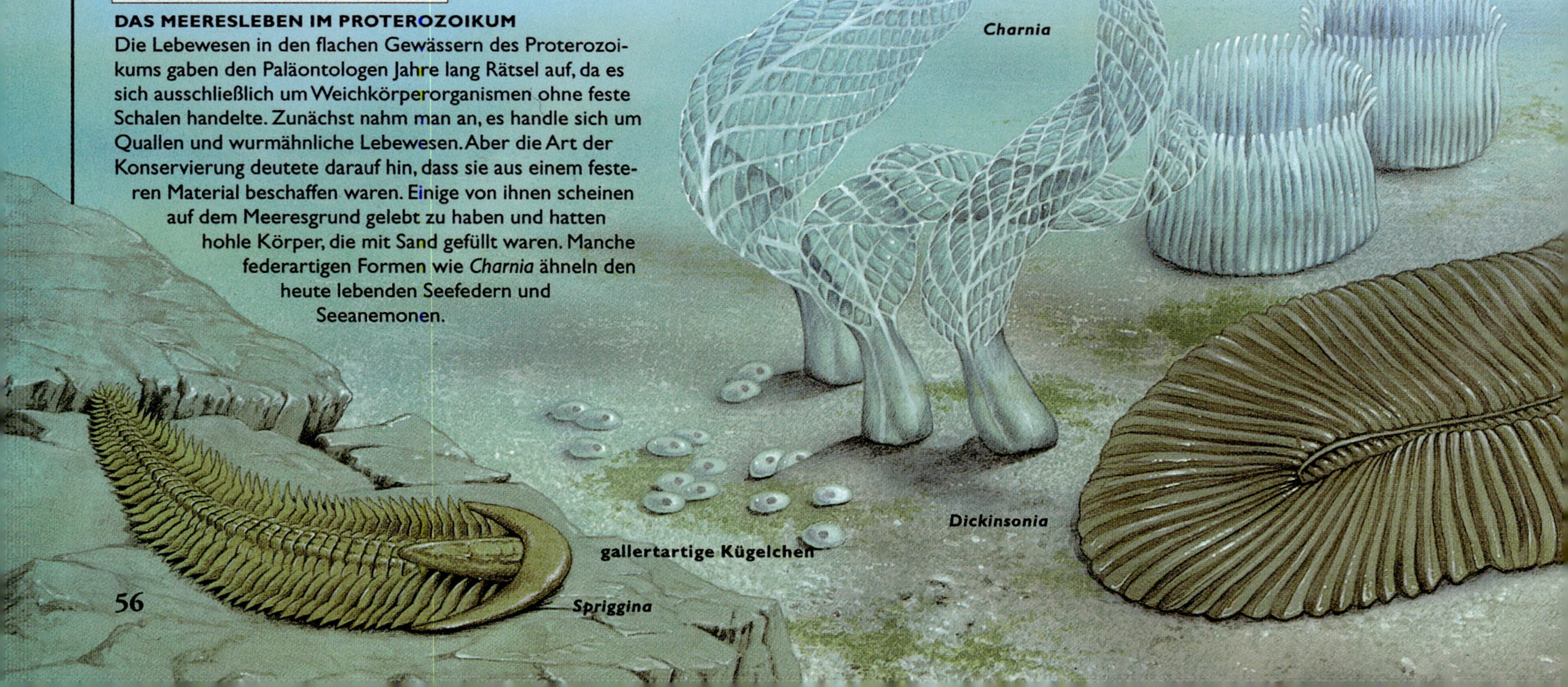

DAS MEERESLEBEN IM PROTEROZOIKUM
Die Lebewesen in den flachen Gewässern des Proterozoikums gaben den Paläontologen Jahre lang Rätsel auf, da es sich ausschließlich um Weichkörperorganismen ohne feste Schalen handelte. Zunächst nahm man an, es handle sich um Quallen und wurmähnliche Lebewesen. Aber die Art der Konservierung deutete darauf hin, dass sie aus einem festeren Material beschaffen waren. Einige von ihnen scheinen auf dem Meeresgrund gelebt zu haben und hatten hohle Körper, die mit Sand gefüllt waren. Manche federartigen Formen wie *Charnia* ähneln den heute lebenden Seefedern und Seeanemonen.

tion und den Ediacara-Organismen kommt darin eine Schlüsselfunktion zu. Es gibt Gründe zur Annahme, dass einzellige Organismen bereits vor einer Milliarde oder mehr Jahren zu geschlechtlicher Vermehrung fähig waren. Die große Formenvielfalt von 545 Millionen Jahren alten Fossilien aus dem Kambrium ist nur damit zu erklären, dass ihre Anfänge schon bis ins Präkambrium zurückreichen.

Untermauert wird diese These von der Annahme einer so genannten »molekularen Uhr«. Diese basiert auf der Kenntnis über die zeitlichen Abläufe genetischer Veränderungen sowie der Zeitdauer, die zur Entwicklung der heute existierenden Tierordnungen erforderlich war und schätzt den Ursprung mehrzelliger Lebewesen und den Beginn der Differenzierung in verschiedene Tierstämme auf eine Zeit zwischen 600 Millionen und einer Milliarde Jahren.

Fossiler Embryo
Kleiner als ein Zehntel Millimeter im Durchmesser ist dieser Embryo eines unbekannten frühen Organismus. Er wurde vor etwa 570 Millionen Jahren versteinert und 1997 in China in Gesteinsschichten des Proterozoikums gefunden.

DIE ENTWICKLUNG VON EDIACARA-FOSSILIEN

Da Weichtierorganismen normalerweise in Ablagerungen nicht versteinert werden, lassen sie sich im Gestein auch nicht als Fossilien nachweisen. Eine Ausnahme bilden die Ediacara-Lebewesen, deren Körper zwar zusammengedrückt, aber im Wesentlichen als dreidimensionaler Abdruck im Sandstein erhalten sind. Experimente, die mit in Sand eingegrabenen Quallen durchgeführt wurden, um den Prozess der Konservierung nachzuvollziehen, schlugen fehl. Sie hinterließen keine annähernd vergleichbaren Spuren. Daraus schlossen die Wissenschaftler, dass die Körper der Ediacara-Organismen aus einer festeren Substanz beschaffen sein mussten, als die heutiger Quallen. Sie vermuten, dass das einzige rezente Lebewesen, mit dem das Experiment gelingen könnte, eine Flechte ist.

1997 wurde der versteinerte Beweis dafür in Südchina gefunden. In 570 Millionen Jahren altem Gestein fanden sich winzige Kugeln mit einem Durchmesser kleiner als ein zehntel Millimeter und einer feinen Zellstruktur, die man bis dahin in Fossilien diesen Alters noch nie gesehen hatte.

Es stellte sich heraus, dass es sich um fossile Embryonen handelte, die nur Stunden oder sogar Minuten nach der Befruchtung versteinert wurden. Der Vorgang selbst bleibt ungeklärt. Die Zellform der Embryonen ähnelt stark der von frühen Wirbellosen wie zum Beispiel mehrzelligen Strudelwürmern und Gliederfüßern. Ihr Vorkommen in 570 Millionen Jahre alten Formationen beweist, dass bereits zu diesem Zeitpunkt komplexe Tierformen existiert haben müssen. Fossile Überreste ausgewachsener Organismen ähnlicher Arten wurden nur in Formationen jüngerer geologischer Gesteinsschichten gefunden.

Kambrische Explosion

Der Beginn des Kambriums war von entscheidender Bedeutung für die Entfaltung des Lebens auf der Erde. Das Leben im Meer entwickelte sich sprunghaft und brachte eine Vielzahl neuer Organismen hervor, die wir durch eine Fülle versteinerter Schalen und Gehäuse kennen.

Der Abschnitt der Erdgeschichte, den man als Kambrium bezeichnet, begann vor 545 Millionen Jahren und dauerte annähernd 50 Millionen Jahre. Er kennzeichnet die älteste Periode des Paläozoikums, des Erdaltertums. Mit dem Kambrium begann die rasche Zunahme einer erstaunlichen Vielfalt an Lebensformen.

Nach der erdgeschichtlich unvorstellbar langen Zeit des Präkambriums, das über drei Milliarden Jahre dauerte, tauchten plötzlich eine Reihe von bisher unbekannten Fossilien in den Sedimenten der Meere auf. Gleichzeitig kam es zu einschneidenden Umweltveränderungen. Eine globale Erwärmung nach der Eokambrischen Vereisung ließ das Eis schmelzen und den Pegel der Meere stetig steigen. Dabei wurden die alten Kontinente überflutet. In den flachen äquatorialen Gewässern der

DER NAME

Der Begriff Kambrium wurde zuerst 1835 von dem englischen Geologieprofessor Adam Sedgwick definiert. Bei der kartografischen Erfassung einer Reihe von Meeresformationen in Nordwales zeigte er, dass diese über älterem Gestein des Präkambriums lagen und unter jüngeren Formationen des Silurs. Er nannte sie Kambrium nach der lateinischen Bezeichnung für Wales.

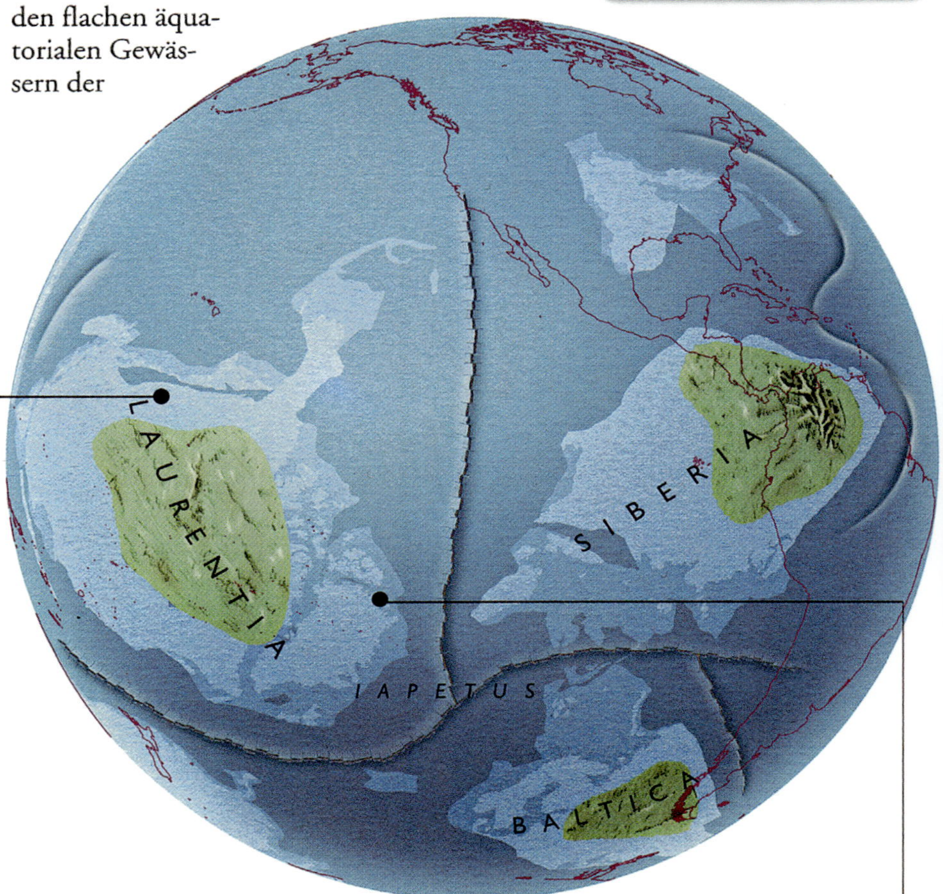

HOHLE SCHALE
Die winzigen, hohlen, mützenförmigen Schalen der Lapworthelliden wurden in Formationen des Unterkambrium in Kanada entdeckt. Bei diesen Organismen handelte es wahrscheinlich um schneckenähnliche Weichtiere.

EIN RÄTSELHAFTER FUND
Halkiera (rechts), ein Fossil aus Formationen des Unterkambriums in Grönland, hatte einen sehr ungewöhnlichen Körperbau. Der flache, wurmartig segmentierte Körper wies ähnlich wie bei Armfüßern an jedem Ende eine Muschelschale auf und war von Schuppen bedeckt. Diese Mischung verschiedener Merkmale könnte ein Hinweis darauf sein, dass es sich um eine Stammform verschiedener Tiergruppen handelt.

Sibirischen Platte wurden kleine, aus Kalziumkarbonat bestehende Fossilien als Kalkstein abgelagert. Das Oberkambrium war die Zeit der Transgression, in der die Flachmeere weit in Festlandsgebiete vordrangen.

SPUREN VON LEBEN

Versteinerungen zeigen oft, dass sich Gruppen von Organismen nur entwickelt und verändert haben, um auszusterben und anderen Lebewesen Platz zu machen. Zu Beginn des Kambriums wird diese Phase der Entstehung und Veränderung besonders deutlich. Fossile Funde vom Meeresboden zeigen, dass sich immer komplexere Organismen entwickelten. So gibt es Tierspuren mit schalenartiger Außenhaut (Exoskelett), vermutlich Gliederfüßer oder Wirbellose mit unterteilten Gliedmaßen und segmentierten Körpern. Desweiteren fand man 40 verschiedene muschelartige Tiere in fossilen marinen Kalksteinschichten aus jener Zeit, die nicht größer als einen Millimeter waren.

Man nimmt an, dass viele dieser kleinen fossilen Muscheln primitive Weichtiere (Mollusken) in einem frühen Entwicklungsstadium darstellen. Ihre Kegelform ähnelt der heutiger Napfschnecken, nur besaßen einige von ihnen eine seltsame schnorchelartige Röhre, die seitlich aus dem Kegel herausragte. Diese diente vermutlich der Regulation von ein- und ausströmendem Wasser, der Atmung, dem Herausfiltern von Nahrung, sowie dem Ausscheiden von Abfallstoffen und vermehrungsfähigen Zellen ins Meer. *Archaeocyatha*, etwas größere kegelförmige Fossilien, hatten eine poröse Wand und sind wahrscheinlich mit Schwämmen verwandt.

Diese Lebensformen sind die ersten Zeugen umwälzender entwicklungsgeschichtlicher Vorgänge, die sich im frühen Kambrium abspielten. Bevor sie schließlich verschwanden, um anderen Tieren Platz zu machen, waren sie weltweit verbreitet.

NAPFSCHNECKE
Mobergella, eine winzige, kappenförmige Molluske aus Schweden ist eine der unzähligen unbenannten muschelartigen Organismen, die weltweit in den Formationen des Unterkambriums gefunden wurden. Man vermutet, dass die paarigen Einkerbungen die Muskelverbindungsstellen eines napfschneckenähnlichen Tieres sind.

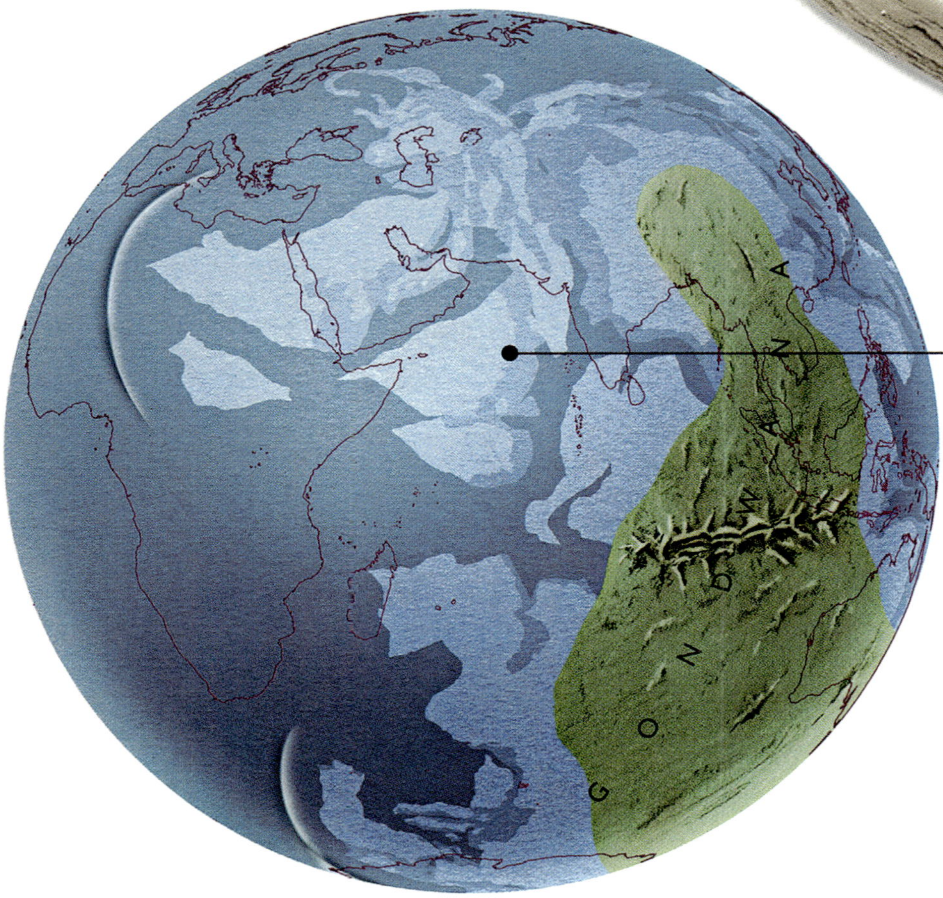

VERSTEINERTER STACHEL
Diese millimetergroße Versteinerung namens *Zhijinites*, wurde chemisch aus Gestein des Unterkambriums in der chinesischen Provinz Sichuan herausgelöst. Es handelt sich dabei wahrscheinlich um einen der zahlreichen zur Abwehr dienenden Stacheln, die in die Haut eines größeren, bis heute unbekannten Tieres eingebettet waren.

Meereslebewesen im Unterkambrium

Die Fossilien aus den Gesteinsschichten des Unterkambriums deuten auf eine recht ungewöhnliche Unterwasserwelt mit kleinwüchsigen Lebewesen hin. Die Organismen blieben im Vergleich zur Fauna des Proterozoikums mit Körpermaßen von einem Meter Länge deutlich kleiner. Die vergleichsweise größten Lebewesen des Unterkambriums waren kleine kegelförmige Organismen (Archaeocyatha) von nur wenigen Zentimetern Länge. Diese Tiere bildeten ausgedehnte riffähnliche Strukturen in den flachen tropischen Gewässern, wo sie lebten. Den Meeresboden im unmittelbaren Umfeld besiedelten kleinere, schneckenähnliche Tiere mit einer winzigen, kegelförmigen Schale. Kleine Würmer, die in nur wenige Zentimeter tiefen Gräben lebten, kamen ebenfalls vor. Kein Lebewesen aber war über siebeneinhalb Zentimeter lang.

Die ersten Schalen

Die Entwicklung von Schalen stammt aus der Zeit des Unterkambriums. Die Fossilien, die die Grenze zwischen den Gesteinsformationen des Präkambriums und Kambriums kennzeichnen, hinterließen nur Kriechspuren und Gräben. In den darüber liegenden Gesteinsschichten aber tauchen erstmals versteinerte Schalen und Gehäuse auf. Sie lassen sich in zwei klar voneinander zu unterscheidende Gruppen einteilen: die Schalen von Archaeocyatha in Form poröser Kegel und festwandige kegelförmige Schalen von kleineren Lebewesen mit nur fünf Millimetern Durchmesser. Daneben fand man Formen versteinerter Stacheln, Zapfen und schuppenähnlicher Plättchen, die zu einer Reihe verschiedener kleiner Lebewesen gehört haben müssen.

Harte Stacheln, Schuppen und Schalen haben in der Natur häufig eine Abwehrfunktion und lassen die Notwendigkeit nach Schutz erkennen. Das Leben wurde im Kambrium also scheinbar gefährlicher als in früheren Perioden. Sollte das wirklich zutreffen, müssten sich die Beziehungen zwischen den Organismen dieser Zeit neu geordnet haben. Es begann weltweit eine Art Wettrüsten in kleinem Maßstab.

FRÜHE SCHALENORGANISMEN
Die Archaeocyatha gehörten zu den ersten Tieren mit hartschaliger Außenhaut, die innere und äußere poröse, kalkhaltige Wände bildete. Diese doppelwandige Struktur ist in einem Querschnitt durch ein versteinertes Fundstück von einer Gruppe von Archaeocyatha deutlich zu erkennen (oben).

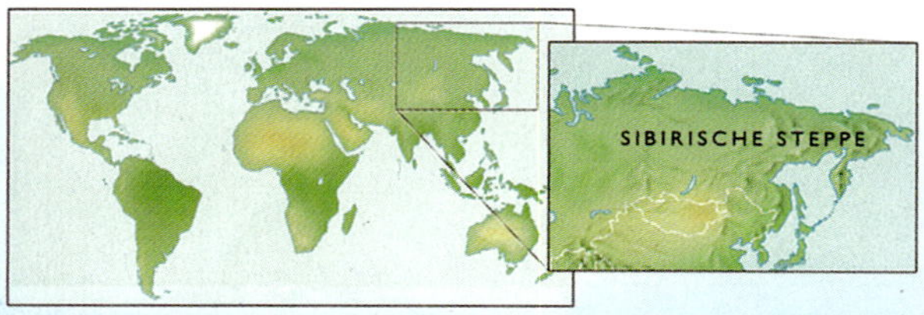

EIN MIKROKOSMOS UNTER WASSER
Winzige, versteinerte Schalen und Plättchen aus Ablagerungen des Unterkambriums zeigen, wie groß die Formenvielfalt am Meeresgrund war. Sie umfasste zahlreiche unterschiedliche Tiere, die auf oder in den oberen Sedimentschichten lebten. Einige von ihnen gehörten zu den bekannten Gruppen der Weichtiere (*Yachelcionella, Latouchella, Hyolithellus*), zweischaligen Armfüßern und schwammähnlichen *Archaeocyatha*. Andere sind dagegen schwer einzuordnen, wie zum Beispiel *Microdictyon*, ein Gliederfüßer mit weichem Körper und eigenartigen, in die Haut eingebetteten Plättchen sowie *Tommotia*, ein seltsam aussehendes Weichtier.

UNTERSCHIEDLICHE FUNKTIONEN

Die Schalen der Archaeocyatha und die Gehäuse anderer kleiner Weichtiere erfüllten ganz unterschiedliche Funktionen. Archaeocyatha diente sie vor allem zur Verankerung auf dem Meeresboden. Von dort wuchsen sie empor, so wie die heutigen Schwämme und Korallen auch. Zudem wurden bei der Nahrungsaufnahme durch die poröse Schalenwand mikroskopisch kleine Nahrungspartikel aus dem Meerwasser herausgefiltert. Der Schutz vor Angreifern war dabei nebensächlich.

Im Gegensatz dazu war bei den winzigen Schalen anderer Weichtiere besonders die Schutzfunktion wichtig. Sie lebten am Meeresgrund und ernährten sich, indem sie organisches Material vom Boden abgrasten. Ohne die harte Schale wären ihre ungeschützten, fleischigen Körper schnell zur Zielscheibe für die im Wasser darüber schwimmenden Angreifer geworden.

Die Unterwasserwelt mit den kleinwüchsigen Lebewesen des Unterkambriums bestand geologisch gesehen nur kurze Zeit. Auch Archaeocyatha, die sich rasch weltweit ausbreitete, existierte nur etwa 35 Millionen Jahre und starb im Oberkambrium aus. Bei den kleinschaligen Weichtieren vermutet man dagegen, dass es sich um Vorläufer heutiger Mollusken handelt.

GEPANZERTE GLIEDERFÜSSER
Trilobiten, wegen ihrer dreilappigen Schale so genannt, tauchten zuerst vor 545 Millionen Jahren auf. Sie zählen zu den frühesten bekannten Gliederfüßern und umfassen ein Drittel aller in Gesteinsformationen des Kambriums gefundenen Fossilien. Sie gehörten zu den ersten Tieren, die ein äußeres Stützgerüst entwickelt haben.

Mit der Entwicklung schützender Schalen wurde in vergleichsweise kurzer Zeit zwar ein bedeutender Schritt in der Evolution vollzogen, dieser reichte jedoch nicht aus, um das Überleben der Arten sicherzustellen. Am Ende des Mittelkambriums (vor 520 Millionen Jahren) starben die meisten von ihnen aus und eine neue Entwicklung stand bevor.

DER NUTZEN VON SCHALEN

Warum haben die frühen Organismen des Kambriums Schalen entwickelt? Naheliegend wäre anzunehmen, dass sie Schutz benötigten. Aber zu diesem Zeitpunkt gab es keine bekannten, mit Zähnen bewaffneten Angreifer, wovor also mussten sich diese winzigen Lebewesen schützen? Eine Möglichkeit wäre, dass die Feinde andere Angriffsmethoden hatten, wie zum Beispiel Reizzellen, die keine fossilen Spuren hinterließen. Denkbar wäre aber auch, dass diese Schalen nicht nur eine Schutzfunktion hatten. Sie könnten als Energiespeicher gedient haben, eine Reaktion auf die chemischen Veränderungen im Meerwasser gewesen sein oder der Verankerung am Untergrund gedient haben.

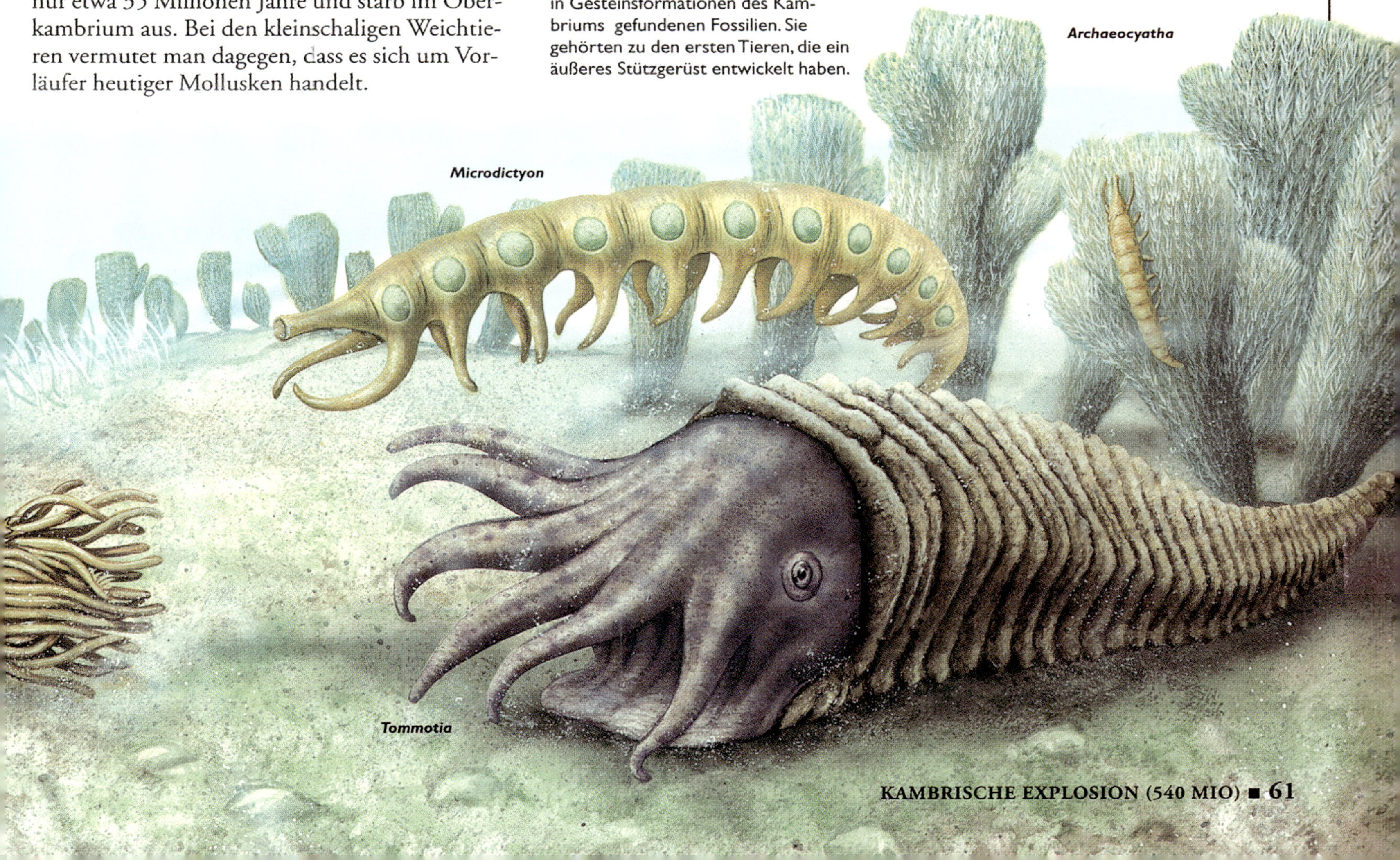

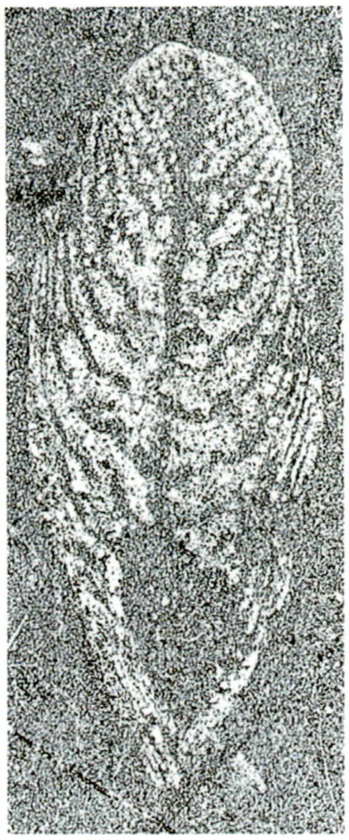

BLATTFÖRMIGE TIERE
Diese 20 Zentimeter große *Thaumaptilon*-Versteinerung aus dem Burgess-Schiefer ähnelt den blattförmigen Ediacara-Organismen des Proterozoikums wie *Charnia*. Manche Wissenschaftler behaupten, die beiden seien miteinander verwandt. Es könnte sich auch um einen 560 Millionen Jahre alten Vorfahren der heute lebenden Seefedern, den Kolonien bildenden Verwandten der Korallen handeln.

Oberkambrium

Die erfolgreiche Entwicklung der Gliederfüßer (Arthropoden) sowie der Trilobiten setzt sich fort. Kennzeichnend ist auch die Entwicklung eines möglichen Vorfahren der Wirbeltiere (Vertebraten).

Während das Erdklima gegen Ende des Präkambriums noch von mehreren Eiszeiten beeinflusst wurde, kam es nun zu einer deutlichen Erwärmung, in der der Superkontinent Pannotia, bestehend aus dem südlichen Gondwana, Laurentia (Nordamerika), Baltica (Eurasien), Sibiria (Asien) und Avalonia (Westeuropa) weiter auseinander brach, wobei der Iapetus-Ozean, Vorläufer des heutigen Atlantischen Ozeans, entstand. Die Temperaturen lagen über dem heutigen Durchschnitt und das Klima wurde zunehmend feuchter. Das mit Beginn des Kambriums einsetzende Vordringen der Meere hielt bis zum Oberkambrium an. Bis dahin war mehr als die Hälfte des nordamerikanischen Kontinents von Flachmeeren überflutet.

DAS STERBEN VON ARTEN
Die Umweltbedingungen für die Ausbreitung und Neubildung von Arten war in diesen warmen, Licht erfüllten Gewässern zwar ideal, aber die Entwicklung verlief nicht geradlinig. Es kam zweimal zu einem großen Artensterben, einmal gegen Ende des Präkambriums und ein zweites, noch schwerwiegenderes Mal zu Beginn des Mittelkambriums, vor etwa 530 Millionen Jahren, als bis zu 70 Prozent der Arten verschwanden. Während Tiergruppen wie die Archaeocyatha ausstarben, konnten sich andere erfolgreichere

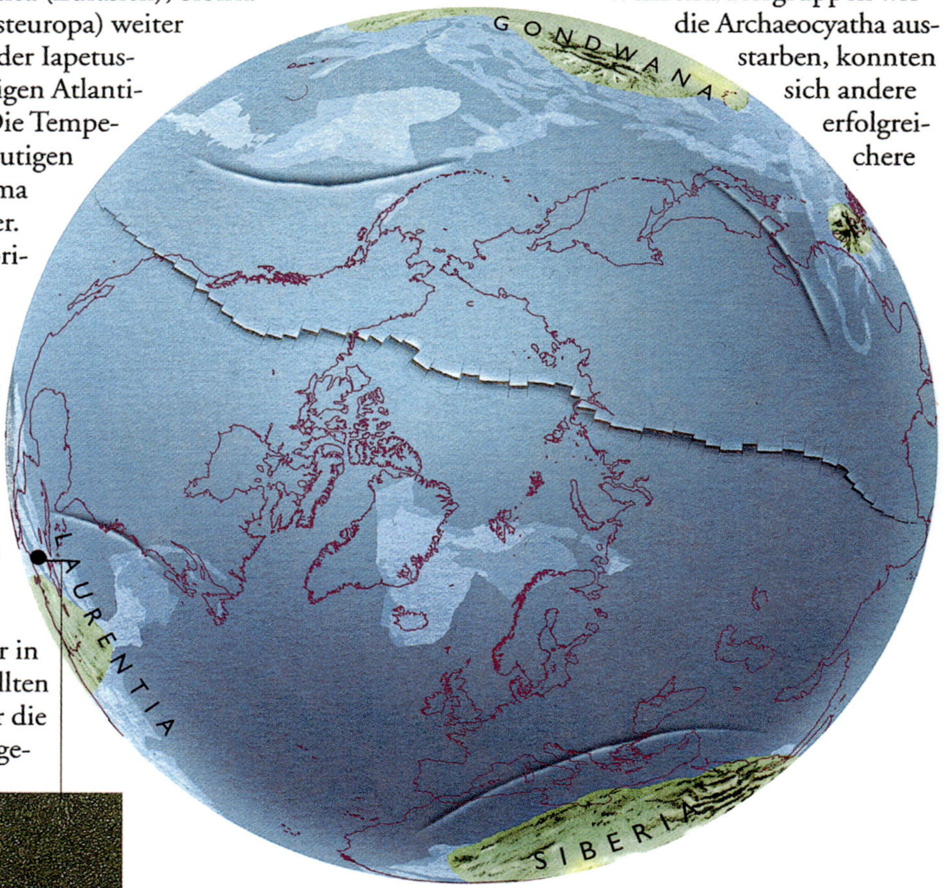

GEPANZERTE SCHNECKE
Schuppenartige Panzerplättchen bedecken diese schneckenähnliche, vier Zentimeter lange *Wiwaxia*, die aus dem Burgess-Schiefer in Kanada stammt. Die Schuppen sind hohl und mit gitterartig gekreuzten Rippen besetzt. Vermutlich haben sie durch schillernden Glanz Artgenossen angelockt.

URSACHEN DES MASSENSTERBENS

Das Massensterben im Mittelkambrium wurde vermutlich durch Wasserstandsschwankungen der Meere verursacht. Als der Wasserstand gegen Ende des Präkambriums allgemein stieg, wurden auch die Schelfmeere besiedelt. Im Mittelkambrium fiel der Meeresspiegel erneut, die Flachwasserzonen trockneten aus und zahlreiche Arten in diesem Bereich wurden ausgelöscht.

und aggressivere räuberische Lebewesen wie *Anomalocaris* und *Laggania* im Mittelkambrium fortentwickeln. Diese hatten bereits Kiefer, mit denen sie zubeißen konnten. Bei weiteren erfolgreichen Fleisch fressenden Räubern handelte es sich meist um Würmer, die ihre Opfer ganz verschlangen.

Gliederfüßer, einschließlich Trilobiten, zählten zu den häufigsten Meeresorganismen dieser Zeit und entwickelten sich ebenfalls weiter. Ihre Körper waren in zunehmendem Maße gepanzert und zur Verteidigung oft mit Stacheln und kettengliedartigen Gebilden bewehrt. Einige Gliederfüßer bildeten um sich herum harte Schalen aus den im Meerwasser gelösten Karbonaten und Phosphaten.

AUF DEN KOPF GESTELLT
Dieses Tier aus dem Burgess-Schiefer ist genauso eigenartig, wie es der Name *Hallucigenia* andeutet. Die aufgerichteten, steifen Stacheln wurden anfangs für Beine gehalten und die beweglichen Anhänge auf der Unterseite für den Fressapparat. Inzwischen betrachten die Wissenschaftler das Tier andersherum. Es ist jedoch immer noch nicht klar, welches Ende den Kopf und welches den Schwanz darstellt.

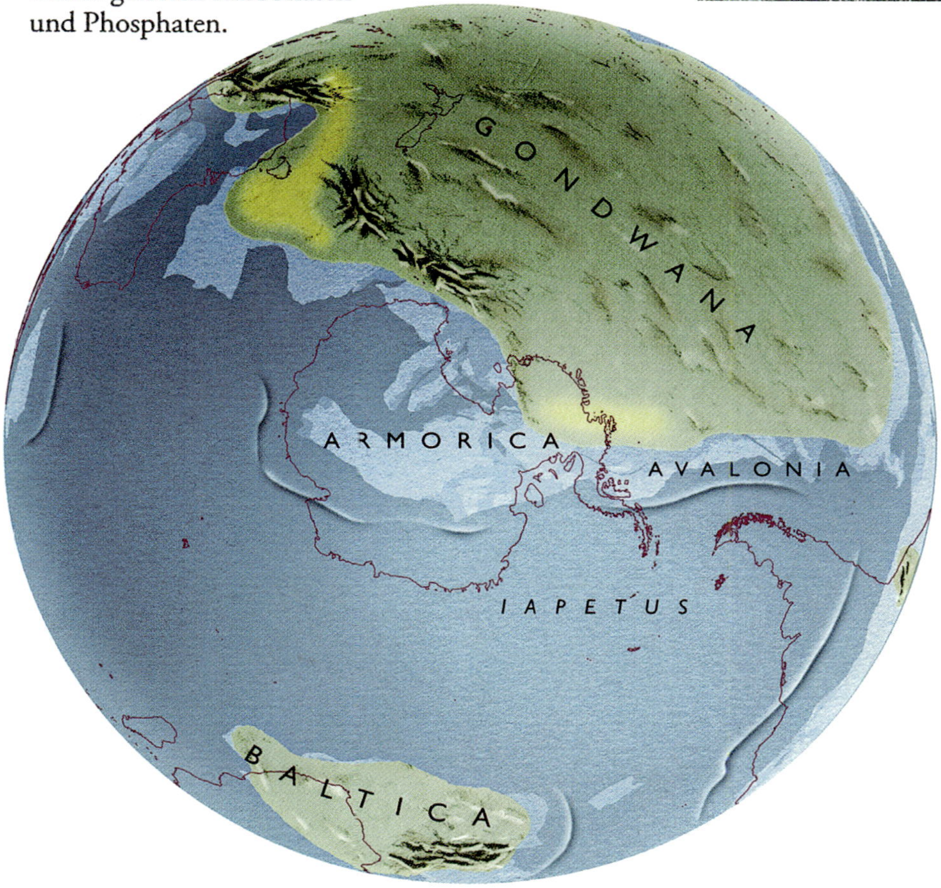

ZEIGT HER EURE FÜẞE
Trilobiten wie *Olenoides* gehörten zu den erfolgreichen Gliederfüßern im Oberkambrium. Die Versteinerung aus dem Burgess-Schiefer zeigt detailgetreu seine Beine, die aus einer harten, krabbenähnlichen Schale herausragen.

PIKAIA UND DER BURGESS-SCHIEFER

Die Weichtiere und Armfüßer (zweischalige Wirbellose) aus dem Unterkambrium veränderten sich weiter. Aber die für die Evolution vermutlich bedeutendste Entwicklung im Oberkambrium war das Auftauchen eines kleinen, schwimmenden Tieres namens *Pikaia* (siehe Seite 66). Zum ersten Mal wies ein Tier die charakteristischen Merkmale einer Wirbelsäule in Form eines langen, versteiften Stabs und eines Rückenmarknervenstranges auf. Man nimmt an, dass *Pikaia* der Vorläufer aller Wirbeltiere, einschließlich des Menschen, war. Noch immer ist alles Leben ausschließlich auf die Meere beschränkt, auch das der einzelligen Cyanophyta (Blaualgen) und der frühen mehrzelligen Algen (Grün-, Rot- und Braunalgen).

Seit den wissenschaftlichen Untersuchungen in den 1980-er Jahren wird die Kenntnis über die Lebensformen im Kambrium immer umfangreicher. Der berühmt gewordene Burgess-Schiefer in Kanada sowie neuere Funde aus der Provinz Yunnan in China und Sirius Passet in Grönland lieferten dazu wertvolles Material.

Die Meereswelt von Burgess

Eine getreue Wiedergabe der Meereswelt im Kambrium vermitteln die 530 Millionen Jahre alten Ablagerungen des Burgess-Schiefers in Britisch Kolumbien, Kanada. Diese Lagerstätte lieferte tausende von außerordentlich gut erhaltenen Fossilien, von denen zahlreiche unversehrt geblieben sind. Sie geben einen anschaulichen Einblick in das Meeresleben des Kambriums im Zeitalter der Gliederfüßer.

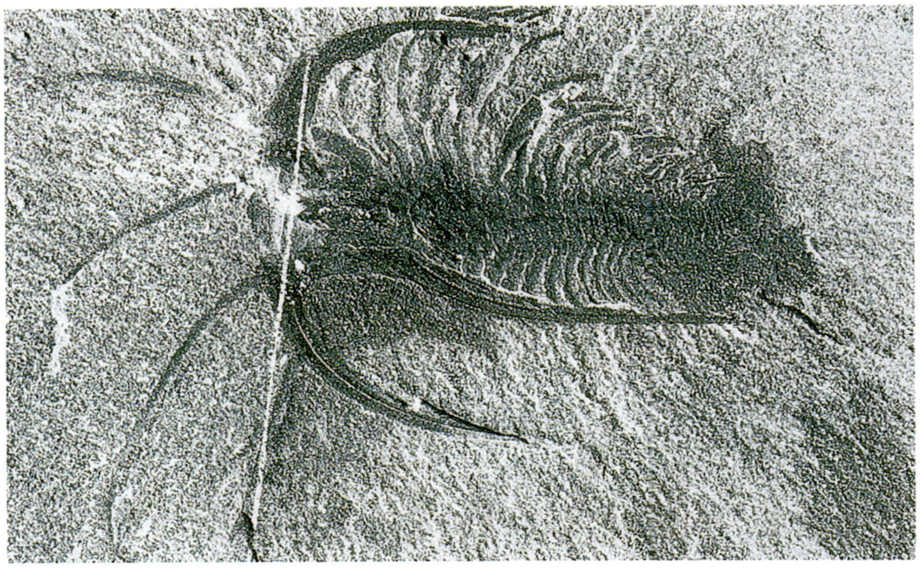

VOLLSTÄNDIG ERHALTEN
Diese versteinerte *Marrella* ist eines der vielen sehr gut erhaltenen Fundstücke des Burgess-Schiefers. Fühler, Beine und feine Kiemen sind deutlich zu sehen. Walcott nannte dieses Tier »Borstenkrebs«, aber in Wirklichkeit handelt es sich um einen primitiven, garnelenähnlichen Gliederfüßer.

DIE ENTDECKUNG DES BURGESS-SCHIEFER

Der amerikanische Paläontologe Charles Doolittle Walcott entdeckte den Burgess-Schiefer zufällig am 31. August 1909, als er in einer hohen Gebirgskette der Rocky Mountains, die Mount Field und Mount Wapta verbindet, unterwegs war. Ein kompakter Schieferblock wies eine Fülle von Fossilien auf und Walcott erkannte sofort ihre Bedeutung. Nicht nur die harten Körperteile der Tiere waren versteinert, auch das weiche Gewebe war erkennbar. Walcott war auf die bisher größte Fundstätte vollständig erhaltener Fossilien eines Erdzeitalters gestoßen.

Die Lebewesen des Burgess-Schiefers wurden vermutlich durch einen Erdrutsch von damaligen Unterwasserfelsen begraben. Die in allen anatomischen Einzelheiten erhaltenen Versteinerungen weisen auch zerbrechliche Anhänge auf, die darauf hindeuten, dass sie sehr rasch bedeckt wurden, möglicherweise mit sauerstoffarmem Schlamm. Darin zerfällt das Gewebe langsamer und wird besser konserviert.

Nach diesem glücklichen Zufall führte Walcott dort acht Jahre lang Ausgrabungen durch und präparierte tausende von Exemplaren heraus. Erst durch die Arbeit der Paläontologen an der Universität Cambridge in England und des Royal Ontario Museums in Kanada wurde die ganze Tragweite dieses Fundes deutlich.

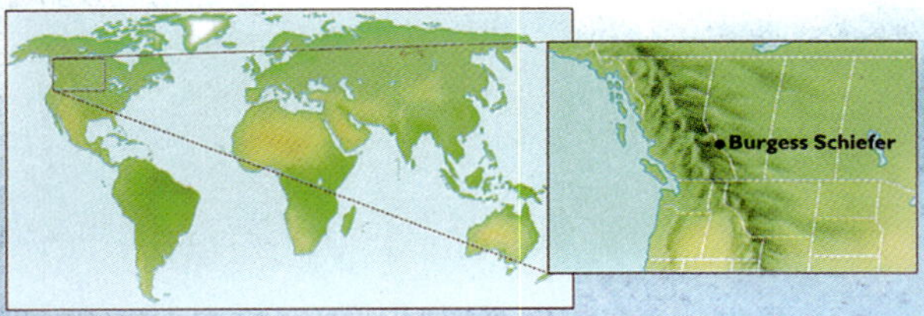

DAS LEBEN IM BURGESS-SCHIEFER
Die Gliederfüßer von Burgess hatten unterschiedliche Lebensweisen. Der Trilobit *Olenoides* lebte auf dem Meeresboden, *Marrella* schwamm frei umher. Beide ernährten sich vom organischen Detritus. *Laggania* war wie *Anomalocaris* ein aktiver, schwimmender Räuber. Zahlreiche Schwämme wie *Pirania* verankerten sich am Meeresboden wie der bis ins Kambrium überlebende Ediacara-Organismus *Thaumaptilon*. Zahlreiche Wurmarten versteckten sich in den Ablagerungen wie der Räuber *Ottoia*. Andere Würmer, zum Beispiel *Canadia*, bewohnten den Meeresgrund. *Wiwaxia*, ein weichtierähnliches Geschöpf, lebte im Schlamm, geschützt durch Stacheln und Schuppen. Das frei schwimmende Lebewesen *Pikaia* wird als der Vorfahre der Wirbeltiere angesehen. Einige der Burgess-Organismen wie die seltsame *Hallucigenia* und das pflanzenähnliche Tier *Dinomischus* konnten bis heute nicht zugeordnet werden.

DIE UNTERWASSERWELT IM KAMBRIUM

Die Untersuchung der fossilen Funde im Burgess-Schiefer hatte ergeben, dass etwa 40 verschiedene Arten von Gliederfüßern die Hälfte aller erhaltenen Tiere ausmachten. 30 Prozent waren Stachelhäuter, Schwämme und Priapswürmer. Den Rest stellten Armfüßer, Weichtiere und ein seltsames, schwimmendes Lebewesen, *Pikaia*, das mit den heute lebenden Wirbeltieren verwandt sein könnte.

Es gab auch behaarte Würmer wie *Canadia* und *Burgessochaeta*, die auf demMeeresboden lebten. Sie waren mit Tausenden winziger, haarähnlicher Borsten dicht besetzt. Diese Haare und viele der fein gefurchten Schuppen und Plättchen der Tiere des Burgess-Schiefers dienten vermutlich als Reflektoren. In dem halbdunklen Licht, das von der Wasseroberfläche durchdrang, leuchteten diese Reflektoren silbern, wenn die Tiere sich bewegten, wodurch sie einander erkennen konnten. Zwar waren sie damit auch für die Angreifer sichtbar, aber mit ihren Stacheln und Schuppen konnten sie die Feinde abwehren.

Anhand der großen Artenvielfalt im Meer zu diesem Zeitpunkt kann man annehmen, dass sich bereits ein strukturiertes Nahrungsnetz, vergleichbar mit heutigen marinen Ökosystemen, entwickelt hatte. Eine derart bemerkenswerte Mannigfaltigkeit und Artendiversität zu diesem Zeitpunkt der Erdgeschichte lässt vermuten, dass die Entwicklung von mehrzelligen Tieren bereits eine sehr lange Zeit beansprucht haben muss und bis in das Präkambrium zurückreicht.

DREI IN EINEM – ANOMALOCARIS

Das Furcht erregendste der Burgess-Organismen war der freischwimmende Räuber Anomalocaris, der etwa 60 Zentimeter lang wurde. Einzelne Fundstücke ließen die Wissenschaftler einhundert Jahre lang annehmen, dass diese zu drei verschiedenen Tieren gehörten: einer Qualle, einer Garnele und einem Schwamm. Schließlich, 1985, setzten britische Paläontologen die Stücke zu einem Tier zusammen und nannten es Anomalocaris, was so viel bedeutet wie »Ungewöhnliche Garnele«.

BESTIMMUNG
Den Mund (links) von *Anomalocaris* hielt man für eine Qualle, die Gliedmaßen (unten) für eine Garnele.

GEFÄHRLICHER WURM
Der Fleischfresser *Ottoia* ist einer der Priapswürmer, die im Schiefer gefunden wurden. Sie lebten in Gräben auf dem Meeresboden und besaßen einziehbare Rüssel mit Haken und Zähnen, um nach ihren ahnungslosen Opfern zu greifen.

PIKAIA – UNSER VORFAHR?

Ein primitives Lebewesen ohne einen richtig ausgebildeten Kopf und kleiner als fünf Zentimeter, das während des Mittelkambriums in den Meeren schwamm, könnte der Vorfahr aller Wirbeltiere (Vertebraten), von Fischen über Vögel bis zu den Säugetieren sein. Das Tier mit dem Namen *Pikaia* ist einer der interessantesten Tierfunde aus dem berühmten Burgess-Schiefer.

EIN ENTFERNTER VERWANDTER

Auf den ersten Blick erscheint *Pikaia* nicht wie ein menschlicher Vorfahr. Es sieht wie ein seitlich abgeflachter Wurm aus. Aber genau betrachtet weisen diese Fossilien eindeutig die Charakteristika der Chorda-Tiere auf, beispielsweise die Reste eines verlängerten Stützstabs (Chorda), eines dorsalen Nervenstranges und auf jeder Seite des Körpers Muskulatur – alles kennzeichnende Merkmale in der Evolution der Wirbeltiere.

Die Chorda ist ein flexibler Stab, der den Rücken des Tieres durchzieht, den Körper verlängert und versteift, dass sich die Muskulatur zum Schwimmen hin und her bewegen kann. Bei Fischen und allen späteren Wirbeltieren bildet die Chorda das Rückgrat oder die Wirbelsäule. Die Wirbelsäule verstärkt den Körper, stützt die Gliedmaßen, schützt den zentralen Nervenstrang und macht den Körper gleichzeitig biegsam.

Überraschenderweise existiert heute noch ein Doppelgänger von *Pikaia*, das Lanzettfischchen *Branchiostoma*. Dieses seltsame kleine Tier war den Wissenschaftler schon bekannt, bevor das versteinerte Exemplar von *Pikaia* entdeckt wurde. Beide haben eine Chorda und paarige Muskulatur und gehören zu den Chorda-Tieren, von denen die Wirbeltiere abstammen. Molekulare Untersuchungen haben bestätigt, dass das Lanzettfischchen der nächste lebende Verwandte der Wirbeltiere ist.

Seescheiden
Die Seescheide sieht, nicht so aus, als sei sie mit den Wirbeltieren nah verwandt. Ausgewachsene Seescheiden leben immer fest verankert am Meeresboden und ähneln oberflächlich betrachtet den Schwämmen. Ihre frei schwimmenden Larven, die wie Kaulquappen aussehen, besitzen eine Körperstruktur, die eine Verbindung zu den Wirbeltieren herstellt. Durch den langen, steifen Stützstab wird der Schwanz beim Schwimmen biegsam. Die Larven verankern sich mit dem Kopf voran am Meeresgrund, wenn sie sich in adulte Tiere verwandeln.

Während das Lanzettfischchen ein fortschrittliches Chorda-Tier ist, sind andere lebende und fossile Gruppen wie Seescheiden und Graptolithen viel primitiver. Diese Kragentiere (Hemichordata) besitzen in jedem Stadium ihres Lebens nur einen Stützstab.

Dass ein solch komplexes Lebewesen wie *Pikaia* vor etwa 520 Millionen Jahren bereits existierte, nährt die umstrittene Auffassung, dass die vielfältige Veränderung des Lebens weit zurück bis tief in die Zeit des Präkambriums reichen muss.

EIN MODELL VON PIKAIA
Zu Lebzeiten war *Pikaia* ein seitlich abgeflachtes, blattförmiges Tier. Es bewegte sich auf schlängelnde Weise vorwärts, indem die seitliche Muskulatur abwechselnd kontrahierte und eine nach hinten gerichtete Wellenbewegung erzeugte. Die Fische haben diese Art der Schwimmbewegung übernommen, im Allgemeinen aber ein steiferes Rückgrat. *Pikaia* besaß ein Paar lange Kopftentakeln und eine Reihe kurzer Anhänge auf jeder Seite des Kopfes, die mit den Kiemenspalten verbunden gewesen sein könnten. Darin unterschied er sich von dem Lanzettfischchen. Noch immer sind den Wissenschaftlern nicht alle Einzelheiten seines Körperbaus bekannt.

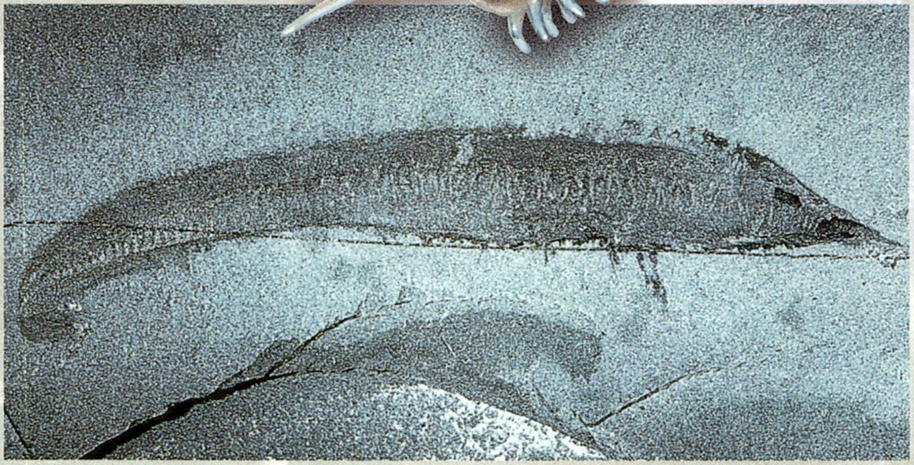

PIKAIA ALS FOSSIL
An diesem primitiven Meereslebewesen kann man die wichtigsten Vorraussetzungen für den Bau eines Wirbeltierkörpers erkennen. Der abgeflachte Körper ist in paarig segmentierte Muskulaturen geteilt, die als schwache vertikale Linien zu sehen sind. Die Muskeln befinden sich auf jeder Seite eines beweglichen Stützstabs, der von der Spitze des Kopfes (auf der linken Seite umgebogen) bis zur Schwanzspitze (der spitz zulaufende Bereich rechts) reicht.

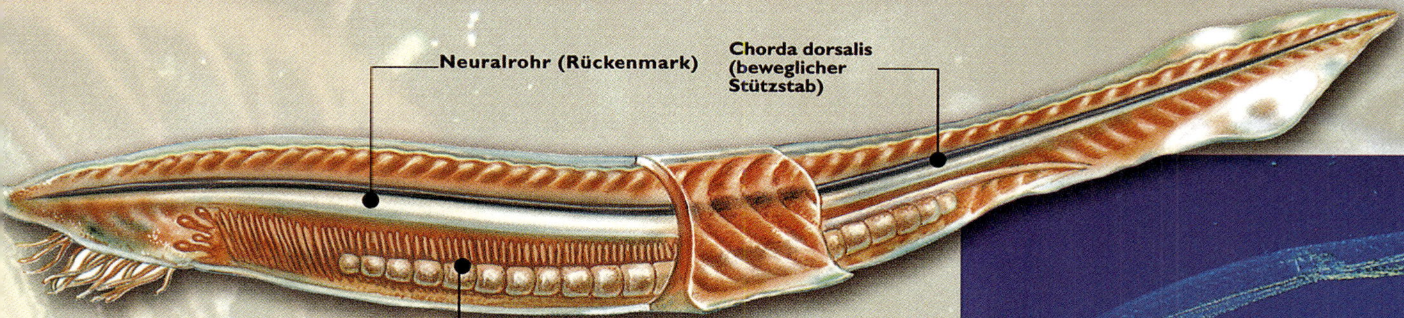

TRANSPARENTER KÖRPER
Der durchscheinende Körper eines Lanzettfischchens zeigt deutlich den inneren Aufbau, der sehr stark an die innere Struktur von *Pikaia* erinnert.

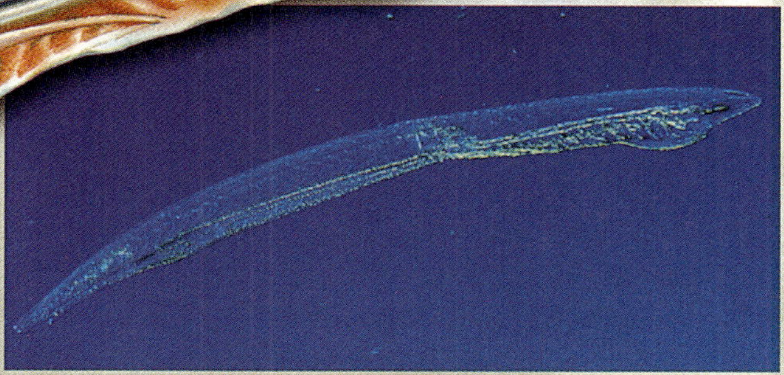

KÖRPERBAU VON LANZETTFISCHCHEN
Ein Querschnitt durch die paarige Körpermuskulatur zeigt den versteiften, beweglichen Stützstab des Lanzettfischchens, der vom Kopf bis zum Schwanz verläuft und bei den Wirbeltieren zum Rückgrat wird.

DER KOPF VON WIRBELTIEREN
Der Kopf bildete sich am Ende des lang gestreckten schwimmenden Körpers und der Mund am Körperende trat erst in Funktion, als das Tier vorwärts schwamm. Die Suche nach Nahrung erforderte das ständige Ertasten der Umgebung vor ihm. Anatomische Strukturen zum Sehen, Fühlen und Riechen entwickelten sich in Mundnähe. Alle Informationen wurden von einer Schwellung im Nervenstrang bearbeitet – einem primitiven Gehirn. Alles zusammen bildete im vorderen Bereich des Körpers den ausgeprägten Teil eines Wirbeltierkörpers, den man als Kopf bezeichnet. Erste Anzeichen dafür kann man bei den Chorda-Tieren erkennen.

DIE VERWANDTSCHAFT BEI WIRBELTIEREN

Unter Berücksichtigung der anatomischen Unterschiede im Tierreich ist es möglich abzuleiten, wie verschiedene Organismen miteinander verwandt sind. Dabei kommt es zu überraschenden Zusammenhängen. Obwohl es kaum vorstellbar erscheint, gilt es als erwiesen, dass Seesterne (Echinodermata) und Seescheiden (Tunicata) mit allen Wirbeltieren – von den Fischen bis zum Menschen – nah verwandt sind. Bevor sie sich in adulte Tiere verwandeln, besitzen die Embryos und Larven von Seesternen und Seescheiden eine gewisse Ähnlichkeit mit denen der Wirbeltiere. Nach diesem biologischen »Stammbaum« verwandtschaftlicher Beziehungen sind die Chorda-Tiere mit ihrem dauerhaften Stützstab (Chorda dorsalis), wie er auch bei heutigen Lanzettfischchen vorkommt, die nächsten Verwandten der Wirbeltiere. Das 520 Millionen Jahre alte Fossil von Pikaia weist so viele übereinstimmende Merkmale mit dem Lanzettfischchen auf, dass man davon ausgehen kann, dass es sich dabei ebenfalls um ein Chorda-Tier handelt und es somit unser entferntester bekannter Vorfahr ist.

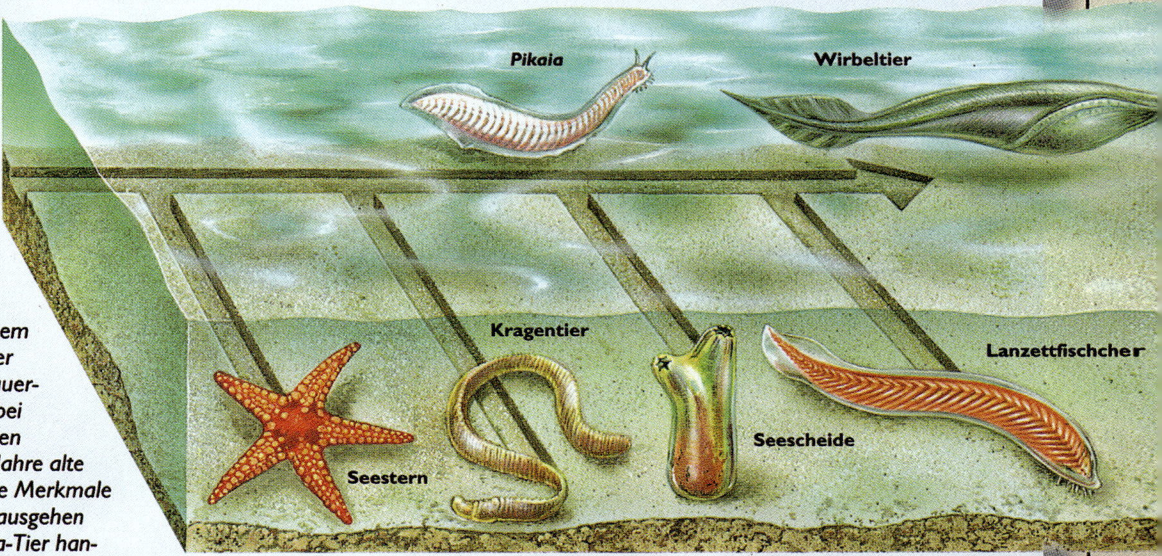

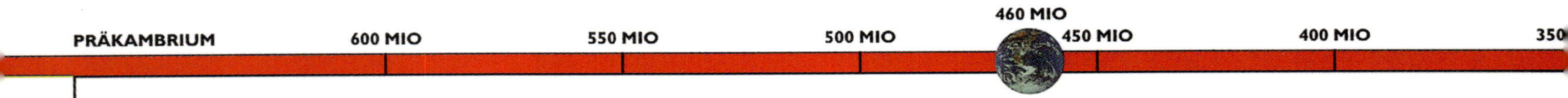

Das Ordovizium

Im Ordovizium entwickelte sich das Leben im Meer weiter fort, bis eine Klimaänderung die für viele Arten notwendigen Umwelt- und Lebensbedingungen zunichte machte.

Während des Ordoviziums änderte sich die äußere Gestalt der Erde mit zunehmender Geschwindigkeit. Innerhalb von 50 Millionen Jahren, 495 bis 443 Millionen Jahre vor unserer Zeit, bewegten sich das Sibirische und Baltische Schild nordwärts. Der Iapetus begann sich zu schließen und der Rheische Ozean öffnete sich allmählich südwärts. Der Superkontinent Gondwana beherrschte weiterhin die südliche Hemisphäre mit Nordafrika am Südpol.

Das Wissen über die klimatischen Änderungen im Ordovizium und über die Lage der Kontinente lassen sich aus Meereslebewesen ableiten, die als Fossilien in den Sedimentgesteinen erhalten blieben. Obwohl primitive Pflanzen wie auch einige wenige Gliederfüßer bereits das Land eroberten, spielte sich das Leben immer noch überwiegend im Meer ab.

EIN LEBEN IN KLEINEM MASSSTAB

Fische begannen sich zu entwickeln, aber die meisten Lebewesen der Meere waren winzig klein, und nur wenige Organismen wurden größer als zwei bis drei Zentimeter. Die häufigsten Schalentiere waren muschelähnliche Armfüßer (Brachiopoda). Insgesamt wurden über 12 000 versteinerte Arten von Armfüßern aus jener Zeit erfasst. Sie lebten auf dem Meeresboden oder hafteten an anderen Lebewesen, zum Beispiel an Seelilien. Da die Form ihrer Schalen sich den jeweiligen Standortbedingun-

DIE BLUE RIDGE MOUNTAINS
Durch das Aufeinandertreffen von Avalonia und Laurentia kam es zur Auffaltung der heutigen Blue Ridge Mountains in Virginia, wobei frühere Gesteinsablagerungen verformt wurden.

DOB'S LINN
Das Schiefergestein von Dob's Linn kennzeichnet die Grenze zwischen dem Ende des Ordoviziums und dem Beginn des Silurs. Dieses Gestein, das exakt datierte Graptolithen enthält, wurde 1879 von Charles Lapworth in den südschottischen Highlands entdeckt. Lapworth kartografierte die komplizierte Aufeinanderfolge der alten Meeresformationen und stieß dabei auf einen Zeitabschnitt, der zwischen Kambrium und Silur anzusiedeln war. Er nannte diese neue Periode »Ordovizium«, nach dem Keltenstamm der Ordovizier in Wales.

gen anpasste, kann man anhand ihrer fossilen Überreste Rückschlüsse auf die damalige Umgebung ziehen.

TRILOBITEN UND GRAPTOLITHEN

Zu den Leitfossilien des Ordoviziums gehören die Trilobiten und Graptolithen. Es gab über 4 000 Trilobiten-Arten, von denen die meisten kürzer als zehn Zentimeter waren. Obwohl weltweit in den Meeren vertreten, entwickelten sich regional eigene, für diese Gebiete typische Arten. Anhand der globalen Verteilung der fossilen Trilobiten lässt sich die Lage der Kontinentalschollen in dieser Zeit rekonstruieren.

DIDYMOGRAPTUS

Diese wie Zwillinge aneinander gehefteten Graptolithen (Didymograptus) waren kleine Lebewesen, die in Kolonien lebten. Jedes einzelne Tier hielt sich in einer Wohnzelle auf, die sich wie die Zähne einer Laubsäge in den Kolonien reihten. Kleine Tentakel (Fangarme), die zur Nahrungsaufnahme dienten, ragten vermutlich aus dem Gerüst heraus. Dieser Fund stammt aus Wales.

Graptolithen waren seltsame Geschöpfe, die man früher irrtümlich für Pflanzen hielt. Sie trieben frei im Wasser und bildeten verästelte Kolonien in hohlen, röhrenförmigen Gebilden. Jedes Einzelwesen befand sich in einer Chitinhülle, die über Stiele miteinander verbunden waren. Ihre Nahrung bestand aus herausgefiltertem Plankton.

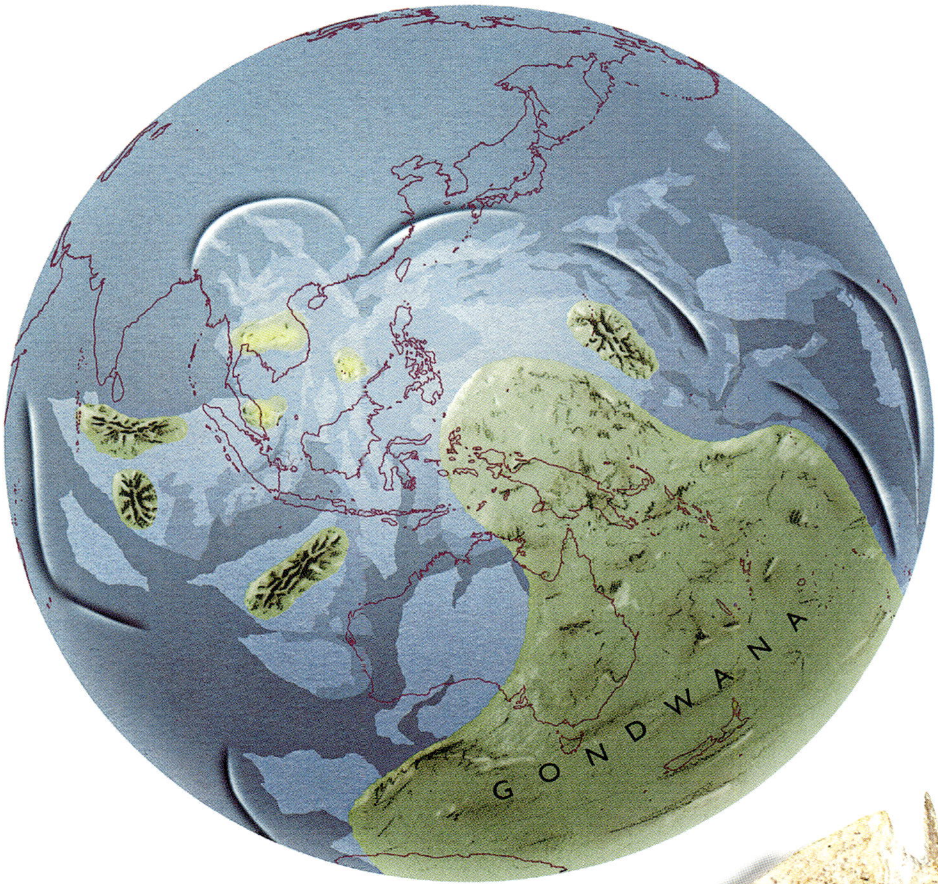

MASSENSTERBEN

Die wunderbare, vielfältige Meereswelt des Ordoviziums mit über 600 verschiedenen Meeresorganismen konnte sich nicht dauerhaft halten. Das globale Klima wurde feuchter und kühler und endete am Ende dieser Periode in einer Eiszeit, in der zahlreiche Organismen ausstarben. Da ein großer Teil des Meerwassers in der polaren Eisdecke gebunden war, fiel der Wasserstand um mehr als 330 Meter. Die Flachmeere der Kontinentalschollen verwandelten sich in trockene Ebenen und zahlreiche Organismen starben aus, besonders die, die sich am Meeresboden verankert hatten.

GRAPTOLITHENSCHIEFER

Die Form der Graptolithenkolonien änderte sich mit der raschen Entwicklung der Lebewesen im Lauf der Erdgeschichte. Anhand ihrer Gestalt lässt sich eine exakte zeitliche Zuordnung der Meeresfauna im Ordovizium, Silur und Unterdevon vornehmen. 1879 datierte der schottische Lehrer Charles Lapworth die Graptolithen Südschottlands und konnte damit die korrekte Abfolge der jeweiligen Gesteinsformationen bestimmen. Seine Methode wird seitdem weltweit angewandt.

VERSTEINERTER PFEILSCHWANZKREBS

Fossile Pfeilschwanzkrebse lassen sich erstmalig im Ordovizium nachweisen. Wie Trilobiten handelte es sich um wasserbewohnende Gliederfüßer, die auf dem Meeresgrund lebten. Obwohl die heutigen Pfeilschwanzkrebse aufgrund ihrer täuschenden Ähnlichkeit zu den prähistorischen Funden als lebende Fossilien bezeichnet werden, reicht keine der rezenten Arten bis in diese Periode zurück.

Das Meeresleben im Ordovizium

Das Ordovizium stellt einen Wendepunkt in der Evolution des Lebens im Meer dar. Die Organismen wurden größer, stärker und bewegten sich schneller. Kieferlose Lebewesen, die inzwischen ausgestorbenen Conodontentiere, waren in den Meeren des Ordoviziums häufig und sind als enge Verwandte der Wirbeltiere von großer Bedeutung. Auf die ersten fischähnlichen Kieferlosen folgten vor mehr als 450 Millionen Jahren haiähnliche Wirbeltiere mit ausgebildetem Kiefer und Zähnen. Es gibt zudem Hinweise darauf, dass die Tiere im Ordovizium begannen, das Land zu erobern.

WINZIGER ZAHN
Diese kammartigen Stränge stellen den winzigen, versteinerten Kauapparat aus dem Mund eines Conodonten-Tieres (*Promissum*), eines der größeren Lebewesen der Meere im Ordovizium, dar. Man nimmt an, dass die Conodonten-Tiere mit den Chorda-Tieren und den echten Wirbeltieren verwandt sind.

Geheimnisvolle Conodontentiere

Zwei Fragen beschäftigten die Wissenschaftler lange Zeit – Um was handelte es sich bei den Conodontentieren und wer waren ihre nächsten Verwandten? Die Lösung ließ bis in die 1990-er Jahre auf sich warten, da die einzigen fossilen Überreste dieser Tiere winzige, zahnähnliche Gebilde waren, die man in Gesteinsformationen aus dem späten Kambrium bis zur späten Trias (vor 520 bis 210 Millionen Jahren) gefunden hatte. Diese »Zähne« konnten erst zugeordnet werden, als die ersten Conodonten-Tiere mit Weichteilen im Karbongestein in Schottland, später auch in Südafrika, entdeckt wurden. Diese Funde zeigten, dass die Gebilde tatsächlich der Nahrungsaufnahme dienten und unterhalb gut entwickelter Augen lagen. Das Vorhandensein von Muskulatur, einem Nervenstrang und einer Chorda dorsalis (beweglicher Stützstab) im Rückenbereich zeigt, dass diese Tiere aktiv schwimmende Chorda-Tiere waren und somit eng verwandt mit den Wirbeltieren. Auch andere Merkmale weisen darauf hin, zum Beispiel ein deutlich ausgebildeter Kopf und paarige, durch Muskeln bewegliche Augen. Fachleute vermuten deshalb, dass die Conodonten-Tiere weiter entwickelt sind als *Pikaia*, der Vorfahr der Wirbeltiere und es sich um enge Verwandte der fischähnlichen Kieferlosen handelt.

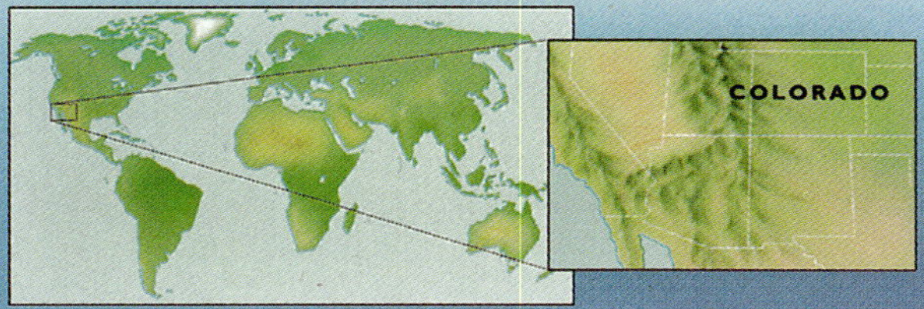

DAS MEERESLEBEN IM ORDOVIZIUM
In den oberen Schichten der Ozeane wimmelte es von Planktontieren, wie Graptolithen (*Orthograptus*). Auf dem Meeresboden gab es eine Fülle von Schalentieren – Armfüßer (*Strophomena*), Rugosa-Korallen und Moostierchen (*Strictoporella*). Trilobiten (*Triathrus*) und Schnecken (*Cyclonema*) suchten auf dem Meeresgrund nach Nahrung. Umherschwimmende Tiere, die ihre Nahrung filterten, waren die ersten Kieferlosen und die zahnlosen, fischartigen Wirbeltiere (*Sacabambaspis*), während die bezahnten, aber kieferlosen Conodonten-Tiere (*Promissum*) aktive Jäger waren, zusammen mit den Kopffüßern (*Endoceras*) und den Nautiliden.

DAS FESTLAND WIRD EROBERT

Im Ordovizium fassten erstmals Tiere auf dem Festland Fuß, jedoch nicht direkt aus dem Meer, sondern über einen Umweg – das Süßwasser. In Nordengland fand man in 450 Millionen Jahre alten Süßwasserablagerungen aus dem Oberordovizium einen Zentimeter breite, parallel verlaufende Spuren. Sie stammen wahrscheinlich von einem tausendfüßerähnlichen Arthropoden, einem Tier mit segmentiertem Körper, zahlreichen gegliederten Beinen und einem Exoskelett. Außer den Fußspuren gibt es keine versteinerten Überreste des Tieres. Gliederfüßer waren für ein Leben an Land mit primitiver Vegetation, trockener Luft und ohne Auftrieb des Wassers prädestiniert.

KIEFERLOSE IM ORDOVIZIUM

Versteinerungen der ersten fischähnlichen Kieferlosen (Agnatha) sind in den Formationen des frühen Ordoviziums nur selten, in Gesteinen der folgenden Perioden des Silurs und Devons dagegen weitaus häufiger anzutreffen. Dennoch steht es außer Diskussion, dass diese kieferlosen Wirbeltiere im Ordovizium bereits existierten.

1892 fand Charles Walcott, der Entdecker des Burgess-Schiefers (siehe Seite 64), Bruchstücke von einem Kieferlosen in Harding Sandstone, Colorado. Diese Formationen sind über 450 Millionen Jahre alt. Dasselbe Gestein enthält auch andere bemerkenswerte Überreste von Wirbeltieren, einschließlich der Schuppen der haiähnlichen, über ausgebildete Kiefer verfügenden Gnathostomata. Die ältesten vollständig erhaltenen Kieferlosen sind *Sacabambaspis* aus Bolivien und *Arandaspis* aus Australien. Sie sind jünger, stammen aber aus dem Ordovizium. Ihre weite Verbreitung lässt darauf schließen, dass ihr Ursprung weiter zurückreichen muss, als zunächst angenommen – möglicherweise bis ins Kambrium.

Diese fossilen Überreste zeigen, dass die Kieferlosen im Ordovizium keinerlei Ähnlichkeit mit den heutigen Vertretern kieferloser Wirbeltiere haben, wie Neunaugen und Inger. Kopf und Körper waren mit rauen, ledrigen Plättchen aus einem knöchernen Material bedeckt. Nur der schuppige Schwanz verfügte über die zum Schwimmen notwendige Beweglichkeit. Da sie weder Kiefer noch Zähne hatten, waren sie vermutlich Planktonfresser.

MUSCHELFÖRMIGE ARMFÜSSER
Die häufigsten und erfolgreichsten Schalentiere des Ordoviziums waren die Armfüßer. Die meisten von ihnen wie diese Tiere der Ordnung Orthida waren auf dem Meeresgrund oder an anderen Schalen durch einen kurzen, fleischigen Stiel fest verankert, während andere frei auf dem Meeresboden lagen. Sie nahmen Wasser durch ihre offenen Schalen auf und filterten die mikroskopisch kleinen Teilchen heraus, von denen sie sich ernährten. Obwohl sie heutigen Muscheln ähneln, sind sie mit ihnen nicht verwandt.

Das Silur

Nach dem Massensterben im Ordovizium entwickelte sich im Silur das Leben wieder und das Land wurde von neuen Pflanzen und Gliederfüßern besiedelt.

Das Zeitalter des Silurs begann etwa vor 443 Millionen Jahren. Obwohl es nur 26 Millionen Jahre dauerte, wurden Fossilien und Formationen aus dieser Periode in Großbritannien und Nordamerika weltweit am genauesten erforscht. Die Arbeit der Geologen Sir Roderick Murchison in Europa und James Hall in Nordamerika brachte bereits Mitte des 19. Jahrhunderts ausführliche Einblicke in diese Zeit.

Das Silur ist erneut ein Wendepunkt in der Evolution. Von dem durch die Eiszeit bedingten massenhaften Artenrückgang im Oberordovizium konnten sich einige Tiere, einschließlich Trilobiten, Conodonten-Tiere und Graptolithen nicht mehr erholen. Dennoch blühte das Leben wieder auf, als die Ozeane wärmer wurden und der Meeresspiegel anstieg. In diese Periode fällt die erste dauerhafte Landbesiedlung von Pflanzen und Wirbeltieren, obwohl das Meer weiterhin eindeutig bessere Lebensbedingungen für Organismen bot.

DIE MEERE VERÄNDERN SICH

Im Silur wurde der Iapetus-Ozean allmählich verdrängt, als sich die Landmassen von Laurentia (Nordamerika), Baltica (Nordbritannien und Skandinavien) und Avalonia (Südbritannien, Neuschottland und Neufundland) aufeinander zu bewegten. Nach Süden hin öffnete sich ein weiterer Ozean und trennte den sich neu bildenden nördlichen Kontinent von dem südlichen Kontinent Gondwanaland. Im Gebiet des Iapetus-Ozeans entstand eine Landschaft aus Flachmeeren und Becken mit neuen Lebensräumen, die dem Meeresleben im Paläozoikum neue Entfaltungsmöglichkeiten bot. Ausgedehnte Riffe breiteten sich in den äquatorialen Gewässern von Laurentia und Baltica aus.

Viele der Schalen, die zu damaliger Zeit an einen Strand gespült wurden, würden wir heute wiederer-

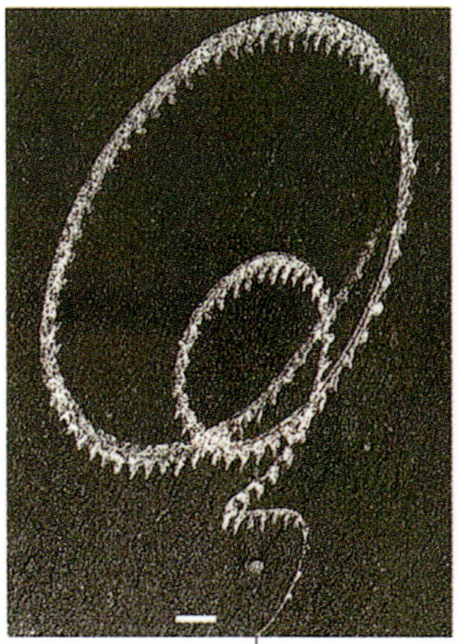

KOLONIEN BILDENDE GRAPTOLITHEN
Monograptus proteus bildete eine zusammengerollte Kolonie aus 118 winzigen Organismen in einem zwei Zentimeter breiten Gerüst. Als sie starb, sank sie zum Meeresgrund, wurde von Sediment bedeckt und bei der Schieferbildung flach zusammengepresst.

KIEFERLOSE IM SILUR
Birkenia war ein vier Zentimeter langer Kieferloser (Agnatha). Dieses Exemplar wurde in Schottland gefunden, aber man hat zahlreiche ähnliche Fische im Baltikum entdeckt.

SO ERHIELT DAS SILUR SEINEN NAMEN

Der erste Nachweis dieses Erdzeitalters gelang dem britischen Geologen Sir Roderick Murchison im Jahre 1835. Zusammen mit dem Theologen Adam Sedgwick, einem jungen Professor an der Universität Cambridge, kartografierte er die Gesteinsformationen von Wales, die man für die ältesten Gesteinsschichten auf Eruptivgestein hielt. Bei der Untersuchung und Datierung verschiedener Fossilien in den Ablagerungen stieß Murchison auf eine Formation, die sich über der von Adam Sedgwick definierten des Kambriums befand. Er bezeichnete sie als Silur, was auf den Namen eines keltischen Volksstammes in Wales zurückzuführen ist.

STACHELIGER TRILOBIT
Der große Kopfpanzer dieses für das Silur typischen Trilobiten (*Dalmanites myops*) zeigt Reste gut entwickelter Augen und beidseitig langer, schützender Rippen. Er wurde sechs Zentimeter lang und suchte wie viele andere Trilobiten auf dem Meeresgrund nach Nahrung. Dieses schöne Exemplar stammt aus Dudley in England.

kennen. Sie waren größer als in früherer Zeit, bis etwa vier Zentimeter lang. Einige wenige waren noch größer, wie die kegelförmigen Schalen der tintenfischähnlichen Nautiliden, die über zehn Zentimeter lang wurden. Armfüßer, Muscheln, Schnecken, Stachelhäuter (zum Beispiel Seesterne und Seelilien) und Fische veränderten sich weiterhin.

Die Flachmeere und Becken des Nordkontinents wurden nach und nach flacher, teilten sich und bildeten schließlich einzelne Seen. Kieferlose Fische lebten in diesen warmen Gewässern und wurden mit einer Länge von bis zu 20 Zentimeter größer als ihre Vorgänger im Ordovizium. Es gab bereits Fische mit Kiefer und Wasserskorpione, die Jagd auf kieferlose Fische machten. Diese entwickelten bizarre Panzerformen zur Abwehr der Angreifer.

Von größter Bedeutung für die langfristige Evolution auf der Erde war die Ausbreitung von Pflanzen, die deutlich höher entwickelt waren als die für das Ordovizium typischen Moose. Durch Fotosynthese waren sie am Aufbau einer sauerstoffreichen Atmosphäre beteiligt, die den Tieren schließlich das Leben auf dem Festland ermöglichte.

EIN GRAB VOLLER ARMFÜSSER
Zahlreiche versteinerte Armfüßerschalen finden sich in einer Gesteinstafel aus dem Silur. Die Lebensweise dieser Tiere war es, sich mit fleischigen Stielen an harten Oberflächen zu verankern. Nach dem Absterben wurden ihre Schalen durch die Strömungen am Meeresgrund zusammengetrieben. Dieser Fund stammt aus Wales nahe der Grenze zu England.

KORALLENRIFFE
Korallen aus dem Silur (oben und auf der Seite gegenüber), die die ersten großen Riffe bildeten, sehen den heutigen ähnlich, gehören aber bereits ausgestorbenen Gruppen an.

Leben zu Land und zu Wasser

Im Vergleich zum Leben im Wasser ist das Leben auf dem Festland nicht gerade leicht. Tiere und Pflanzen müssen zur Luftatmung oder zum Gasaustausch befähigt sein. Um zu überleben müssen sie sich vor Kälte und Hitze, Austrocknung und der Strahlung der Sonne schützen. Trotz aller Widrigkeiten wurde das Land im Silur zunehmend von Tieren und Pflanzen besiedelt.

Obwohl Moose (Bryophyta) das Land bereits erobert hatten, wiesen sie nur primitive Lebensformen auf. Im Silur trat die erste als Fossilie erhaltene Gefäßpflanze namens *Cooksonia* auf. Sie hatte kräftige Stängel und Knollen, um Wasser und Nährstoffe zu transportieren, jedoch keine Blüten, Blätter oder Samen. Sie bestand aus aufrechten, bis vier Zentimeter hohen Stängeln, die sich gleichmäßig in zwei Äste mit endständigen, keulenförmigen Sporensäcken verzweigten. Diese einfache Vermehrungsart setzte das Vorhandensein von Wasser voraus – die männlichen Gameten mussten schwimmen, um die weiblichen zu befruchten.

Die Entwicklung von Fotosynthese treibenden Pflanzen war für die Bildung von Nahrungsketten an Land eine wesentliche Voraussetzung. Ihr nährstoffreiches Gewebe bot Pflanzenfressern (Herbivoren) Nahrung. Als diese immer zahlreicher wurden, konnten sich Fleisch fressende Tiere (Carnivoren) entwickeln, die sich wiederum von den Pflanzenfressern ernährten. Die Verdauung roher pflanzlicher Nahrung ist für Tiere nicht unproblematisch. Die ersten Pflanzenfresser waren Gliederfüßer, die den Detritus von Pflanzen fraßen. Teilweise schon von Bakterien zersetzt, war das Material leichter verdaulich. Es entwickelten sich Mikroorganismen im Verdauungstrakt der Pflanzenfresser, die imstande waren, das pflanzliche Material zu zersetzen.

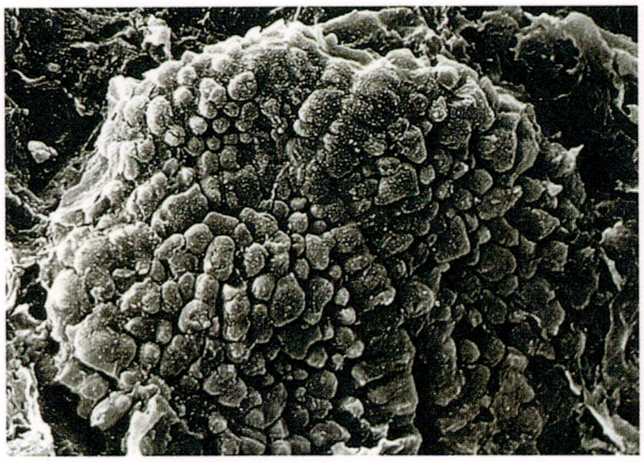

FRÜHE PFLANZENFRESSER
Zwischen Fossilien früher Pflanzen fanden sich Überreste hundertfüßerähnlicher Arthropoden zusammen mit tierischem Kot, an dem raue Pflanzensporen hafteten. Man glaubt, dass diese Gliederfüßer nur abgestorbene Pflanzen fraßen, wie den Detritus der primitiven Pflanze *Cooksonia*.

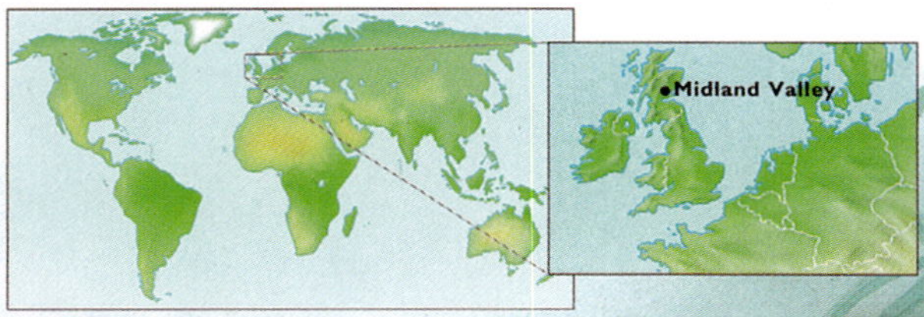

KÜSTEN IM SILUR
Die Küstenstriche im Obersilur wimmelten von neuen Arten sowie bereits bekannten Schalentieren wie Trilobiten und Schnecken. Die wichtigste Entwicklung stellten die Wirbeltiere und Landpflanzen dar. Kieferlose, fischähnliche Wirbeltiere wie *Ateleaspis* trugen Panzer, während *Birkenia*, *Loganellia* und *Jamoytius* mit kleineren Schuppen bedeckt waren. Ihre Tage waren gezählt, da Räuber wie die fischartigen, mit Kiefern ausgestatteten Wirbeltiere und Eurypteriden (einschließlich *Pterygotus*) immer zahlreicher wurden.
An Land war *Cooksonia* die erste aufrecht wachsende Pflanze.

MEERESSKORPIONE

Die ersten Riesen, die während des Silurs die Erde bevölkerten, waren die Eurypteriden oder »Meeresskorpione«, die sich im Ordovizium entwickelten und bis zum Perm überlebten. Sie sahen Skorpionen ähnlich und manche besaßen große Greifzangen. Ihre verlängerten, gegliederten Körper waren von einem rauen Außenskelett umgeben, was sie zu den am besten bewehrten Tieren dieser Zeit machte. Wie alle Gliederfüßer mussten sie ihre starre Hülle jedoch von Zeit zu Zeit abstreifen, damit sie weiter wachsen konnten – und wurden damit bei Angriffen verwundbar. Die Eurypteriden entwickelten eine Vielzahl verschiedener Lebensformen. Manche konnten schwimmen, einige waren Aasfresser, andere wiederum lebten als aktive Räuber. Eurypteriden, die in Formationen des Silurs von New York gefunden wurden, erreichten eine Länge von bis zu zwei Metern. Sie gehören zu den ersten Tieren, die den Übergang vom Meer ins Süßwasser erfolgreich bewältigt haben.

ES WIMMELT VON LEBEN

Zahlreiche Organismen, die in den Meeren zu damaliger Zeit lebten, würden uns heute fremd erscheinen. Manche sind ausgestorben wie paläozoische Korallen, bewegliche Trilobiten, Graptolithen oder frei schwimmende, gepanzerte Kieferlose, Eurypteriden, Conodonten-Tiere oder aufrechtkegelförmige Kopffüßer (Cephalopoden). Andere Armfüßer (Brachyopoden) wie Schalentiere und Seelilien, existieren heute noch, sind aber viel seltener als im Ordovizium und Silur, als sie die Meere der Kontinentalschollen in großer Zahl und Vielfalt bevölkerten.

DIE GROSSE STUNDE DER WIRBELTIERE

Die häufigsten Wirbeltiere im Silur waren die Kieferlosen. Dazu gehörte *Jamoytius*, ein aalförmiges, frei schwimmendes Lebewesen ohne Schuppen und ohne Körperpanzer oder *Ateleaspis*, ein am Meeresgrund lebendes Tier mit einem knochigen Schild am Kopf . Der Körper der seltsam geformten Thelodontien war mit winzigen, stacheligen Schuppen bedeckt, wie bei den heutigen Haien. Es gab aber auch Kieferlose mit der uns mehr vertrauten typischen Fischform wie *Birkenia*.

Die biologische Entwicklung, die das Leben in den Meeren stark veränderte, war die Bildung eines Kiefers bei fischähnlichen Wirbeltieren. Die ersten fischartigen Wirbeltiere mit Kiefer waren die heute ausgestorbenen Acanthodida, die an allen Flossen vorne charakteristische Stacheln trugen. Diese knöchernen Stacheln sind zwar fast das einzige, was von diesen kleinen Tieren in versteinerter Form vorliegt, aber man weiß, dass sie bezahnte Kiefer besaßen.

Das Devon

Das Devon, oft auch »Zeitalter der Fische« genannt, ist durch eine Fülle verschiedener Lebensformen in Flüssen, Binnenmeeren und Süßwasserseen gekennzeichnet.

Das Devon liegt etwa 417 bis 354 Millionen Jahre zurück und dauerte 63 Millionen Jahre. Der Iapetus verschwand damals vollständig, da sich Nordamerika und Grönland (Laurentia) mit den südlichen Britischen Inseln (Avalonia) und Skandinavien (Baltica) zu einer einzigen großen Landmasse zusammenschlossen. Eine zentrale Gebirgskette erstreckte sich von Skandinavien über Großbritannien bis nach Neufundland und Kanada. Zur gleichen Zeit bewegte sich Gondwana von seiner polaren Lage nordwärts.

Das warme Klima führte im Inneren der Kontinente zu immer größeren und trockeneren Bereichen und weite Wüsten entstanden. Sie waren von großen Flüssen durchzogen, die in die Binnenmeere und Seen mündeten – den ersten großen Süßwasserlebensräumen. Mit dem Schmelzen der polaren Eiskappen stieg dann im Mitteldevon der Meeresspiegel an, wobei ausgedehnte Felsenriffe in Laurentia und Australien entstanden.

»GEFLÜGELTE« ARMFÜSSER
Die Spiriferiden sind paläozoische Armfüßer. Die flügelförmigen Schalen waren zum Durchfiltern winziger Nahrungspartikel spiralig angeordnet. Diese Exemplare stammen aus dem Staat New York.

VORFAHR DER ERSTEN LANDWIRBELTIERE
Die paarigen Flossen des Fisches *Eusthenopteron foordi* werden von einem einzigen Knochen gebildet und sind mit dem Körper ähnlich wie Gliedmaßen bei Tetrapoden verbunden. Dieser Fund stammt aus Quebec, Kanada.

DAS »ZEITALTER DER FISCHE«
In den Binnenseen und Flüssen der Kontinente jener Zeit lebten überwiegend räuberische Arten. Das Süßwasser wurde zwar zuerst von den Kieferlosen besiedelt, schon bald aber wurden sie von räuberischen Tieren mit Kiefer verfolgt. Am Ende des Devons hatten diese Räuber die meisten Kieferlosen verdrängt. Nur Neunaugen und Inger überlebten. Im Gegensatz dazu entwickelten sich die Wirbeltiere mit Kiefer zu einer Reihe von neuen Gruppen weiter – Stachelhaie und Panzerfische, Knorpelfische, Strahlenflosser, Fleischflosser, sowie Quastenflosser und Lungenfische – von denen manche bis zu sechs Meter lang wurden.

SANDSTEINGEBILDE
Sandsteinfelsen bilden oft kahle, bizarre Landschaftsformen. Bei Hochwasser führten die reißenden Flüsse groben Gesteinsschotter mit und lagerten ihn in tiefen Sedimentationsmulden ab. Das so entstandene Gestein dieser schottischen Klippen erhielt durch spätere Erosion eine landschaftsprägende Gestalt, die in dieser Gegend als »Old Man of Hoy« (»Alter Mann auf dem Boot«) bekannt ist.

ERWEITERUNG DER MEERESWELT

Die bemerkenswerte Zunahme der Artenvielfalt bei Wirbeltieren wird durch gut erhaltene Funde, wie zum Beispiel aus den Meeresablagerungen von Gogo in Westaustralien, belegt. Sie stellen eine der umfangreichsten Tiersammlungen devonischer Zeit mit über 25 Formen von Panzerfischen, Strahlenflossern, Fleischflossern und Lungenfischen dar.

Bei den Panzerfischen (Placodermi) handelte es sich um primitive Fische mit Kiefer, die bis zu 60 Zentimeter lang wurden. Mehrere große Knochenplatten bildeten einen Kopfschild und umgaben den Vorderrumpf. Einige hatten lange, knöcherne, flügelähnliche Arme. Sie entwickelten sich im Devon und beherrschten mit mehr als 200 Gattungen sowohl Süßwasserbereiche als auch das Meer. Sie ähnelten primitiven Haien, sind aber nicht mit den Stachelhaien verwandt, die am Ende des Devons ausstarben.

Bei den Lungenfischen (Dipnoi) handelt es sich um primitive Fische mit Lungenatmung, die im Devon den Höhepunkt ihrer Verbreitung erreichten. Ursprünglich lebten sie im Meer und hatten das Süßwasser bis zum Karbon nicht besiedelt. Mit ihren paarigen Flossen und der Fähigkeit zur Luftatmung könnten sie Vorfahren der Landwirbeltiere sein, was aber nicht stimmt. Sie leiten sich von den Panderichthyiden, einer anderen, den zukünftigen Tetrapoden (Wirbeltiere mit vier Gliedmaßen) bereits sehr ähnlichen Fischgruppe, ab. Durch die zunehmende Artenvielfalt und Fortentwicklung terrestrischer Pflanzen konnten sie das Wasser verlassen und das Land erobern.

VERSTEINERTER FISCH
Osteolepis panderi, ein Fisch aus dem Mitteldevon, hatte wie die Lungenfische muskulöse, paarige Flossen. Die meisten kleinen Fische von etwa 20 Zentimeter Länge wurden erst im 19. Jahrhundert in schottischen Sandsteinablagerungen von Bergarbeitern entdeckt.

OLD RED-SANDSTEIN

Das warme Klima des Devon ließ periodisch das Wasser der Binnenmeere, der Flüsse und Seen verdunsten. Als Überreste oxidierten mineralsalzhaltige Sedimente an der Luft und färbten sich rot. Diese roten und braunen Formationen, bekannt als »Old Red-Sandstein«, sind typisch für Großbritannien und die amerikanischen Catskill Mountains. Sandstein wurde im 18. und 19. Jahrhundert oft als Baumaterial verwendet. Bei Abbauarbeiten wurden gut erhaltene Überreste von Tieren freigelegt, die ursprünglich in den Flüssen und Seen gelebt hatten.

Die Ausstattung für ein Leben an Land

Als die erste Versteinerung eines vierbeinigen Wirbeltieres (Tetrapoda) in den See- und Flusssedimenten Grönlands gefunden wurde, glaubte man, es handle sich um eine salamanderähnliche Amphibie, die das Wasser verlassen hatte und laufen konnte. Das *Ichthyostega* genannte Tier schien Gliedmaßen und eine Art Brustkorb für Luft atmende Lungen mit zahlreichen fischähnlichen Eigenschaften zu vereinigen. Tatsächlich hatte es den Anschein, dass *Ichthyostega* die evolutionäre Lücke zwischen Fischen und Landtieren füllte.

Diese ursprüngliche Theorie wurde inzwischen revidiert. Die Gliedmaßen von *Ichthyostega* und seinem Zeitgenossen *Acanthostega* eigneten sich besser zum Schwimmen als zum Laufen. Auch behielten diese Tiere Kiemen und haben wahrscheinlich sowohl an der Luft als auch im Wasser geatmet. Sie bildeten erst den Anfang auf dem beschwerlichen Weg zu einem Leben an Land.

Die Wirbeltiere mussten zahlreiche Probleme lösen, um an Land zu überleben. Jeder Fisch auf dem Trockenen ist zum Sterben verurteilt: Er wird zur Seite kippen und sich erfolglos hin und her winden. Er schnappt nach Luft, verliert Feuchtigkeit und seine Kiemen werden ohne Wasser zusammenfallen. Da er keine Ohren hat, wird er nichts hören und seine Augen trocknen aus.

SCHLAMMSPRINGER
Der Schlammspringer ist ein rezenter Knochenfisch, der das Wasser verlassen kann, um in Schlammbänken nach Nahrung zu suchen. Er benutzt seine langen, knöchernen Brustflossen, um sich abzustützen und sich durch den weichen, nassen Schlamm zu schlängeln. Aber er muss feucht bleiben und kann sich deshalb nicht lange außerhalb des Wassers aufhalten.

Landtiere mussten erst lernen, sich fortzubewegen. Die meisten haben zu diesem Zweck Beine entwickelt. Die ersten Landlebewesen, die hundertfüßerähnlichen Arthropoden des Ordoviziums, kamen bereits mit zahlreichen Beinpaaren ausgestattet an Land, aber die aus einer anderen Entwicklungslinie stammenden Wirbeltiere mussten aus paarigen Flossen zunächst Gliedmaßen mit Muskeln entwickeln, die kräftig genug waren, um den Körper zu tragen und ihn auf dem Festland vorwärts zu bringen.

Der Hauptantrieb bei Fischen erfolgt durch das wellenförmige Schlängeln des Rumpfes seitwärts. Obwohl sich diese Art der Fortbewegung, wie man von Schlangen weiß, auch an Land bewährt, bleibt

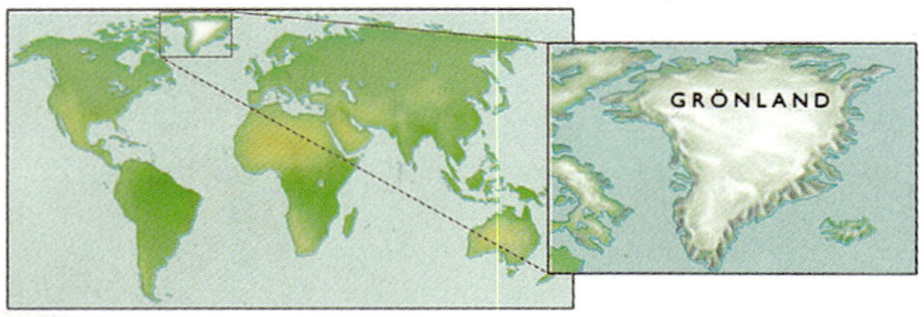

TETRAPODEN IN GRÖNLAND
Die ältesten bekannten Tetrapoden, *Acanthostega* und *Ichthyostega*, stammen aus Ablagerungen grönländischer Flüsse und Seen des Oberdevon. Die ersten vierbeinigen Wirbeltiere waren Wasserbewohner. Sie benutzten ihre muskulösen Flossen, Vorder- und Hinterbeine zur Fortbewegung , zum Festhalten an Pflanzen oder zum Graben nach Schalentieren. Sie wurden bis zu einem Meter lang und waren gefürchtete Räuber, die auch kleine Fische jagten. Ihre Jungen waren Beute für den Fleischflosser *Holoptychius*, den Lungenfisch *Dipterus* und den Panzerfisch *Bothriolepis* sowie ausgewachsene Tetrapoden.

WIE FLOSSEN ZU BEINEN WURDEN

Die ersten Landwirbeltiere mussten aus Flossen Gliedmaßen entwickeln. Aber nicht alle Flossenformen eigneten sich dazu. Die Panderichthyiden wiesen zwei Paar an der Basis verschmälerte Flossen auf, die wie bei der Beinstruktur der meisten Tetrapoden jeweils von einem Knochen, der mit der Schulter oder den Hüftknochen verbunden war, gestützt wurden. Am äußeren Ende eines jeden Beinknochens befand sich ein Paar Gelenkknochen und dann eine Reihe von Strahlen (Stacheln).
Im Gegensatz dazu haben heutige Fische fächerförmige Flossen, die von mehreren Knochen gestützt werden und eine Vielzahl von Strahlen aufweisen. Von den beiden Flossentypen war nur die ältere Form der Panderichthyiden dazu geeignet, sich in ein den Körper stützendes, kräftiges Bein umzuwandeln.

der Körper dabei immer am Boden. Zahlreiche Wirbeltiere wie Echsen haben daraus eine Kompromisslösung entwickelt: Der Körper bewegt sich weiterhin schlängelnd, wird aber von pfahlartigen Beinen getragen. Diese Bewegung belastet die Wirbelsäule auf andere Weise, das Skelett wird kräftiger und beweglicher – ein evolutionärer Vorgang, der sehr lange Zeit beanspruchte.

VIERBEINIGE VORFAHREN

Wer waren nun die Vorfahren von *Acanthostega* und *Ichthyostega*? Untersuchungen haben ergeben, dass die Panderichthyiden, eine Gruppe von Fischen mit paarigen, muskulösen Flossen, anatomisch gesehen den Tetrapoden am nächsten stehen und wahrscheinlich deren Vorfahren sind. *Panderichthys*, von dem Überreste in Lettland gefunden wurden, war ein bemerkenswertes Tier. Er hatte vorne und hinten am Körper paarige Flossen, ähnlich wie die Tetrapoden und eine dem ersten vierbeinigen Tier sehr ähnliche Schädelform mit flachem Kopf, nahe beieinander liegenden Augen und einem großen Maul. Auch die Rippen waren mit dem Rückgrat ähnlich wie bei Vierfüßern verbunden.
Elpistostega, ebenfalls ein Vertreter der Panderichthyiden, hielt man bei seiner Entdeckung zunächst für einen Tetrapoden.

VERSTEINERTE ACANTHOSTEGA
Beim Ordnen der durcheinander geratenen skelettartigen Überreste dieser Fossilie eines frühen Vierfüßers (Tetrapoda) haben die Wissenschaftler ihre Meinung über die Entwicklung der Wirbeltiere für ein Leben auf dem Festland revidiert. Nach dem Fund im harten Sedimentgestein eines Berghangs im arktischen Grönland, bedurfte es mehrerer Tage, um die Versteinerung behutsam so zu präparieren, dass ihr Geheimnis unbeschadet gelüftet werden konnte. Sie zeigt, dass *Acanthostega* einen abgeflachten Schädel hatte und die Augenhöhlen nahe beieinander oben auf der Oberfläche platziert waren.

Das Karbon

Im Zeitalter der Kohle kommt es zur Ausbildung der ersten ausgedehnten Wälder auf der Erde. Die Vierbeiner verlassen das Wasser, um sich zu Amphibien und Reptilien zu entwickeln.

Das Karbon umfasst ein 354 bis 290 Millionen Jahre zurückliegendes Erdzeitalter und leitet sich aus dem lateinischen Wort carbo für Kohle ab. In dieser Zeit bewegte sich die große Masse der südlichen Kontinente, aus denen Gondwana bestand, im Uhrzeigersinn. Der östliche Teil des Superkontinents (Australien) bewegte sich nach Süden und wurde kälter, während der westliche Teil (Südamerika) sich nach Norden in die wärmeren Breitengrade schob. In Laurentia (Nordamerika) falteten sich die Appalachen auf und die Gebirgsbildung der Rocky Mountains schritt weiter voran. Gondwana, Laurentia und Baltica verschmelzen zum Superkontinent Pangaea.

MEERESSPIEGEL UND KLIMA

Das Karbon gliedert sich in das ältere Unterkarbon und das jüngere Oberkarbon. Im Unterkarbon stieg der Meeresspiegel stark an, große Teile der im Devon existierenden kontinentalen Landmassen wurden überflutet. Im Oberkarbon sank der Meeresspiegel erneut und die Landschaften tauchten wieder auf.

VERSTEINERTER LEPIDODENDRON-STAMM
Der versteinerte Stamm des Schuppenbaumes *Lepidodendron* aus einem Kohlewald in Schottland zeigt rautenförmige Narben und schuppenförmige Polster am ehemaligen Blattansatz der Blattwedel, die während des Wachstums abfielen.

FARNWEDEL
Der aus Jerada in Marokko stammende fossile Überrest eines Farnwedels aus dem Karbon ähnelt dem heutiger Farne. Damalige Farne variierten aber stärker in der Größe; manche erreichten sogar Baumhöhe. Farne haben mit 12 000 rezenten Arten heute noch immer ein sehr weites Verbreitungsspektrum.

Das Treibhaus-Klima des Silurs und Devons war beendet – die Temperaturen sanken. In der Mitte und gegen Ende des Karbons war die jahreszeitliche Temperaturverteilung mit der Eiszeit im Quartär (vor 18 000 Jahren) vergleichbar und an den Polen wuchs die Eisdecke. Diese Vereisung setzte sich bis zum Perm fort.

Die Höhe der globalen Niederschlagsmenge und die Luftfeuchtigkeit schwankten sehr stark. Mit Beginn des Karbon wurde das Klima für einige Millionen Jahre extrem feucht. Als dann die Temperaturen im Oberkarbon fielen und sich zunehmend Gletscher bildeten, nahmen auch die Niederschläge und die Luftfeuchtigkeit ab.

MESSUNG DES SAUERSTOFFGEHALTES

Fossile Pflanzen geben Aufschluss über den relativen Kohlendioxid- und Sauerstoffgehalt der Atmosphäre zu jener Zeit. Größe und Zahl der Spaltöffnungen in der Epidermis der Blätter variieren je nach Kohlendioxidgehalt in der Atmosphäre. Ist die Kohlendioxidkonzentration hoch, bilden die Pflanzen weniger Spaltöffnungen; bei niedrigem Gehalt an Kohlendioxid dagegen mehr. Durch Vergleich der Stomatadichte fossiler Blätter in verschiedenen Erdzeiten können die Wissenschaftler daher Rückschlüsse auf das Verhältnis von Kohlendioxid und Sauerstoff in der Atmosphäre ziehen. Pflanzen im Devon weisen weniger Spaltöffnungen auf als die Gewächse aus dem Karbon.

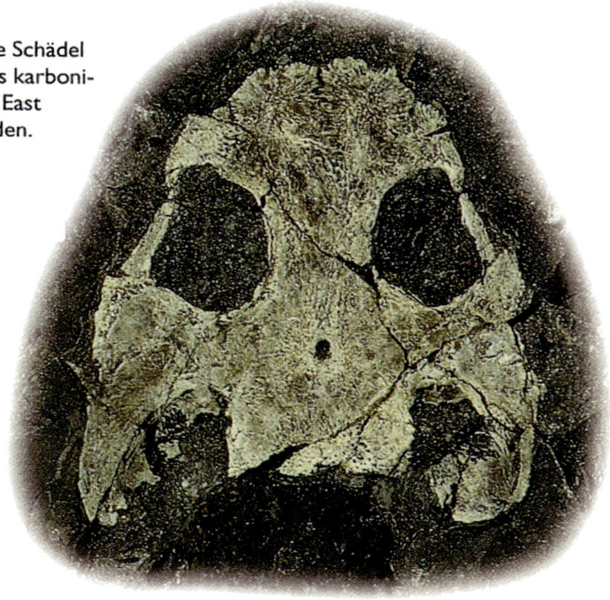

EUCRITTA
Der acht Zentimeter lange Schädel eines frühen Vierfüßers aus karbonischem Kalkstein wurde in East Kirkton, Schottland gefunden. Das Lebewesen mit dem Namen *Eucritta melanolimnites* (»Lebewesen aus der schwarzen Lagune«) weist zugleich Eigenschaften von Amphibien und Reptilien auf.

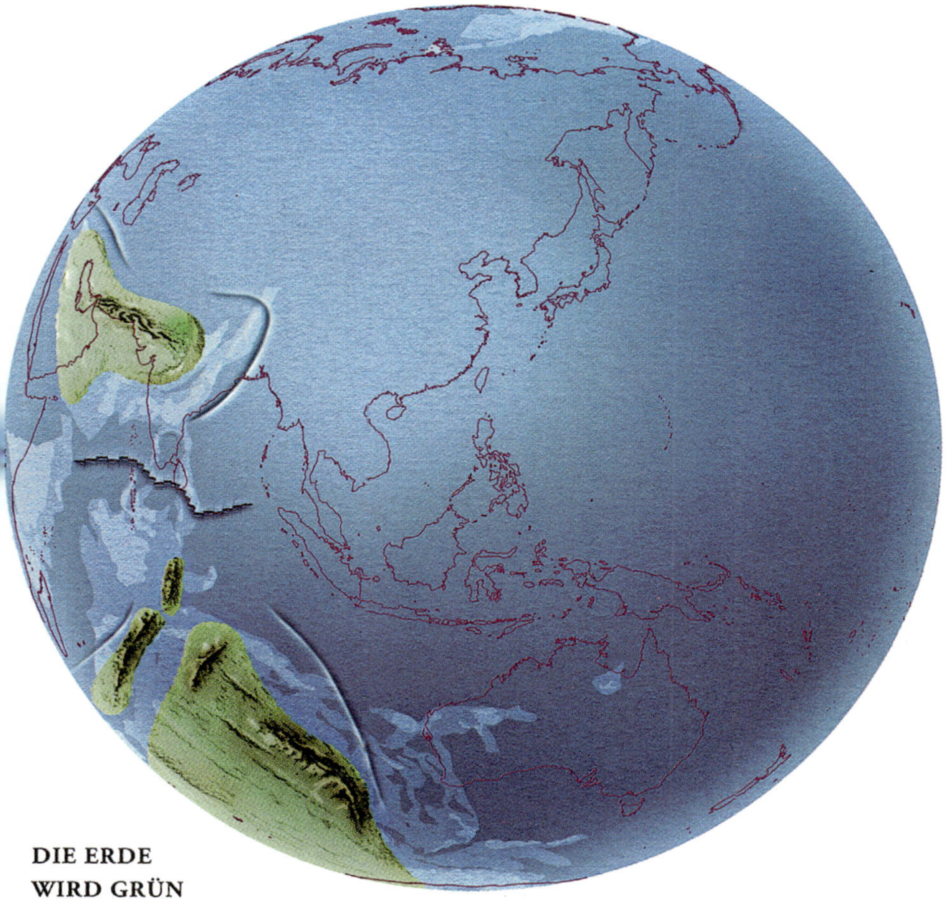

DIE ERDE WIRD GRÜN

Durch die Ausdehnung der Wälder in den Niederungen erhöhte sich zunehmend der Sauerstoffgehalt in der Atmosphäre. Neue Lebensräume und Nahrungsquellen in diesen großen Waldgebieten standen einer wachsenden Zahl von Tiergruppen wie Amphibien, Reptilien und Insekten zur Verfügung.

Der noch im Devon bei 15 Prozent liegende Sauerstoffgehalt der Atmosphäre erhöhte sich durch die Fotosynthese der Pflanzen im Oberkarbon auf 35 Prozent – ein auch später in der Erdgeschichte nie wieder erreichter Wert. Das enorme Pflanzenmaterial, das die Entstehung der ausgedehnten Kohlereservoire in Europa und Nordamerika möglich machte, wurde in dieser Zeit gebildet. Farne, die im Oberkarbon auf dem Höhepunkt ihrer Verbreitung waren, trugen zu diesem Prozess maßgeblich bei.

ÜPPIGES LEBEN ZU LAND UND ZU WASSER

Auf dem Festland entwickelte sich eine artenreiche Fauna Eier legender Tetrapoden (Amnioten), sowie zunehmend größere Spinnentiere (Arachniden) und Insekten unterschiedlichster Art, deren Vorfahren bis in das Silur zurückreichten. Die äquatorialen Flachmeere im Unterkarbon bildeten ausgedehnte Riffe, die eine große Vielzahl an Meereslebewesen aufwiesen. Haie und Knochenfische beherrschten die Meere, beide aber meist in anderen Formen als den heutigen. Durch Ablagerungen von Überresten der Meerestiere wie zum Beispiel deren Schalen kam es in den Meeren zur Bildung ausgedehnter, mariner Kalksteinbänke.

FOSSILE BAUMWURZELN
Fossile Wurzeln eines Schuppenbaumes (*Lepidodendron*) aus dem Karbon, die im englischen Manchester aufbewahrt werden. Da die Wurzeln nicht gleichzeitig mit Stamm und Blättern des Baumes gefunden wurden, gab man ihnen einen anderen Namen – sie heißen *Stigmaria*. Einige dieser Bäume wurden bis zu 40 Meter hoch.

Die ersten Vierfüsser

BAUMFARN
Die wenigen rezenten Baumfarne sehen genauso aus wie ihre Vorfahren aus dem Karbon. Sie bilden eine Krone aus zahlreichen, drei Meter langen Wedeln, die ohne das massive Wurzelsystem keinen Halt finden würden.

Einige der interessantesten Fossilien des Unterkarbons stammen aus jüngeren Funden in einem Kalksteinbruch in East Kirkton, Schottland. Bei den versteinerten Tieren handelt es sich um die ersten von mehreren verschiedenen frühen Tetrapoden-Gruppen: das amphibienähnliche *Balanerpeton woodi*, *Silvanerpeton*, ein Tier namens *Eucritta* mit Eigenschaften von Amphibien und Reptilien sowie *Westlothiana lizziae*, ein fast ausgereiftes Reptil. Die Vierfüßer von East Kirkton stellen die weltweit ältesten, bekannten Wirbeltiere des Festlands dar.

UNTER DEM VULKAN

Die Kalksedimente von East Kirkton wurden ursprünglich in einem kleinen See am Fuße eines aktiven Vulkans abgelagert und sind ungewöhnlich, da es sich nicht um Meeressedimente handelt. Der mineralreiche Boden, der sich über Asche und Lava bildete, förderte das Wachstum einer üppigen Vegetation aus Bärlappen, Schachtelhalmen, Farnen und Nacktsamern (Gymnospermen). Der Wald bot Nahrung und Schutz für die vielfältige Tierwelt des Festlandes, zu denen vierfüßige Wirbeltiere, wirbellose Skorpione, Tausendfüßer, Meeresskorpione und Weberknechte zählten. Naturkatastrophen wie Stürme, Waldbrände und Überschwemmungen hatten immer wieder den Untergang zahlreicher Pflanzen und Tiere im See zur Folge, die rasch von einer schützenden Sedimentschicht konserviert wurden. Auf diese Weise entstand eine Fülle gut erhaltener Fossilien.

NAHRUNGSKETTEN AUF DEM FESTLAND

Den Ausgangspunkt für die Nahrungsketten bei Landtieren bildeten noch immer Gliederfüßer, die sich von verrottendem Pflanzenmaterial ernährten, wie Milben und Tausendfüßer. Dazu kamen immer häufiger andere Tiere, zu denen auch der älteste bekannte Vertreter der Spinnentiere, ein Weberknecht, gehörte und der erste Luft atmende Skorpion *Pulmonoscorpius* – ein großer, aktiver Räuber, der bis zu 70 Zentimeter lang wurde.

VERSTEINERTER VIERFÜSSER
Silvanerpeton, ein salamanderähnliches Tier von etw 40 Zentimeter Länge, war einer der ältesten Anthr cosaurier – eine später ausgestorbene Ordnung, di zahlreiche Eigenschaften der Reptilien vereinte.

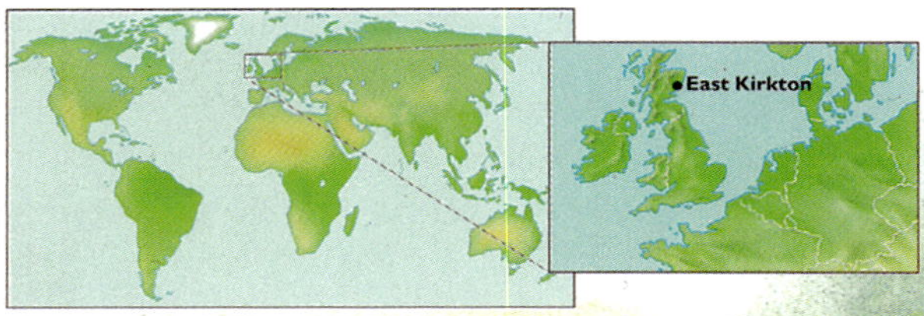

DIE ERSTEN WIRBELTIERGESELLSCHAFTEN AUF DEM FESTLAND
Die Fülle an Fossilien in den kalkreichen Süßwasser-Sedimenten in East Kirkton, Schottland, bietet einen bemerkenswerten Einblick in die Lebensbedingungen während des Karbons. Ein dichter Tropenwald aus Schuppenbäumen, Samenpflanzen und Baumfarnen bedeckte die Hänge am Fuß der Vulkane und die Seeufer. Im Wasser lebten zahlreiche Fische, amphibische Vierfüßer wie *Balanerpeton* und Eurypteriden. Andere Tetrapoden wie *Westlothiana* waren an Land heimisch und mussten mit großen, gefährlichen Skorpionen um Nahrung kämpfen.

LEBEN IM WASSER

Der Karbon-See von East Kirkton beherbergte eine bemerkenswerte Vielfalt an Fischen. Zu sechs Arten von knöchernen Strahlenflossern (Actinopterygii) gesellten sich zwei Stachelhai-Arten (Acanthodii) sowie zwei Familien der Süßwasserhaie. Die Ursache für die beeindruckende Vielfalt an Lebewesen wird darauf zurückgeführt, dass der See ursprünglich mit einem größeren Wassergebiet verbunden war. Die angehäufte vulkanische Asche aus der Umgebung hat vermutlich irgendwann zu einer natürlichen Barriere geführt, die die Lebewesen von ihrem eigentlichen Lebensraum abschnitt und in dem See einschloss.

Aber dieses eindrucksvolle Tier wurde von einem der drei dort ansässigen Eupteriden noch in den Schatten gestellt. *Hibbertopterus scouleri* sah wie ein großer, abgeflachter, stromlinienförmiger Hummer aus. Er trug einen 65 Zentimeter breiten Kopfschild und wird etwa 3 Meter lang gewesen sein. Obwohl es sich um einen der größten Gliederfüßer, die je gelebt haben, gehandelt haben dürfte, ernährte er sich nur von den Kadavern kleiner Tiere.

Westlothiana lizziae, ein vierfüßiges, 20 Zentimeter langes Wirbeltier, wurde zunächst für das älteste fossile Reptil der Erde gehalten. Es stellte sich jedoch heraus, dass es vor allem am Knöchel und am Rachen Körpermerkmale aufwies, die eher für primitive Tetrapoden charakteristisch waren, als für Eier legende (amniotische) Reptilien.

WEITERE FUNDE AUS KIRKTON

Unter den Wirbeltieren, die in East Kirkton gefunden wurden, befanden sich auch verschiedene Amphibien, die etwa 50 Zentimeter groß wurden. Einige, wie *Balanerpeton woodi*, ähnelten heutigen Salamandern. Die Struktur der Gliedmaßen und Knöchel zeigt, dass es sich überwiegend an Land aufhielt, aber wie alle Amphibien zur Fortpflanzung ins Wasser zurückkehrte. Durch entscheidende Veränderungen in der Schädelstruktur konnten sich Ohrknochen entwickeln, die zur Wahrnehmung von Geräuschen an Land dienten. Zahlreiche kleine Zähne in seinem Maul weisen ihn als Räuber der Uferzonen aus.

Manche der kleineren, reptilartigen Anthracosaurier, die etwa 30 Zentimeter lang wurden, waren ebenfalls vertreten. Ihre schwach entwickelten Handgelenke und Fußknöchel waren aber besser zum Schwimmen geeignet, als zum Laufen. Zu den an Land jagenden Lurchen zählte auch *Ophiderpeton*, ein ungewöhnliches, schlangenähnliches Tier. Er besaß ungefähr 230 Wirbel und wurde wahrscheinlich bis zu einem Meter lang.

LANDSKORPION
Diese gut erhaltene Versteinerung aus East Kirkton ist der älteste bekannte Landskorpion *Pulmonoscorpius kirktonensis*. Man sieht noch das ungewöhnliche Atmungsorgan, die wie Buchseiten angeordneten Fächer der Tracheenlungen.

Kohle und Reptilien

Es dauerte 20 Millionen Jahre bis tropische Regenwälder in den Niederungen entstanden und die Torfmoore des Oberkarbons überall auf der Erde große Kohlelagerstätten bildeten. Vom Beginn der industriellen Revolution an benötigte der Mensch nur 200 Jahre, um den Großteil dieser Ressourcen zu verbrauchen. Einer der wenigen positiven Aspekte ist der unschätzbare Einblick, den wir durch den Kohleabbau in das Zeitalter des Oberkarbons bekamen. Ein bedeutsamer Entwicklungsschritt vollzog sich in dieser Zeit: Vierfüßer, die von Schalen umhüllte Eier legen konnten – die Reptilien hatten die Erde erobert!

Die Bildung von Kohle

Zwischen Unterkarbon und Oberkarbon kam es zu einem markanten Wechsel der Umweltbedingungen. Nachdem sich die Meere und damit die darin lebenden Tiere und Pflanzen 20 Millionen Jahre lang ausgebreitet hatten, begannen Meeresspiegel und globale Temperaturen stark zu sinken. Organische Ablagerungen aus pflanzlichem Detritus sammelten sich in ausgedehnten Wäldern, Sümpfen und Mooren an, während sich langsam immer neues Land aus dem zurückweichenden Meer erhob. Sie bildeten die Grundlage der ersten Kohleschichten, die stellenweise bis zu mehreren hundert Meter mächtig wurden.

Die Kohlelagerstätten in Neuschottland

Wertvolle Hinweise über die Zusammensetzung der Kohleschichten gaben die 310 Millionen Jahre alten Kohlelagerstätten von Joggins in Neuschottland. Sie bestehen aus oberkarbonischen Formationen, die ursprünglich in Äquatornähe lagen und in einer küstennahen Schwemmsandebene abgelagert wurden.

Ein Jahreszeitenklima mit wechselnden Niederschlägen führte damals im Hochland zur Erosion von Sand- und Schlammsedimenten bis in die Ebenen. Verstreute fossile Pflanzenfunde zeigen, dass in den Ebenen, an Flussufern und Sandbänken je nach Bodenart unterschiedliche Arten wuchsen. Die Ebenen besiedelten große, baumhohe Nacktsamer, die Cordaiten, mit bandförmigen Blättern und Stämmen mit Durchmessern von bis zu 50 Zentimetern; in den trockeneren Bereichen der Torfmoore wuchsen Schuppenbäume in gleicher Größe. In den sumpfigen Flussauen gab es neben dem vereinzelt hoch aufragenden Schuppenbaum *Lepidodendron* nur niedrigwüchsige Farne. Der Schachtelhalm *Calamites* bildete an Flussufern sowie am Rand der Sümpfe üppige Bestände und bot den ersten Landschnecken Unterschlupf.

VERSTEINERTER SCHACHTELHALM
Dieser Schachtelhalm zeigt die charakteristischen gegliederten Stängel und Blattquirle. Anders als ihre kleinen rezenten Nachkommen erreichten viele Schachtelhalme im Karbon Baumhöhe.

KOHLELAGERSTÄTTEN
Die fossilen Funde in den Kohlelagerstätten von Joggins, Neuschottland vermitteln uns ein Bild der äquatornahen Flussauen zur Zeit des Karbons. Zur üppigen Flora gehörten Schachtelhalme (*Calamites*) im flachen Flussbett und Schuppenbäume wie *Sigillaria* und *Lepidodendron*. Große Insekten boten den ersten Reptilien (zum Beispiel *Hylonomus lyelli*) Nahrung. Versteinerte Überreste von Reptilien wurden im Innern hohler Baumstämme gefunden.

MASSENGRAB IM BAUMSTAMM

Mehr als 190 versteinerte Skelette kleiner Amphibien und Reptilien wurden in etwa 30 baumhohen Stümpfen von Pflanzen aus der Karbonzeit gefunden, die in den Ablagerungen von Joggins, Neuschottland konserviert wurden. Um das Vorkommen von Wirbeltieren in den hohlen Stümpfen zu erklären, wurden verschiedene Theorien aufgestellt. Entweder stellten sie den natürlichen Lebensraum dieser Tiere dar oder es handelte sich um natürliche Fallen, in denen die Tiere festsaßen und schließlich starben. Nach einer neueren Theorie suchten die Tiere die Stümpfe zum Schutz vor Feuer bei Waldbränden auf.

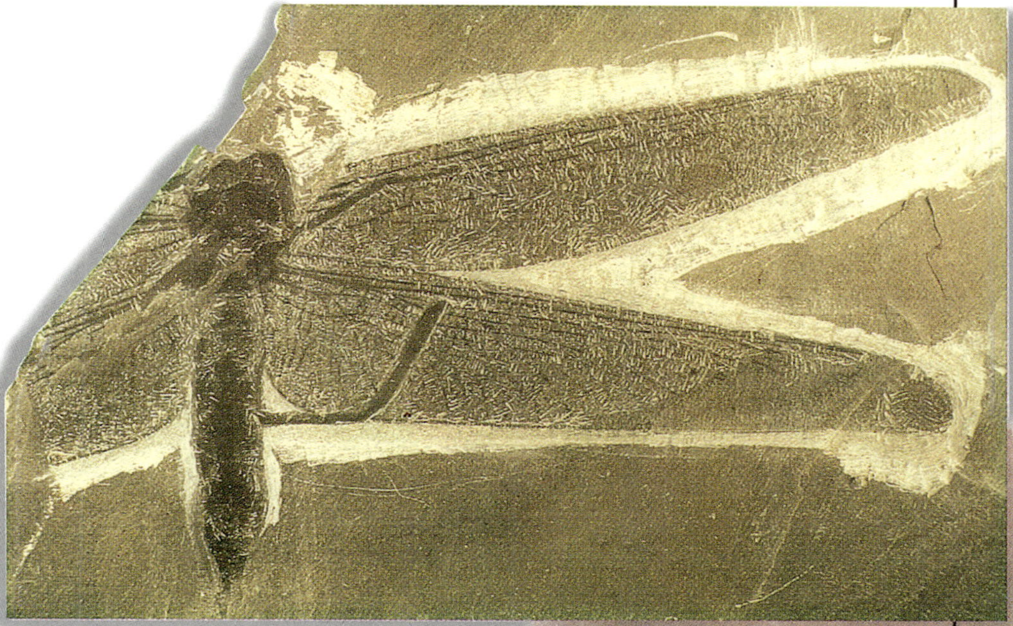

REPTILIEN IM KARBON

Schon das Vorhandensein zahlreicher, hervorragend erhaltener, baumgroßer Stümpfe und Stämme brachte die Wissenschaftler zum Staunen. Noch weitaus überraschender aber war für sie das Vorkommen fossiler Überreste der Eier legenden (amniotischen) Reptilien *Hylonomus lyelli* und *Paleothyris* im Innern dieser Stümpfe.

Diese ersten Reptilien waren klein – etwa 20 Zentimeter lang – und ähnelten den heutigen Insekten fressenden Eidechsen. Wahrscheinlich schlüpften sie aus einem winzigen Ei von einem Zentimeter Durchmesser. Im Vergleich zu den frühen Tetrapoden, deren Kopf ein Drittel der Körperlänge umfasste, maß der Kopf dieser Reptilien nur ein Fünftel. Die Ausbildung größerer und stärkerer Kiefermuskeln war gegenüber der Kopfform der Amphibien ein deutlicher Fortschritt.

Die Reptilien konnten sich auf dem Festland behaupten, da Nahrung in Form von kleinen Arthropoden wie Tausendfüßern, Spinnen und Insekten in großer Fülle vorhanden war. Mit ihren kleinen, scharfen Zähnen konnten sie deren Chitinpanzer durchbohren.

Das Vorhandensein von Holzkohle im Innern der Baumstümpfe und in den Ablagerungen der näheren Umgebung lässt darauf schließen, dass die Tiere bei periodisch auftretenden Bränden in den Stämmen Schutz gesucht haben und dann darin erstickt sind.

LIBELLEN IM WALD
Riesige Libellen wie diese *Namurotypus* mit einer Flügelspannweite von 60 Zentimetern bewohnten die Wälder des Karbons. Sie waren die ersten Lebewesen, die fliegen konnten und, so wie heute noch, Jagd auf kleinere Insekten machten.

Das Perm

Mit der Bildung des Superkontinents Pangaea werden die Voraussetzungen für eine umfassende Besiedlung des Festlands geschaffen.

EL CAPITAN
Die Kalksteinriffe aus dem Perm bilden den Gipfel El Capitan in den Guadelupe Mountains von Texas und New Mexico.

Der Beginn des Perms fällt in die Zeit vor 290 Millionen Jahren, als die nördlichen Kontinente Eurasien und Laurentia sich mit dem südlichen Kontinent Gondwana vereinten und den Großkontinent Pangaea bildeten.

Dieser Vorgang führte zu umfassenden klimatischen Veränderungen und hatte einschneidende Auswirkungen auf die Lebensbedingungen auf der Erde. Ein globaler Umweltwandel war die Folge. Die Eisdecke, die im Karbon Gondwana großflächig überzogen hatte, schmolz ab, als der Kontinent sich nordwärts Richtung Äquator bewegte. Im nördlichen Teil Pangaeas war das Klima in weiten kontinentalen Bereichen allgemein warm und trocken, im südlichen Teil dagegen herrschte weiterhin ein kühleres und feuchtes Klima.

ÄNDERUNG DER VEGETATION

Mit steigenden Temperaturen verdunstete ein Großteil der Flachmeere und Seen des Oberkarbons und hinterließ über Laurentia mächtige Mineralsalzdepots. Die Pflanzen passten sich zwangsläufig den veränderten Bodenverhältnissen an. Die im feucht-warmen Klima des Karbons ausgebildeten Wälder mit Kohlelagern schrumpften weltweit zusammen und existierten nur noch in feuchteren Zonen, wie dem heutigen China, Sibirien sowie in den Teilen Gondwanas, die heute Australien, Indien und die Antarktis umfassen. Auf den trockenen Böden lösten besser angepasste,

REPTILIEN MIT »RÜCKENSEGEL«
Die Pelycosaurier wie dieser *Edaphosaurus*, der in Texas gefunden wurde, tauchten erstmals im Unterperm auf. Die verlängerten Wirbelfortsätze wurden von einem Hautgewebe umspannt, das wahrscheinlich der Regulierung der Körpertemperatur diente. Wie bei allen Kaltblütern sind auch bei Reptilien die Körperfunktionen von der Umgebungstemperatur abhängig. Deshalb wurde das Rückensegel auf die Sonnenstrahlen ausgerichtet. Zur Abkühlung setzten die Pelycosaurier das Segel dem Wind aus.

DIE KONTINENTALVERSCHIEBUNG

Die Tatsache, dass Fauna und Flora in Ländern, die heute weit voneinander entfernt liegen, früher einmal identisch war, diente den Geologen als Beweis für die Existenz einst zusammenhängender Landmassen. Die Lebewesen auf dem Festland hätten sich wohl nicht so erfolgreich behaupten können, wenn die verschiedenen Kontinente zu einem bestimmten Zeitpunkt nicht eine geschlossene Landmasse gebildet hätten. Die Theorie der Kontinentalverschiebung wurde Anfang des 20. Jahrhunderts von dem deutschen Meteorologen Alfred Wegener entwickelt, nachdem er erkannt hatte, dass sich die Gletscherablagerungen aller heutigen Kontinente der südlichen Hemisphäre gleichen.

BLÄTTER DES SAMENFARNS
Die charakteristisch verlängerten Blätter dieses ausgestorbenen Samenfarns, *Glossopteris*, wurden in Formationen des Perms und der Trias gefunden, die Indien, Australien, Südafrika, Südamerika und die Antarktis durchziehen. Sie galten lange als Beweis dafür, dass diese Landmassen einst in dem Großkontinent Gondwana vereint waren.

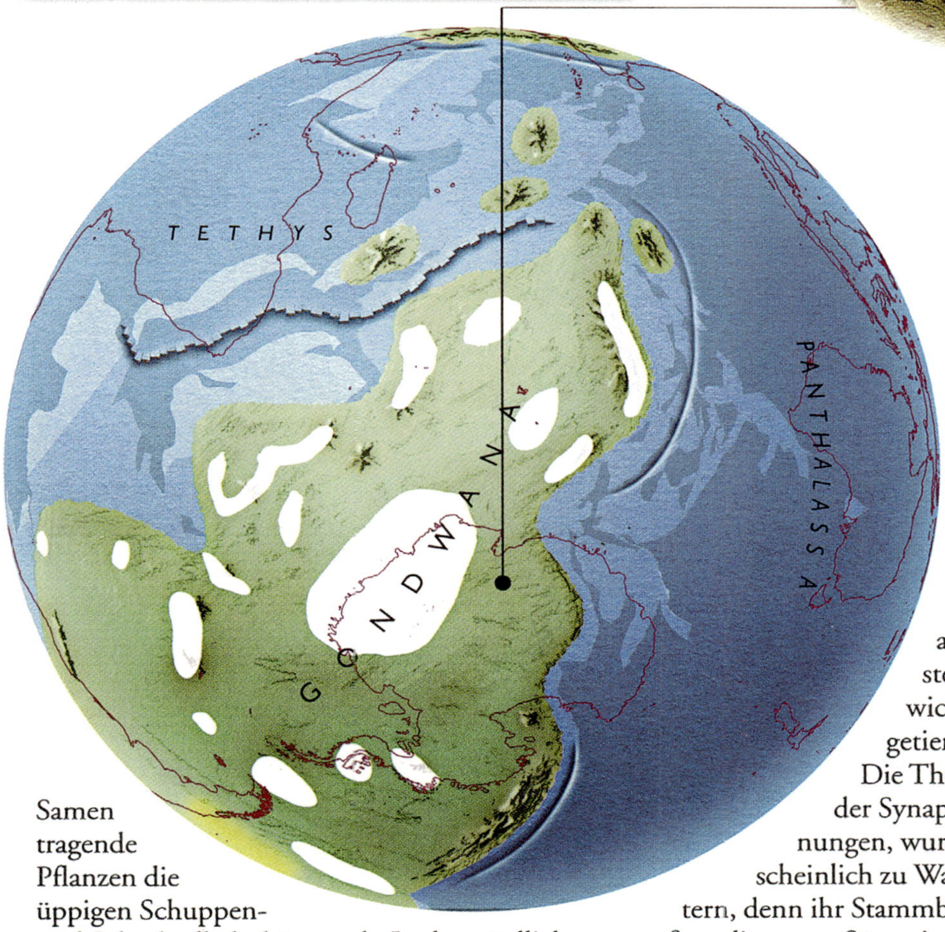

Samen tragende Pflanzen die üppigen Schuppen- und Schachtelhalmbäume ab. In der nördlichen Hemisphäre breiteten sich erstmals Koniferen wie *Walchia* rasch aus, während sich in der kühleren südlichen Erdhälfte zum Ende der Eiszeit allmählich die Samenfarne (zum Beispiel *Glossopteris*) zur vorherrschenden Flora entwickelten.

ERSTE SÄUGETIER-MERKMALE

Eine Unterklasse der Tetrapoden, die Synapsida, wurden mannigfaltiger und breiteten sich durch Wanderungen von der nördlichen in die südliche Hemisphäre gegen Ende des Perms sehr weit aus. Einige Arten bildeten Merkmale aus, die bereits auf die bevorstehende Entwicklung der Säugetiere hindeuteten. Die Therapsiden, eine der Synapsiden-Ordnungen, wurden wahrscheinlich zu Warmblütern, denn ihr Stammbaum umfasst die ersten Säugetiere und ihre heute lebenden Nachkommen.

Am Ende des Perms führte das Aussterben von etwa 90 Prozent der Meereswirbeltiere, einschließlich Armfüßer und Trilobiten, zu einem drastischen Rückgang der Artenvielfalt in den Meeren. Der Grund für diesen Vorgang ist ungeklärt, vermutlich spielten eine zu starke Spezialisierung und die daraus folgende Unfähigkeit, sich den Veränderungen der Umwelt anzupassen, dabei eine Rolle. Die Lebewesen auf dem Festland zeigten allgemein eine größere Anpassungsfähigkeit und überlebten größtenteils.

SCHWAMM MIT NAHRUNGSFILTER
In den Riffen vor Texas lebte dieser Schwamm, *Girtyocoelia*. In erbsengroßen, miteinander verbundenen Kammern filterte er Nahrung aus dem Meer, indem er Wasser durch winzige seitliche Löcher aufnahm. Die Wände des Schwammes bestanden aus dem aus marinem Karbonatgestein gelösten Kalk.

Vorläufer der Säugetiere

Als die ersten Tetrapoden Eier legten, die an Land ausgebrütet werden konnten, entwickelte sich das Leben auf dem Festland sehr rasch. Im Karbon teilten sich diese Amnioten in zwei verschiedene Zweige – in Reptilien und in eine Gruppe, die als Synapsiden bezeichnet werden. Aus ihnen gingen vermutlich die Säugetiere hervor. Die Synapsiden wurden früher fälschlicherweise als »säugerähnliche Reptilien« beschrieben, denn es handelte sich nicht um echte Reptilien.

PELYCOSAURIER

Die ersten Synapsiden waren die Pelycosaurier. Sie waren im frühen Perm so erfolgreich, dass sie etwa Dreiviertel aller Tetrapoden ausmachten. Ein wichtiges Merkmal war die Differenzierung ihres Gebisses, wodurch sich einige zu Pflanzenfressern, andere zu Fleischfressern entwickelten. Zwei Typen von Pelycosauriern haben ein Rückensegel ausgebildet, das aus langen Wirbelfortsätzen bestand und von Haut überzogen war. Wahrscheinlich regulierte es die Körpertemperatur, indem am frühen Morgen Sonnenwärme über das Blut an den Körper weitergegeben und am Mittag abgegeben wurde. Berechnungen zufolge konnten große Pelycosaurier dadurch die Zeitdauer zur Aktivierung ihrer Körperfunktionen um ein Viertel mindern.

DIE THERAPSIDEN VON KARRU

Die Pelycosaurier starben im Zechstein (spätes Perm) aus. Ihnen folgte eine weiter fortgeschrittene Ordnung der Synapsiden, die Therapsiden. Die

DICYNODONTIA-EIER
Diese zu den ältesten bekannten Eierfunden zählenden Schalen wurden in Gesteinsformationen des Perm in Südafrika entdeckt. Man nimmt an, dass sie von einem Vertreter der Dicynodontia, einer Unterordnung der Therapsiden, gelegt wurden.

KARRU
Die Gras bewachsenen Hochflächen des Karru-Beckens in Südafrika ähneln der Landschaft vor über 250 Millionen Jahren, in der die Vorläufer der Reptilien und Säugetiere das Gebiet bevölkerten.

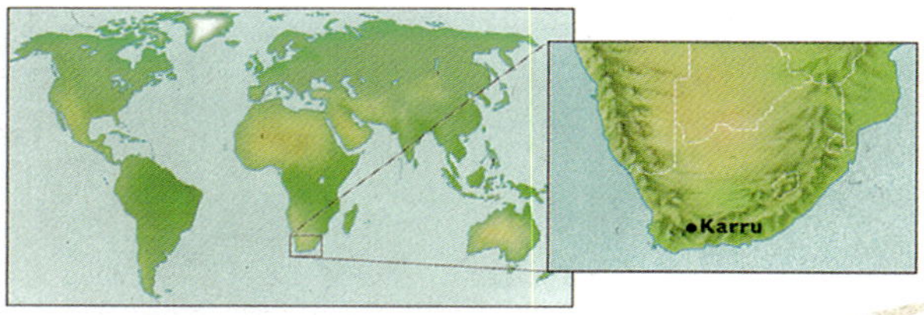

LEBENSFORMEN IM PERM
Die Formationen von Karru zeigen, dass Südafrika im Perm die Heimat zahlreicher reptilienähnlicher Vorgänger der Säugetiere war, wie zum Beispiel *Procynosuchus* (ein Cynodontier). Pflanzenfresser wie der schweinsgroße *Dicynodon* und der kleinere *Robertia* wurden von Fleischfressern wie *Lycaenops* gejagt. Gepanzerte Amphibien (*Peltobatrachus*) teilten den Lebensraum mit dem echsenähnlichen *Milleretta*. Schachtelhalme, Farne wie *Dicroidium*, Samenfarne wie *Glossopteris* und die ersten Palmfarne sowie Gingkos besiedelten das Festland.

FRÜHER SYNAPSIDE
Dieser *Dimetrodon* ist ein Pelycosaurier mit Rückensegel aus Nordamerika. Er war eines der ersten Landwirbeltiere, das in der Lage war, andere Räuber gleicher Größe zu töten.

ZAHNFORMEN

Die frühen Vierfüßer hatten einfache, undifferenzierte Zähne. Die Nahrung wurde nicht zerkaut, wurde nur in Stücke geteilt und geschluckt. Im Magen wurden die Nährstoffe aus der unzerkauten Nahrung gelöst. Die Therapsiden begannen schneide-, eck- und backenzahnähnliche Zähne auszubilden. Die Nahrung war vermutlich vielfältiger und wurde bereits im Mund der Tiere zerkaut und vorverdaut.

Fossilien von mehr als 100 Therapsiden-Arten sowie von Tausenden von Reptilien, Amphibien, Fischen und Pflanzen wurden in den roten Sandsteinablagerungen des Karru-Beckens in Südafrika aus dem Oberperm seit dessen Entdeckung in den 1840-er Jahren gefunden. Dazu gehörten zahlreiche Formen der Unterordnung Dicynodontia, die zwei große Eckzähne aufwiesen. Zu ihnen gehörte das 20 Zentimeter lange *Oudenodon*, das in korkenzieherförmigen, senkrechten Höhlen lebte, aber auch Tiere in der Größe von Schweinen wie *Lystrosaurus* mit einem knöchernen, schnabelförmigen Maul und flusspferdgroße Pflanzenfresser wie *Kannemeyeria*.

DIE CYNODONTIA

Aus evolutionärer Sichtweise viel interessanter aber ist die Unterordnung der Cynodontia. Diese Tiere entstanden am Ende des Perms und aus ihnen gingen in der Obertrias die ersten Säugetiere hervor. Cynodontia wie *Procynosuchus* entwickelten kürzere Schwänze, nach hinten gerichtete Ellbogen, nach vorne gebeugte Knie, kräftigere Kiefer und differenzierte Zähne, was auf ihre nahe Verwandtschaft zu den Säugetieren hinweist. Die Cynodontia überlebten einen Großteil des Juras, existierten zeitgleich mit den Dinosauriern und starben dann aus.

Massenaussterben

In der Erdgeschichte kam es immer wieder zum massenhaften Aussterben von Lebewesen. Eines der bekanntesten Ereignisse dieser Art vollzog sich in der späten Kreidezeit vor 65 Millionen Jahren und besiegelte den Untergang der Dinosaurier. Seinen größten Rückschlag erlitt das Leben auf der Erde jedoch vor 248 Millionen Jahren gegen Ende des Perms, als zum ersten Mal nicht nur Meeres-, sondern auch Landlebewesen in bisher nie dagewesenem Maße dezimiert wurden.

Zahlreiche Wirbeltierarten an Land starben aus. Etwa 21 Familien der Ordnung Therapsiden (63 Prozent aller Tetrapoden-Familien) und 33 Prozent der Amphibien-Familien verschwanden. Am meisten betroffen aber waren die Meeresbewohner. Die Artenvielfalt im Meer sank von einer Viertel Million Arten auf weniger als 10 000. Insgesamt wurden etwa 60 Prozent der Meereslebewesen ausgelöscht, darunter auch bedeutende fossile Gruppen aus dem Paläozoikum wie die Trilobiten.

Es wurden verschiedene Theorien entwickelt, von denen die spektakulärste vom Aufprall eines großen Asteroiden oder Kometen auf der Erde ausgeht. Nicht der Aufprall selbst und die dadurch ausgelösten Erdbeben und Flutwellen hätten das Aussterben verursacht, sondern langfristig die lebensfeindlichen Bedingungen durch gigantische Staub- und Trümmerwolken nach dem Aufprall. Sie verdunkelten die Sonne für lange Zeit, hielten die Sonnenstrahlen zurück und führten zu einer Abkühlung der Erdatmosphäre, der nur wenige resistente Arten Stand hielten.

Eine andere mögliche Ursache für Massenaussterben könnte eine Zeit intensiver vulkanischer Aktivität

RUGOSA-KORALLEN
Aulophyllum (links) ist eine Korallenart des Karbons, die ausgedehnte Riffe in den tropischen Meeren dieser Zeit bildeten. Im Muschelkalk (der mittleren Trias-Epoche) wurden alle Rugosa-Korallen von einer anderen Korallenspezies, den Scleractinia (Steinkorallen) verdrängt.

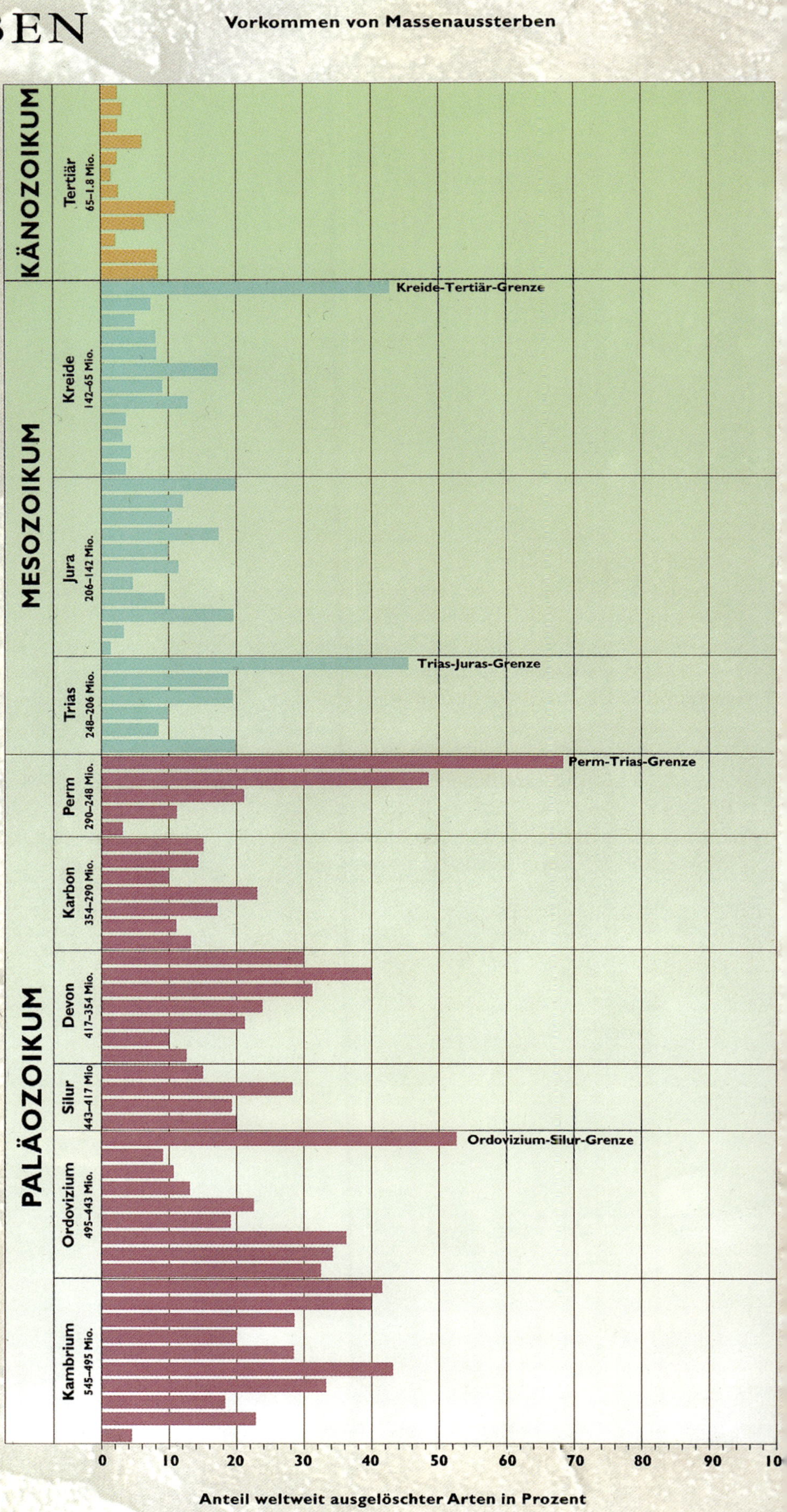

URSACHEN FÜR MASSENAUSSTERBEN
Die Tabelle zeigt, dass Ereignisse wie ein Massenaussterben oft den Übergang zwischen zwei Erdzeitaltern kennzeichnen und mit größeren Meteoriteneinschlägen, Vulkanausbrüchen oder Meeresspiegelschwankungen zusammentreffen. Im Übergang Perm-Trias kommt es durch Vulkanausbrüche in Sibirien zu einer globalen Klimaveränderung. Der Übergang Kreide-Tertiär ist unter anderem durch Anreicherung von Iridium im Gestein gekennzeichnet – ein klarer Hinweis für den Aufprall eines Meteoriten.

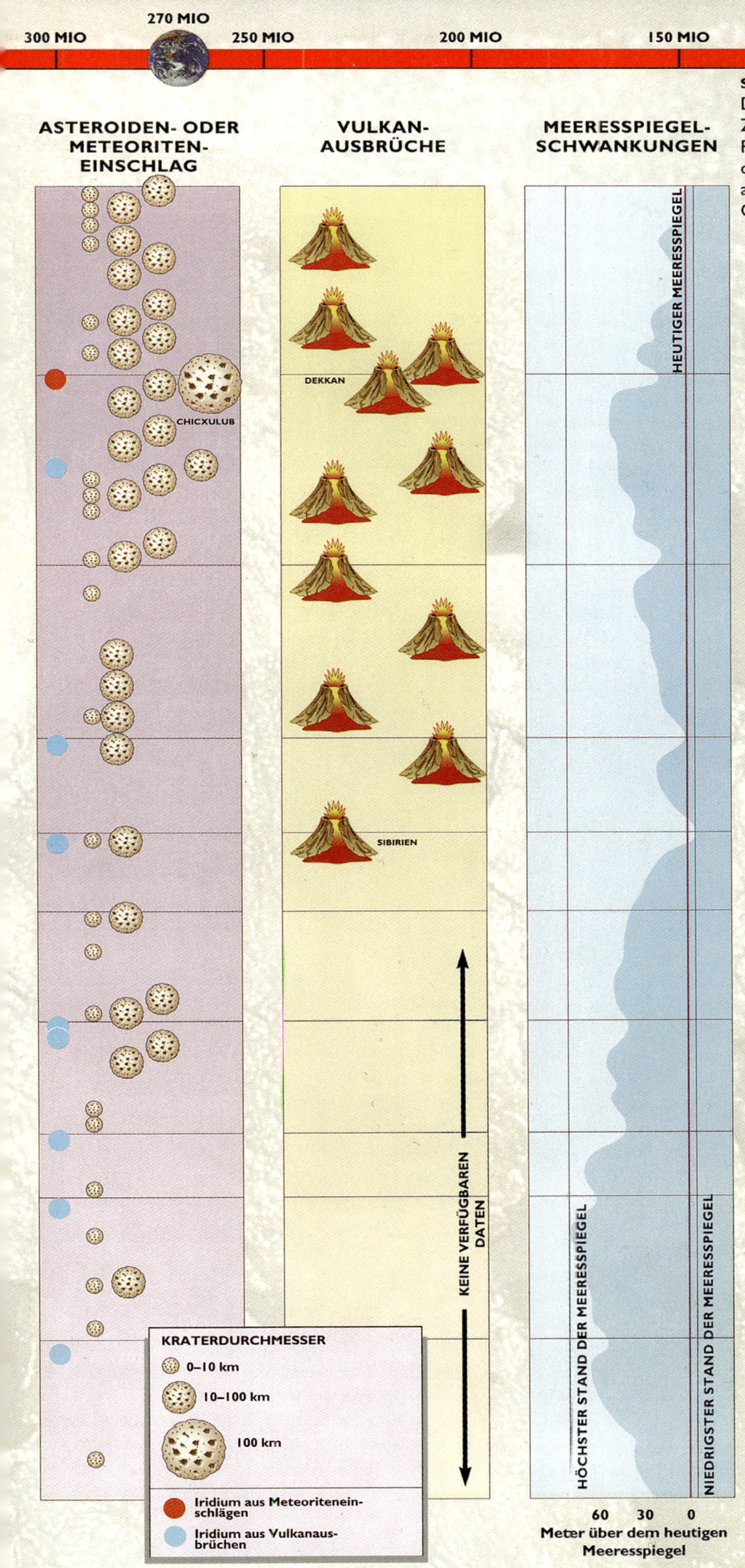

SCHÄDEL EINES THERAPSIDEN
Der Therapside *Titanophoneus* verdrängte im Zechstein die Pelicosaurier mit dem Rückensegel und fiel selbst am Ende des Perms dem Massenaussterben zum Opfer.

gewesen sein. Basaltisches Magma ist das Ausgangsmaterial vulkanischer Gesteine, hervorgebracht durch unvorstellbar starke Vulkanausbrüche, nicht vergleichbar mit jenen unserer Zeit. Vulkanausbrüche können durchaus Einfluss auf das globale Klima nehmen, und besonders wenn sie sich in rascher Folge wiederholen, nachhaltige Auswirkungen auf die Pflanzen- und Tierwelt haben.

Ein Massenaussterben wäre auch durch Schwankungen des Meeresspiegels möglich, verursacht durch einen Klimawechsel und die Bewegungen der Erdkruste. Während des Perms sank der Meeresspiegel beständig. Im Buntsandstein (der frühen Trias) sank er auf den niedrigsten Stand der letzten 545 Millionen Jahre. Lebensgemeinschaften wie Korallenriffe in warmen, flachen Küstengewässern waren damit zum Aussterben verurteilt.

Als weiterer Grund für den Artenrückgang kommt eine weltweite Klimaänderung in Frage. Obwohl sich diese weitaus langsamer vollzieht, als die durch Vulkanausbrüche oder Meteoriteneinschläge verursachten raschen Klimawechsel, ist es denkbar, dass sich das Wetter, in geologischen Zeiträumen gerechnet, in verhältnismäßig kurzer Zeit grundlegend ändern kann.

In letzter Zeit haben die Naturwissenschaftler begonnen, die Gründe für die großen Massenaussterben in der Erdgeschichte neu zu überdenken. Ein großer Meteorit zum Beispiel, der in der Nähe der mexikanischen Halbinsel Yucatan aufprallte, war mit Sicherheit für das Artensterben in der Kreidezeit mitverantwortlich. Aber zu jener Zeit waren auch starke Vulkanausbrüche, Klimaänderungen und ein Absinken des Meeresspiegels zu verzeichnen. Ein Meteoriteneinschlag von einem Ausmaß, das den dramatischen Artenschwund am Ende des Perms erklären könnte, wurde bis heute nicht gefunden. In diesem Fall kann man nicht ein einzelnes Naturereignis dafür verantwortlich machen; es hat vielmehr den Anschein, als handele es sich um das unglückliche Zusammentreffen mehrerer Faktoren.

Die Trias

Als sich das Leben auf der Erde von dem Massenaussterben im Perm langsam erholte, wurden die Reptilien, allen voran die ersten Dinosaurier, die beherrschenden Tiere dieser Zeit.

Die Trias dauerte über 40 Millionen Jahre, 248 bis 206 Millionen Jahre vor unserer Zeit und wird in drei Gesteinsfolgen gegliedert – Bundsandstein, Muschelkalk und Keuper. Zunächst, als der Superkontinent Pangaea nach Norden driftete und sich bis zum Äquator erstreckte, erwärmte sich der größte Teil der Landmasse zusehends und trocknete aus. Am Ende der Periode begann Pangaea auseinanderzubrechen. Das Klima war weltweit wieder kühler und feuchter geworden.

Während des Bundsandsteins stieg der Sauerstoffgehalt in der Atmosphäre prozentual deutlich an, sank aber später erneut. Auch der Meeresspiegel schwankte. Im Buntsandstein erreichte er einen neuen Tiefstand, stieg etwa zum Muschelkalk hin wieder an, und fiel im Keuper erneut.

DAS LEBEN AUF DEM FESTLAND UND IM MEER

Die veränderten Umweltbedingungen wirkten sich auch auf die Artenzusammensetzung bei den Wirbeltieren aus. Säugetierverwandte, die das Land im Perm noch beherrschten, verschwanden (nur eine Gruppe, die Cyanodonten, entwickelten sich fort und verbreiteten sich). Stattdessen entstand eine neue Überordnung der Reptilien, die Archosaurier. Das Keuper schließlich brachte die berühmten Nachkommen der Archosaurier, die Dinosaurier hervor.

Die Ökosysteme auf dem Festland wurden immer komplexer und mannigfaltiger, als die ersten gleitenden und fliegenden Reptilien, Schildkröten und Frösche in Erscheinung traten. Auch die Vegetation änderte sich. Wälder aus primitiven Koniferen bedeckten die trockenen Berghänge. In den savannenähnlichen, offenen Gebieten wuchsen kleinere Nadelhölzer wie *Woodworthia*, Baumfarne, Palmfarne und Cycadophyten (ein Unterstamm der Samenpflanzen). Die urtümlichen, baumartigen Glossopteriden

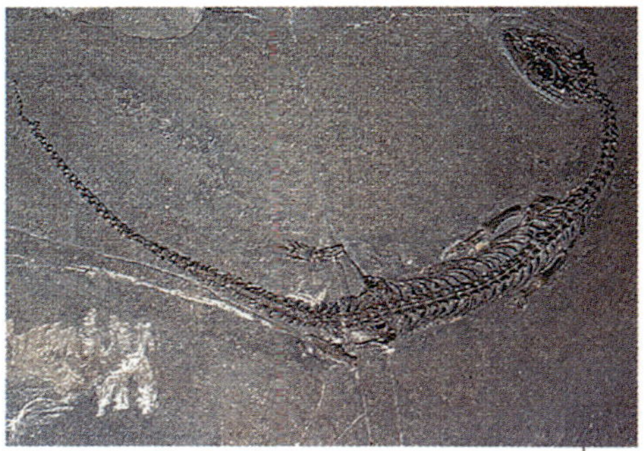

FISCHJÄGER
Nothosaurier waren meeresbewohnende Räuber, die sich während der Trias aus Landreptilien entwickelt haben. Sie hatten einen langen, schlanken Körper, Schwanz und Hals und jagten ausschließlich Fische. Diese Versteinerung stammt aus der Schweiz.

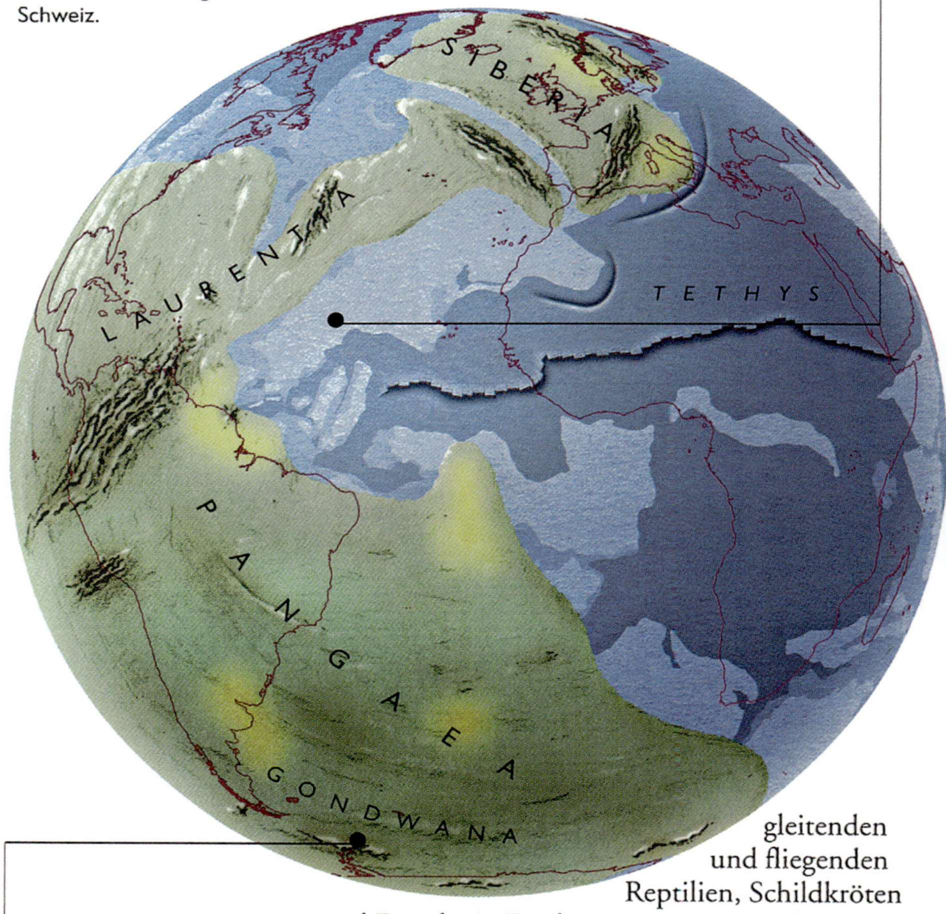

CYNODONTEN-SCHÄDEL
Der Cynodont *Cynognathus* aus Südafrika lebte räuberisch zu Beginn der Trias, hatte eine säugetierähnliche Statur, besaß vermutlich ein Fell und wies differenzierte Zähne auf: Schneidezähne, Eckzähne und gefurchte Backenzähne zum Kauen.

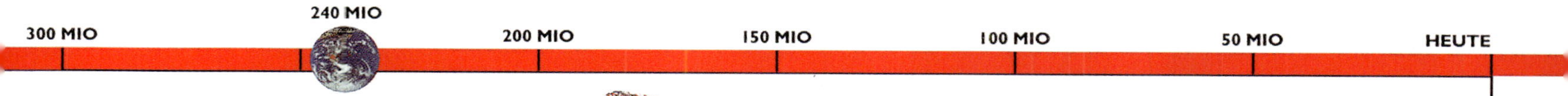

BIOSTRATIGRAPHIE

Die rasche Fortentwicklung der Ammoniten hatte eine konstante Änderung ihrer Schalen zur Folge. Fachleuten dienen diese Veränderungen bei der Bestimmung einzelner Zeitfolgen mariner Ablagerungen, den stratigraphischen Zonen. Ablagerungen auf dem Festland weisen ähnliche Zonen auf, bei ihnen werden Pollen, Pflanzensporen und Überreste von Landwirbeltieren ausgewertet. Detaillierte Übersichten von der Artenzusammensetzung in den einzelnen stratigraphischen Zonen aus verschiedenen Teilen der Erde können damit erstellt und miteinander verglichen werden.

VORGÄNGER DES KROKODILS
Der Schädel von *Nicrosaurus*, eines Phytosauriers aus dem Keuper, hat große Ähnlichkeit mit einigen heute lebenden Krokodilen. Beide haben einen gemeinsamen Vorfahren und als Fleischfresser eine ähnliche Lebensweise. Der angriffslustige Räuber lebte in Nordamerika und Europa und wurde bis zu fünf Meter lang.

starben allmählich aus, als die Schachtelhalme ihre größte Verbreitung erreichten.

Auch in den Meeren veränderten sich die Ökosysteme. Während der Trias entwickelten sich Knochenfische, die sich trotz äußerer Ähnlichkeit mit heutigen Fischen noch stark von diesen unterschieden. Krebs- und hummerähnliche Krustentiere entwickelten sich erst im Jura. Die Kopffüßer (Ammoniten), jene spiraligen Schalentiere, die zu den Leitfossilien dieser Zeit gehören, befinden sich auf dem Höhepunkt ihrer Verbreitung. Aus den wenigen Überlebenden des Massenaussterbens am Ende des Perms wie *Ophidioceras*, entwickelten sich etwa 100 verschiedene Gattungen. Sie und ihre entfernten Verwandten, die keilförmigen Belemniten, lebten als räuberische Arten im Meer.

Die Korallen entwickelten sich in der Trias zu extrem mannigfaltigen und erfolgreichen, Kolonien bildenden Organismen, die die größten bekannten lebenden Strukturen formen – die Korallenriffe. Die heutigen Hexakorallen unterscheiden sich strukturell von den paläozoischen Korallen, die vor dem Massenaussterben im Perm existierten. Korallenskelette und Muschelschalen sind weltweit die maßgeblichen Bestandteile der kalkhaltigen Gesteinsfolgen der Trias. Die ersten Korallenriffe waren jedoch im Vergleich mit den heutigen relativ klein. Sie bestanden aus maximal 20 verschiedenen Korallentypen und wurden etwa einen Meter hoch.

Es war auch die Zeit der Muscheln und Schnecken, die zahlreiche ökologische Nischen im Meer besetzen konnten. Manche waren dauerhaft am Meeresboden verankert, andere gruben sich ein oder trieben frei herum. Sie waren auch im Süßwasser verbreitet und die Schnecken haben schließlich sogar das Land erobert. Im Vergleich dazu waren die äußerlich ähnlichen, aber einfacher gebauten Armfüßer schon im Rückgang begriffen und starben schließlich aus.

FRÜHER FLUGSAURIER
Diese Versteinerung eines der ältesten fliegenden Reptilien, des Fisch fressenden *Eudimorphodon*, weist zwei Zahnformen auf: lange und spitze Zähne vorne im Mund, kurze und breite weiter hinten. Dieser Pterosaurier wurde in Norditalien in einer Keuper-Formation gefunden.

Anfänge der Dinosaurier

Eine der umfangreichsten Dinosaurier-Fundstätten, die je entdeckt wurden, liegt in der Wüste Neu-Mexikos und trägt den bezeichnenden Namen »Ghost Ranch«. Sie wurde 1947 von den amerikanischen Paläontologen George Whitaker und Edwin H. Colbert vom »American Museum of Natural History« entdeckt. Über eintausend 220 Millionen Jahre alte Skelette kleiner, zweibeiniger Dinosaurier – viele von ihnen vollständig – lagen zusammengedrängt innerhalb einer schmalen Sandsteinformation. Die Skelette stammen alle von einer Art, sind aber unterschiedlich groß – von bis zu einem Meter großen, gerade ausgeschlüpften Tieren bis zu älteren Exemplaren von bis zu drei Metern Höhe.

DINOSAURIER-LAND
Die Felsen, die sich um »Ghost Ranch«, Neu-Mexiko, erheben, weisen eine Reihe von Formationen auf, die sehr reich an Fossilien sind, sowohl die roten Hügel aus der Trias im Vordergrund, als auch die gelben Felsen aus dem Jura bis hin zu den Ablagerungen der Kreidezeit im Hintergrund.

SCHNELLE JÄGER

Die zur Gattung *Coelophys* gehörenden Dinosaurier wiesen alle Merkmale eines schnellen, Fleisch fressenden Jägers auf. Sie hatten einen schlanken, muskulösen Körper mit hohlen, leichten Knochen und langen Beinen; die schmalen Schädel trugen zahlreiche dolchartige, scharfkantige Zähne.

Warum hielten sich so viele Fleisch fressende Tiere zusammen auf? *Coelophys* jagte wahrscheinlich in Rudeln; auf der Suche nach kleinen Reptilien und hörnchenartigen Säugetieren streiften sie durch die dortigen Wald-, Seen- und Flusslandschaften.

Heutzutage sind die meisten großen Wirbeltiere, die zur Sicherheit in Herden leben, Pflanzenfresser. Räuberische Arten, die in Rudeln jagen gibt es kaum. Im Gegensatz zu den Dinosauriern, die ja Reptilien waren, handelt es sich bei den heutigen Jägern um Säugetiere.

Bei der Vielzahl übereinander getürmter Skelette ist anzunehmen, dass die Tiere gemeinsam gestorben sind; sie wurden möglicherweise Opfer einer Katastrophe. Eine große Flutwelle könnte die Herde mitgerissen haben, wobei die Tiere ertranken. Wildtierherden in Afrika kommen heute auf ähnliche Weise um.

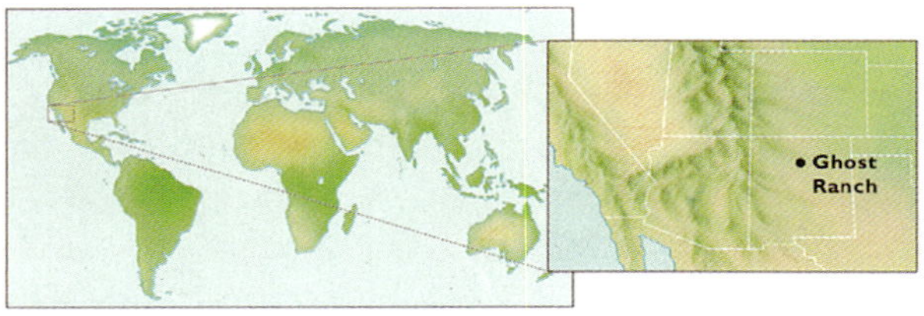

NEU-MEXIKO IN DER TRIAS
Der Pflanzenfresser *Desmatosuchus* war fünf Meter lang und stark mit aus den Schultern ragenden Stacheln gepanzert. Große Fleischfresser waren der krokodilähnlichen *Rutiodon*, der Land bewohnende Archosaurus *Postochus* und der Jäger *Coelophysis*. *Placerias* war ein Pflanzenfresser aus den Wäldern des Hochlandes. *Metoposaurus*, eine große Amphibienart, ernährte sich ebenso von Fisch wie das fliegende Reptil *Eudimorphodon*.

OPFER UND JÄGER

Coelophys war bei weitem nicht das einzige räuberisch lebende Tier in dieser Gegend. In den Flüssen lebte *Rutiodon*, ein krokodilähnlicher Vertreter der neuen Reptilien-Unterordnung Phytosaurier, der ebenfalls ein gefürchteter Räuber war. Das Festland wurde von einem großen Archosaurier, *Postosuchus*, beherrscht, der einen langen Schädel, ähnlich dem des späteren *Tyrannosaurus*, hatte. Er war wahrscheinlich nicht schnell genug, um den flinken *Coelophys* zu fangen und jagte stattdessen Pflanzen fressende Reptilien wie *Desmatosuchus*, *Thypothorax* und *Calyptosuchus*. Diese Tiere waren behäbig, aber Angriffen gegenüber gewappnet. Sie bewegten sich auf vier kräftigen Beinen, die das Gewicht ihres gepanzerten Körpers und der Stacheln am Nacken und am Schwanz tragen konnten. Ein weiterer Pflanzenfresser war der ochsengroße *Placerias*, ein Dicynodont mit einem kurzen Schwanz, einem großen, breiten Schädel, einem Paar scharfer Fangzähne und einem spitz zulaufenden, schnabelförmigen Kiefer, der mit Hornschneiden besetzt war. In die Lüfte erhob sich der erste echte Flugsaurier (Pterosaurier) *Eudimorphodon* und in den Wäldern glitt der echsenähnliche *Icarosaurus* von Baum zu Baum. Schließlich lebte noch *Dinnetherium*, ein kleiner, hörnchenartiger Nachkomme der Dicynodontia (Reptilien mit hundeähnlichen Zähnen), der nachtaktiv war und sich von Insekten ernährte. Man nimmt inzwischen an, dass dieses unscheinbare Geschöpf ein direkter Vorfahr des Menschen sein könnte.

DINOSAURIER ALS KANNIBALEN

Bei einigen Coelophysis-Skeletten von »Ghost Ranch« fand man in der Bauchhöhle die Knochen kleinerer Artgenossen. Anfänglich glaubten die Forscher, dass es sich dabei um ungeborene Tiere handelte, woraus sie schlossen, dass Coelophysis – im Gegensatz zu meisten anderen Eier legenden Reptilien – lebende Junge geboren hat. Heute weiß man, dass die Hüftknochen des Tieres für einen Geburtsvorgang zu schmal waren – es muss Eier gelegt haben. Des Rätsels Lösung liegt möglicherweise darin, dass Coelophysis sich gelegentlich kannibalisch ernährte. Vermutlich haben dominante Männchen die Nachkommen von anderen, untergeordneten männlichen Tieren getötet und gefressen. Ein ähnliches Verhalten wurde auch schon bei heutigen räuberischen Wirbeltieren wie Löwen beobachtet.

TODESKAMPF
Die Köpfe von *Coelophysis* wurden nach dem Tod durch das Zusammenziehen der Nackenmuskulatur nach hinten gekippt. Diese Stellung weist darauf hin, dass die toten Körper erst später von Sediment bedeckt wurden.

Die Herrschaft der Reptilien

Die weltweite Entwicklung und Verbreitung der Reptilien während des Mesozoikums war erstaunlich groß. Je wärmer und trockener das Erdklima wurde, desto mehr erschlossen sich diejenigen Reptilien, die ihre Eier auf dem Festland legen konnten, neue ökologische Nischen. Sie wagten sich in unbekannte Reviere vor und suchten ihre ursprünglichen Lebensräume wieder auf. Zum ersten Mal erhoben sie sich in die Lüfte, kehrten aber auch wieder ins Wasser zurück, aus dem ihre vierbeinigen Vorfahren stammten.

FLUGREPTILIEN

Die bemerkenswerte Anpassungsfähigkeit der Reptilien wird durch die neuerliche Evolution fliegender Arten deutlich. Das erste fliegende Reptil, *Coelurosauravus*, dessen Überreste in Europa und auf Madagaskar gefunden wurden, stammt aus dem Zechstein. Es ähnelte stark dem heutigen Flugdrachen (*Draco volans*), beherrschte den Gleitflug und war ein typisches Beispiel für Konvergenz, der Entwicklung gleichartiger Körperformen bei unterschiedlichen Organismen unter ähnlichen Umweltbedingungen. Es war 40 Zentimeter lang und hatte auf jeder Seite des Körpers stark verlängerte Rippen, die durch Hautlappen untereinander verbunden waren. Sie bildeten ein Paar »Flügel« mit einer Spannweite von etwa 30 Zentimetern. Skelett und Schädel dieses Reptils waren leicht und reduzierten das Körpergewicht. Am Hinterkopf trug es einen knöchernen Kragen, der wahrscheinlich die Aerodynamik verbesserte. Wie der Flugdrache lebten *Coelurosauravus* und der mit ihm nicht verwandte, aber ähnliche *Kuehneosaurus* aus dem Keuper wahrscheinlich in Bäumen und nutzten die neue Technik des Gleitflugs, um Feinden zu entkommen. Der Flugdrache kann bis zu 60 Meter gleiten und verliert dabei etwa zwei Meter an Höhe.

Im Keuper und Lias entwickelten sich andere Flugreptilien, die Pterosaurier. Anders als *Coelurosauravus* hatten diese häutige Flügel, die vom stark verlängerten vierten Finger aufgespannt wurden und auf Höhe des Oberschenkels wieder am Körper befestigt waren. Ihr Seh- und Flugvermögen war sehr gut und ihr Skelett leicht, aber kräftig.

ECHSE IM GLEITFLUG
Dieser langbeinige *Kuehneosaurus* aus dem Keuper konnte mit Hilfe seiner von Haut überzogenen Flügel mit einer Spannweite von mehr als 30 Zentimetern, die von verlängerten Rippen gestützt wurden, durch die Luft gleiten. Auf ähnliche Weise bewegt sich der heute lebende Flugdrache fort, der wie *Kuehneosaurus* auch seine Flügel in Ruhestellung zusammenfalten kann.

FLUGREPTIL
Ein perfekt konserviertes Exemplar des Pterosauriers *Pterodactylus kochi* (links) aus den Kalkablagerungen von Solnhofen in Bayern zeigt einen Abdruck der Flughaut.

MEERESBEWOHNENDE REPTILIEN

Während des Mesozoikums kehrten zahlreiche Reptiliengruppen in ihren ursprünglichen Lebensraum, das Wasser, zurück. Die Placodontier, die großen Leguanen ähnelten, wurden bis zu zwei Meter lang

VERSTEINERTER FISCHSAURIER
Fischsaurier passten sich auf verschiedene Art an das Leben im Wasser an und brachten lebende Junge unter Wasser zur Welt. Diese Versteinerung einer Art von *Stenopterygius* ist zwei Meter lang. Die verlängerten Kiefer, die Flossen, die Wirbelsäule und der vertikale Schwanz sind deutlich zu erkennen.

und hatten breite, gepanzerte Körper. Sie ernährten sich von Schalentieren am Meeresboden, gruben mit ihren Vordergliedmaßen Muscheln aus oder rupften sie mit ihren stumpfen Vorderzähnen vom Gestein.

Die delfinähnlichen Ichthyosaurier waren hoch spezialisierte, meeresbewohnende Reptilien, die in einer Stunde 40 Kilometer zurücklegen konnten. Sie wurden etwa 1–1,8 Meter lang. Ihre Nahrung bestand aus Fischen und Belemniten (schwimmende, tintenfischähnliche Kopffüßer), wie man anhand von Untersuchungen des Mageninhalts und versteinerter Fäkalien rekonstruieren konnte. Die Opfer wurden gepackt und im Ganzen verschlungen.

Shonisaurus aus dem Keuper war in Nevada, Nordamerika verbreitet und ist der größte bekannte Ichthyosaurier. Er wurde etwa 15 Meter lang, wobei Kopf, Hals, Körper und Schwanz jeweils etwa die gleiche Länge hatten. Die Wirbelsäule endete, abwärts gebogen, im unteren Lappen der Schwanzflosse – ein typisches Merkmal späterer Fischsaurier. Er muss in Schwärmen geschwommen sein, da in einer Ablagerung mehrere Dutzend Exemplare gefunden wurden. Diese Familie erlebte das Ende der Trias nicht, im Gegensatz zu den übrigen Fischsauriern, die erst im Jura ihre Hauptverbreitung erreichten.

KONVERGENZ

Die Fischsaurier (Ichthyosaurier) sind ein klassisches Beispiel für konvergente Entwicklung, den Vorgang, bei dem miteinander nicht verwandte Organismen eine vergleichbare evolutionäre Entwicklung durchlaufen. Unter gleichem Selektionsdruck durch Umweltfaktoren neigen sie dazu, ähnliche Körpermerkmale auszubilden. Die stromlinienförmige Körperform der Fischsaurier gleicht auffallend der von heutigen Delfinen, die ja Säugetiere sind. Ichthyosaurier hatten wie sie kräftige, muskulöse Körper und ein gutes Sehvermögen. Die Delfine weisen jedoch einen waagerechten Schwanz und ein größeres Gehirn auf.

FLECKENDELFINE
Die rückgebildeten Gliedmaßen waren besonders stromlinienförmig.

NOTHOSAURUS
Dieses Reptil, das in Trias-Formationen von Asien, Europa und Nordafrika gefunden wurde, erreichte eine Länge von bis zu drei Meter Länge. Mit Schwimmhäuten an den Füßen und einem langen Hals und Schwanz lebten sie wahrscheinlich ähnlich wie Seelöwen, fischten im Meer und ruhten an Land.

Der Jura

Das »Zeitalter der Dinausaurier« war auch die Zeit, in der die Meerestiere auf dem Höhepunkt ihrer Verbreitung waren und sich die Blütenpflanzen entwickelten.

Die 64 Millionen Jahre von 206 bis 142 Millionen Jahre vor unserer Zeit werden als Jura bezeichnet. Der Name geht auf das europäische Juragebirge zurück. Obwohl das Massenaussterben in der Trias bei den Lebensgemeinschaften und einer Vielzahl von Arten große Verluste verursachte, entsprach die Vielfalt an Pflanzen und Tieren im Mitteljura bereits wieder ihrem früheren Stand. Diese schnelle Erneuerung steht kennzeichnend am Beginn einer langen Wachstumsperiode, die für den Rest des Mesozoikums anhielt.

REIFER KONIFERENZAPFEN
Koniferenzapfen mit reifen Samen wurden oft versteinert, nachdem sie von Fließgewässern über weite Strecken transportiert worden waren. Dieser Zapfen stammt von einer Konifere, ähnlich der Schuppentanne, aus Patagonien, Südamerika.

GLOBALE VERÄNDERUNGEN

Während des Juras begann der Superkontinent Pangaea auseinanderzubrechen. Gondwana trieb zurück nach Süden und öffnete der Tethys den Weg nach Westen durch das Gebiet von Panama. Laurasia (Nordamerika und Eurasien) wurde von Gondwana getrennt und die Landverbindung zwischen Nord- und Südamerika gekappt. Diese Veränderungen hatten weit reichende Auswirkungen auf die Entwicklung der verschiedenen Lebensräume und auf die Evolution der Tiere und Pflanzen in der nördlichen und südlichen Hemisphäre.

Zu Beginn dieser Periode, im Lias, gingen die Temperaturen und die Luftfeuchtigkeit auf der Erde zurück. Nach dem Lias jedoch kehrte sich dieser Zustand um, weltweit wurde das Klima wärmer . Ein »Treibhausklima« im Malm war die Folge. Der Meeresspiegel unterlag starken Schwankungen, blieb aber schließlich auf einem höheren Pegel als in der Trias. In der Folge wurden die Küstenregionen der Kontinente überschwemmt, Gewässer überfluteten das Landesinnere und ausgedehnte flache Schelfmeere bildeten sich. Diese warmen, sonnenexponierten Gewässer boten den Organismen im Wasser ideale Bedingungen, unter denen sich vielfältige und komplexe Lebensgemeinschaften entwickeln konnten.

GROSSER RÄUBER
Wegen seiner gewaltigen, dolchähnlichen Zähne und des scherenförmigen Kiefers war *Allosaurus* ein gefürchteter Räuber. Überreste des Dinosauriers, der eine Länge von bis zu zwölf Metern erreichte, wurden in Jura-Formationen des amerikanischen Mittelwestens gefunden.

FOSSILIEN AUS DEM JURA

Der Kalkstein und Schiefer des Juras bildet im Großteil Europas, von den Alpen bis nach Westschottland, sanfte Hügellandschaften. Schon seit dem Mittelalter wurden sie als Baustoffe abgebaut und die freigelegten Versteinerungen mit ortsüblichen Bezeichnungen versehen, ohne jede systematische Zuordnung. Bis zu Beginn des 19. Jahrhunderts kam niemand auf den Gedanken, dass mithilfe dieser Fossilien die Gesteinsschichten des Juras als eigene geologische Periode datiert werden könnten.

DINOSAURIER MIT PLATTEN
Stegosaurus aus dem Oberjura des westlichen Nordamerikas war der größte der Pflanzen fressenden Stegosaurier. Eine Doppelreihe rautenförmiger Platten verlief an Nacken und Rücken und der Schwanz trug zwei Paar Stacheln.

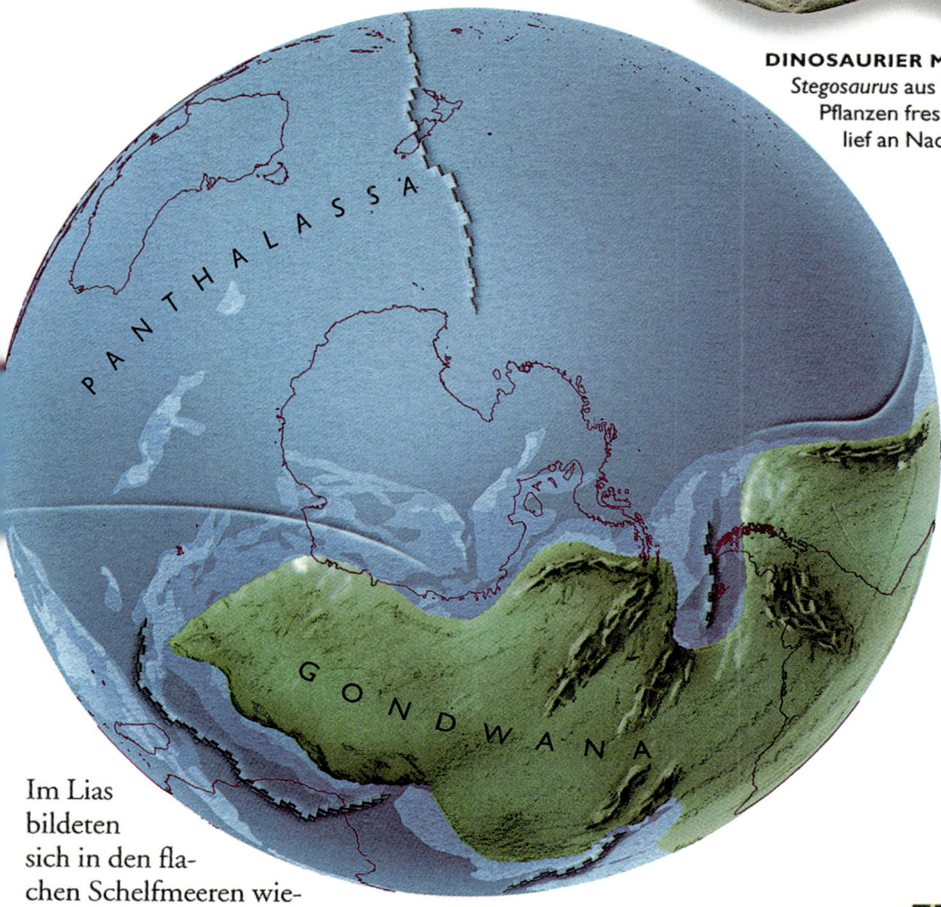

Im Lias bildeten sich in den flachen Schelfmeeren wieder große Riffe. Das Phytoplankton, mikroskopisch kleine, pflanzenähnliche Organismen, die die Grundlage der meisten Nahrungsketten bilden, blühte mit bisher unbekannten Arten, die noch heute zu den Hauptbestandteilen des Meeresplanktons gehören – Dinoflagellaten und Nanoplankton – wieder auf.

Am Ende dieser Periode wiesen die Knochenfische (Teleostei) bereits viele übereinstimmende Merkmale mit Fischen, die wir heute kennen, auf. Sie wurden von eindrucksvollen »Seemonstern« der jurassischen Meere, den räuberischen Fischsauriern und Plesiosauriern gejagt.

DIE ENTWICKLUNG VON FLORA UND FAUNA

Auf dem Festland waren verschiedene Reptiliengruppen der Triasperiode ausgestorben. Säugetiere entwickelten sich, wenn auch im Verborgenen, aber die Synapsiden (frühe Vorfahren der Säugetiere) starben während dieser Periode vollständig aus. Der Luftraum wurde zunehmend erschlossen, da sich mehr und mehr Flugsaurier (Pterosaurier) entwickelten und spezialisierten, um verschiedene ökologische Nischen zu besetzen. Im späten Jura, dem Malm, schlossen sich ihnen einige flugfähige, gefiederte Dinosaurier an – die Entwicklung der Vögel hatte ihren Anfang genommen.
Die Landschaften veränderten sich allmählich und wurden durch neue Pflanzenarten immer bunter. Ein Schlüsselereignis im Jura war das erstmalige Auftreten und die Differenzierung bedecktsamiger Blütenpflanzen, den Angiospermen, die heute in der Flora weltweit den größten Anteil einnehmen.

BERNSTEIN-GRAB
Manche Koniferenarten bildeten schon im Jura Baumharz. Zufällig eingeschlossene Insekten wurden konserviert wie dieses Exemplar aus der Ostsee.

Reptilien der Jura-Meere

Die Entdeckung von fossilen Skeletten meeresbewohnender Reptilien bei Lyme Regis in Südwestengland im frühen 19. Jahrhundert machte die Menschen mit der Vorstellung vertraut, dass es in früheren Zeiten Lebewesen gab, die nicht mehr existierten. Es waren Skelette von Ichthyosauriern (Fischsaurier) und Plesiosauriern, die keinerlei Ähnlichkeit mit lebenden Tieren, die den Naturwissenschaftlern damals bekannt waren, aufwiesen. Sie hatten nachweislich in den Meeren der Vorzeit gelebt, da sie neben den Schalen von typischen Meermuscheln, Seesternen, Ammoniten und tintenfischähnlichen Kopffüßern gefunden wurden. Die großen Meeresreptilien, die von damaligen Paläontologen als »Seedrachen« und »Bewohner abgründigen Schlamms« bezeichnet wurden, beflügelten die Fantasie der Menschen sogleich in nachhaltiger Weise.

MEERES-ABLAGERUNGEN
Die älteren Felsformationen des Jura bei Lyme Regis in Südwesten Englands sind voller versteinerter Schalen von Ammoniten, Muscheln und Kopffüßern, sowie Fischen und einigen seltenen Reptilien.

SEEUNGEHEUER

Die Fischsaurier wurden bis zu 15 Meter lang. Manche Exemplare hatten einen großen Schädel und einen charakteristischen delfinähnlichen Kiefer mit einer Reihe Furcht erregender, reptilientypischer Zähne. Diese kleinen, scharfen, konischen Zähne eigneten sich hervorragend zum Zupacken und Festhalten des Fisches, bevor sie verschlungen wurden. Bei der Untersuchung von versteinertem Mageninhalt wurden Fischschuppen und Saugnäpfe von Fangarmen zu Tage gefördert.

Die Fischsaurier konnten sehr tief tauchen und hatten äußerst lichtempfindliche Augen, um in der Dunkelheit jagen zu können. Knöcherne Augenringe dienten als Schutz vor großem Unterwasserdruck. Mit ihren stromlinienförmigen Körpern ähnelten zahlreiche Fischsaurier den heutigen Delfinen und erreichten hohe Geschwindigkeiten.

Anfangs glaubte man, dass die prächtigen Meeresechsen zur Eiablage an die Küste kamen. Durch den sensationellen Fund eines Exemplars mit einem Jungen in der Bauchhöhle wusste man, dass sich wie bei Säugern befruchtete Eier im Körper entwickelten, bis die Jungen lebend im Wasser geboren wurden.

Die Plesiosaurier wurden zwei bis 14 Meter lang. Ihre vier großen Gliedmaßen waren paddelförmig, ihr Hals lang und beweglich. Die meisten großen Plesiosaurier hatten kleine Schädel und lang gezogene Mäuler und mussten zum Atmen an die Oberfläche kommen. Ihre Kiefer waren mit

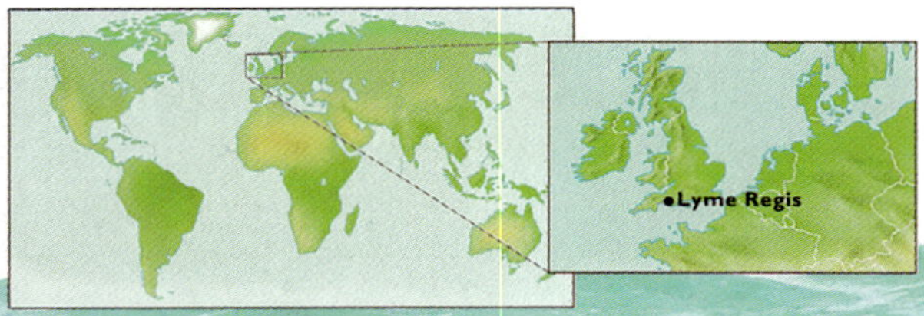

MEERESLEBEN IM JURA
In dieser Zeit war das Leben unter Wasser genauso gefährlich, brutal und kurz wie auf dem Festland. Die Meere wurden von schwimmenden Kopffüßern und Fischen, einschließlich Coelacanthini, die von großen Reptilien gejagt wurden, bewohnt. Diese Räuber waren geschnäbelte Fischsaurier (*Ichthyosaurus*), Langhals-Plesiosaurier (*Plesiosaurus*) und Kurzhals-Pilosaurier (*Rhomaleosaurus*). Die Ammoniten, eingerollte Schalenträger, wurden ebenfalls von kleinen Fischen erbeutet.

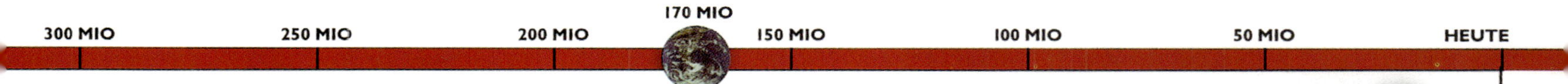

EINE SENSATIONELLE ENTDECKUNG

Einige der bedeutendsten fossilen Funde des frühen 19. Jahrhunderts verdanken wir einer Autodidaktin, Mary Anning, und ihrer Familie aus Lyme Regis, England. Die Familie versuchte ihre schwierige finanzielle Lage aufzubessern, indem sie die Küstenfelsen nach Fossilien absuchte, um sie als Touristensouvenir zu verkaufen. Zwischen 1811 und 1830 legte sie vollständig abgeflachte Skelette früherer Ichthyosaurier und Plesiosaurier frei. Die Entdeckungen dieser »Seeungeheuer« gaben den Anstoß zu einer neuen Sichtweise vom Leben in vorgeschichtlicher Zeit.

zahlreichen ineinander greifenden, krokodilähnlichen Zähnen besetzt, die dazu dienten, glitschige Fische zu fangen und festzuhalten. Aufgrund ihrer Größe waren sie im Wasser beim Jagen zu langsam und unbeweglich. Vermutlich lagen sie eher auf der Lauer, um dann mit ihrem langen Hals auch schnell schwimmende Beutetiere aus dem Hinterhalt zu fangen.

Es gab noch eine weitere Gruppe von Plesiosauriern mit kürzerem Hals, die Pliosaurier. Sie hatten einen großen, massiven Schädel und lange, scharfe Zähne, die oft aus dem Kiefer herausragten. Sie waren schnellere Räuber als ihre langhalsigen Verwandten. Da manche von ihnen bis zu 12 Meter lang wurden, jagten sie wahrscheinlich große Beutetiere wie Fischsaurier, kleinere Plesiosaurier sowie Fische.

ANMUTIGE JÄGER
Ichthyosaurus war ein schnell schwimmender, Meeressaurier von zwei Meter Länge. Er jagte Fische und tintenfischähnliche Kopffüßer. Die schnabelartigen Kiefer und die scharfen, kegelförmigen Zähne dienten zum Packen und Halten der Beute.

FISCHE IM JURA

Es gab Fische in mannigfaltigster Form. Wie schon im Jura, sind die meisten heute lebenden Arten Höhere Knochenfische (Teleostei). Ihre Entwicklungslinie lässt sich bis in das Jura zurückverfolgen, damals jedoch waren sie noch nicht so zahlreich wie die noch aus dem Paläozoikum stammenden Knochenganoiden (Holostei). Diese hatten seitlich abgeflachte Körper und schwere, knöcherne Schuppen. Viele starben in der Kreidezeit aus, aber einige Arten, wie die Knochenhechte, gibt es heute noch. Eine weitere frühe Gruppe von Fischen stellten die Knorpelganoiden (Chondrostei) dar, zu denen zum Beispiel die Störe gehören. Auch Haie und Rochen wie *Squaloraja* wurden allmählich zahlreicher und mannigfaltiger.

Ein neues Weltbild entsteht

Die heutige, auf wissenschaftlichen Erkenntnissen fußende Anschauung über das Leben in der Frühzeit der Erde ist etwa 200 Jahre alt. Während der Renaissance im 15. und 16. Jahrhundert war das Sammeln und Illustrieren von Fossilien ein Zeitvertreib für wohlhabende Persönlichkeiten und Sammler. Bis in die Mitte des 17. Jahrhunderts hielt sich hartnäckig die Vorstellung, Fossilien seien vom Wasser oder von Gesteinsbewegungen geformte Gegenstände und erst allmählich entwickelte sich ein Verständnis dafür, dass es sich um Überreste von toten Lebewesen handelt.

DRACHEN
Drachen spielten in der Mythologie der alten Kulturen von China bis Westeuropa eine große Rolle. Ihr Furcht erregendes Wesen basierte auf Merkmalen, die von Schlangen und Echsen abgeleitet wurden. So überrascht es kaum, dass ein Drache die Vorlage zur ersten Rekonstruktion des Vogelbeckensauriers *Iguanodon*, bildete.

IST DIE SINTFLUT DIE LÖSUNG?

Die Erforschung der Fossilien wurde im christlichen Europa für eine würdige Sache gehalten, da die Natur als höchstes Geschenk Gottes galt. Sie war aber nur so lange tragbar, wie das Ergebnis der biblischen Schöpfungsgeschichte entsprach. Nach allgemeiner Ansicht waren alle Lebewesen auf der Erde innerhalb von wenigen Tagen erschaffen worden und zwar in ihrer gegenwärtigen Form. Sie konnten sich also weder inzwischen verändert haben, noch ausgestorben sein. Im Jahr 1650 wurde das Datum von der Erschaffung der Welt von dem protestantischen Erzbischof von Armagh in Irland, James Ussher, auf etwa 4004 v. Chr. geschätzt.

Die Entdeckung von fossilen Meereslebewesen im entfernten Landesinneren und hoch oben auf Bergen stand nicht im Widerspruch zur traditionellen christlichen Sichtweise. Die Vorstellung von der Sintflut erklärte hinreichend, dass diese Fossilien die Körper der Lebewesen waren, die entweder dabei ertrunken oder an Land gespült wurden, als sich das Wasser wieder zurückzog.

Zu Beginn des 19. Jahrhunderts wurden jedoch mächtige Formationsschichten mit Versteinerungen entdeckt, die unmöglich durch eine einzige, wenn auch katastrophale Flutwelle entstanden sein

VOR DER SINTFLUT
Auf diesem Kupferstich eines unbekannten Künstlers betreten die Tiere paarweise die Arche Noah. Der Glaube an die Wahrhaftigkeit dieses Ereignisses aus dem Alten Testament war so groß, dass die Geologen des frühen 19. Jahrhunderts davon überzeugt waren, Fossilien müssten Überreste von Lebewesen sein, die bei der Sintflut ertranken. Erst als verschiedene geologische Schichten mit Fossilien entdeckt wurden, rückte man von dieser Vorstellung ab.

konnten. Außerdem mussten sie das Ergebnis eines längeren, und nicht nur auf einige Tausend Jahre beschränkten, vorgeschichtlichen Entwicklungsprozesses der Erde sein.

Mit zunehmender Kenntnis von den langsamen Abläufen geologischer Vorgänge wie Erosion oder Ablagerung, mussten die Wissenschaftler das Alter der Erde von einigen Tausend Jahren auf mehrere Millionen Jahre erweitern. Es wurde deutlich, dass in dieser Zeit immer wieder organische Überreste innerhalb der verschiedenen Sedimentationsschichten begraben wurden und sich die Art der Versteinerungen in den einzelnen Formationen stark unterschied.

EINE NEUE SICHTWEISE DER ERDE

Im späten 19. Jahrhundert stieß man in den unterschiedlichsten Regionen der Erde auf fossile Funde von großen, oft unbekannten Tieren. Elefantenähnliche Knochen wurden an den Ufern des Ohio River in Nordamerika (1739; 1806 Mastodon genannt) gefunden. 1796 wurden fossile Überreste aus Paraguay einem Riesenfaultier zugeordnet. Ein riesiges, meeresbewohnendes Reptil, die »Bestie von Maastricht« wurde 1786 (siehe Seite 120) entdeckt. Nach Freilegung der *Ichthyosaurus*- und *Plesiosaurus*-Skelette bei Lyme Regis in England Anfang des 20. Jahrhunderts mussten sich die Naturforscher endgültig damit abfinden, dass einst Tiere existiert haben, die inzwischen ausgestorben sind.

Es gab auch zunehmend Hinweise darauf, dass sich die Gestalt einzelner Arten und Familien von Tieren und Pflanzen im Lauf der Erdgeschichte veränderte, was die Frage aufwarf, wie beständig die Arten in ihrer Ausprägung waren.

Ab Mitte des 19. Jahrhunderts kam es zu erbitterten Diskussionen zwischen den Anhängern der christlichen Schöpfungsgeschichte und den Befürwortern der auf neuen wissenschaftlichen Erkenntnissen fußenden Sichtweise, dass sich die biologische Entwicklung der Erde über einen sehr langen Zeitraum hinweg vollzogen haben muss. Im 20. Jahrhundert wurde schließlich errechnet, dass das Alter der Erde mehrere Milliarden Jahre beträgt.

DOPPELGÄNGER EINES DRACHEN
Die Furcht einflößenden Zähne dieses prächtigen Mosasauridenschädels aus der Kreidezeit, stammen von Tylosaurus proriger und haben viel Ähnlichkeit mit Darstellungen von Drachen aus der Mythologie. In Drachen wird die volkstümliche Vorstellung von Echsen versinnbildlicht, und bei Mosasauriden handelt es sich um ausgestorbene Meeresechsen. Ihre Kiefer waren fast einen Meter lang und die gesamte Körperlänge betrug etwa zehn Meter.

EIN WERTVOLLER FANG

Der Quastenflosser war bis vor kurzer Zeit nur aus fossilen Funden bekannt. Er kam vom Devon bis zum Jura häufig vor (vor 370 bis 150 Millionen Jahren), aber man hielt ihn seit dem Ende der Kreidezeit für ausgestorben. 1938 stieß ein Wissenschaftler vor der Küste Südafrikas zufällig auf ein Exemplar; er versäumte, den Fisch sorgfältig zu konservieren, so dass dieser verweste. 14 Jahre später, 1952, wurde ein zweites Exemplar vor den Komoren, an der Ostküste Afrikas, entdeckt. Die Experten wussten nicht, dass dortige Fischer seit längerer Zeit regelmäßig Quastenflosser in ihren Netzen fanden. Da es sich nicht um Speisefische handelte, waren sie für sie wertlos und wurden einfach weggeworfen. Die Inselbewohner blieben unbeeindruckt von der ganzen Aufregung um den Quastenflosser, freuten sich aber, dass der Fisch, den sie »Kombessa« nannten, nun im Wert gestiegen war.

EIN LEBENDES FOSSIL
Quastenflosser gehören einer frühen Gruppe von Lebewesen an, die mit Vierfüßern verwandt waren. Als man sie in Gesteinen aus dem Devon fand, glaubte man, sie seien ausgestorben, bis ein Exemplar des Quastenflossers (*Latimeria chalumnae*) 1938 im Indischen Ozean entdeckt wurde. Die Forscher waren nun in der Lage, die Tiere in ihrem Lebensraum zu beobachten.

Lebewesen erobern die Lüfte

Im Malm, dem oberen Jura, umfasste eine große Lagune mit zahlreichen flachen Inseln das Gebiet des heutigen Bayern. Sie wurde durch ein Riff von der Tethys abgeschirmt. In den feinkörnigen Kalksteinablagerungen dieser Solnhofener Schichten wurden die Organismen sehr gut konserviert. Die Körper von Landtieren und -pflanzen wurden ins Wasser gespült, setzten sich am Meeresboden ab und wurden von kalkhaltigem Schlamm bedeckt. Fossil im Kalk von Solnhofen erhalten sind die zerbrechlichen Überreste von Insekten wie Libellen, Flugechsen (Pterosaurier), kleinen Dinosauriern und der Berühmteste von allen – *Archaeopteryx*, der Urvogel.

SCHNELLER LÄUFER
Compsognathus war nur 70 Zentimeter lang. Er hatte deutlich ausgeprägte Hände mit zwei Klauen und war ein schneller Räuber oder Aasfresser. Sein Skelett ähnelt stark dem des *Archaeopteryx*.

DIE ERSTEN VÖGEL

1861, als noch heftig über Charles Darwins neue Theorie der Selektion durch natürliche Auslese diskutiert wurde, fand man ein versteinertes Skelett von *Archaeopteryx* im Solnhofener Kalk. Dieses gefiederte Fossil wurde als erster Vogel klassifiziert, obwohl er noch einige typische Reptilienmerkmale aufwies. Die verwandtschaftliche Beziehung zwischen *Archaeopteryx* und den Reptilien konnte später, ebenfalls in Solnhofen, anhand des kleinen Dinosauriers *Compsognathus*, der auf zwei Beinen ging, bestätigt werden. *Compsognathus*, einer der kleinsten räuberisch lebenden Dinosaurier, besaß eine bemerkenswert große Ähnlichkeit mit *Archaeopteryx*, obwohl er keine Federn trug.

IM FEDERKLEID ZUM ERSTEN FLUG

Archaeopteryx war ein mittelgroßer Vogel, wie eine Elster, etwa 50 Zentimeter lang (von der Schnabel- bis zur Schwanzspitze) und 25 Zentimeter hoch. Er hatte zwei große Augen und ein gut entwickeltes Sehzentrum, was darauf hindeutet, dass die Sehkraft eine wichtige Rolle spielte. Die spitzen, schnabelähnlichen Kiefer waren mit scharfen, weitständigen Zähnen besetzt. An den vorderen Gliedmaßen waren drei verlängerte Finger ausgebildet, von denen jeder eine gebogene Klaue trug. Die Hinterläufe wiesen vogeltypische Merkmale auf: Der innere Zeh befand sich hinten am Fuß wie bei heutigen Vögeln. Es gab zahlreiche Diskussionen über die Lebensweise und

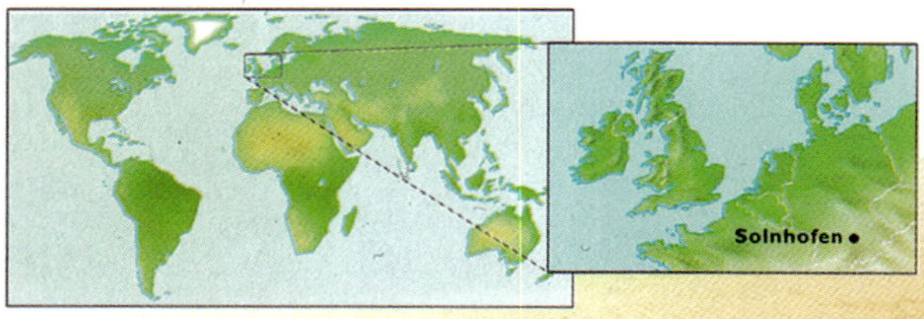

DAS JURA-MEER BEI SOLNHOFEN
Wasserfläche und Uferzonen der flachen Lagune im Süden Deutschlands waren mit Schachtelhalmen, Koniferen und Palmfarnen bewachsen. Das Gebiet war ein ausgezeichneter Jagdgrund für kleinere Reptilien wie *Compsognathus*. Es gab zahlreiche Flugsaurier wie der Fisch fressende *Rhamphorhynchus* mit langen Zähnen und der kleinere *Pterodactylus*, ein wendiger Flieger, der vermutlich im Flug Insekten fing. Am bekanntesten wurde *Archaeopteryx*, der mit seinem langen Schwanz wahrscheinlich ein recht langsamer und schwerfälliger Flieger war.

das Flugvermögen von *Archaeopteryx*. Man nahm an, dass er von Baum zu Baum gleitend nach Nahrung suchte. Das Gleiten wurde dann mit der Zeit durch Flügelschlag zu einem echten Flugvermögen. Da Vögel aber nachweislich von kleinen, räuberisch lebenden Dinosauriern abstammen, ist auch denkbar, dass er vom Boden abhob.

Heute ist bekannt, dass es im damaligen Umfeld von Solnhofen nur wenige hohe Bäume gab und dies kaum der geeignete Lebensraum für einen Gleiter sein konnte. An der asymmetrischen Anordnung der Schwungfedern ist erkennbar, dass *Archaeopteryx* tatsächlich fliegen konnte. Flugunfähige Vögel zeigen diese Anordnung der Federn nicht.

GARNELE AUS DEM JURA
Mit den langen Antennen und fünf Paar Laufbeinen ist diese Garnele der Gattung *Aeger* 20 Zentimeter lang. Sie wurde in feinkörnigem Kalkstein aus dem Malm konserviert.

FLUGREPTILIEN

Archaeopteryx flog im Jura nicht allein durch die Lüfte, sondern musste sie mit den Flugsauriern (Pterosaurier) teilen. Die ersten Flugsaurier erschienen im Keuper und entwickelten sich im Jura weiter. Ihr hohles, leichtes Skelett eignete sich sehr gut zum Fliegen, aber ihr auffallendstes Merkmal war ein besonders langer vierter Finger an den vorderen Gliedmaßen, der den Flügel stützte. Die drei kürzeren Finger befanden sich am Vorderrand der Flügel. Ursprünglich hatten die Flugsaurier lange Schwänze für ausreichende Stabilität während des Fluges, damit waren sie aber nicht sehr beweglich. Im Jura wurden die Schwänze der Flugsaurier erheblich kürzer, und die Tiere entwickelten sich zu wendigen Räubern. Die kleineren Arten hatten eine Spannweite von bis zu 40 Zentimetern und konnten vermutlich im Flug Insekten jagen. Die größeren Arten ernährten sich von Fisch, indem sie ins Meer tauchten, und ihre Beute aus dem Wasser holten. Die Spannweite dieser Flugsaurier erreichte elf bis zwölf Meter.

ARCHAEOPTERYX
Der *Archaeopteryx* hat viele Merkmale eines kleinen Dinosauriers: ein knöcherner Schwanz und Kiefer mit Zähnen. Seine Flügel und die Federn lassen jedoch vermuten, dass er ein Vogel war und fliegen konnte.

Erste Säugetiere

Die Säugetiere von heute weisen übereinstimmende Merkmale auf: Sie sind behaart, warmblütig und gebären lebende Junge, die gesäugt werden. Diese allseits bekannten Merkmale entwickelten sich jedoch nicht gleichzeitig, sondern über einen langen Zeitraum hinweg. Wann sie zum ersten mal auftraten, lässt sich nicht immer leicht anhand von fossilen Funden nachweisen, denn Weichgewebe bleibt bei der Versteinerung nicht erhalten.

Die ersten Hinweise auf säugerähnliche Merkmale wurden bei kleinen, eidechsenähnlichen Reptilien im Oberkarbon beobachtet. Sie wiesen eine beginnende Differenzierung der Zähne (verschiedene Zähne für unterschiedliche Zwecke) und säugertypische Veränderungen des Schädels auf.

In der Muschelkalkperiode verfügten die Vorfahren der Säugetiere, die Cynodontier (»Hundezähner«) bereits über verschiedene Zahntypen. Sie besaßen auch ein sekundäres Gaumendach, das die Atemwege vom Schlund trennte. Dadurch konnten sie gleichzeitig atmen und kauen. Durch die Veränderungen der Kiefer wurde das Schädeldach höher und es entwickelten sich Gehörknöchelchen, mit denen die Tiere Geräusche auf eine komplexere Art unterscheiden konnten als Reptilien. Zu der Lebensweise der kleinen Cynodonten gehörte, dass sie sich eingruben. Sie entwickelten auch Spürhaare am Kopf, um sich in der Dunkelheit der Gräben besser orientieren zu können.

ZÄHNE AUS OPAL
Diese Versteinerung zeigt das Kieferbruchstück eines frühen Säugetiers Australiens aus der frühen Kreidezeit. Die Zähne weisen Merkmale auf, die eine Verbindung zu Eier legenden Säugern, den Kloakentieren (Monotremata), wie dem heute lebenden Ameisenigel, herstellen. Geborgen in einer Sedimentschicht, löste sich das ursprüngliche Knochenmaterial auf und der Hohlraum füllte sich mit Opal, einem quarzhaltigen Mineral, das in der Zusammensetzung dem Feuerstein gleicht.

ERSTEN ECHTEN SÄUGETIERE

Obwohl es sich bei frühen Cynodontiern wie *Adelobasileus* aus Nordamerika oder *Sinoconodon* aus China nicht um die direkten Vorfahren der heutigen Säugetiere handeln dürfte, erfahren wir durch sie sehr viel über deren Anfänge. Die fossilen Überreste der Exemplare aus Amerika und China sind leider nur unvollständig erhalten, daher versuchen Wissenschaftler, die mögliche Lebensweise dieser Tiere anhand rezenter Säugetiere zu rekonstruieren. *Megazostrodon*, der in Südafrika gefunden wurde, hatte die Größe und Form eines Hörnchens, klein genug, sich so einzurollen, dass es in eine Streichholzschachtel gepasst hätte. Sein Körper war lang und niedrig mit einer beweglichen Wirbelsäule und langen Gliedmaßen, die zur Seite hin in einer Hockstellung ausgestreckt wurden, eine Position, die einige kleine Säugetiere heute noch einnehmen.

SÜDAFRIKANISCHER INSEKTENFRESSER
Megazostrodon aus den südafrikanischen Formationen der Obertrias war zwölf Zentimeter lang. Dieses Insekten fressende, hörnchenartige Tier war vermutlich nachts aktiv.

RATTENÄHNLICHER SÄUGER
Ptilodus war ein nagetierähnlicher Säuger, der in der Periode des frühen Tertiärs in Nordamerika lebte. Er gehörte zu einer Ordnung ausgestorbener Säugetiere, den Multituberculata und ernährte sich vermutlich von Nüssen und Samen.

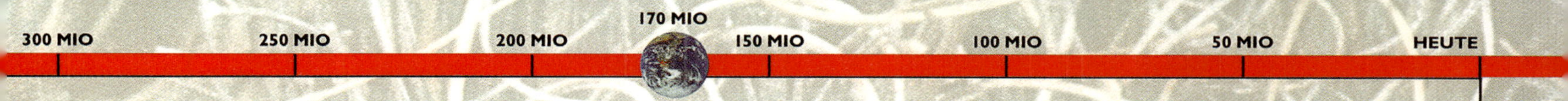

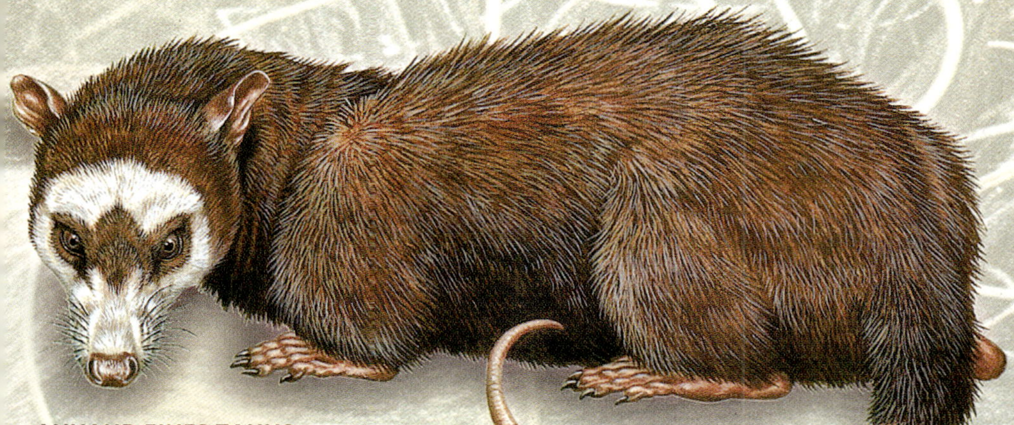

ANHAND EINES ZAHNS REKONSTRUIERT
Ein einzelner Zahn ist das einzige Überbleibsel von diesem sehr frühen Säugerprimaten, *Purgatorius*. Der im Gestein der Kreidezeit in Montana, USA, gefundene Zahn gehörte einem Insektenfresser von etwa zehn Zentimetern Länge. Die Rekonstruktion oben basiert auf Kenntnissen über andere primitive Primaten.

Das Skelett eines anderen Tieres, *Morganucodon*, macht uns ebenfalls die Lebensweise der ersten echten Säuger deutlich. Es erreichte eine Länge von 15 Zentimetern und wurde in Buntsandsteinformationen in England und China gefunden. Das Tier zeigte alle Säugetiermerkmale von *Adelobasileus*, hatte aber einen höher entwickelten Gehörsinn.

Besonders die Zähne von *Morganucodon* waren typische Säugetierzähne. Auf die Milchzähne folgte das Dauergebiss, anders als bei Reptilien, deren Zähne mehrmals im Verlaufe ihres Lebens erneuert werden. Die Backenzähne wurden in Vorbackenzähne (Prämolaren) und Backenzähne (Molaren) differenziert, wie bei allen späteren Säugetieren. Beim Kauen führte der Unterkiefer eine dreiwinkelige Bewegung aus, viel effektiver als die Auf- und Ab- sowie Vor- und Zurückbewegung der Cynodontier. Aus dem Gebiss kann man schließen, dass *Morganucodon* ein Fleischfresser war und sich vermutlich nachts von Insekten und Würmern ernährte, wenn die räuberischen Echsen weniger aktiv waren. Die Morganucodontia waren schnelle, wendige Tiere mit recht geringer Ausdauer beim Laufen.

Durch die nächtliche Lebensweise waren sie gezwungen ihre Körpertemperatur von innen zu regulieren. Dies war möglich mit Hilfe der Zähne und Kiefer, die die Nahrung zerkleinerten, bevor sie den Magen erreichte und dadurch die rasche Energiefreisetzung einer proteinreichen Nahrung gewährleisteten. Um die Körperwärme über Nacht aufrechtzuerhalten, brauchten sie eine Körperbehaarung, deren vergängliche Struktur sich aber bisher in den fossilen Funden nicht nachweisen ließ. Die Ordnung Cynodontia hat 40 Millionen Jahre bis zum Aussterben überdauert. Im Mesozoikum, dem Zeitalter der Dinosaurier, entwickelten 20 oder mehr Säugetierfamilien ein verborgenes Dasein neben den gewaltigen Reptilien.

NACHWEIS FRÜHER SÄUGETIERE

Das Festland eignet sich nicht besonders für die Konservierung von tierischen Überresten. Kleine Wirbeltiere mit feinen Knochen wie die frühen Säugetiere wurden wahrscheinlich von Aasfressern im Ganzen verschlungen. Aber die versteinerten Fäkalien (Caprolithen) dieser Aasfresser enthielten manchmal unverdaute Bruchstücke ihrer Beute, besonders die Zähne. Die fossilen Funde der kleinen Säuger bestehen meist aus deren Zähnen und Teilen der Kieferknochen. Glücklicherweise hat sich das Muster der Spitzen, Furchen und Rillen auf der Oberfläche der Backenzähne von Säugetieren rasch verändert und ist charakteristisch für jede Art. Deshalb ist es möglich, die verschiedenen Arten allein anhand ihrer Zähne zu bestimmen, auch wenn es kaum sonstige Überreste dieser Tiere gibt.

MONGOLISCHES PLAZENTATIER
Eines der ersten Plazentatiere, die voll entwickelte Jungtiere zur Welt bringen konnten, war *Zalambdalestes* (oben). Das hörnchenartige Tier lebte in der Oberkreide in der Mongolei und hatte, wie die heutigen Rüsselspringer, lange Hinterbeine.

RÜSSELSPRINGER
Fossile Funde von *Elephantulus* und anderen Rüsselspringern reichen bis zum Bundsandstein zurück. Sie wurden zunächst für primitive Insektenfresser gehalten, stehen aber überraschenderweise den Elefanten näher.

Die Unterkreide

Nach dem Auseinanderbrechen von Pangaea durchliefen Tiere und Pflanzen getrennte Entwicklungen auf den Kontinenten, die durch breite Meere getrennt wurden.

Nachdem Nordamerika und Europa vor 130 Millionen Jahren auseinander gedriftet waren, begann sich der Nordatlantik zu öffnen, obwohl vermutlich in nördlichen Regionen noch weitere 25 Millionen Jahre eine Verbindung bestand. Als sich der Superkontinent Pangaea auflöste, brachen auch Afrika und Nordamerika allmählich auseinander, und in der Folge bildete sich der mittlere und südliche Atlantik. Die Tethys breitete sich westwärts aus, bis eine in Ost-West-Richtung verlaufende Meerenge Nordamerika von Eurasien trennte, das im nördlichen Gondwana lag. Ein weiterer Austausch von Tieren und Pflanzen zwischen den beiden Kontinenten war ausgeschlossen und die Herausbildung von Merkmalen verlief fortan unterschiedlich.

KREIDEFELSEN
Die Kreidefelsen von Südengland und Nordfrankreich wurden aus den winzigen Kalkgehäusen von im Plankton lebenden Einzellern, den Coccolithen gebildet.

DER PAZIFISCHE FEUERRING

Am westlichen Rand Nordamerikas und des damals noch mit Gondwana verbundenen Südamerikas, entstand durch Auffaltung eine große vulkanische Gebirgskette, die sich von Chile bis nach Alaska erstreckte. Sie existiert heute als östliche Flanke des pazifischen »Feuerrings« (»Ring of Fire«). In der Unterkreide bot der fruchtbare Boden der Kordilleren gute Ausgangsbedingungen für die Besiedlung des Landes.

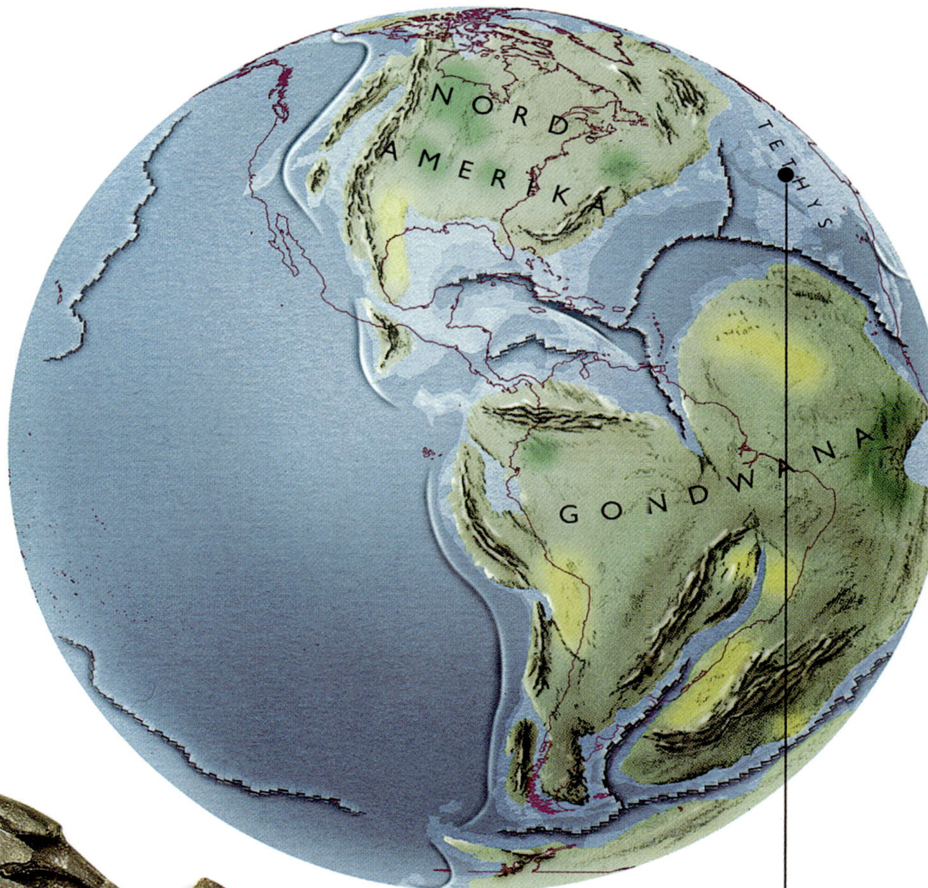

Der hohe Gehalt an Kohlendioxid in der Erdatmosphäre führte zu einem warmen, trockenen Klima mit Treibhauseffekt. Der seit dem Malm stark gesunkene Meeresspiegel stieg rasch an, als die polaren Eiskappen durch die höheren Temperaturen schmolzen. Große Landflächen, besonders in Nordamerika, Südeuropa und in der Antarktis wurden dabei von flachen Meeren überflutet. Diese Schelfmeere waren sehr artenreich, und in den reichen Fischgründen der Riffe herrschten für große Meeresechsen und Haie ideale Jagdbedingungen.

IGUANODON-SCHÄDEL
Die schnabelförmige Schnauze und lange Reihen gleichartiger Backenzähne verdeutlichen, dass dieser *Iguanodon* aus der Gruppe der Vogelbecken-Dinosaurier, ein Pflanzenfresser war. Er lebte in dem Gebiet der heutigen Isle of Wight in Südengland, als der Meeresspiegel unter dem auf der obigen Weltkugel dargestellten Niveau lag.

NEUE LEBENSFORMEN

Fossilienfunde zeigen, dass die Kreidezeit eine Periode bemerkenswerter biologischer Entwicklungsprozesse war. Obwohl die Reptilien weiterhin die Erde beherrschten, entwickelten sich zahlreiche neue Tierordnungen. Fossilien aus China, der Mongolei und Spanien belegen das Auftreten verschiedener Gruppen von bezahnten Vögel in der Unterkreide. Kleine, primitive Säugetiere wurden ebenfalls mannigfaltiger. Zwar verschwanden neben den Dinosauriern die meisten Vögel und zahlreiche Säuger durch das Massenaussterben am Ende der Kreidezeit. Aber eine ausreichend große Zahl überlebte, um die Grundlage für die Entwicklung heutiger Landlebewesen zu bilden.

PAPAGEIEN-DINOSAURIER
Der papageienähnliche, zahnlose Schnabel und die Kiefer von *Psittacosaurus*, eines frühen Dinosauriers aus den Formationen der Unterkreide in der Mongolei, war an harte, pflanzliche Nahrung angepasst. Ein dicker Knochenkamm, der quer über den Schädel verlief, entwickelte sich nachfolgend zu einem knöchernen Kragen, der den Hals der späteren Horndinosaurier (Ceratopsidae) schützte.

Die Dinosaurier beherrschten das Festland weiterhin, während sich, fast unbemerkt, kleine Säugetiere immer mannigfaltiger und zahlreicher entwickelten. Schnelle, zweibeinige Pflanzenfresser aus der Gruppe der Vogelbeckensaurier (Ornithischia) wie *Iguanodon* und einige Hypsilophodontier, wanderten in der frühesten Kreidezeit noch von Europa nach Nordamerika. Aber als die Verbindung zwischen den Kontinenten in der mittleren Kreidezeit brach, trennten sich die Entwicklungslinien der Dinosaurier. In Nordamerika herrschte *Tenontosaurus*, ein Vertreter der Hypsilophodontier, während sich in Europa die Iguanodontidae durchsetzten.

Auch bei der Tetrapoden-Fauna der Nord- und Südhalbkugel kam es zur Differenzierung. Im Norden ging die Artenzahl der Sauropoden (riesige Pflanzen fressende Dinosaurier) und Stegosaurier zugunsten von gepanzerten Ankylosauriern, Iguanodonten und ersten Horndinosauriern wie *Psittacosaurus*, zurück. Im Gegensatz dazu blieben auf der Südhalbkugel die Sauropoden die vorherrschenden Pflanzenfresser.

ENTWICKLUNG VON FLORA UND FAUNA
Die Vegetation veränderte sich zunehmend. Primitive Farne wurden durch höher entwickelte Farntypen ersetzt. Samenfarne, Palmfarne, Gingkos und ältere Koniferenfamilien wurden von Zedern und Mammutbäumen verdrängt. Bedecktsamige Blütenpflanzen (Angiospermen) prägten durch ihre Farbenpracht das Landschaftsbild. In der Luft schwirrten Flugreptilien, Vögel und eine immer größer werdende Zahl von Insekten umher. Insekten und Blütenpflanzen zogen gegenseitigen Nutzen aus der Entwicklung von Blüten und Pollen.

DINOSAURIER-EIER
Die harten Kalkschalen mancher Dinosaurier-Eier, wie in diesem aus China stammenden Fund aus der Kreidezeit, wurden in Gelegen konserviert, die Ähnlichkeit mit denen der heutigen Schildkröten und Krokodile aufweisen. Diese Eier haben einen Durchmesser von drei Zentimetern.

Die Welt des Iguanodon

SCHNELLER PFLANZENFRESSER
Hypsilophodon, ein zweibeiniger Dinosaurier, war ein kleiner, einhalb Meter langer, schneller, gazellenartiger Pflanzenfresser. Das Tier lebte in der Unterkreide in Europa und Nordamerika.

Einer der aufregendsten Fossilienfunde ereignete sich 1878. Zwei belgische Minenarbeiter, die in der Kohlenmine Sainte-Barbe in der Nähe von Bernissart, Belgien, arbeiteten, entdeckten vollständig erhaltene Skelette von großen, Pflanzen fressenden Dinosauriern. Alle Skelette stammten von *Iguanodon*, einem Vogelbecken-Dinosaurier, den man bereits von früheren, unvollständigen Funden kannte.

DIE REKONSTRUKTION VON IGUANODON

Die Bergung des Fundes wurde den Wissenschaftlern des Königlichen Naturhistorischen Museums in Brüssel, unter Leitung von Louis de Pauw und Louis Dollo, übertragen. Die belgischen Wissenschaftler wussten leider nicht, in welcher Stellung sich die Skelette ursprünglich befanden. Der Bau der Hüftknochen und der Hinterbeine war charakteristisch für Vögel, so dass Dollo und de Pauw das Skelett eines Emus als Modell verwendeten. Aber *Iguanodon* wies entscheidende Unterschiede zu Vögeln auf, besonders was den langen, muskulösen Schwanz, die kräftigen Arme, Handgelenke und Hände betraf. Um die gegensätzlichen Merkmale zu einer Einheit zu fügen, nahmen sie ein Känguru zum Vorbild. Das Ergebnis war eine Kreuzung zwischen einem Känguru und einem flugunfähigen Vogel – ein aufrechter Dinosaurier auf zwei Beinen mit einem vogelartigen Hals und einem auf dem Boden ruhenden Schwanz. Allerdings wurde dieses Modell Ende des 20. Jahrhunderts gründlich überarbeitet.

Es gibt genügend Hinweise darauf, dass *Iguanodon* in erster Linie ein Vierbeiner war. Obwohl seine Vorderarme wesentlich kürzer waren als seine Hinterbeine, waren sie sehr kräftig, ebenso wie die Handgelenke. Die mittleren drei Finger der großen Hände konnten stark gespreizt werden, so dass die Arme beim Gehen als zusätzliche Stütze dienten. Die Schwanzknochen des *Iguanodon* wurden von knochenartigen Ligamenten zusammengehalten,

DAUMENDORN

Auf seinen Daumen hatte Iguanodon einen scharfen, knöchernen Dorn, der vermutlich als wirksame Waffe gegen Angreifer eingesetzt wurde. In den früheren Rekonstruktionen wurde dieser Daumen fälschlicherweise für ein Nasenhorn wie bei Nashörnern gehalten.

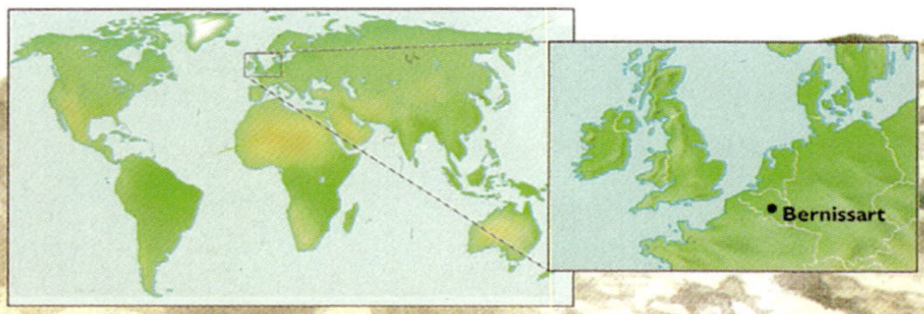

SCHWEMMLANDEBENE IN DER KREIDEZEIT
Eine weite, überschwemmte Ebene erstreckte sich von Belgien westwärts nach Südengland. Auf flachen Inseln im Wasser gab es Schachtelhalmhaine, die vermutlich die Hauptnahrungsquelle der Iguanodonten darstellten. Baumfarne wuchsen auf trockenerem Boden. Die Pflanzen fressenden *Iguanodon*, *Hypsilophodon* und *Polacanthus* wurden von Carnosauriern wie *Megalosaurus* gejagt. *Baryonyx* aus der Unterordnung Theropoda ernährte sich von Fischen (*Lepidotes*) aus Gewässern, in denen auch die krokodilartigen *Bernissartia* jagten.

die den Schwanz versteiften – er war also nicht biegsam, wie in Dollos und De Pauws Modell. Die Jungtiere gingen wohl noch auf zwei Beinen, verlagerten den Gang aber mit zunehmendem Körpergewicht auf vier Beine und richteten sich nur zum Fressen, im Kampf und bei der Paarung auf.

Iguanodon war groß, etwa zwei Tonnen schwer und hat als Pflanzenfresser vermutlich enorme Mengen Palmfarne, Schachtelhalme und Koniferen gefressen; schwer zu kauende, nicht sehr nahrhafte Pflanzen. Um die harten Zellulosefasern vor dem Hinunterschlucken möglichst fein zu zerreiben, brauchen Pflanzenfresser eine kräftige Kiefermuskulatur und starke Backenzähne. Im vorderen Kieferbereich hatte *Iguanodon* keine Zähne, sondern einen hornigen Schnabel, ähnlich wie Schildkröten, ideal geeignet zum Pflücken von Pflanzen. Die Backenzähne bildeten ineinander greifende Reihen von blattförmigen, randlich gesägten Zähnen. Mit dem beweglichen Kiefer konnte *Iguanodon* seine oberen Zähne seitlich gegen die unteren wetzen.

DIE ZEITGENOSSEN IGUANODONS

Hypsilophodon, ein anderer Pflanzenfresser aus der Ordnung Ornithischia, lebte in der Unterkreide neben *Iguanodon*. Der kleine Zweibeiner war sehr erfolgreich. Lange Zeit glaubte man, dass *Hypsilophodon* auf Bäumen lebte, da bei einem Exemplar eine Zehe am Fuß nach hinten wies, wie bei den Vögeln. Dies erwies sich später als Irrtum. Andere Merkmale deuten darauf hin, dass *Hypsilophodon* überaus aktiv und sehr schnell gewesen sein muss. Er gilt als die Gazelle unter den Dinosauriern. Ein weiterer Pflanzenfresser war *Polacanthus*, ein gepanzerter Dinosaurier.

Die größten Räuber dieser Zeit waren die Carnosaurier (Fleisch fressende Dinosaurier), obwohl man nicht viel über sie weiß. In Kreideformationen aus England fand sich auch der Beweis für einen Fisch fressenden Dinosaurier, *Baryonyx*. Die Seen und Flüsse wurden von Schildkröten (*Plesiochelys*) und Krokodilen (*Bernissartia*) sowie von Fischen, Muscheln und Schnecken bevölkert.

ÜBERLEBENDER AUS DER TRIAS
Das heutige Krokodil (*Crocodylus*) stammt von einer Reptiliengruppe ab, die erstmals im Keuper nachgewiesen wurde. Bis man zu der Erkenntnis kam, dass Dinosaurier entweder Zweibeiner waren oder zu schwer für eine eidechsenähnliche Stellung, dienten Krokodile als Vorlage zur Rekonstruktion von Dinosauriern.

Die Nachbildung von Dinosauriern

Dinosaurier nehmen heute die Rolle der Drachen und Monster aus alten Legenden und Märchen ein. Im 19. Jahrhundert waren sie im neu entwickelten Wissenschaftszweig der Paläontologie nur schauerliche Echsen. Als Ikonen populärwissenschaftlicher Darstellungen durchliefen sie mehrere Verwandlungen, und wurden in Dinosaurier-Büchern und –Filmen als schnellfüßige, schillernde Lebewesen zum Leben erweckt.

Die Geschichte begann 1818, als Teile eines versteinerten Kieferknochens mit großen, messerscharfen Zähnen in den Dogger-Formationen von Oxfordshire, England, gefunden wurde. *Megalosaurus*, so wurde der Dinosaurier genannt, war etwa zweieinhalb Meter hoch. Weitere versteinerte Knochen wurden 1825 aus den tieferen Kalksteinschichten der Kreide zu Tage gefördert. Naturforscher wie Gideon Mantell konnten sich nicht vorstellen, wie diese rätselhaften fossilen Funde ausgesehen hatten. Allein der Größe der versteinerten Überreste nach zu urteilen, musste es sich um riesige Landreptilien handeln. Die heutigen, sehr viel kleineren Echsen wie Leguane oder Krokodile waren die einzigen Vorlagen, die den Forschern zur Verfügung standen. Mantell stellte sich *Iguanodon*, wie er das Tier nannte, als vierbeiniges und eidechsenähnliches Lebewesen mit einem sehr langen Schwanz vor.

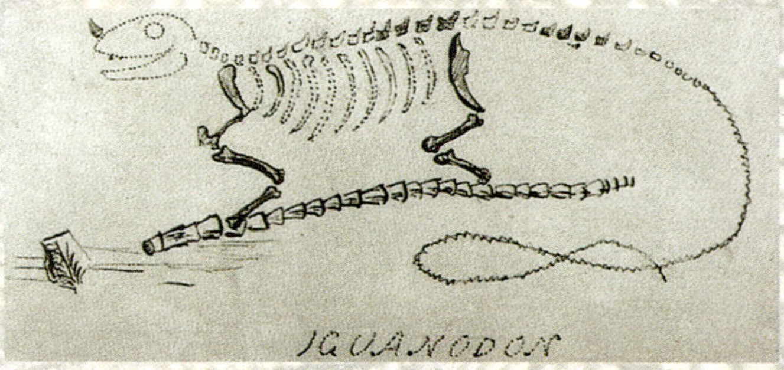

DER ERSTE ENTWURF
Diese unveröffentlichte Skizze aus dem Jahr 1833 (oben) von Gideon Mantell war der erste Versuch, einen Dinosaurier zu rekonstruieren. Mantell stand nur ein unvollständiges und heilloses Durcheinander von Knochen des fossilen *Iguanodon* zur Verfügung. Er positionierte den Dorndaumen fälschlicherweise wie das Horn eines Rhinozeros.

EIN LEGUAN STAND MODELL
Der heutige Leguan (links) stand Modell für die ersten Versuche, einen Dinosaurier zu rekonstruieren. Leguane sind aber kaum einen Meter lang und können unmöglich eine Miniaturvorlage für viel größere Dinosaurier wie *Iguanodon* sein.

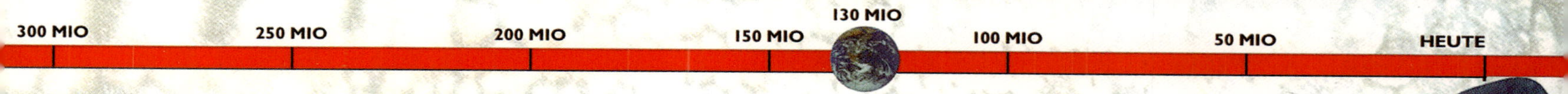

JURASSIC PARK

Der Roman von Michael Crichton und Steven Spielbergs Kinofilm »Jurassic Park« haben viele Menschen in den Bann gezogen und Dinosaurier zu Publikumslieblingen gemacht. Den Ruf dumm, kaltblütig und schwerfällig zu sein, konnten sie damit überzeugend widerlegen. Untersuchungen über ihre Lebensräume und -weise zeigen, dass sie genauso vielfältig waren wie Säugetiere. Im Film werden die räuberischen Velociraptor als angriffslustige, pfeilschnelle Lebewesen dargestellt, mit der Fähigkeit zu komplexen Gedankengängen und heftigen Empfindungen. In einer Furcht erregenden Verfolgungsszene überholt ein Tyrannosaurus rex beinahe einen Jeep. Viele der Dinosaurier, die in dem Film gezeigt wurden, lebten jedoch in Wirklichkeit während der Kreidezeit und nicht im Jura.

STEGOSAURIER AUF ZELLULOID
In einer Anfangsszene des Films *Jurassic Park* tauchen zwei mächtige Stegosaurier mit gepanzerten Rückenplatten plötzlich in einem ausgetrockneten Flussbett auf.

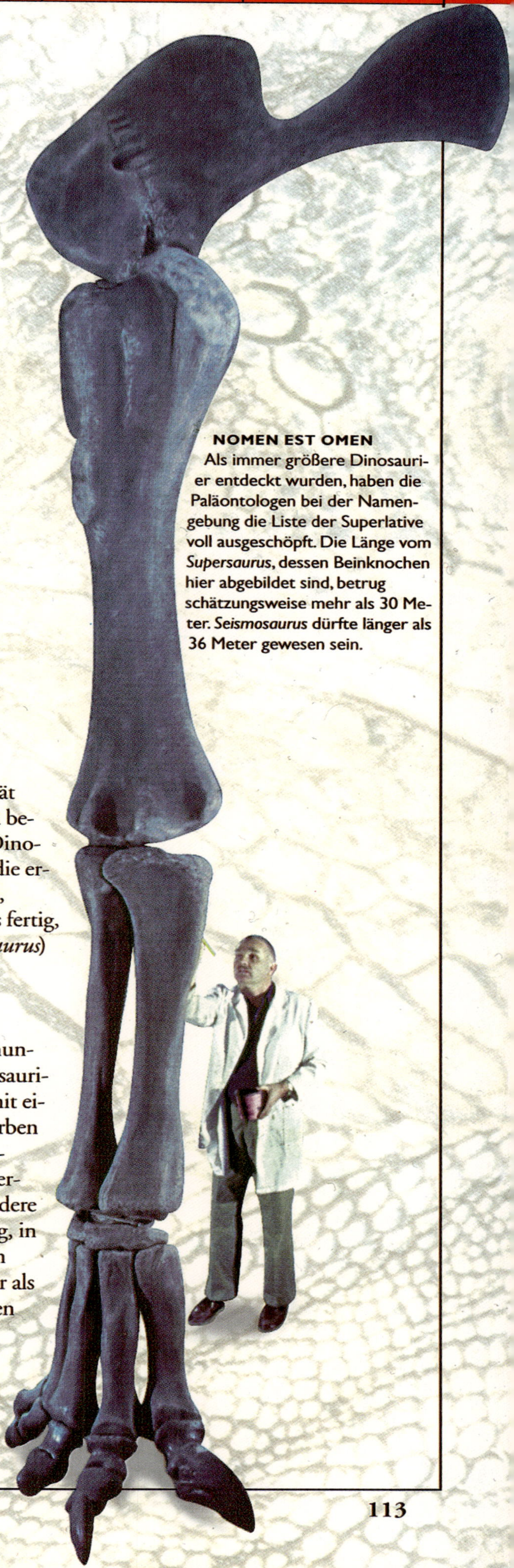

NOMEN EST OMEN
Als immer größere Dinosaurier entdeckt wurden, haben die Paläontologen bei der Namengebung die Liste der Superlative voll ausgeschöpft. Die Länge vom *Supersaurus*, dessen Beinknochen hier abgebildet sind, betrug schätzungsweise mehr als 30 Meter. *Seismosaurus* dürfte länger als 36 Meter gewesen sein.

DIE GIGANTOMANIE NIMMT IHREN LAUF

Der Begriff Dinosaurier wurde erst 1842 von dem britischen Anatomieprofessor Richard Owen geprägt. Er setzte sich für die Schaffung einer neuen Tierordnung ein – die Dinosaurier –, um die gerade entdeckten fossilen Reptilien und die bekannten lebenden Echsen anhand der anatomischen Unterschiede in ihrer systematischen Stellung voneinander zu trennen.

Owens erfolgreiche Vorstellung der Dinosaurier trieb in den 1860-er Jahren die Forschung in den USA voran. Amerika hatte immer schon die größten Fundstätten aufzuweisen. 1802 wurden fossile Fußabdrücke auf einer Farm in Massachussetts entdeckt. Edward Hitchcock, ein Naturforscher aus dieser Gegend, behauptete, die seltsamen Fußabdrücke mit drei Zehen müssten von einem riesigen Vogel stammen. Es waren aber die Fußabdrücke eines Dinosauriers, die den ersten Hinweis darauf lieferten, dass einige Dinosaurier nur auf zwei statt auf vier Beinen liefen, obwohl der richtige Zusammenhang erst 70 Jahre später hergestellt werden konnte.

In den 1870-er Jahren kam es in den USA zu einem »Dinosaurierkrieg« – ein erbitterter Kampf zwischen zwei Experten, Professor Othniel Charles Marsh von der Universität Yale und Edward Drinker Ciope von der Universität Philadelphia. Sie entdeckten und beschrieben bis zu etwa 130 neue Dinosaurierarten. 1883 stellte Marsh die erste Rekonstruktion eines riesigen, Pflanzen fressenden Dinosauriers fertig, den er *Brontosaurus* (jetzt *Apatosaurus*) nannte.

DAS IMAGE ÄNDERT SICH

In der ersten Hälfte des 20. Jahrhunderts stellte man sich einen Dinosaurier als schwerfälliges Monstrum mit einem kleinen Hirn vor – ausgestorben durch die Unfähigkeit zur Anpassung. In den 1960-er Jahren widerlegten Dr. Robert Bakker und andere dieses Image. Intelligent, vielfältig, in leuchtenden Farben und Mustern präsentierten sich die Dinosaurier als sehr erfolgreiche Lebewesen, deren plötzliches Aussterben weiterhin viele ungeklärte Fragen aufwirft. In diesem neuen Licht wurden Dinosaurier bekannter und populärer als jemals zuvor.

Die Oberkreide

Veränderungen in den Ozeanen in der mittleren und späten Kreidezeit verursachten ein Treibhausklima mit guten Voraussetzungen für die Bildung neuer Arten.

Vor fast 100 Millionen Jahren während der mittleren Kreidezeit wurde die Bewegung der Erdkruste durch die Öffnung neuer südlicher Ozeane wie des Südatlantik und eines beim Auseinanderdriften von Gondwana entstandenen Meeres auf der Südhalbkugel gesteuert. Diese Ozeane und die Entstehung neuer Meeresböden waren eine Folge veränderter Konvektionsströme im Erdmantel.

Gondwana fiel weiter auseinander. Madagaskar trennte sich von Indien, das dann nordwärts trieb. Neuseeland spaltete sich von Australien ab, als sich das Tasmanische Meer öffnete. Im Fernen Osten entstanden durch das Aufeinandertreffen von Landmassen wie Tibet und Südostasien neue Faltengebirgszonen und vervollständigten den östlichen Rand Eurasiens. In Europa öffnete sich durch die Nord-Südspaltung des Atlantiks die Bucht von Biskaya und trennte Großbritannien, Labrador und Neufundland voneinander, ebenso wie Norwegen und Grönland.

VELOCIRAPTOR-SCHÄDEL
Velociraptor, ein kleines Lebewesen aus der Oberkreide, dessen Überreste in der Mongolei gefunden wurden, hatte große Augenhöhlen und scharfe, gebogene Zähne, charakteristische Merkmale für einen aggressiven Räuber.

OZEANISCHE VERÄNDERUNGEN

Eine weltweit ungewöhnlich hohe vulkanische Aktivität ist während der mittleren Kreidezeit zu verzeichnen, besonders an den Mittelozeanischen Rücken. Die Rücken erhoben sich weit über den früheren Meeresboden und beeinflussten auch das Niveau der benachbarten Meeresgründe. Der Meeresspiegel lag bis zu 200 Meter über dem heutigen Stand und große Landmassen wurden überschwemmt. Gegen Ende der Kreidezeit folgte eine starke Regression.

Die Wassertemperaturen schwankten: Sie stiegen zuerst stark an, sanken und stiegen erneut, bevor sie gegen Ende dieser Ära auf einem niedrigen Stand blieben. Diese Veränderungen waren auf wechselnde Meeresströmungen während der Kontinentalverschiebung zurückzuführen. Perioden mit rascher Erwärmung der Ozeane (und Sauerstoffmangel) scheinen eine Ursache für das Massenaussterben unter den Meereslebewesen zu sein.

TYRANNOSAURUS REX
Tyrannosauridae lebten in der Oberkreide in Nordamerika und Zentralasien. Diese Abbildung des Schädels von einem *Tyrannosaurus rex* zeigt die gebogenen, gesägten, dolchartigen Zähne.

MAIASAURA
Diese Versteinerung eines Entenschnabelsaurier- (Hadrosaurier-) Jungen wurde in Montana entdeckt. Es ist so klein, dass die Eltern wie Vögel Brutpflege betrieben haben müssen. Darauf deutet auch der Name des Dinosauriers hin, er bedeutet »gute Mutterechse«.

TREIBHAUSEFFEKT

Eine ausgedehnte Unterwasseraktivität der Vulkane während der mittleren Kreidezeit setzte gewaltige Mengen an Kohlendioxid in den Ozeanen und der Atmosphäre frei, mit der Folge, dass sich die Atmosphäre durch den Treibhauseffekt aufwärmte. Tatsächlich war die mittlere Kreidezeit wahrscheinlich die wärmste Periode in der ganzen Erdgeschichte. Als die globale Erwärmung den Höhepunkt erreichte, dehnte sich die gemäßigte Waldvegetation um mehr als 2000 Kilometer bis in höhere Breiten aus.

MITTLERE UND SPÄTE KREIDEZEIT

Die Dinosaurier beherrschten das Festland. Zu den Theropada der mittleren und späten Kreidezeit gehörten riesige Tyrannosauridae wie *Tyrannosaurus rex* und kleinere Räuber wie *Deinonychus* und *Velociraptor*, sowie die straußartigen Ornithomimosaurier. Daneben gab es Entenschnabelsaurier (Hadrosaurier) wie *Maiasaura*, Ankylosaurier und Horndinosaurier wie *Triceratops*.

Die beherrschenden Lebewesen unseres heutigen terrestrischen Ökosystems – Blütenpflanzen, Vögel und Säugetiere – erlebten im Treibhausklima der mittleren Kreidezeit eine explosionsartige Zunahme. Säugetiere variierten zwischen Hörnchen- und Katzengröße und waren hauptsächlich nachts aktiv. Die Artenvielfalt der frühesten Angiospermen (Bedecktsamer), heute die größte Abteilung der Blütenpflanzen, nahm zu. Sie gediehen strauchartig in den Nadelwäldern. Die Flora der Kreide umfasste Feigen, Weiden, Pappeln, Magnolien und Platanen. Weltweit entwickelten sich Insekten parallel mit den Blütenpflanzen.

Im Wasser stellten gewaltige Echsen mit Flossen, die Mososauridae, gefürchtete Räuber dar. Plesiosaurier und die Riesenschildkröte *Archelon* durchstreiften die Ozeane und die ersten Knochenfische (Teleostei), die heute vorherrschende Klasse der Fische, tauchten auf. Ammoniten, Muscheln und Schnecken waren weit verbreitet. Enorme Planktonmengen häuften sich am Meeresboden an – die Kohlenwasserstoff-Grundlage für den Großteil der heutigen Erdölvorkommen.

VERSTEINERTE MUSCHELN
Die Muschelgattung *Trigonia* war in den warmen Gewässern der Tethys im Mesozoikum sehr zahlreich vertreten. Ihre kräftigen, gerippten Schalen schützten sie vor der Kraft der Wellen. Eine tropische Familie der Trigoniidae hat bis heute überlebt.

Säuger und Dinosaurier aus der Mongolei

Aus den entlegenen Wüsten der Mongolei im Herzen Zentralasiens stammt einer der sensationellsten Fossilienfunde des 20. Jahrhunderts. In der Kreidezeit fegten oft Sandstürme über die Mongolei hinweg, wobei die Überreste Hunderter von Echsen, Säugetieren und Dinosauriern unter Sandsteinhügeln begraben wurden. Die versteinerten Skelette sind oft vollständig erhalten, einschließlich kleinster Knochen. Sie liefern faszinierende Einblicke in das Leben vor etwa 90 Millionen Jahren, die aber nicht immer übereinstimmend bewertet werden.

Während der Oberkreide brachten zwei zu den Vogelbecken-Dinosauriern (Ornitischia) zählende Gruppen, die Ceratopier und Hadrosaurier, neue Arten hervor, die sich auf der ganzen Erde verbreitet haben. Dies wird durch zahlreiche Dinosaurier-Funde aus der Mongolei belegt. Dabei wurden auch viele Echsenbecken-Dinosaurier (Saurischia) wie *Theropoda*, *Dromaeosaurus* und *Oviraptor* geborgen.

EIERSTEHLENDE DINOSAURIER

Der berühmteste in der Mongolei gefundene Echsenbecken-Dinosaurier ist *Oviraptor philoceratops*, in den 1920-er Jahren von Roy Chapman Andrews bestimmt und benannt. Der leichte, zweibeinige Dinosaurier stand im Verdacht, die Eier von Ceratopiern (*Protoceratops*) zu fressen – daher sein Name Oviraptor oder »Eierdieb«. Ein Fund von *Oviraptor philoceratops* inmitten eines Geleges führte zu der Schlussfolgerung, dass das Tier starb, während es die Eier einer anderen Art fraß. Nachdem die fossilen Embryos in den Eiern bestimmt werden konnten, stellte sich aber heraus, dass die Embryonen *Oviraptor* gehörten. Er muss also gestorben sein, während er in seinem eigenen Nest saß.

MONGOLISCHE GRABSTÄTTE
Die trockenen Wüsten der Mongolei bergen die reichsten, bisher bekannten Gesteinsformationen mit Dinosaurierfossilien. In den letzten 80 Jahren wurden Tausende von Exemplaren aus diesen mesozoischen Ablagerungen freigelegt.

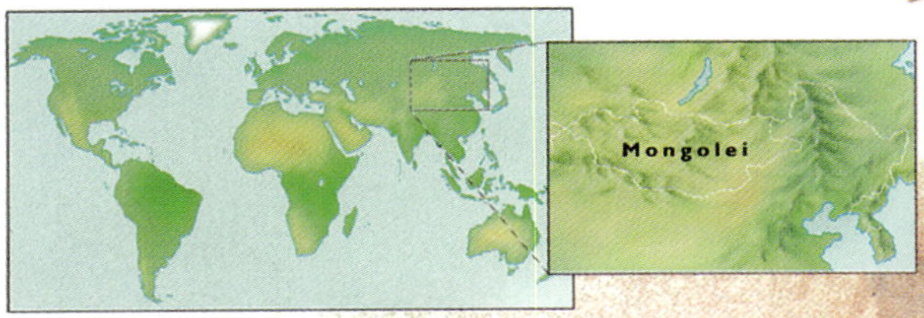

MONGOLISCHER SANDSTURM
Räuber wie *Velociraptor* und *Tarbosaurus*, ein großer Tyrannosaurid, griffen andere Dinosaurier wie die Pflanzen fressenden *Oviraptor* und *Gallimimus* an. *Protoceratops*, ein Vertreter der Ceratopier, legte Eier auf dem Boden in Nester aus aufgehäuftem Schlamm. Der seltsame, einfingrige Dinosaurier *Monoykus* hatte kräftige, kurze Vordergliedmaßen. In dieser Zeit erschienen kleine Säugetiere wie *Zalambdalestes*, *Kennalestes* und *Kamptobaatar* als unbedeutend, aber nach dem Verschwinden der Dinosaurier traten ihre Nachkommen einen Siegeszug um die Welt anan.

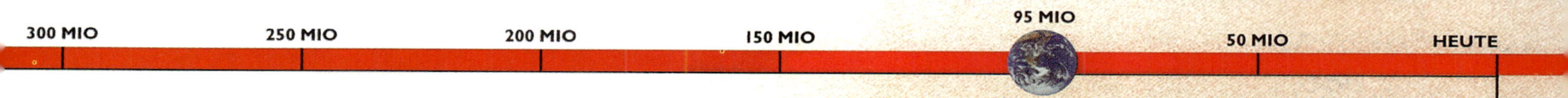

AUGENZEUGEN EINER VERLORENEN WELT

Die Ausgrabung der fossilen Schätze in der Mongolei war für die Paläontologen ein ungewöhnliches Erlebnis. Ein Forscherteam des Amerikanischen Museums für Naturgeschichte entdeckte 1944 die gut erhaltenen Überreste von mehr als 500 Tieren aus der Kreidezeit in den Hügeln von Ukhaa Tolgod. Der Leiter der Expedition, Professor Michael Novacek, schrieb darüber: »Es war fast so, als wären wir zufällig auf einen riesigen Friedhof gestoßen, auf dem diese Tiere gerade vor einigen Minuten ihren letzten Atem ausgehaucht hatten. Es war, als hätten wir eine Zeitreise in die Vergangenheit gemacht, würden diese Welt betreten und eine Gemeinschaft von ausgestorbenen Tieren sehen…«

EIN LEBEN IM VERBORGENEN

Obwohl die Dinosaurier das Festland in der Oberkreide immer noch beherrschten, nahm die Zahl und die Vielfalt kleiner Säugetiere unaufhaltsam zu. Es gab vier verschiedene Ordnungen: Plazentatiere oder Eutheria (deren Junge weitgehend ausgereift geboren werden), Beuteltiere oder Marsupialia (unausgereift geborene Junge, die in einem Beutel ernährt werden), Kloakentiere oder Monotremata (Eier legende Tiere) und Multituberculata, eine heute ausgestorbene Ordnung kleiner Nagetiere.

Die Multituberculata waren damals der bei weitem häufigste Typ von Säugetieren. Sie waren wahrscheinlich Pflanzenfresser, nicht so wie die Plazenta-, Beutel- und Kloakentiere, die Insektenfresser waren. Früher glaubte man, dass die Multituberculata auf Bäumen lebten, aber der Körperbau mongolischer Arten wie *Nemegtbaatar*, erinnert eher an die heutigen Rennmäuse. Vermutlich waren sie nachtaktiv und bewegten sich eher laufend und grabend fort, als auf Bäume zu klettern.

Das gut erhaltene Becken eines anderen mongolischen Multituberculata, *Kryptobaatar*, bestätigt, dass sie lebende Junge geboren und keine Eier gelegt haben wie die Kloakentiere. Die Jungtiere waren bei der Geburt vermutlich noch nicht voll entwickelt, weil der Geburtskanal der Tiere sehr eng war. Die Aufzucht der Jungen fand dann im Schutz eines unterirdischen Ganges statt, der als Nest verwendet werden konnte.

Die Multituberculata starben vor nur etwa 35 Millionen Jahren im späten Eozän aus. Die Plazentatiere, in der Kreidezeit vertreten durch Lebewesen wie den hörnchenartigen, Insekten fressenden *Kennalestes* und den etwas größeren *Zalambdalestes*, haben überlebt. Einige Beuteltiere und Kloakentiere sind ebenfalls noch heute vertreten, aber die Plazentatiere sind langfristig die erfolgreichsten Säugetiere. Sie haben wahrscheinlich den Vorteil, dass ihre Jungtiere bereits weit entwickelt sind.

FEINARBEIT
Ein Teil eines *Protoceratops* wird sorgfältig gesäubert, bevor er aus dem Gesteinsboden heraus präpariert wird. Auch bei großen Dinosaurier-Knochen ist äußerste Vorsicht geboten, um sie unversehrt zu erhalten.

Hadrosaurier und Carnosaurier

Mehr als 300 Dinosaurier-Skelette wurden entlang des Red Deer River in Alberta, Kanada – heute ein Dinosaurier-Park – ausgegraben. Das 75 Millionen Jahre alte Sediment aus der Oberkreide wurde vor etwa 13 000 Jahren durch die erosiven Kräfte von Schmelzwasser aus abtauenden Gletschern freigelegt. In keiner anderen, vergleichbar großen Gesteinslandschaft auf der Erde wurden so viele einzelne Skelette verschiedener Dinosaurier, einschließlich Hadrosaurier (Pflanzen fressende Entenschnabel-Dinosaurier mit Schwimmfüßen) und Carnosaurier (zweibeinige Fleischfresser) entdeckt.

1909 erzählte ein Farmer aus Alberta dem berühmten Dinosaurier-Sammler Barnum Brown vom Amerikanischen Naturgeschichte Museum, dass Knochenfunde auf seiner Ranch den im Museum ausgestellten Exemplaren erstaunlich ähnlich sähen. Brown errichtete sofort ein Lager am Red Deer River. Er arbeitete in diesem Gebiet von 1910 bis 1915 und förderte eine einzigartige Vielfalt vollständiger Skelette zu Tage. Die Gesteinsschichten im Dinosaurier-Park konnten einer Vielzahl unterschiedlicher Lebensräume zugeordnet werden – Küstenzonen, Uferbereichen, Lagunen, Sümpfen, Flussmündungen und Schwemmlandebenen. Und die Fossilien innerhalb dieser Formation spiegeln die Mannigfaltigkeit des Lebens in der Kreidezeit wider. 300 zusammengefügte große Skelette von 36 Dinosaurier-Arten und weitere 84 Arten von anderen Wirbeltieren wie Fischen, Amphibien (Salamander und Frösche), Reptilien (Schildkröten, Krokodile und Pterosaurier), Vögeln und Säugetieren konnten geborgen werden – eine unerwartet große Zahl. Einzelne Exemplare sind weltweit wechselweise in Ausstellungen zu besichtigen.

EIN RIESE WIRD FREIGELEGT
Der seltene Fund eines vollständigen Tyrannosauridae-Schädels und einiger Knochen wird von einem Paläontologen-Team sorgfältig freigelegt.

DINOSAURIER

Das große Wasserreservoir dieser Gegend brachte in der Kreidezeit eine üppige Vegetation hervor, die besonders für Pflanzen fressende Hadrosaurier wie *Corythosaurus* und *Lambeosaurus* mit ihren charakteristischen Kopfkämmen geeignet war. Es gibt dünne Schichten zerkauter Pflanzenreste im Gestein, die vermutlich als Kot von Hadrosauriern zurückgelassen wurden. Die meisten Hadrosaurier und andere Ornitopoden (Vogelfuß-Dinosaurier) wogen mehr als eine Tonne, aber die Fauna umfasste

LEBEN IN DER KREIDEZEIT
Die Umgebung von Alberta in der Oberkreide bot vielen verschiedenen Dinosauriern sowie anderen Tieren und Pflanzen gute Lebensbedingungen. Pflanzenfresser aus der Gruppe der Ceratopier (*Styracosaurus*), Hadrosaurier (*Parasaurolophus, Maiasaura, Corythosaurus*) und Ankylosaurier (*Euoplocephalus*) standen am Beginn der Nahrungskette. Sie hatten verschiedene Verteidigungsstrategien entwickelt, zum Beispiel einen gepanzerten Körper, Hörner und Keulen, die sie als Waffe einsetzen konnten und das Leben in Herden. Zu den Fleischfressern zählten die mächtigen Tyrannosauridae (*Daspletosaurus*) und die Troodontidae, die schnelle Treibjäger waren.

auch einige kleinere Dinosaurier wie Ankylosaurier (Gepanzerte Dinosaurier), Pachycephalosaurier (Dickkopfechsen) und Hypsilophodontidae. Die letzteren waren verhältnismäßig klein, etwa zehn bis einhundert Kilogramm schwer, so dass sie wahrscheinlich eine hohe Stoffwechselrate hatten und besonders energiereiche Pflanzennahrung benötigten. Die kleinen Säugetiere dieser Zeit haben sich wahrscheinlich ebenfalls von energiereichen Früchten und Samen ernährt.

GIGANTISCHE FLEISCHFRESSER

Unter den Fleisch fressenden Bewohnern von Red Deer der Kreidezeit waren *Troodon formosus*, ein vogelähnlicher Dinosaurier der Theropoden, *Saurornitholestes langstoni*, ein Dromaeosaurier und *Gorgosaurus libratus*, ein Vertreter der Tyrannosauridae, am zahlreichsten vertreten. Die Tyrannosauridae, »tyrannische Echsen«, waren die größten Theropoden, wurden bis zu 14 Meter lang und über fünfeinhalb Meter hoch. Die gewaltigen Köpfe dieser Furcht erregenden Lebewesen saßen auf kurzen, muskulösen Hälsen. Das Gleichgewicht auf ihren langen, kräftigen Beinen hielten sie mit starren Schwänzen. Den Nutzen der dünnen Arme mit den kurzen zweifingrigen Händen hat man noch nicht enträtseln können. Sie reichten nicht einmal bis zum Mund.

Man hielt Tyrannosauridae zunächst für schnelle Läufer, aber heute weiß man, dass sie doch nicht so schnell waren. Der britische Biologe Robin McNeil Anderson errechnete aus dem Körpergewicht, der Beinlänge und der Körperhaltung, dass *Tyrannosaurus rex* eine maximale Geschwindigkeit von 30 Kilometern pro Stunde erreichen konnte. Der Amerikaner Jim Farlow wies darauf hin, dass Tieren dieser Größenordnung bei einem Sturz der Schädel zerschmettert worden wäre. Eine hohe Geschwindigkeit bei einem Sturz hätte für die Tyrannosauridae ein viel zu hohes Risiko bedeutet.

GEPANZERTE DINOSAURIER
Euoplocephalus war einer der größten Ankylosaurier. Sein Schädel wurde durch knöcherne Platten geschützt und sogar seine Augenlider waren gepanzert. Knöcherne Stacheln und Platten schützten Hinterkopf, Nacken und Schultern.

AASFRESSER

Obwohl Tyrannosaurus rex *oft das Image eines blutrünstigen Jägers zugeschrieben wird, war er wahrscheinlich ein Aasfresser, der sich von Kadaver ernährt hat. Eine solche Lebensweise erfordert nur geringe Schnelligkeit und kann kaum zu gefährlichen Verletzungen führen. Diese Theorie konnte aber noch nicht bestätigt werden.*

Die Bestie von Maastricht

Kalkablagerungen aus winzigen, kalkhaltigen Schalen planktonischer Mikroorganismen sind besonders charakteristisch für die Oberkreide, vor allem in Europa. Auf der Suche nach Feuerstein wurde dieses weiche Kalkgestein bereits vor Tausenden von Jahren von Menschen abgetragen. Heute wird es als Baustoff verwendet und zu Kalkstein verarbeitet. Bei der Abbautätigkeit wurden zahlreiche Aufsehen erregende Fossilienfunde gemacht, keiner jedoch war so eindrucksvoll wie die »Bestie von Maastricht«, die nach dem Fundort in Holland benannt wurde.

DIE ENTDECKUNG
Dieser Stich zeigt die Entdeckung der gigantischen Kieferknochen von *Mosasaurus hoffmani* in einer Kalkmine bei Maastricht im Jahre 1786. Der Fund war in ganz Europa eine wissenschaftliche Sensation.

DER SCHRECKEN DER KREIDE-MEERE

Mosasaurus hoffmani war eine der letzten und am weitesten entwickelten Meeresechsen aus der Gruppe der Mosasaurier, und auch die größte. Es handelte sich um Fleisch fressende Echsen, die das Festland verlassen hatten und ins Meer zurückgekehrt waren, um die ökologische Nische zu besetzen, die die Ichthyosaurier, frühe, räuberische, meeresbewohnende Reptilien, hinterlassen hatten. *Mosasaurus hoffmani* wurde über 15 Meter lang und hatte gewaltige Kiefer. Sein Schädel war kräftiger und starrer als der seiner Vorfahren. Die großen Augen hatten eine gute Sehkraft, obwohl die Tiefenschärfe wegen der geringen binokularen Sehfähigkeit gering gewesen sein muss. Auch der Geruchsinn des Tieres war vermutlich nicht besonders gut ausgeprägt.

Sein kräftiger und sehr wirksamer Kiefer war mit zahlreichen großen, gebogenen und gesägten, kegelförmigen Zähnen besetzt. Mit einem beweglichen Kiefergelenk konnte er beim Fressen großer Beutetiere kraftvoll zupacken. Keine andere Meeresechse hatte so gut entwickelte Schneidezähne, die Oberfläche jedes einzelnen Zahnes war scharfkantig und rau. Die enorme Größe des Tieres und das riesige Maul lassen darauf schließen, dass es kaum Meeresbewohner in dieser Zeit gab, die nicht zu seiner Beute zählten.

Mosasaurus hoffmani war zudem ein schneller Schwimmer. Die wellenförmige, seitwärts gerichtete Schwanzbewegung sorgte für den Antrieb, die paddelförmigen Gliedmaßen dienten vermutlich als Ruder, um den gewaltigen Körper durch das Wasser zu steuern.

»HECKANTRIEB«
Mosasaurus hoffmani war ein schnell schwimmender Jäger im Bereich der Wasseroberfläche. Die wellenförmige, seitliche Bewegung des riesigen Schwanzes setzte ungeheuere Kräfte frei.

BESTIMMUNGSPROBLEME

Die fossilen Mosasaurier-Funde beunruhigten die Menschen der vordarwinistischen Zeit, als noch kaum jemandem bewusst war, dass Tiere aussterben können. Die Bestimmung des Tieres bereitete deshalb auch einige Schwierigkeiten. Der holländische Naturforscher Pieter Camper war zu der Schlussfolgerung gelangt, es müsse sich um einen Wal handeln. Heftige Debatten folgten, besonders mit dem französischen Gelehrten Faujas de Saint-Fond, der das Tier für ein Krokodil hielt. Aber im Jahre 1800 stellte der Sohn von Camper, Adrian Camper, fest, dass es eine riesige Echse war. Er schloss sich mit dem französischen Paläontologen Georges Cuvier zusammen, der dem Fossil den Namen Mosasaurus gab, die »Echse aus dem Fluss Maas«.

WEITERE FUNDE
Obwohl sich die Bezeichnung »Bestie von Maastricht« auf ein einziges, 1786 entdecktes Exemplar mit einem mehr als einem Meter langen Kiefer bezog, werden ihm auch andere große Kieferknochenfunde aus der gleichen Gegend zugeordnet, die bereits früher entdeckt worden waren. Dazu gehören Mosasaurier-Kiefer bis zu einer Länge von 1,6 Metern.

KURZLEBIGER RÄUBER

Zahnabdrücke auf einer versteinerten Schale der Riesen-Schildkröte *Allopleuron hoffmani* und verheilte Kieferknochenbrüche bei zahlreichen Mosasaurier-Fossilien belegen, dass diese Tiere rücksichtslose Räuber waren. Man nimmt an, dass die männlichen Artgenossen untereinander erbitterte Kämpfe ausgefochten haben. Die Tatsache, dass einige von ihnen die Kieferbrüche überlebten, zeigt, dass sie sich davon sehr schnell erholen konnten, ähnlich wie die Krokodile heute.

Die Familie der Mosasaurier war überaus erfolgreich in allen Ozeanen der Oberkreide verbreitet, brachte einige Riesenformen hervor und entwickelte weltweit 20 verschiedene Gattungen mit etwa 70 Arten. Sie existierten jedoch nur in der vergleichsweise kurzen Zeitspanne von 25 Millionen Jahren und starben vor dem Ende der Kreidezeit, vor etwa 65 Millionen Jahren aus. Ihren Platz in den Weltmeeren nahmen während des Tertiärs die Meeressäugetiere ein.

KRIEGSBEUTE
Die bereits während der Versteinerung zerbrochenen Kiefer der »Bestie von Maastricht«, werden im Naturhistorischen Museum in Paris aufbewahrt. Dorthin wurden sie 1795 von Napoleons Truppen überführt.

Die Kreide-Tertiär-Grenze

Das Ende der Kreidezeit wird auf der ganzen Erde von dramatischen Veränderungen begleitet, deren Höhepunkt das Aussterben vieler Lebensformen auf dem Festland und im Meer war.

In Gesteinen, die jünger als 65 Millionen Jahre sind, gibt es keine fossilen Überreste von Dinosauriern mehr. Mit ihren entfernten Verwandten, den meeresbewohnenden Plesiosauriern, den Mosasauriern und den fliegenden Pterosaurien, starben die Dinosaurier am Ende der Kreidezeit aus, genauso wie die Leitfossilien des Mesozoikums, die Ammoniten. Säugetiere und Vögel wurden dagegen im Tertiär immer zahlreicher. Das Ausmaß dieser markanten Faunenveränderung wurde Wissenschaftlern erstmalig vor 100 Jahren bewusst. Die Übergangszeit dieser Perioden der Erdgeschichte vor 65 Millionen Jahren wird als Kreide-Tertiär-Grenze bezeichnet.

ANHALTSPUNKTE FÜR DAS AUSSTERBEN

Die Ursache für das Massenaussterben an der Kreide-Tertiär-Grenze beschäftigte die Forscher über viele Jahre. In den 1970-er Jahren fand ein amerikanischer Geologe, Walter Alvarez, deutliche Spuren des Elements Iridium in einer dünnen Tonschicht, die exakt die Grenze zwischen den Ablagerungen der Kreide und des Tertiärs kennzeichnet. Diese Schicht wurde in vielen Gegenden Europas und Nordamerikas nachgewiesen. Iridium, ein Edelmetall, stammt aus Meteoriten und deren Staub. Alvarez vermutete, dass viele Veränderungen

DIE GRENZSCHICHT
Die dünne Tonschicht in diesem Abschnitt aus der Colorado-Formation kennzeichnet die Kreide-Tertiär-Grenze. Der Ton ist mit Iridium aus dem atmosphärischen Niederschlag des Chicxulub-Meteoriten angereichert.

CHASMOSAURUS
Dieser Ceratopier von Red Deer River in Alberta hat am hinteren Teil des Schädels einen knöchernen, mit Hau überzogenen Fortsatz. Er wurde wahrscheinlich bei Revierkämpfen und bei der Verteidigung gegen Angreifer eingesetzt. *Chasmosaurus* verschwand gegen Ende der Kreidezeit.

ZEUGEN EINES TSUNAMI

Ablagerungen am Brazos River, Texas, enthalten eine ungewöhnlich harte, sandige Schicht, genau an der Kreide-Tertiär Grenze. Wissenschaftler halten es für möglich, dass die Sandschicht sich durch eine riesige Meereswelle (Tsunami) ablagerte, die durch den Aufprall des Meteoriten bei Chicxulub vor 65 Millionen Jahren ausgelöst wurde.

VERFORMTER QUARZ
Wenn man dieses Quarzkorn aus Montana bei polarisiertem Licht unter dem Mikroskop betrachtet, sieht man, dass die Gitterstruktur des Quarzes durch die Druckwelle verformt wurde. Mineralien dieser Art wurden direkt über der Kreide-Tertiär-Grenze gefunden. Sie wurden durch die Wucht verformt und neben geschmolzenen Glastropfen (Tektit), die nach Meteoriteneinschlägen entstehen, über ein weites Gebiet verstreut.

an der Kreide-Tertiär-Grenze durch den Aufprall eines großen Meteoriten – eines Asteroiden oder Kometen – herbeigeführt wurden.

Die Wucht eines solchen Zusammenstoßes hatte katastrophale klimatische Auswirkungen, Staub und Trümmer wurden in die Atmosphäre geschleudert, die Sonne für mehrere Jahre verdunkelt und die starke Abkühlung verursachte ein Massenaussterben . Der verschüttete Krater eines Meteoritenaufpralls, dem man derartige Auswirkungen zuschreiben könnte, wurde bei Chicxulub auf Yukatan in Mexiko ausgemacht. Er erstreckt sich meilenweit in den Golf von Mexiko.

ERHÖHTER VULKANISMUS

Ein Meteoriteneinschlag allein war jedoch nicht für das Aussterben an der Kreide-Tertiär-Grenze verantwortlich. Pflanzen waren davon kaum beeinflusst, die Dinosaurier verschwanden erst allmählich und viele ökologisch eigentlich empfindliche Tierarten, wie Amphibien und Schildkröten, überlebten mit wenigen Ausnahmen.

Die gewaltigen Vulkanausbrüche jener Zeit, die vom Ausströmen großer Kohlendioxidmengen begleitet waren, könnten vielmehr eine globale Erwärmung gefördert und das Aussterben von Pflanzen und Tieren, besonders auf dem Festland, begünstigt haben. Die hohe vulkanische Aktivität hatte somit bereits ein Massenaussterben in Gang gesetzt, bevor der Meteoriteneinschlag zur endgültigen Katastrophe führte.

DEKKAN-TRAPP
Eine tiefe Schlucht im vorderindischen Hochland von Dekkan hat sich in den mächtigen, treppenförmigen Plateaubasalt (Trapp) eingeschnitten. Durch einen »hot spot« im Erdmantel strömte in der Oberkreide, als Indien sich von Madagaskar loslöste, basaltische Lava aus. Frei werdende Kohlendioxiddämpfe an Stellen wie diesen könnten eine Ursache für die klimatischen Veränderungen und das Massenaussterben am Ende der Kreidezeit gewesen sein.

Die letzten Dinosaurier

Das Ende der Kreidezeit war ein entscheidender Abschnitt der Erdgeschichte, es war der Zeitpunkt, an dem die Dinosaurier und eine Reihe von anderen Lebewesen für immer verschwanden. Verschiedene Theorien wurden entwickelt, um das Aussterben der Dinosaurier zu erklären; von Krankheiten bis zu einem gewaltigen Meteoriteneinschlag vor 65 Millionen Jahren. Es wurden jedoch keine großen fossilen »Friedhöfe« mit Knochenanhäufungen an der Kreide-Tertiär-Grenze gefunden. Wenn man die Fossilienfunde aus dieser Zeit genau überprüft, findet man keine Hinweise auf einen deutlichen Einschnitt und eine einzelne Katastrophe, die man für das Massenaussterben verantwortlich machen könnte.

DINOSAURIER VERSCHWINDEN

Mehrere große Dinosaurier-Gruppen wie die riesigen, Pflanzen fressenden Saurapoda, Ankylosaurier und Hypsilophodonten, wurden bereits vor Ende der Kreidezeit seltener. Das wird beim Vergleich zweier Gebiete in Westamerika, die 75 Millionen Jahre alten Judith-River-Ablagerungen aus Südalberta und die 65 Millionen Jahre alten Sedimente von Hell Creek im Nordosten Montanas, deutlich. In den älteren Sedimenten von Judith River finden sich 32 verschiedene Dinosaurier-Gattungen, in den Ablagerungen von Hell Creek aus dem Ende der Oberkreide nur 19. Die Abnahme der Artenvielfalt deutet an, dass die Dinosaurier schon vor dem Einschlag des Meteoriten im Rückgang begriffen waren.

Zu den letzten Dinosauriern, die in Nordamerika gefunden wurden, gehörten große Pflanzenfresser wie die nashornähnlichen Ceratopsia.

ZEITANGABE

Obwohl das Zeitalter der Dinosaurier scheinbar plötzlich zu Ende ging, kann dieser Vorgang bis zu 10 000 Jahre gedauert haben. Leider ist es bei Gesteinsuntersuchungen nicht möglich, den Zeitpunkt genauer zu definieren. Auch wenn es heute den Anschein hat, dass ein Meteoriteneinschlag die Hauptursache für das Aussterben war, gilt es als gesichert, dass auch andere Faktoren daran beteiligt waren.

PFLANZENFRESSER MIT HORN
Triceratops, dessen Name soviel wie »Dreihorniges Gesicht« bedeutet, zog in Herden durch den Westen Nordamerikas. Die Hörner und der große Halskragen wurden bei Kämpfen um die Vorherrschaft zweier rivalisierender Männchen eingesetzt.

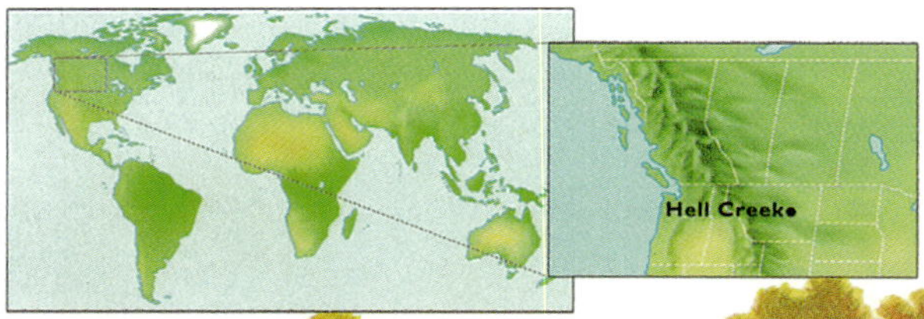

DAS LEBEN IN DER OBERKREIDE
Gegen Ende der Kreidezeit herrschte in Nordamerika eine große Artenvielfalt in den üppigen Flusslandschaften und Sümpfen. Der Hornträger *Triceratops*, der gepanzerte *Ankylosaurus* und Hadrosaurier wie *Edmontosaurus*, *Lambeosaurus* und *Parasaurolophus* waren Pflanzenfresser. Der riesige Pterosaurier *Quetzalcoatlus* hatte eine Spannweite von zwölf Metern. Im Gegensatz zu vielen Säugetieren einschließlich des primitiven Beuteltieres *Palaeoryctes*, überlebte keine dieser Arten den Übergang zum Tertiär.

Triceratops (neun Meter lang und bis zu neun Tonnen schwer) und *Torosaurus* (siebeneinhalb Meter lang) waren am Ende der Kreidezeit die einzigen Ceratopsia. Im Vergleich zu den sieben Gattungen der früheren Judith-River-Formation, gab es in Hell Creek nur zwei Entenschnabel-Dinosaurier (Hadrosauridae), große zwei- oder vierbeinige Pflanzenfresser mit riesigen, flachen Köpfen, *Anototitan* und *Edmontosaurus*.

Der letzte der kleineren Pflanzen fressenden Dinosaurier war *Ankylosaurus*. Er war mit schweren Platten und knöchernen Dornen auf dem Rücken gepanzert, die in die ledrige Haut eingebettet waren; am Schwanzende befand sich eine große, knöcherne Keule. Sein Begleiter war *Stegoceras* (Pachycephalosauridae), eine Dickkopfechse mit einem durch Hornplatten verdickten Schädel von etwa zwei Metern Länge.

Beide gehörten zur Gruppe der Vogelbecken-Dinosaurier (Ornitischia). Die andere Hauptgruppe, die der Echsenbecken-Dinosaurier (Saurischia) umfasste die riesigen Pflanzen fressenden Sauropoden und die räuberischen Theropoden. Die Sauropoden verschwanden in der Oberkreide großflächig in Nordamerika, in anderen Gebieten aber gab es Überlebende – zum Beispiel *Nemegtosaurus* in der Mongolei. Die Theropoden aber erlebten jetzt ihre Blütezeit, besonders die Tyrannosauridae. Einer der größten, *Tyrannosaurus rex*, wog bis zu acht Tonnen (Elefanten wiegen bis zu fünf Tonnen). *Albertosaurus* war über zwei Tonnen und der kleinere *Aublysodon* etwa 200 Kilogramm schwer, so wie heute ein ausgewachsener Löwe.

Bei einigen Theropoden-Familien war in den letzten fünf Millionen Jahren der Kreidezeit ein Artenrückgang zu verzeichnen, besonders bei den flinken, straußenähnlichen Ornithomimidae, die einschließlich ihres Schwanzes vier Meter lang wurden. Nur eine Gattung überlebte bis zum Ende der Kreidezeit. Andere kleine Theropoden, wie der schnell laufende, räuberische *Dromeosaurus* und *Velociraptor* (beide Dromeosauridae) verschwanden am Ende dieser Periode.

Darüber hinaus wurden in der Oberkreide Flugreptilien und Meeresechsen rasch dezimiert. Die Ichthyo- und Plesiosaurier starben lange vor der Kreide-Tertiär-Grenze aus. Der Wandel war bereits in vollem Gange, als der Meteorit vor 65 Millionen Jahren aufprallte.

HELL CREEK
Als die letzten Dinosaurier vor 65 Millionen Jahren in der Gegend des heutigen Hell Creek, Montana umherstreiften, war dies noch eine Küstenebene im Osten der Rocky Mountains.

METEORITENEINSCHLAG

Am Ende der Kreidezeit vor 65 Millionen Jahren prallte ein massiver Körper auf die Erde mit verheerenden Auswirkungen für das Leben auf unserem Planeten. Es war nicht der erste und auch nicht der letzte Aufprall eines Himmelskörpers. In den letzten 500 Millionen Jahren erlebte die Erde rund 500 größere Einschläge. Doch der Meteorit, der nahe des heutigen Dorfes Chicxulub an der Küste der Yucatán-Halbinsel von Mexiko niederging, markierte einen Wendepunkt in der Geschichte des Lebens. Vor diesem Einschlag beherrschten Dinosaurier und verwandte Reptilien die Lebensräume an Land, im Wasser und in der Luft. Nachdem sie ausgestorben waren, nahmen ihren Platz die Säugetiere und Vögel ein.

DIE STUNDE NULL VON CHICXULUB
Der Meteorit mit einem Durchmesser von etwa zehn Kilometern hinterließ ein 100 Kilometer breites und zwölf Kilometer tiefes Loch und löschte in einem Umkreis von vielen tausend Quadratkilometern jegliches Leben auf einen Schlag aus. Rund 50 000 Kubikkilometer pulverisierten Kalksteins wurden als Staub, als glühende Gesteinsgeschosse und als Mikrolithe in die Atmosphäre geschleudert. Gesteinspartikel von Chicxulub wurden noch in tausenden von Kilometern Entfernung in Sedimenten der Kreide-Tertiär-Grenze gefunden. Durch

DER JÜNGSTE TAG
Schätzungen zufolge hatte der Meteoriteneinschlag von Chicxulub eine Sprengkraft von 100 Millionen Wasserstoffbomben. Das durch den Einschlag gelöste Gestein wurde in Form einer pilzförmigen Wolke hoch in die Atmosphäre geschleudert.

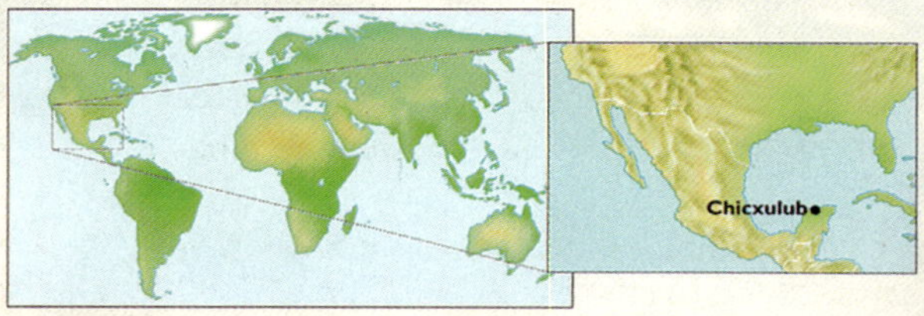

DER EINSCHLAG VON CHICXULUB
Die Suche nach der Stelle des Meteoriteneinschlags der Kreide-Tertiär-Grenze dauerte viele Jahre. Letztendlich konnte die Einschlagsstelle von Chicxulub durch die Verteilung von metamorphisierten (physikalisch veränderten) Quarzkörnern und Ablagerungen von Tsunamis (Flutwellen) rund um die Karibik bestätigt werden.

DER WEG ZUR ZERSTÖRUNG
Nach geologischen Analysen traf der Meteorit, der sich mit etwa 30 Kilometern pro Sekunde der Erde näherte, im flachen Winkel von Südosten kommend auf die Erde (rechts). Zur Zeit der Oberkreide war Südamerika von Nordamerika getrennt.

den Einschlag wurden mehrere hundertmillionen Tonnen Schwefel in die Atmosphäre geschleudert. Mit Wassertropfen vermischt bildete er riesige Mengen an saurem Regen (verdünnte Schwefelsäure).

Ein Szenario geht davon aus, dass zehn Minuten nach dem Aufprall eine sengende Hitzewelle der Explosion über Amerika hinwegtrieb. Diese hätte in Sekundenschnelle alle Wälder verbrannt und den Himmel mit Rauch und Ruß verdunkelt – Holzkohlepartikel trieben um die ganze Welt und sind als Rußbeläge in Gesteinsschichten erhalten. Die Kombination aus Gesteinsstaub und Rauch verdunkelte den Himmel und führte zu einem Temperaturrückgang. Zehn Stunden nach dem Einschlag überrollten gewaltige Flutwellen, Tsunamis genannt, die Ostküste Amerikas und vernichteten alles Leben, das den Einschlag selbst noch überlebt hatte.

Erdbeben

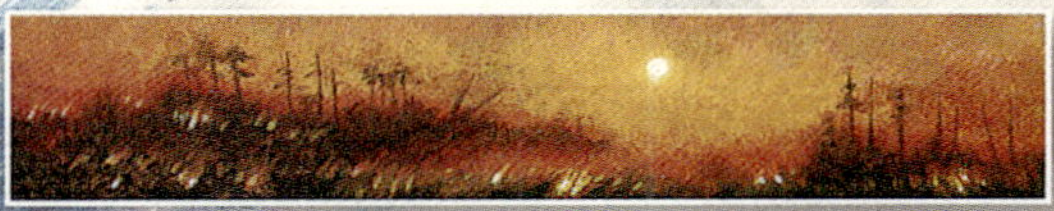
Feuersbrünste

Weltweite Dunkelheit

KURZ- UND LANGFRISTIGE AUSWIRKUNGEN
Der Meteoriteneinschlag hatte Berechnungen zufolge zu Erdbeben der Stärke 10 auf der Richterskala geführt und zu gewaltigen Tsunamis. Zu den weiteren kurzfristigen Auswirkungen (mehrere Tage bis Wochen) gehörten wahrscheinlich Feuersbrünste, die Ruß in die Atmosphäre abgaben. Zu den langfristigen Auswirkungen zählten weltweite Verdunklung und saurer Regen.

QUERSCHNITT DES KRATERS
Der Einschlag warf einen acht Kilometer hohen Gebirgswall um den Krater auf. Der ungefestigte Wall fiel schon bald in sich zusammen und stürzte in den Krater, was zu Erdbeben und weiteren, konzentrisch angeordneten Höhenzügen im Umkreis von 150 Kilometern führte.

WELLE DER AUSLÖSCHUNG

Manche Forscher gehen davon aus, dass schon eine Woche nach dem Einschlag die am wenigsten widerstandsfähigen Tiere ausgelöscht waren. Dazu gehörten die letzten großen Sauropoden und Raubtiere – Arten, die bereits nur noch wenige Exemplare umfassten und schon länger vom Aussterben bedroht waren. Durch den sauren Regen und die Verdunklung gingen auch viele Pflanzen ein. Die letzten Dinosaurier starben jedoch erst rund 100 000 Jahre nach der Katastrophe aus, und die letzten Ammoniten (Schalentiere, die im Mesozoikum die Meere in großem Stil bevölkerten) überlebten noch weitere 200 000 Jahre. Die Umwelt benötigte etwa zweieinhalb Millionen Jahre, bis sich Klima, Meeresströmungen und das Verhältnis zwischen Tieren und Pflanzen wieder normalisiert hatten.

DIE SUCHE NACH DEM KRATER

Der Krater von Chicxulub wurde erstmals in den 1970-er Jahren entdeckt, geriet danach aber wieder in Vergessenheit, da er unter einer starken Sedimentschicht liegt. Untersuchungen in den 1990-er Jahren brachten die Erkenntnis, dass der Entstehungszeitpunkt mit der Kreide-Tertiär-Grenze recht genau zusammenfällt. Die Darstellung des Kraters (rechts) wurde mit dem Computer erzeugt. Der blaue Bereich stellt eine Schneise dar, die der Meteorit im Anflug hinterließ.

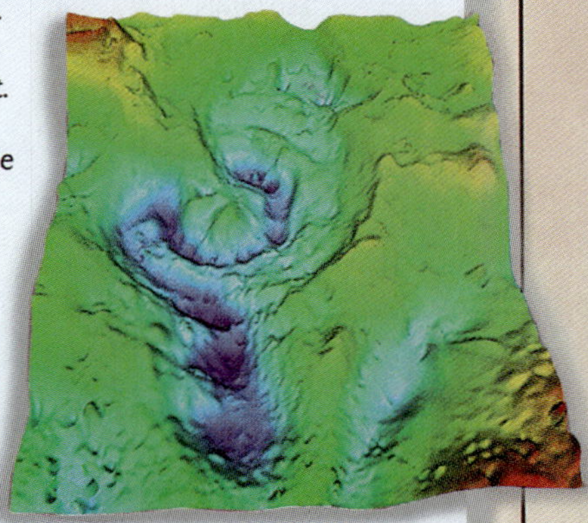

Gewinner und Verlierer

Stunden nach dem Meteoriteneinschlag bei Chicxulub war der Himmel über der näheren Umgebung voller Staub. Als sich Waldbrände ausbreiteten, war die Luft zudem raucherfüllt und alles mit Ruß bedeckt. Innerhalb weniger Wochen verdunkelte sich der Himmel weltweit, die Sonnenstrahlen kamen nicht mehr zur Erde durch, und Land- und Wasserpflanzen konnten keine Fotosynthese mehr betreiben.

Pflanzen bilden die Grundlage für alles Leben auf der Erde. Sie sind Nahrungsquelle der Pflanzenfresser und diese wiederum Nahrung für die Fleischfresser. Jede große Störung der chemischen und physikalischen Umweltbedingungen, wie eine drastische Herabsetzung von Licht oder Temperatur innerhalb der Ozeane oder in der Atmosphäre, beeinträchtigt das pflanzliche Leben. Die Auswirkungen setzen sich dann im Schneeballeffekt durch das ganze Ökosystem fort.

Nach dem Meteoriteneinschlag starb wahrscheinlich zuerst das pflanzliche Plankton der Meere ab, was das Ökosystem endgültig aus dem Gleichgewicht brachte. Es war bereits vor dem Aufprall gestört, denn es lässt sich nachweisen, dass die Zahl der Mikroorganismen schon vor der Katastrophe abgenommen hatte, vermutlich als Folge von großen Veränderungen im Kreislauf der Meere. Man nimmt an, dass der Einschlag nicht nur eine Verdunklung bewirkte, sondern auch ausgedehnte Brände und sauren Regen nach sich zog, was sich für die Landpflanzen ebenfalls nachteilig auswirkte.

Untersuchungen in Hell Creek, Montana, zeigen, dass 75 Prozent der Pflanzenarten

DIE AMMONITEN-ÄRA GEHT ZU ENDE
Am Ende der Kreidezeit starben wesentlich mehr Tiere im Meer, als auf dem Land. Zu den ausgestorbenen Meerestieren zählen auch die Ammoniten, die 300 Millionen Jahre lang existiert hatten.

AUSGESTORBENER PFLANZENFRESSER
Der Pflanzen fressende Dinosaurier *Triceratops* kam in der Kreide häufig vor. Am Ende dieser Periode waren sie immer noch reich vertreten und erfolgreich. Aber dann verschwanden sie ebenso, wie alle Dinosaurier.

DIE ZEIT DER FARNE

Fossile Funde belegen, dass die Landschaften Nordamerikas in der Oberkreide von breitblättrigen, immergrünen Stauden und verschiedenen Koniferen eingenommen wurden. Im Tertiär lässt sich eine starke Zunahme fossiler Farnsamen unmittelbar nach der Kreide-Tertiär-Grenze im Gestein nachweisen. Schon damals waren Farne wie die heutigen Stenochlana sehr widerstandsfähig und sind durch die Katastrophe kaum beeinträchtigt worden. Die übrigen Pflanzen tauchen erst allmählich in den Gesteinsformationen wieder auf. Auch heute gehören Farnpflanzen nach Vulkanausbrüchen zu den bestandsbildenden Pionierpflanzen, bis andere Pflanzen nachwachsen. Die Vorherrschaft von Farnen nach den Ereignissen vor 65 Millionen Jahren lässt das Ausmaß der Zerstörung ahnen, der die übrigen Pflanzen am Ende der Kreidezeit ausgesetzt waren.

wie *Mosasaurus* und *Plesiosaurus,* starben ebenfalls aus. Noch immer ist unklar, warum die Dinosaurier verschwanden, während zahlreiche andere Wirbeltiere – Knochenfische (12 Prozent starben aus), Frösche (0 Prozent), Salamander (0 Prozent), Eidechsen (6 Prozent) und Plazentatiere (14 Prozent) – fast unbeeinträchtigt blieben.

Zu der großen Gruppe der Reptilien gehörten neben den Dinosauriern vor dem Massenaussterben weitere 45 Familien: Schildkröten, Krokodile, Eidechsen und Schlangen. Schildkröten und Krokodile wurden stark dezimiert, die überlebenden Arten haben sich schnell den neuen Umweltbedingungen anpassen können. Noch heute gibt es mehr Reptilien- als Säugetierarten auf der Erde.

Der Rückgang der Reptilien wirkte sich auf die schnelle Verbreitung der Säuger günstig aus, obwohl auch sie von dem Massenaussterben betroffen waren. Etwa 20 Prozent aller frühen Säugetierfamilien der Kreidezeit verschwanden. Verschiedene Spezies der Beuteltiere waren ebenfalls betroffen.

Ungefähr 75 Prozent aller Tierarten starben an der Kreide-Tertiär-Grenze aus. Viele von ihnen waren seltene Arten und ohnehin vom Aussterben bedroht, aber das erklärt nicht, warum manche Arten ausstarben und andere überleben konnten. Vielleicht war das Überleben ja tatsächlich nur vom Zufall abhängig, wie manche Wissenschaftler glauben.

in Nordamerika ausstarben. Die Analysen zeigen deutlich, dass die damals neu entwickelten Bedecktsamer (Angiospermen) neben einigen häufigen Gewächsen des Mesozoikums wie Ginkgo und Palmfarn am schlimmsten betroffen waren. Am schnellsten erholten sich die Farne und längerfristig wuchsen auch wieder Koniferen. Merkwürdigerweise waren die Pflanzen auf der Südhalbkugel kaum von dem Massenaussterben betroffen, was zu der Annahme verleitet, dass der Einschlag nicht so verheerend war, wie manche Wissenschaftler glauben.

Als sich die Vegetation weltweit von den katastrophalen Folgen allmählich regenerierte, waren die Blütenpflanzen im Vorteil und konnten die frei gewordenen ökologischen Nischen am besten nutzen. Schließlich breiteten sie sich über die ganze Erde aus und entwickelten eine enorme Vielfalt an Arten und Formen – von kleinen krautigen Pflanzen und Gräsern bis zu großen Bäumen.

DAS ENDE DER DINOSAURIER

Im Gegensatz zu den Pflanzen erholten sich zahlreiche Tiergruppen nicht von der Katastrophe – zu den bekanntesten gehören die Dinosaurier und die fliegenden Pterosaurier. Die riesigen Meeresechsen,

ÜBERLEBENDER MIT RÜCKENPANZER
Land- und Meeresschildkröten gehören der gleichen Reptilienordnung an, den Testudines. Mit der Zeit haben sie sich zu Pflanzen- und Fleischfressern entwickelt und sich auf dem Festland und im Wasser sehr erfolgreich behauptet. Ein Relikt früherer Zeiten ist ihr Rückenpanzer, der ihnen vielleicht half, das Massenaussterben zu überleben.

Das frühe Tertiär

Umfangreiche Bewegungen der Erdkruste prägen diese Zeit, in der sich auch die heutigen Tiere – von Säugetieren bis zu Singvögeln – auf der Erde behaupten.

Die ältesten tertiären Schichten sind etwa 65 Millionen Jahre alt, die jüngsten sind fast noch gegenwärtig. Die ersten 30 Millionen Jahre dieser Periode werden in zwei Stufen untergliedert – das Paläozän (vor 65 – 55 Millionen Jahren) und das Eozän (vor 55 – 34 Millionen Jahren).

Im frühen Tertiär erhoben sich riesige Faltengebirge und das globale Puzzlespiel der Ozeane und Kontinente setzte sich fort. Afrika und Indien bewegten sich unaufhaltsam nordwärts, wobei sich das Urmittelmeer (Tethys) weiter schloss. Als diese Bruchstücke Gondwanas auf die Südseite Eurasiens stießen, faltete sich das Sedimentgestein unter großem Druck zu hohen Gebirgen entlang einer Linie von den Alpen bis zum Himalaya auf. Beim Zusammenstoß von Iberia (Spanien und Portugal) und Frankreich, entstanden die Pyrenäen.

OZEANISCHE RÜCKEN

Die nördliche Aufweitung des Atlantischen Ozeans setzte sich im frühen Tertiär fort. Die Kontinentalkruste unter dem Meer wölbte sich durch einen tiefen »hot spot« im Erdmantel hoch. Unter starkem Druck brach die Kruste an diesen Stellen auf und Lavamassen strömten aus den Spalten. Eine Reihe riesiger Vulkane erstreckte sich von Dingle im Südwesten Irlands bis Skaergaard im Osten Grönlands. Island entstand und Grönland spaltete sich von Skandinavien ab.

Der Meeresspiegel sank, von einzelnen Schwankungen abgesehen kontinuierlich. Das Klima wurde im frühen Tertiär zunehmend feucht.

DER DAMM DES RIESEN
Basaltische Lava im Norden Irlands strömte aus Gräben und Vulkanen am Meeresboden, als die Erdkruste sich durch die Öffnung des Nordatlantiks im frühen Tertiär spaltete.

PRISCACARA
Dieser weit verbreitete Knochenfisch ist eine von zwei Arten in den Süßwasser-Ablagerungen der Green-River-Formation in Wyoming aus dem Eozän. Er ist mit dem heute lebenden Flussbarsch verwandt und wurde bis zu 38 Zentimeter lang. Die stacheligen Nadeln auf seinem Rücken schützten ihn davor, von größeren Fischen im Ganzen verschluckt zu werden.

DIE SÄUGETIERE ENTWICKELN SICH WEITER

Im frühen Tertiär erfolgte eine außergewöhnlich rasche Zunahme der Säugetierarten. Im ganzen, etwa 63 Millionen Jahre dauernden Tertiär entwickelten sich fast 4000 neue Säugetiere. Ein großer Teil dieser Arten entstand in den ersten 10 Millionen Jahren, dem Paläozän, das mindestens 15 neue Familien, also Gruppen nah verwandter Organismen, hervorbrachte. Die Weiterentwicklung der Säugetiere, von denen viele Pflanzenfresser waren, wurde zum Teil durch das Erscheinen von Blütenpflanzen in dieser Zeit gefördert. Intelligenz und Anpassungsfähigkeit verhalfen den Säugetieren in einer Zeit ständiger Umweltveränderungen zu rascher Verbreitung.

TRIONYX
Bei der bis zu 60 Zentimeter lange Schildkröte handelt es sich um die bekannteste Süßwasserart im Eozän. Der Rückenpanzer war mit einer dicken Haut überzogen. Das Tier überstand trockene Perioden, indem es sich im Schlamm eingrub. Dieser Fund stammt aus Deutschland.

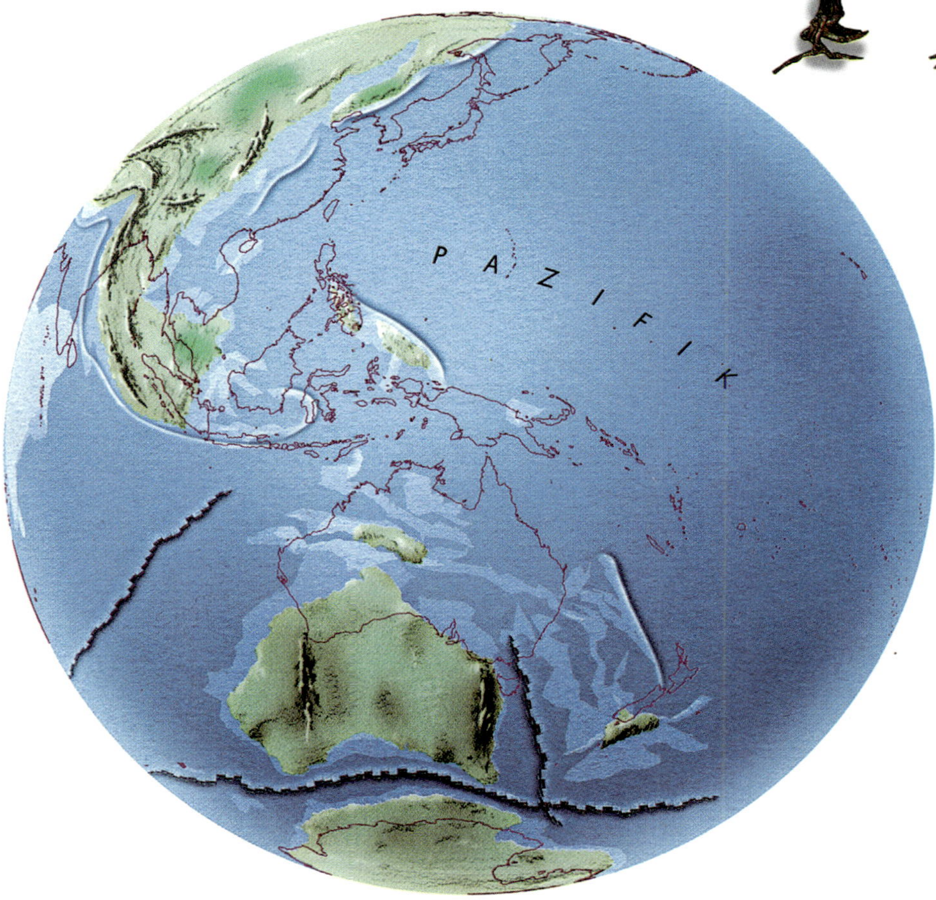

KÄNGURU-RATTE
Dieses ausgestorbene Säugetier aus der Grube Messel in Deutschland war 75 Zentimeter lang. Auf langen Hinterbeinen und mit kurzen Armen hielt es das Gleichgewicht mit Hilfe eines langen Schwanzes und sah aus, als hätte es sich springend fortbewegt. Aber die Anatomie der Fußknöchel zeigt, dass es rennend Jagd auf kleine Beutetiere machte.

Tropisches und subtropisches Klima herrschte bis in höhere Breiten. Gegen Ende des Eozäns wurde das globale Klima wieder trockener und allgemein kühler, was sich stark auf die allgemeine Entwicklung des Lebens im Meer und an Land auswirkte.

MODERNES LEBEN ENTSTEHT

Flora und Fauna veränderten und entwickelten sich ungewöhnlich stark, nachdem sie sich von der Katastrophe am Ende des Tertiärs erholt hatten. Neue Ökosysteme bildeten sich im Meer und die Organismen wurden heutigen Arten immer ähnlicher. Knochenfische (Teleostei) und Haie beherrschten die Meere, bekamen aber bald Gesellschaft von ersten Meeressäugetieren, zum Beispiel den Walen.

Auf dem Land vollzog sich die Entstehung neuen Lebens in geradezu exponentiellem Wachstum. Viele Reptilien, wie Schlangen und Eidechsen überlebten die Kreidezeit, versäumten es aber, die frei gewordene ökologische Nische der ausgestorbenen Dinosaurier zu besetzen. Stattdessen beherrschten bald Vögel, Säugetiere, Insekten und Blütenpflanzen das Festland.

Pflanzen und Tiere aus Messel

Eine der weltweit berühmtesten Fossilien-Fundstätten des mittleren Eozän ist ein Steinbruch in Messel nordöstlich von Darmstadt. Vor etwa 50 Millionen Jahren war der Ort ein Urwaldsee, der die Überreste von Pflanzen, Wirbeltieren und Wirbellosen beherbergt. Zusammen stellen die Fossilien ein beinahe vollständiges Ökosystem dar.

RIESENSCHLANGEN
Frühtertiäre Pythons und Boas waren Riesenschlangen, die ihre Opfer erwürgten.
Palaeopython wurde zwei Meter lang und ernährte sich von kleinen Reptilien, Vögeln und Säugern. Giftschlangen gab es bis zum Miozän nicht.

MANNIGFALTIGE SÄUGETIERE

Obwohl die Säugetiere nur einen kleinen Teil (zwei oder drei Prozent) der Wirbeltierfauna von Messel repräsentieren, wurden 35 verschiedene Arten aus 13 verschiedenen Ordnungen nachgewiesen. Vertreter dieser Ordnungen existieren noch heute. Zwar hatten die Säuger von Messel andere Körpergrößen als ihre heutigen Nachfahren, dennoch würden sie uns bekannt vorkommen. Beutelratten wurden bis zu 25 Zentimeter lang, Fledermäuse und Nagetiere, wie der ein Meter lange *Ailuravus*, konnten sich erfolgreich behaupten. Auch wurden lemurenähnliche Primaten, wie der 50 Zentimeter lange *Europolemur*, entdeckt, die auf Bäume kletterten. Die Primaten hatten anstelle von Klauen Fingernägel und einen Daumen, mit dem sie greifen und, in späteren Zeiten, Werkzeuge benutzen konnten. Lemuren, Affen, Menschen und Menschenaffen gehören zu den Primaten (Herrentiere).

Die Vorfahren der Pferde waren damals etwa hundegroß und es gab kleine, hasengroße, wiederkäuende Vorläufer von Rind und Hirsch. Auch ein Ameisenbär war vertreten, sowie einige ausgestorbene frühe Säugetiergruppe, zu denen das katzengroße, Fleisch fressende Huftier *Paroodectes* gehörte.

DIE WASSERWELT VON MESSEL

65 ausnahmslos neue Pflanzenarten bildeten die Basis des Ökosystems. Tropische Zitrusbäume (*Toddalia*), Palmen (*Phoenicites*), Wein (*Vitis*) und Lorbeer (*Laurophyllum*) gediehen neben Eichen, Birken und seltenen Koniferen, die heute eher für gemäßigte Breiten charakteristisch sind. Süßwasserteiche und -seen waren mit Seerosen besetzt und wurden von Schnecken und Insekten wie Wasserflöhen und Wasserläufern besiedelt.

Die Insekten wurden von Fröschen, Kröten und Salamandern (*Chelotriton*) gejagt. Räuberi-

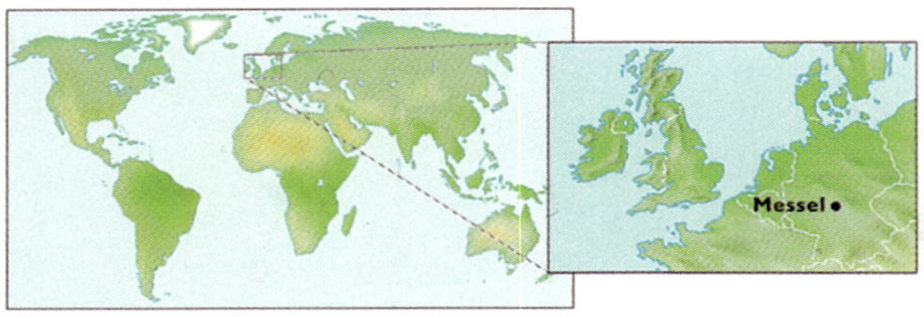

ÖKOSYSTEM MESSEL
Die tertiäre Flora von Messel ist typisch für ein gemischt tropisches und gemäßigtes Klima: baumhohe Palmen *(Phoenicites)*, Koniferen *(Taxodium)* und grasartige Seggen *(Carex)*. Sie wurden von dem Urpferd *Propalaeotherium* abgegrast. Die Vegetation und die feuchten Bedingungen förderten ein reiches Insektenleben und damit auch viele Insektenfresser wie Ameisenbären *(Eurotamandua)*, primitive Igel *(Pholidocercus)*, Schuppentiere *(Eomanis)* und Fledermäuse *(Archaeonycteris)*. Zu den Fleisch fressenden Räubern zählten Riesenschlangen *(Palaeopython)* sowie *Asiatosuchus*, ein großes Krokodil.

sche Fischschwärme und Fleisch fressende Krokodile von bis zu drei Meter Länge durchstreiften den See.

SCHLANGEN UND ECHSEN

Aus der Gruppe der Reptilien wurden in Messel Schlangen und einige größere Echsen gefunden. *Xestops*, eine gepanzerte Echse, ernährte sich von Schnecken. Es gab auch einen auf Bäume kletternden, räuberischen Waran, einen Leguan und eine schlangenähnliche Echse ohne Gliedmaßen. Sie alle wurden zwischen 20 und 50 Zentimeter lang.

Die ersten Schlangen wurden bereits in Schichten der Oberkreide nachgewiesen und trotz ihrer noch ungeklärten Abstammung eindeutig den Riesenschlangen und Rollschlangen zugeordnet. Eine Boa, über zwei Meter lang, fraß kleine Tiere; ein Exemplar wurde im Magen eines kleinen Alligators gefunden.

Die Vögel sahen ihren heutigen Nachfahren ebenfalls schon sehr ähnlich. In Messel waren der flugunfähige *Aenigmavis*, aber auch Falken, Eulen, Ibisse, Kraniche, Flamingos, Hühner und ein straußähnlicher Vogel, *Palaeotis* vertreten. Das Vorkommen umfasst heutige europäische, nordamerikanische, südamerikanische und südasiatische Formen.

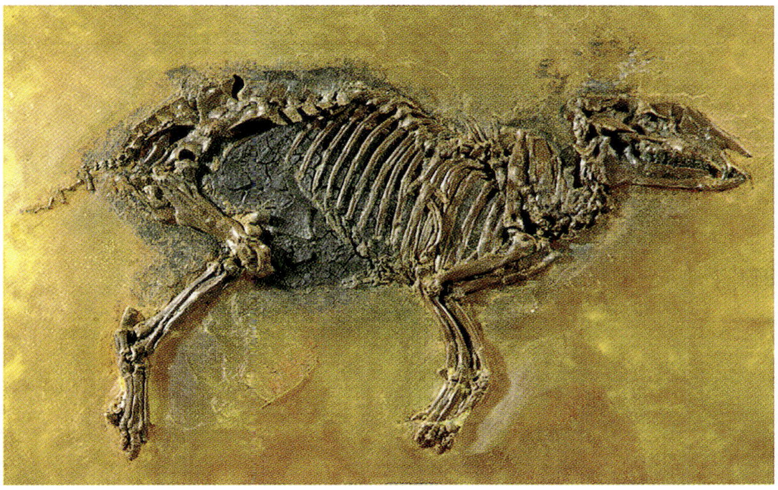

WANDERWEGE

Der Nachweis für das Vorkommen eines Ameisenbärs (Eurotamandua) und eines Schuppentiers (Eomanis) in Europa ist bemerkenswert, weil man diese Tiere für eine südamerikanische oder eine südwestasiatische Art gehalten hatte. Europa lag also während des Eozäns wahrscheinlich auf der Wanderroute der Säugetiere.

DAS »MESSEL-PFERDCHEN«
Über 70 versteinerte Pferde, einschließlich Fohlen und trächtige Stuten wurden in Messel gefunden. Die Schulterhöhe dieses Urpferdes *(Propalaeotherium)* mit vierzehigen Hufen vorne und dreizehigen Hufen hinten betrug nur 60 Zentimeter.

Die Öffnung des Nordatlantiks

In der frühen Trias (Buntsandstein), vor etwa 245 Millionen Jahren, waren Nord- und Südamerika, Europa und Afrika im Superkontinent Pangaea vereint. Bis vor 200 Millionen Jahren gab es Anzeichen von Spannungen, die das folgende Auseinanderbrechen des Superkontinents einleiteten. Neuengland und der östliche Küstenstrich wurden von Brüchen in der Kontinentalkruste durchzogen, durch die Lava ausströmte und Basaltgesteine wie die »Palisades« am Hudson River in New Jersey bildete. Doch erst zur Mitte des Juras vor etwa 180 Millionen Jahren öffneten die Brüche einen engen Seeweg zwischen den Kontinenten mit dem sich der Nordatlantik bildete.

VULKANITE DES TERTIÄRS

Zunächst erfolgte die Öffnung des Nordatlantiks sehr langsam. Bis zum Beginn des Tertiärs vor 65 Millionen Jahren waren Grönland und die Britischen Inseln noch vereint, und Island existierte noch nicht. Doch zwischen 63 und 52 Millionen Jahren vor unserer Zeit war diese Region Schauplatz intensiver vulkanischer Aktivität. Gewaltige Lavamassen aus südwest-nordöstlich verlaufenden Rissen überzogen die Landschaft. Diese Ergüsse sind vermutlich auf einen so genannten hot spot zurückzuführen – dem stellenweisen Aufstieg glutflüssigen Magmas aus dem Erdinneren. Als sich die Kontinentalkruste dehnte, spaltete

SÄULENBASALT DER FINGALSHÖHLE
Abkühlende Lava bildete die Säulen der berühmten, nach einem sagenhaften Riesen benannten Höhle auf der Insel Staffa vor der Westküste Schottlands. Die Lava, Teil einer zwei Kilometer mächtigen Schichtenfolge, trat im Tertiär vor 60 und 57 Millionen Jahren aus einem Vulkan auf der nahe gelegenen Insel Mull aus.

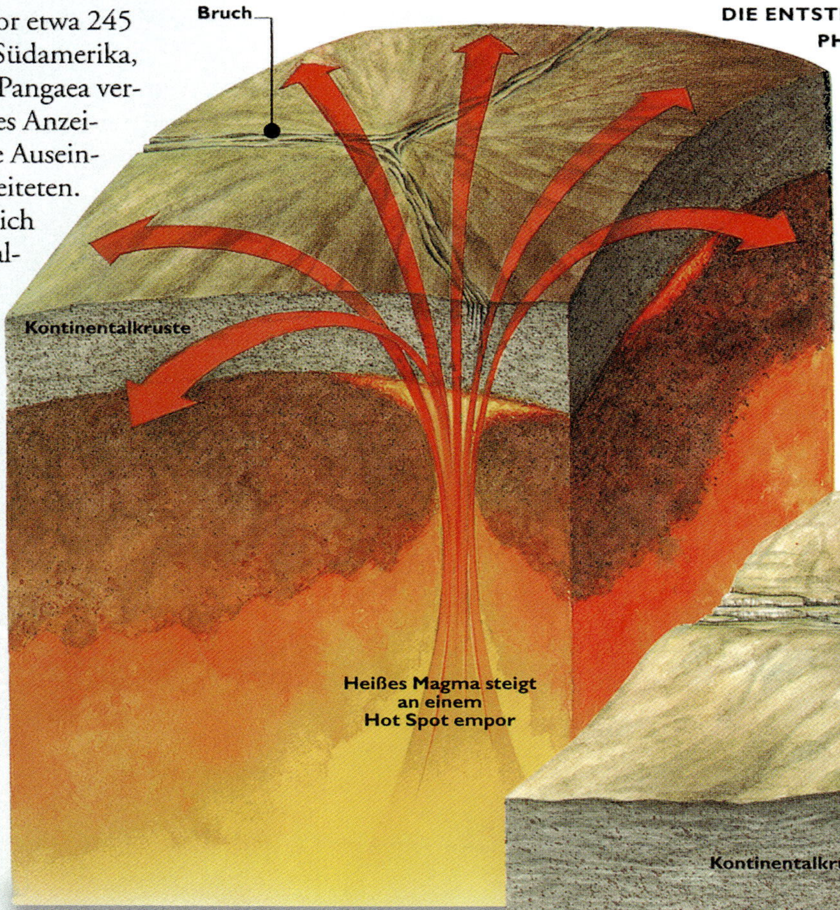

DIE ENTSTEHUNG EINES OZEANS
PHASE EINS
Ein neuer Ozean entsteht, wenn ein Kontinent in kleinere Teile auseinander bricht. Die Bruchbildung setzt ein, wenn emporsteigendes Magma aus dem Erdinnern die Kontinentalkruste dehnt, aufwölbt und ausdünnt. Meist entsteht ein nach drei Seiten verlaufender Bruch. Dieser Prozess setzte in Pangaea vor etwa 200 Millionen Jahren ein.

PHASE ZWEI
Zwei der Bruchlinien bewegen sich weiter auseinander. Zwischen den auseinander gezogenen Schichten quillt glutflüssiges Magma empor. Das Magma gelangt durch Risse und Vulkane als Lava an die Oberfläche. Die dritte Bruchlinie wird inaktiv und bildet eine Vertiefung. Der Benue-Trog in Nigeria blieb vermutlich als inaktive Bruchlinie bei der Öffnung des Südatlantiks zurück.

DIE ÖFFNUNG DES ATLANTIKS während der letzten 100 Millionen Jahre führte zur Trennung Afrikas von Nord- und Südamerika sowie Nordeuropas von Labrador.

sich Eurasien von Laurentia und neuer atlantischer Meeresboden wurde gebildet. Das Hauptgebiet der Meeresbodenausdehnung lag zwischen Norwegen und Grönland. Island entstand aus Magma, das durch den mittelatlantischen Rücken emporquoll. Island liegt noch heute über einem Hot Spot.

LAVAGESTEINE

In Nordirland und auf den Inneren Hebriden strömten aus Spalten und Vulkanen große Massen aus durchschnittlich 15 Meter mächtiger basaltischer Lava aus. Die Reste einiger dieser Spalten sind noch heute zu sehen. In Nordirland sind noch mehr als 3 800 Quadratkilometer Lava erhalten. Der Giant's Causeway, eine stufenförmige Steinformation aus großen Basaltsäulen in der Grafschaft Antrim, ist eines der vielen sichtbaren Zeugnisse dieser Eruptionen.

Die zweite Phase vulkanischer Aktivität war die Entstehung einer Reihe von Vulkanen von Irland bis zur Westküste Schottlands. Obwohl es sich um sehr hartes Gestein handelt, wurden diese heute erloschenen Vulkane während der letzten Eiszeit (vor 18 000 Jahren) stark von Gletschern erodiert und sind dadurch nun für Wissenschaftler besser zugänglich.

VULKANE AUF ISLAND
Der hot spot, der vor etwa 60 Millionen Jahren den Bruch Grönlands von den Britischen Inseln verursachte, befindet sich noch heute unter Island. Vulkanausbrüche auf Island geben Aufschluss über die Gesteinsbildung am Meeresgrund.

Untersuchungen vulkanischer Gesteine dieser Region lieferten wichtige Hinweise auf deren Entstehung. Die Zusammensetzung der Lava ist nicht einheitlich. Die jeweiligen Mineralien sind zu unterschiedlichen Zeitpunkten aus dem Magma auskristallisiert und trugen so zur Bildung verschiedener Schichten im Gestein bei. Eine geschichtete Gesteinsformation, die man auf der vor Schottland liegenden Insel Rum entdeckte, bestätigt, dass die tertiären Gesteine von einem hot spot im Mantel gebildet wurden. Diese Gesteinsformation ist reich an Platinmetallen, die bei den hohen Temperaturen während der vulkanischen Aktivität entstanden sind.

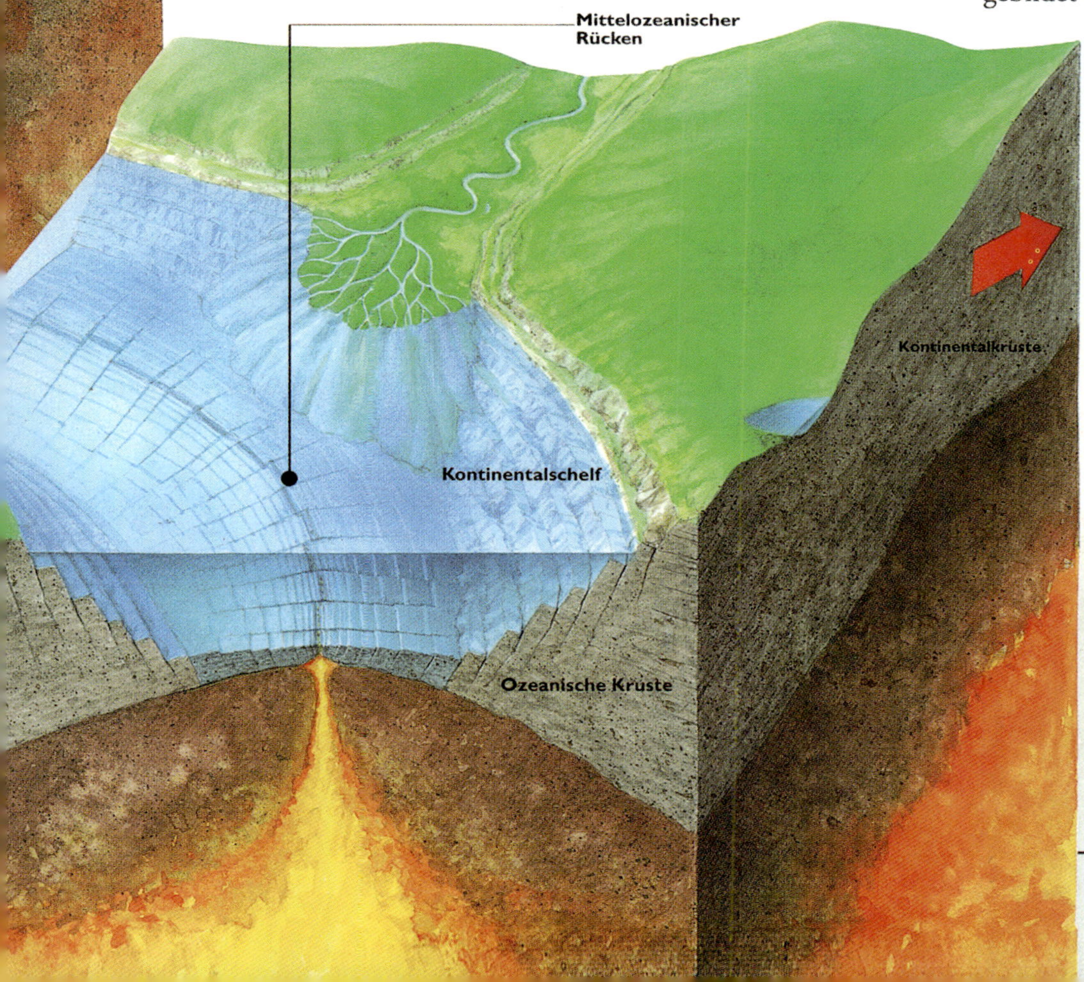

PHASE DREI
Anhaltende Bruchbildung führt zur Blockbildung der Kontinentalkruste und die ehemaligen Ränder werden zu Kontinentalschelfs. Die aktive Bruchlinie entwickelt sich zu einem spreizenden mittelozeanischen Rücken, an dem neuer Meeresboden entsteht.

FOSSILER SEE

Bei Ardtun auf der Hebrideninsel Mull strömte Lava in einen kleinen See, bedeckte eine Vielzahl von Pflanzen, die von den Hügeln der Umgebung in den See gelangten und konservierte sie als Fossilien. Die Pflanzenwelt umfasste Bäume wie Platanen, Haselnussbäume, Eichen und Haarfarn (Ginkgo), die alle für gemäßigtes Klima typisch sind. Auch Überreste von Insekten, unter anderem von Käfern, wurden gefunden.

Entwicklung von Pflanzen und Blüten

Den Großteil unseres Wissens über die frühe Entwicklung von Landpflanzen verdanken wir dem Ort Rhynie in Schottland. In dem dortigen 390 Millionen alten Sedimentgestein des Devons sind 22 Pflanzenarten versteinert, darunter die ersten primitiven Gefäßpflanzen, bekannt als Ryniophyten. Diese aufrechten Pflanzen wuchsen auf Feuchtflächen und wurden nur 20–30 Zentimeter hoch.

Wie man von den Gilboa-Formationen in den Catskill Mountains von New York weiß, bildeten etwa 15 Millionen Jahre später, vor 375 Millionen Jahren, Landpflanzen die ersten waldähnlichen Bestände. Baumfarne und Bärlappgewächse waren die ersten Pflanzen, die drei Meter hoch oder höher wuchsen – etwa die Höhe kleiner heutiger Bäume. Mit Hilfe eines wurzelähnlichen Gewebes konnten sich hochwüchsige Pflanzen im Boden verankern und das Grundwasser nutzen. Das Innere der Stängel wurde zudem erstmals durch holzartiges Gewebe verstärkt.

Einer der bedeutendsten Fortschritte seit dem Oberdevon war die Entwicklung von Nacktsamern (Gymnospermen), die Koniferen, Gingkos, Palmfarne und Samenfarne umfassen. Während des Mesozoikums von 248 bis 65 Millionen vor unserer Zeit waren sie zusammen mit Farnen und Schachtelhalmen die vorherrschenden Landpflanzen. Viele Arten vermehrten sich über die Windverbreitung ihrer Samen; einige hatten sich bereits auf eine Befruchtung durch Insekten spezialisiert.

FRÜHE BESIEDLER
Winzige Moospflanzen, wie diese noch heute existierende *Marchantia* aus Australien, gehörten vermutlich zu den ersten Gewächsen, die das Festland im Ordovizium besiedelten. Sie sind kleinwüchsig und wachsen kaum über die Bodenoberfläche hinaus. Erst im Silur konnten Pflanzen mit verstärkten Stängeln (Gefäßpflanzen) höhere Wuchsformen ausbilden.

BLÜTENPFLANZEN

Die Bedecktsamer (Angiospermen) tauchten zum ersten Mal vor rund 140 Millionen Jahren auf. Bislang wurde die Magnolie für den ersten Vertreter bedecktsamiger Blütenpflanzen gehalten, inzwischen aber gilt eine fossile Pflanze aus dem Nordosten Chinas, *Archaefructus* als wahrscheinlich älteste Blütenpflanze.

Schon in der mittleren Kreidezeit hatten die Blütenpflanzen sehr schnell jene grundlegende systematische Gliederung in verschiedene Pflanzenfamilien entwickelt, die heute noch gültig ist. Sie können in

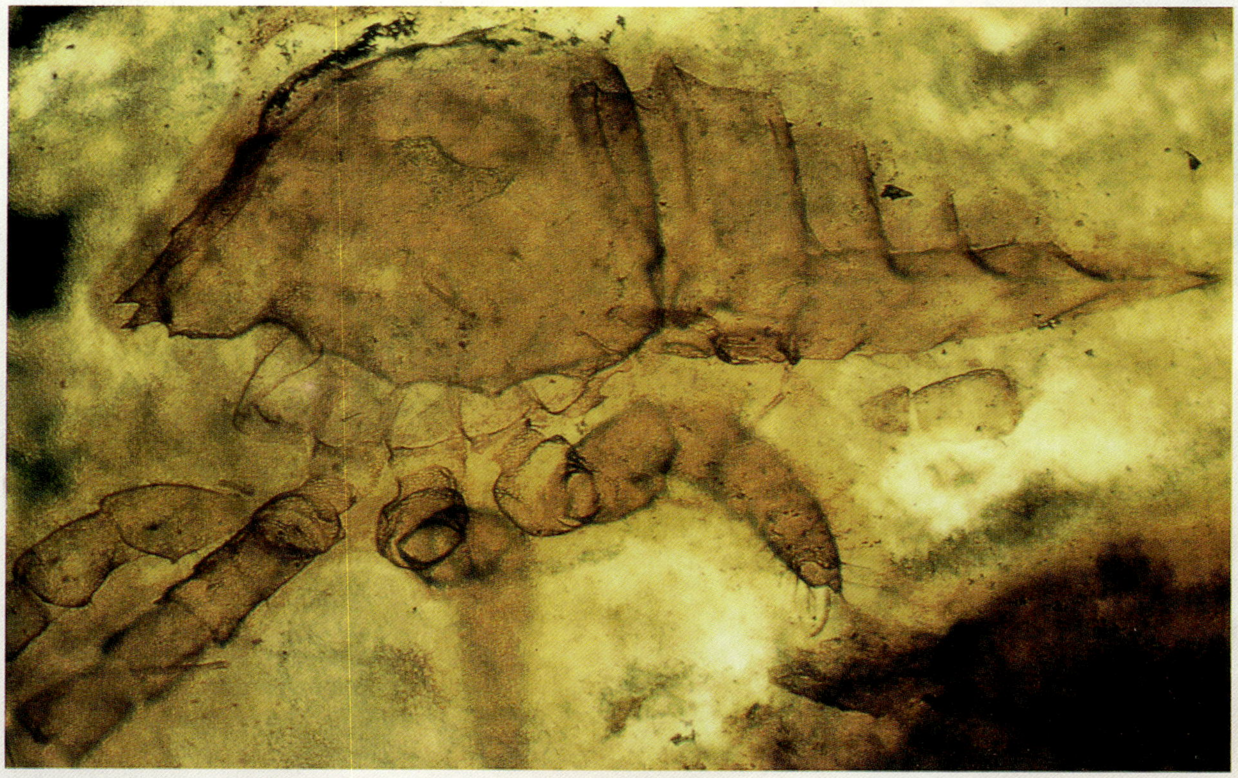

WINZIGE RÄUBER
Einer der frühesten bekannten Räuber auf dem Festland, *Palaeocharinus*, wurde in den Formationen aus dem Obersilur in Schottland gefunden. Er war nur einen halben Millimeter lang und erbeutete Milben, die noch kleiner waren. Diese wiederum ernährten sich von dem reichlich vorhandenen, verrottendem Pflanzenmaterial. Dieser Fund zeigt, dass einfache Ökosysteme schon vor 420 Millionen Jahren existiert haben.

BLÜTENPFLANZE
Die 140 Millionen Jahre alte versteinerte Pflanze *Archaefructus* stammt aus den Formationen der Unterkreide im Nordosten Chinas. Mit ihr wies erstmalig eine Pflanze die entscheidenden Merkmale der Blütenpflanzen auf: In dem Fortpflanzungsorgan einer weiblichen Blüte eingeschlossene Früchte. Sie gilt als älteste bekannte Blütenpflanze.

Einkeimblättrige Pflanzen oder Monokotyledonen (wie Palmen und Lilien) und Zweikeimblättrige Pflanzen oder Dikotyledonen (viele Kräuter und Gehölze) eingeteilt werden. Die Angiospermen nahmen den Platz der Ginkgophyten, Palmfarne und Samenfarne ein, deren Vielfalt zurückging. Die Samenfarne starben in der Kreidezeit aus und die Ginkgophyten und Palmfarne wurden durch das große Aussterben am Ende der Kreidezeit vernichtet; nur eine rezente Ginkgoart hat als Reliktpflanze bis heute überlebt. Im Gegensatz zu ihnen haben Farne und Koniferen die Katastrophe überdauert und sind bis heute weit verbreitet.

Nach dem Massenaussterben am Ende der Kreidezeit erreichten die Blütenpflanzen eine unglaubliche Vielfalt. Das global zunehmend feuchte Klima begünstigte die Entwicklung tropischer Regenwälder mit großblättrigen Bäumen. Diese großen Blätter hatten charakteristische Blattspitzen entwickelt, damit das Regenwasser abfließen konnte. Durch hohe Durchschnittstemperaturen konnten sich diese Wälder gebietsweise bis 60 Grad nördlicher Breite ausdehnen. In höheren Breiten verdrängten ausgedehnte Wälder mit Laub abwerfenden Bäumen die früheren breitblättrigen immergrünen Arten, von denen viele heute nicht mehr existieren.

Alle übergeordneten Familien der Blütenpflanzen, einschließlich der Vorläufer der Gräser (wie Reis, Weizen und Hafer), waren bereits zu Beginn des Tertiärs vor etwa 65 Millionen Jahren entwickelt. Die Hauptfruchtformen waren ebenfalls ausgebildet, so dass es bereits im frühen Tertiär Kapseln, Nüsse, Steinfrüchte, Beeren und Hülsen gab. Seit dieser Zeit haben sich die uns vertrauten Vegetationsformen kaum noch verändert.

FRÜHE BLÜTE
Diese Blüte, *Silvianthemum suecicum*, wurde in Gestein aus der Oberkreide in Schweden konserviert. Es handelt sich um eine typische auf die Befruchtung durch Insekten spezialisierte Blüte mit Blütenblättern und sowohl männlichen, Pollen tragenden Staubblättern, als auch weiblichen aus dem Fruchtknoten herausragenden Griffeln als Fortpflanzungsorganen.

FOSSILE BLÜTEN

Die zarte Struktur der Blüten verhindert es meist, vollständige Exemplare in versteinerter Form zu finden. Aber alle Fortpflanzungsorgane wie Pollen, Früchte und Samen sind haltbarer und oft fossil erhalten, wenn auch weit verstreut. Die Schwierigkeit besteht darin, diese im Gestein gefundenen Pflanzenteile ohne die Blütenblätter einer bestimmten Pflanze zu zuordnen.

BIENENÄHNLICHE INSEKTEN
Obwohl die ersten echten Bienen aus dem mittleren Tertiär in Frankreich stammen, wurden bienenähnliche Insekten auch schon im älteren Bernstein der Oberkreide Nordamerikas gefunden.

Das mittlere Tertiär

Durch weltweiten Klimawandel mit zunehmender Abkühlung und Trockenheit entstehen offene Graslandschaften als Lebensraum großer Pflanzenfresser.

Die Kontinente und Ozeane hatten vor 20 Millionen Jahren fast ihre heutige Gestalt und Lage erreicht. Es gab noch kleine, aber bedeutende Unterschiede. Australien bewegte sich weiterhin nordwärts, wie Afrika und Indien, die auf Europa und Asien zusteuerten. Durch das Aufeinandertreffen der Kontinentalschollen entstanden in Europa die Alpen und in Asien der Himalaya, der fünf Kilometer über dem Meeresspiegel das Hochland von Tibet, das »Dach der Welt«, bildete und eine 3000 Kilometer lange Barriere zwischen Indien und Zentralasien schuf.

In Nordamerika verschmolzen Bruchstücke der kontinentalen Kruste mit der Westküste, aber die Verbindung mit Südamerika, die im mittleren Jura gebrochen war, war immer noch nicht wiederhergestellt. Schließlich spaltete sich Grönland von Skandinavien ab.

WELTKLIMA UND MONSUNE

Das Klima war im frühen Tertiär noch warm und feucht. Aber vor etwa 25 Millionen Jahren kühlte die Erde ab und über der Antarktis bildete sich eine geschlossene Eisdecke. Es wurde zunehmend trockener. Obwohl es Schwankungen zwischen kälteren und wärmeren Phasen gab, zeichnete sich bereits die im späten Quartär folgende Eiszeit ab. Die Auffaltung des Himalayas und des tibetischen Hochlandes beeinflusste das Klima Asiens durch zy-

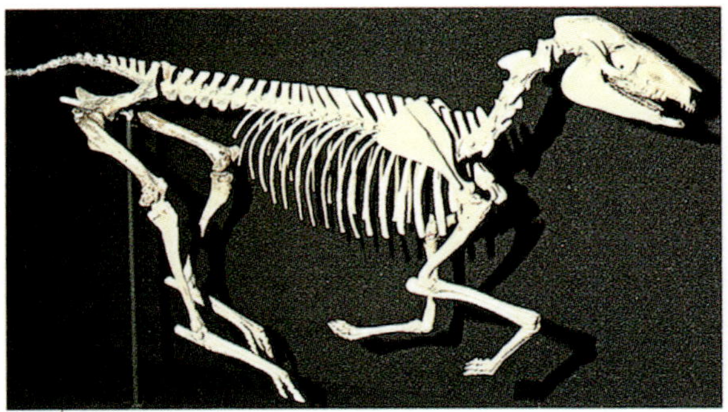

DREIZEHIGES PFERD
Mesohippus, ein Vorläufer heutiger Pferde aus Nordamerika, hatte erstmalig drei statt vier Zehen an jedem Fuß; dadurch ähnelte es bereits mehr dem jetzigen, einhufigen Pferd.

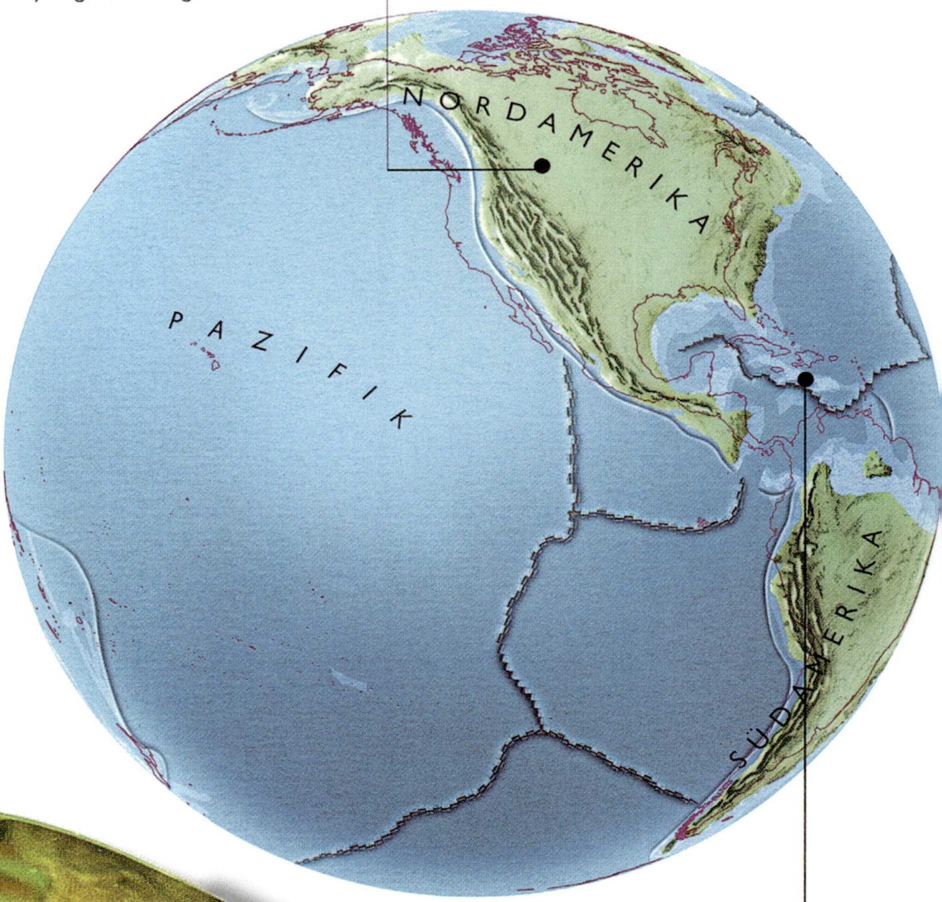

BERNSTEINFROSCH
Es gibt die verschiedensten Bernsteineinschlüsse, aber Frösche sind sehr selten. Wahrscheinlich wurde dieser Frosch von einem Vogel gefangen, der ihn vor dem Verspeisen versehentlich in klebriges Harz fallen ließ. Dieses Exemplar stammt aus der Dominikanischen Republik zu dem Zeitpunkt, als die Meeresspiegel höher waren als auf der Weltkugel oben dargestellt.

DIE JAHRESZEITEN

Die Abkühlung des Klimas im mittleren Tertiär hatte die Entstehung von Jahreszeiten zur Folge. Besonders in Asien kam es zu Unterschieden zwischen Winter- und Sommermonaten sowie zu einem Wechsel zwischen Trockenzeiten und Monsunregen. Durch jahreszeitliche Unterschiede mussten sich Pflanzen bei der Fortpflanzung an Vegetationsperioden anpassen, zum Beispiel durch Samen, die in einer Keimruhe ungünstiges Klima überdauern konnten. Da Gräser dies besonders gut beherrschen, dehnten sich weite Grasflächen immer mehr aus.

FLIEGE AUS DEM BALTIKUM
Bei Bernsteineinschlüssen handelt es sich meist um Insekten, wie diese 35 Millionen Jahre alte Fliege aus dem Baltikum. Durch die beinahe perfekte Konservierung im Bernstein ist es möglich, die Lebewesen exakt zu bestimmen. Es wurde behauptet, den genetischen Code, also die DNS, der Insekten aus dem Bernstein gewinnen zu können, alle bisherigen Versuche in dieser Richtung sind aber fehl geschlagen.

KÄNGURU-KIEFER
Das tertiäre Gestein von Riversleigh im Nordwesten Australiens ist reich an Fossilien. Die meisten Versteinerungen, wie diese Känguru-Kiefer, sind gut erhaltene Knochen von Wirbeltieren, die an dem See gelebt haben und nach ihrem Tod in den weichen Schlamm am Seegrund absanken, der jetzt aus hartem Kalkstein besteht.

klisch auftretende Monsunregen. Dabei erwärmte sich die Gebirgslandschaft des Himalayas im Sommer rasch und warme Luft stieg auf. Die nachströmende feuchte Meeresluft ging als Regen nieder.

Der Meeresspiegel unterlag im Tertiär zwar einigen Schwankungen, fiel aber tendenziell, so dass die kontinentalen Schelfmeere austrockneten. Am Ende der Kreidezeit lagen noch etwa 60 Prozent der heutigen Landfläche Nordamerikas unter Wasser. Im mittleren Tertiär waren es noch fünf Prozent und seitdem ist der Meeresspiegel nicht mehr gestiegen.

VERÄNDERUNGEN DER FLORA UND FAUNA
Die meisten Pflanzen fressenden Säugetiere aus dem frühen Tertiär waren klein, viele der Blütenpflanzen aber waren große Waldbäume. Folglich aßen die Pflanzenfresser Blätter, Früchte und Samen, die sie auf dem Boden fanden. Als das Klima kühler und trockener wurde, entwickelten sich die üppigen Wälder zurück und wurden in Nordamerika, Afrika und Asien von offenen Graslandschaften verdrängt. Davon profitierten Pflanzenfresser, die an Größe deutlich zunahmen. Im frühen Tertiär waren Pferde (die im mittleren Tertiär die Größe von heutigen Hunden erreicht hatten) und Nashörner die Nutznießer der veränderten Bedingungen. Sie mussten das Land aber mit neuen Wiederkäuern wie Hirsch, Kamel und später mit kuhähnlichen Hornträgern und Flusspferden teilen.

Andere Wirbeltiere, die durch die Klimaänderung begünstigt wurden, waren Singvögel und Primaten. Der Rückgang der Wälder nötigte die Primaten zur Nahrungssuche ins offene Land. Die Bewegung in den großen offenen Flächen förderte wiederum den Einsatz von zwei anstatt von vier Beinen sowie den Gebrauch von Armen und Händen für andere Zwecke als zum Klettern.

Die Beuteltiere von Riversleigh

Im Oberen Eozän spaltete sich Australien von der Antarktis ab. Ohne Landbrücke zu den übrigen Kontinenten waren viele Säugetiere in Australien isoliert – vor allem die Beuteltiere. Sie entwickelten sich in der mittleren Kreidezeit in Nordamerika und breiteten sich bis nach Südamerika und Australien aus. Beuteltiere bringen unvollständig entwickelte Junge zur Welt, die in einer Bauchtasche großgezogen werden.

Anders als ihre südamerikanischen Verwandten, die von den nachkommenden Plazentatieren Nordamerikas verdrängt wurden, konnten sich die australischen Beuteltiere auf Grund ihrer geografischen Isolation als Unterklasse der Säugetiere behaupten.

Die Fossilienfunde von Riversleigh

Die Entwicklung australischer Beuteltiere in der zurückliegenden Zeitspanne zwischen 23 Millionen und 20 000 Jahren lässt sich anhand von Fundstücken nachvollziehen, die aus dem Gebiet einer abgelegenen Ranch bei Riversleigh im Nordwesten von Queensland stammen. Erste fossile Funde aus diesem Gebiet gab es bereits 1900, aber der wirkliche Durchbruch gelang 1938, als in Riversleigh einige verwitterte Kalksteinblöcke entdeckt wurden, die zahlreiche Knochen enthielten. In kürzester Zeit wurden 30 fossile, bisher unbekannte Säugetiere freigelegt.

DER BEUTELWOLF
Der räuberische Tasmanische Beutelwolf stammt au Australien, wie erste fossile Funde in Riversleigh bel Der letzte Beutelwolf starb 1933 in Gefangenschaft.

Pflanzen fressende Säugetiere

Im Miozän war die Vielfalt an Beuteltieren in den Tiefland-Regenwäldern von Riversleigh außerordentlich groß. In den Baumkronen gab es mehr als sechs Gattungen von Beutelratten. Im Falllaub auf dem Waldboden lebten winzige Wallabies. Gelegentlich tauchten kuhgroße, wombatähnliche Diprodontidae auf der Suche nach ihren Lieblingspflanzen auf. Man stieß auch auf die Überreste nagetierartiger Kängururatten und ein seltsames Lebewesen, *Yalkaparidon*. Von ihm fand man nur einen Schädel mit einem Gebiss, das darauf hindeutet, dass es eine sehr spezielle Ernährung hatte. Was es gefressen hat, weiß man leider nicht.

Räuberische Säugetierarten

Eigenartige, katzengroße Beutellöwen *(Thylacoleo)* waren mit den Wombats verwandt und wuchsen im Pleistozän zur

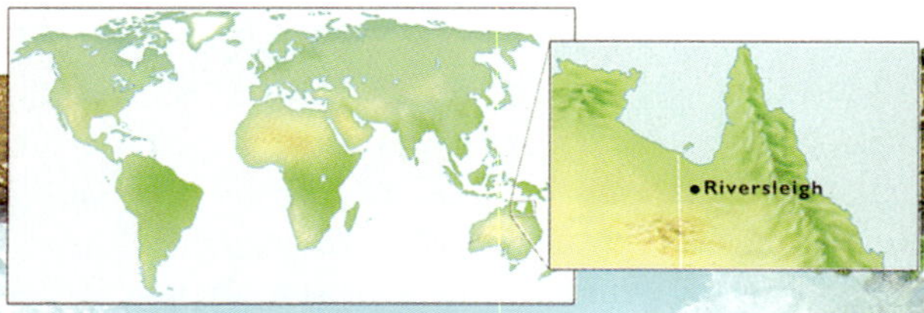

RIVERSLEIGH IM MIOZÄN
Riversleigh war ein artenreicher Tiefland-Regenwald. Das Vorkommen von Pflanzen fressenden Tieren, wie dem kuhgroßen *Neoheles*, Kängururatten *(Hypsiprimnodon)* und Beutelratten *(Burromys)*, weist darauf hin, dass hier üppige Vegetation herrschte. Es gab nur wenige räuberische Arten, zum Beispiel einen katzengroßen Beutellöwen *(Priscileo)* und ein Fleisch fressendes Känguru *(Ekaltadeta)*. Die geringe Zahl an Räubern förderte flugunfähige Vögel wie *Bullockornis*.

Größe heutiger Leoparden heran. Fleisch fressende Kängurus jagten kleine Säugetiere, Vögel und Wirbellose. Beutelmaulwürfe gruben sich auf der Suche nach Wirbellosen durch den Boden und das Falllaub. Der nächtliche Himmel war voller Fledermäuse auf der Jagd nach Insekten. Es gab auch Krokodile, die die Seeufer durchstreiften und Schlangen, die über den Waldboden glitten, auf Bäume kletterten und in Flüssen schwammen.

DIE WASSERBEWOHNER

Neben großen Reptilien wurden die Süßwasserseen und Flüsse von Schildkröten, Fröschen, bis zu vier Meter langen Lungenfischen, Aalen und Welsen besiedelt, von denen die meisten Luftatmer waren, den nötigen Sauerstoff also direkt aus der Luft bezogen. Sie ernährten sich von reichlich vorhandenen Wasserflöhen und Schnecken.

DIE VÖGEL

Die bei weitem auffälligsten fossilen Vögel aus Riversleigh sind die so genannten Donnervögel, eine Gruppe großer, flugunfähiger, straußartiger Tiere, die vor nur 26 000 Jahren ausstarben und den ersten Aborigines noch bekannt waren. Sie waren entfernt verwandt mit anderen flugunfähigen Vögeln wie den Emus. Singvögel (Oscines), die mehr als die Hälfte aller heutigen Vogelarten umfassen, waren ebenfalls verbreitet, konnten aber bisher noch nicht bestimmt werden.

Um die Umgebung von Riversleigh naturgetreu nachbilden zu können, fehlen Hinweise auf die Vegetation zu jener Zeit. Das warme Klima förderte die Geschwindigkeit der Zersetzung durch Bakterien und Destruenten im Boden wie Tausendfüßer, so dass die Pflanzen nicht schnell genug im Kalkstein konserviert werden konnten.

FOSSILIEN IM ÜBERFLUSS

Riversleigh ist mit Abstand die ergiebigste der bekannten fossilen Lagerstätten. 1983 brachten zwei Kubikmeter Gestein aus diesem Gebiet 58 bis dahin unbekannte Säugetiere zu Tage. Der hohe Anteil von Oberflächengewässern in dem Kalksteinareal bietet ideale Bedingungen für die Konservierung von Knochen.

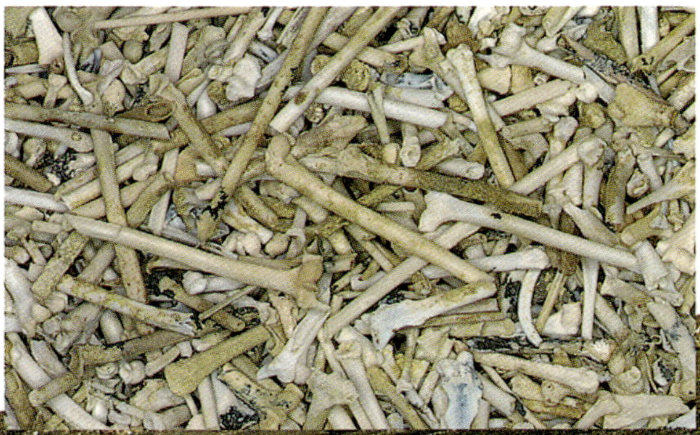

FLEDERMAUSKNOCHEN
Zu den häufigsten Tiergruppen, deren Fossilien in Riversleigh gefunden wurden, gehören die Fledermäuse. Die Rundblattnasen lebten in großen Zahlen in Kalksteinhöhlen. Ihre Knochen und ihr Kot haben sich auf dem Boden der Höhlen angehäuft und wurden versteinert.

Himalaya und Tibetisches Hochland

Die Entstehungsgeschichte des Himalaya und des Tibetischen Hochlands begann vor etwa 55 Millionen Jahren. Zu jener Zeit stieß Indien, damals eine isolierte Landmasse, auf Asien. Diese Kollision faltete den Himalaya empor, die höchste und jüngste Gebirgskette der Welt. Es entstand auch das Tibetische Hochland, die größte Hochlandregion der Erde, die durchschnittlich fünf Kilometer über dem Meeresspiegel liegt. Aus diesem Grund wird es auch das »Dach der Welt« genannt. Die Kontinentalkruste unter Tibet ist mit 74 Kilometern dadurch etwa doppelt so mächtig wie der Durchschnitt.

DIE BILDUNG DES HIMALAYA

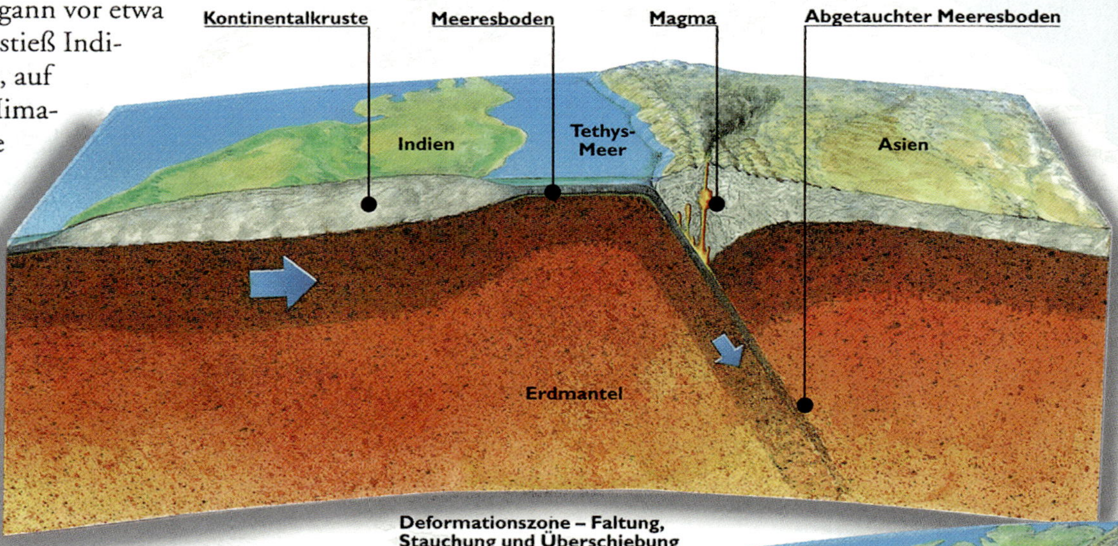

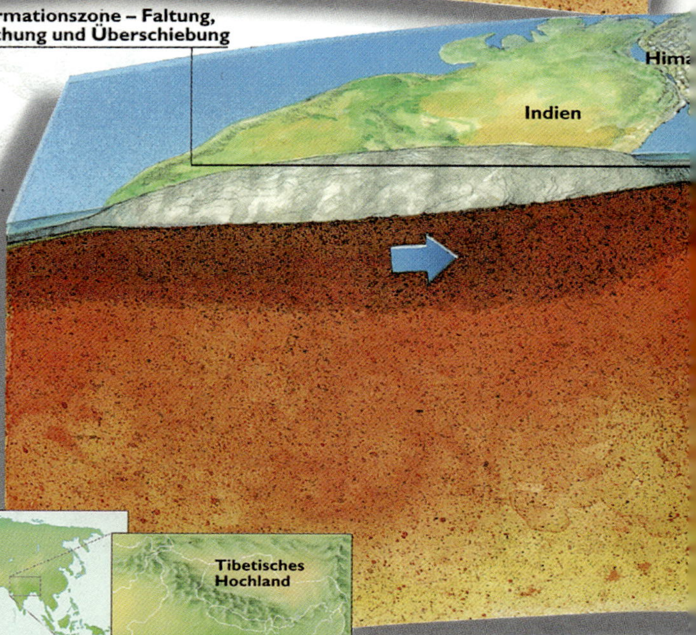

VOR 55 MILLIONEN JAHREN
Der Himalaya entstand, als Indien auf Asien stieß. Während Indien sich Asien näherte, tauchte der Meeresboden zwischen den beiden Landmassen unter Asien ab. Das Gestein schmolz; danach kühlte es ab und bildete Granit oder es stieg als Magma durch Vulkane zur Erdoberfläche zurück.

GEBIRGSBILDENDE PROZESSE

Der Prozess der Gebirgsbildung ist seit langem bekannt. Wenn zwei Kontinente zusammenstoßen, wirken auf das Gestein im Bereich des Aufpralls gewaltige Kräfte, die es zusammendrücken, falten, umformen und auch seine chemische Zusammensetzung verändern. Ein Teil der Gesteine wird nach oben zu einem aufragenden Gebirge gefaltet, während ein anderer Teil in den Erdmantel gedrückt wird und den Gebirgsstock bildet. Bei einem Gebirge wie dem Himalaya kommt es dabei zu einer Verstärkung der Erdkruste, hervorgerufen durch nach oben und nach unten gedrücktes Gestein.

Außerdem ist das Gestein des Mantels dichter als das der darüber liegenden Erdkruste. Mit zunehmender Mächtigkeit wird die Erdkruste immer stärker vom Erdmantel gestützt. Der Gebirgsbildung wirkt jedoch die Verwitterung entgegen, bei der unablässig die obere Schicht des Gesteins abgetragen wird.

BERGGIPFEL
Der Annapurna ist nur einer der vielen Berge im Himalaya, die sich mehr als 8 000 Meter über den Meeresspiegel erheben. Die Berggipfel werden in jedem Jahrhundert um weitere zehn Zentimeter höher, aber im gleichen Verhältnis wieder abgetragen und der Erosionsschutt wird von großen Flüssen wie dem Ganges abtransportiert.

GEGEN DIE SCHWERKRAFT

Das Tibetische Hochland nimmt über fünf Millionen Quadratkilometer der Fläche Asiens ein. Die gleichmäßig bei etwa 5 000 Meter über dem Meeresspiegel liegende Höhe des Plateaus lässt vermuten, dass damit die höchst mögliche Belastungsgrenze für den Erdmantel erreicht ist. Ein höheres Gebirge würde auf das Gestein tief unter der Hochebene einen solchen Druck ausüben, dass es aufschmelzen und sich verlagern würde.

DAS DACH DER WELT
Blick aus einer Raumfähre der NASA auf das Tiefland des Ganges (links), den schneebedeckten Himalaya und das Tibetische Hochland (rechts).

AUFBAU DES TIBETISCHEN HOCHLANDS

Im nebenstehenden Modell wird zwar die Entstehung der meisten Gebirgsketten dargestellt, es erklärt aber noch nicht, warum das Tibetische Hochland, dessen Rand über 300 Kilometer vom Himalaya entfernt ist, ebenfalls angehoben wurde. Als Indien sich Asien näherte, tauchte die zwischen den beiden Landmassen liegende ozeanische Platte unter Asien ab. Diesen Prozess nennt man Subduktion. Als die zwei Kontinente zusammenstießen, tauchte auch ein Teil der Landmasse Indiens ab und folgte der ozeanischen Kruste in den Erdmantel. Der Rand des asiatischen Kontinents wurde nun an dieser Stelle über Indien geschoben.

Das Gestein beider Kontinente wurde bei der Kollision gefaltet, verformt und zusammengedrückt. Teile beider Kontinente und der ozeanischen Platte wurden dabei hochgeschoben und bilden nun den Himalaya. Doch die indische Kruste tauchte nicht völlig ab, da ihr Gestein weniger dicht war als das Gestein des darunter liegenden Erdmantels, sondern bewegte sich horizontal weiter und schob gewissermaßen einen Keil unter Asien. Dadurch wurde das Tibetische Hochland in seiner Gesamtheit gehoben, was eine starke Verdickung der Erdkruste an dieser Stelle bewirkte.

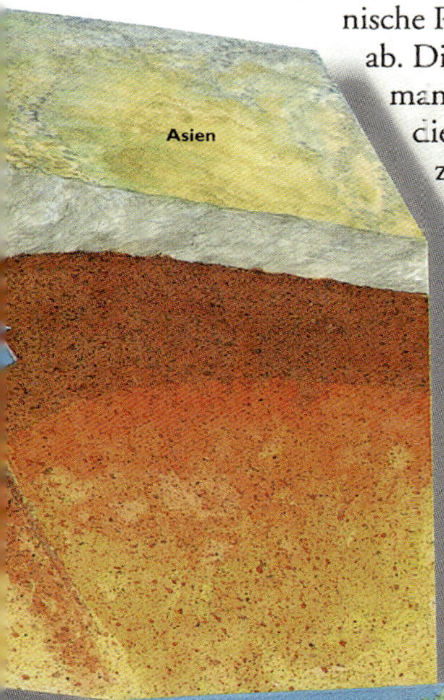

VOR 25 MILLIONEN JAHREN
Als sich Indien über die asiatische Kontinentalscholle schob, wurde das Gestein zusammengepresst und auf- oder abwärts gedrückt. Die dazwischen liegende Landmasse wurde dabei gestaucht, vermutlich um rund 2 500 Kilometer gekürzt und als gigantischer, etwa 290 Kilometer breiter Keil unter Tibet geschoben.

HEUTE
Im Gebirgsstock verändert der hohe Druck die chemische Zusammensetzung der Gesteine. Während von unten ausgeübter Druck das Gebirge anhebt, wird das Oberflächengestein durch Erosion von oben abgetragen. Die Subduktion Indiens unter Asien beträgt jährlich fünf Zentimeter.

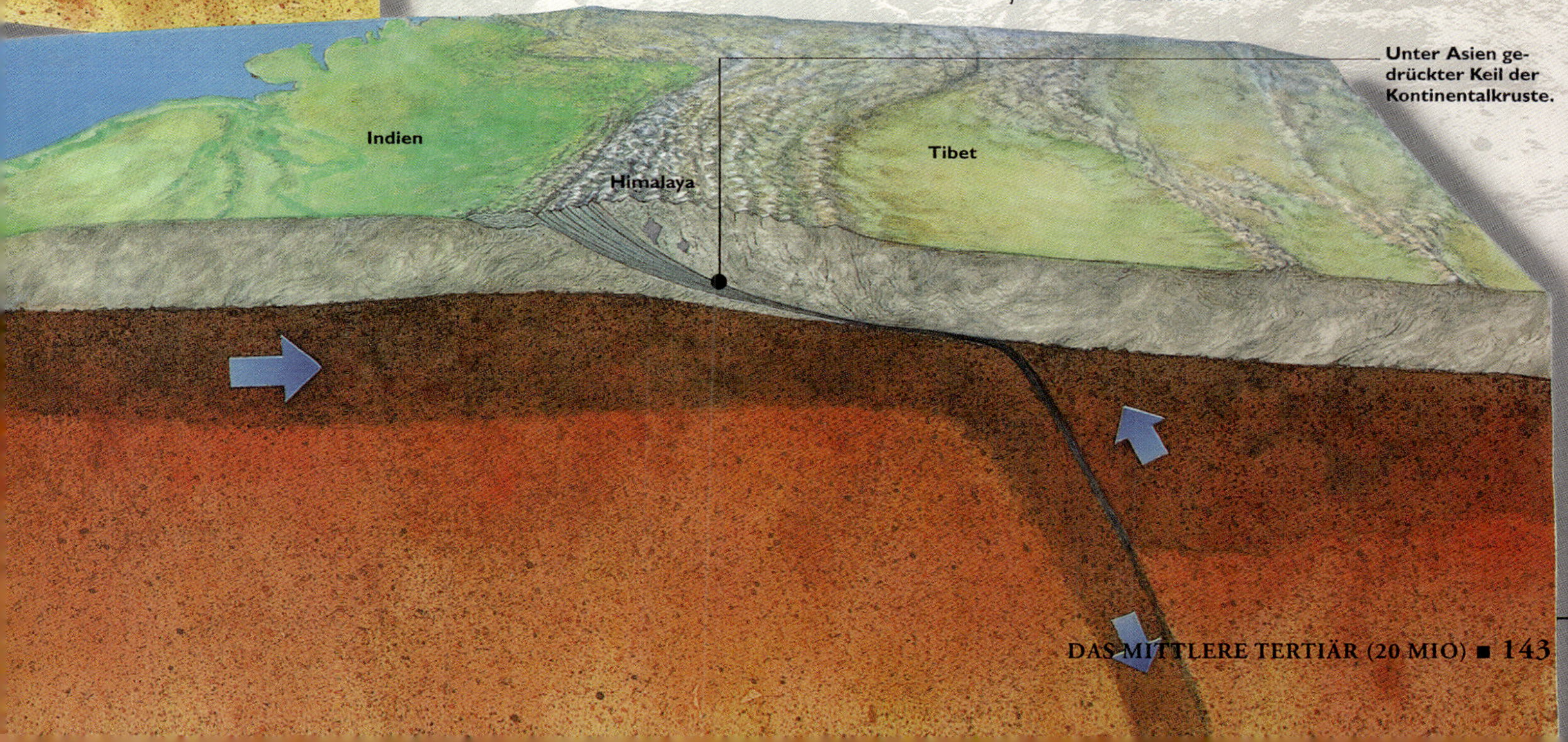

Das späte Tertiär

Das erste Auftauchen der direkten Vorfahren des Menschen in Afrika liegt zwischen fünf und zwei Millionen Jahre zurück, als die Erde sich gegen Ende des Tertiärs abzukühlen begann.

Im Pliozän, gegen Ende des Tertiärs entsprach die Lage der Kontinente und Ozeane weitgehend der heutigen Situation, und auch die geologischen Verhältnisse waren vergleichbar. Die Kontinentaldrift betrug durchschnittlich zweieinhalb Zentimeter im Jahr und selbst bei dieser scheinbar langsamen Geschwindigkeit bildete sich in einem Zeitraum von einer Million Jahren auf 25 Kilometer Breite neuer Ozeanboden, der sich an einer Subduktionszone wieder unter eine kontinentale oder ozeanische Kruste schob, wobei Tiefseegräben entstanden.

Diese dynamische Aktivität der Erdkruste hatte ständige Erdbeben, Vulkanausbrüche und Plattenbewegungen zur Folge. Indien wurde weiterhin nordwärts Richtung Asien geschoben, Afrika bewegte sich in Richtung Südeuropa und Ostafrika begann zu brechen. Das Rote Meer und der Golf von Aden öffneten sich. Die beiden amerikanischen Kontinente wurden durch die Landenge von Panama vor etwa drei Millionen Jahren wieder vereinigt. Anschließend wurden Nordamerika und Asien verbunden.

VULKAN LENGAI IN TANSANIA
Aufgereihte Vulkane markieren die Linie, an der die Erdkruste in Ostafrika vor etwa zwei bis fünf Millionen Jahren zu einem Graben aufbrach. Lava und Ascheregen verdeckten die Sedimentschichten in den Tälern und konservierten einen Schatz an Fossilien für die späteren Forscher.

Hominiden-Schädel
Australopithecus robustus lebte vor 1-2,2 Millionen Jahren in Afrika (dieser Schädel stammt aus Südafrika). Sein kompakter, muskulöser Kiefer und die großen Zähne deuten darauf hin, dass er sich hauptsächlich von Pflanzen ernährte. Erwachsene männliche Exemplare wurden bis 1,6 Meter groß und waren von kräftiger Statur.

Diese neue Landbrücke ermöglichte den Austausch von Flora und Fauna auf beiden Kontinenten und vermutlich auch die Ausbreitung des Menschen über die ganze Welt.

Das Klima unterlag am Ende des Tertiärs ständigen Temperatur- und Feuchtigkeitsschwankungen. Der Meeresspiegel stieg und sank mehrmals, als das Wasser durch die polaren Eisdecken erst gebunden und dann wieder freigegeben wurde. Aber diese Schwankungen waren nur vorübergehend. Die wirkliche Vereisung begann in der nördlichen Hemisphäre vor etwa zweieinhalb Millionen Jahren.

DIE HOMINIDEN

Das späte Tertiär kennzeichnet eine bedeutende Stufe in der Evolution des Menschen in der Zeit zwischen fünf und eineinhalb Millionen Jahren vor unserer Zeit, als sich die Gattung Homo *aus einem Vorfahren der Australopithecinen (was so viel heißt wie Südaffe) in Afrika entwickelte. Aus dem viereinhalb Millionen Jahre alten Hominiden* Ardipithecus ramidus *entwickelten sich eine Reihe von Australopithecinen, die vor etwa einer Million Jahren ausstarben. Gleichzeitig entwickelten sich mehrere Arten der Gattung* Homo*: zwei Unterarten von* Homo habilis*, die der gleichen Reihe angehörten wie die heutigen Menschen, und* Homo erectus*, der erste Mensch, der sich außerhalb von Afrika nachweisen ließ.*

VERSTEINERTER FUSSABDRUCK
Vor etwa 3,6 Millionen Jahren flohen drei unserer hominiden Vorfahren vor einem Vulkanausbruch in der ostafrikanischen Grabensenke Tansanias. Ihre Fußabdrücke lieferten den ersten Beweis für einen aufrechten Gang der Hominiden. Zwei Spuren verlaufen nebeneinander, die dritte befindet sich in den Abdrücken des größten Individuums.

DAS ERSCHEINEN DER HOMINIDEN

In den 1990-er Jahren zeichnete sich ab, dass der drei Millionen Jahre alte *Australopithecus afarensis* (erstmals entdeckt bei Afar in Nordäthiopien) eine große Ähnlichkeit mit dem zwei Millionen Jahre alten *Homo habilis*, einem Bewohner Ost- und Südafrikas aufweist, mit dem die Entwicklungslinie des Menschen ihren Anfang nahm. Die entscheidende Lücke von einer Million Jahren in den fossilen Funden wurde durch die Entdeckung eines weiteren Australopithecinen, *A. garhi*, gegen Ende des 20. Jahrhunderts, ebenfalls in Afar, geschlossen. Diese zweieinhalb Millionen Jahre alten Hominiden bewohnten offenes Grasland um einen See mit üppigem Wildbestand. Steinwerkzeuge aus Afar, sowie geschnitzte und gehämmerte Knochen von Rindern und Pferden weisen darauf hin, dass sie zur Nahrungsbeschaffung auch Großwild töteten. Die pflanzliche Nahrung der Hominiden umfasste zunehmend auch nahrhaftes Fleisch und Knochenmark. In dieser Zeit bildet sich die Gattung *Homo* in Ost- und Südafrika mit einem bedeutenden soziologischen Entwicklungsschritt in Bezug auf gemeinsames Jagen und die Entwicklung von Geschicklichkeiten bei der Werkzeugherstellung.

MATTERHORN
Die pyramidenförmige Spitze dieses Schweizer Berggipfels wurde eindeutig von einem Gletscher geformt. Die noch vorhandenen Gletscher in den europäischen Alpen sind Reste mächtiger, ausgedehnter Eisflächen, die sich im Oberen Pliozän vor über zwei Millionen Jahren zu bilden begannen.

Hominiden und andere Säugetiere

Das Seeufer und die Flussablagerungen um den Turkanasee in Kenia, Ostafrika, weisen weltweit die reichsten Fossilienfunde früher Hominiden auf, die in den so genannten Koobi-Fora-Formationen konserviert wurden.

TURKANASEE
Die Region um den Turkanasee war in den vergangenen zehn Millionen Jahren Schauplatz zahlreicher Vulkanausbrüche. Unter Lavaströmen und Ascheregen wurden Sedimente mit den fossilen Überresten menschlicher Vorfahren begraben und konserviert.

VORFAHREN DER MENSCHEN

Die bekanntesten Überreste aus diesem Gebiet sind Schädel von *Homo habilis*, einem der ersten Vertreter der Gattung *Homo* und Vorfahren des modernen Menschen. Wenn man den 1,9 Millionen Jahre alten Schädel nachformt, bekommt *Homo habilis* ein langes, breites und flaches Gesicht mit vorstehenden Backenknochen, ähnlich dem vieler älterer Hominiden, den Australopithecinen. Die Unterschiede zwischen beiden waren dennoch sehr deutlich: Der Gehirninhalt von *Homo habilis* betrug 750 Milliliter, der von Australopithecinen dagegen weniger als 500 Milliliter.

1,8 Millionen Jahre alte Fossilien von etwas jüngeren Hominiden aus dem gleichen Gebiet wurden als *Homo erectus* definiert, eine Art, die in Afrika mehr als eine Million Jahre überlebte. Er ist der fortschrittlichste der Hominiden vom Turkanasee und der erste, der Afrika verließ. Tatsächlich wurden fossile Überreste von *Homo erectus* neben Werkzeugen aus Stein (Acheuléen-Faustkeile) in ganz Europa sowie weit entfernt in China (Pekingmensch) und auf Java (Javamensch) gefunden.

Einer der umfassendsten Funde eines *Homo erectus* wurde in der Nähe vom Turkanasee im Jahre 1984 freigelegt. Es war das Skelett eines kräftigen Jungen mit langen Beinen und schmalen Hüften. Er war etwa elf Jahre alt und 168 Zentimeter groß, hatte einen langen, niedrigen Schädel mit vorstehendem Augenbrauenwulst und eine etwas stärker ausgeprägte Nase.

Die Hirngröße des *Homo erectus* nahm mit der Zeit zu. Vor einer Million Jahren hatte das Gehirn einen Umfang von 1 000 Milliliter erreicht und 500 000 Jahre später 1 300 Milliliter. Im Vergleich dazu weist *Homo sapiens* einen Gehirninhalt von 1750 Milliliter auf.

Die Vielfalt der Hominidenarten wurde geringer und mit *Homo erectus* blieb vor 800 000 Jahren

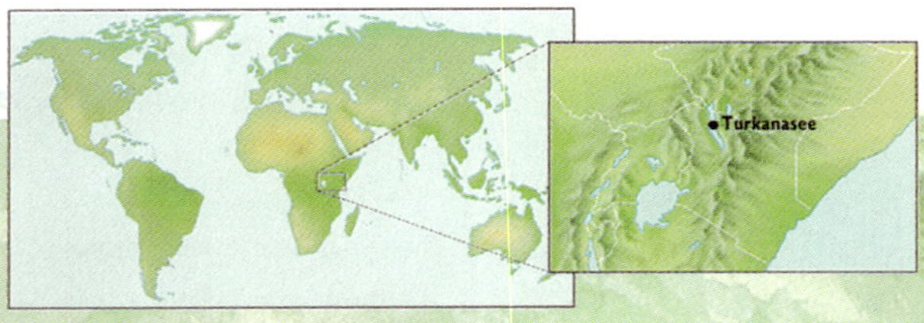

DAS AFRIKANISCHE PARADIES
Die Ufer des Turkanasees waren der Lebensraum einer artenreichen Tierwelt, einschließlich der Hominiden. Die Savanne ernährte die weidenden Herden von Hirschen und dreizehigen Pferden *(Hipparion)*. Die Blätter in den Wäldern wurden von dem giraffenähnlichen *Sivatherium* und dem Elefanten *Deinotherium* gefressen, während Flusspferde sich von Wasserpflanzen ernährten. Die stämmigen Hominiden *Australopithecus boisei* sammelten Früchte, Nüsse und Wurzeln. Die gefürchtetsten Räuber waren große Säbelzahnkatzen wie *Homotherium* und die frühen Hominiden *Homo habilis*. Zu den Aasfressern zählten Geier und Hyänen wie *Crocuta*.

nur einer von zwei Hominiden übrig, um die Linie des Menschen weiterzuführen. Der andere Hominide wird als *Homo ergaster* bezeichnet.

WEITERE SÄUGETIERE VON TURKANASEE

Um den Turkanasee wurden auch zahlreiche andere Tier- und Pflanzenfossilien von Arten gefunden, die auch heute noch verbreitet sind. Paviane *(Theropithecus)* und andere Affen waren zu dieser Zeit am Turkanasee genauso häufig anzutreffen wie heute. Sie lebten in den Auwäldern am Flussufer, manche Arten bevorzugten aber das offenere, trockenere Land. Sie wurden von den gleichen großen Fleischfressern gejagt, die auch heute die Savannen bevölkern – Treibjäger wie Löwen, Hyänen *(Crocuta)* und Hunde (Afrikanischer Wildhund *Lycaon*).

Elefantenartige Rüsseltiere waren die größten Pflanzenfresser und lebten sowohl in der offenen Savanne als auch in den Wäldern. Frühe Pferde *(Hipparion)* waren häufig, wurden aber vor rund 2,3 Millionen Jahren von dem modernen, in der Savanne grasenden *Equus* verdrängt. Überreste von Kamelen und Giraffen wurden neben 40 verschiedenen Rinderarten ebenfalls gefunden. Diese kuhähnlichen Tiere bewohnten die Feuchtsavannen.

Die Untersuchungen aus den Ablagerungen von Turkana zeigen eine allmähliche Zunahme der Gräser gegenüber Bäumen und Sträuchern. Anfänglich betrug der Anteil der Gräser etwa 20 bis 40 Prozent der Vegetation, mit der Zeit erhöhte er sich aber auf 65 Prozent.

VERBINDUNGEN

Heute leben im Turkanasee 34 verschiedene Fischarten. 21 verschiedene fossile Fische wurden in den Formationen des Sees nachgewiesen. Diese Fossilien umfassen auch einen Stachelrochen (Dasyatis africana), der ursprünglich wohl aus dem Indischen Ozean in den See gekommen ist. Desweiteren wurden der Afrikanische Lungenfisch Polypterus gefunden und andere Arten, die eine frühere Verbindung mit dem Nil im nördlichen Ägypten zeigen.

MODERNE PFLANZENFRESSER
Die afrikanische Savanne entwickelte sich im Miozän (vor 23 bis fünf Millionen Jahren), als das Klima kühler und trockener wurde. Pflanzen fressende Säugetiere kamen aus den Wäldern und stellten sich vom Rupfen der Blätter auf das Beweiden von Grasflächen um.

Die Säugetiere Amerikas

In den vergangenen 200 Millionen Jahren bestand zwischen Süd- und Nordamerika lange Zeit keine Verbindung. Die Insellage Südamerikas und der Umstand, dass aus dem Norden und Süden über zeitweilige Landbrücken Tiere einwandern konnten, hat die Entwicklung der Säugetierpopulation beider Kontinente in der Vergangenheit zu verschiedenen Zeiten nachhaltig beeinflusst.

DIE LÜCKE SCHLIESST SICH
Die heutige Landverbindung zwischen Nord- und Südamerika wird von dem schmalen Festlandstreifen Panamas und Costa Ricas gebildet, der vor etwa drei Millionen Jahren entstand. Vor dieser Zeit gab es hier durch den periodisch sinkenden Meeresspiegel zeitweise eine Landbrücke, die die Tiere für ihre Wanderungen zwischen den Westindischen Inseln und dem heutigen Mittelamerika nutzten.

INVASION WÄHREND DER KREIDEZEIT

In der Kreidezeit gab es in Südamerika neben den Dinosauriern eine Population kleiner, primitiver Säugetiere. In Nordamerika war eine Säugetierklasse, die Theria (sie umfassten Plazentatiere und Beuteltiere) vorherrschend. Gegen Ende der Kreide kam es durch Absinken des Meeresspiegels zu einer vorübergehenden Landbrücke zwischen Nord- und Südamerika. Manche Theria wanderten Richtung Süden, wo sie sich zu höchst spezialisierten und einzigartigen Formen entwickelten.

Während des Tertiärs haben sich in Südamerika etwa 15 Beuteltierarten, einschließlich einer Gruppe Fleisch fressender Beuteltiere mit Säbelzähnen niedergelassen. Besonders bemerkenswert aber war die Entwicklung der Xenarthra (Zahnarme), einer Gruppe von Plazentatieren, zu denen Faultiere, Gürteltiere und Ameisenbären gehören. Die eindrucksvollsten waren die gürteltierähnlichen Glyptodons, die die Größe eines Autos erreichten. Oberflächlich ähnelten sie mit ihrem knöchernen Schutzpanzer und einer Keule aus spitzen Stacheln am Schwanzende den Ankylosauriern. Der kräftige Schwanz war beweglich und diente als Stütze, wenn sich das Tier bei der Paarung oder zur Verteidigung auf seinen Hinterbeinen aufrichtete. Der massive Schädel hatte kräftige Kiefer und Zähne, mit denen sich das harte Gras der Prärien gut kauen ließ.

Die Faultiere waren ebenfalls Pflanzenfresser. Sie erschienen das erste Mal vor 30 Millionen Jahren und lebten sowohl auf Bäumen als auch am Boden. *Megatherium*, das größte bekannte bodenbewohnende Faultier, wurde sechs Meter lang. Die am Boden lebenden Arten waren sehr erfolgreich und kamen über eine neu entstandene Landbrücke nach

PFLANZENFRESSER
Doedicurus, ein Glyptodon, lebte vor etwa ein bis zwei Millionen Jahren in Patagonien und wurde bis zu vier Meter lang. Das Tier trug am Schwanzende eine knöcherne Keule; die von spitzen Dornen umgeben war und der Verteidigung diente.

BODENBEWOHNENDES RIESENFAULTIER
Megatherium lebte im heutigen Bolivien und Peru. Obwohl es so groß war wie ein Elefant, konnte es sich auf den Hinterbeinen aufbäumen, indem es sich auf seinen Schwanz stützte. In dieser Stellung pflückte es durch Herunterbiegen der Äste mit den Klauen seiner Vorderbeine Blätter von den Bäumen.

GRASFRESSER
Toxodon war ein 2,7 Meter langer, nashornähnlicher Pflanzenfresser. Als Weidetier ernährte er sich vor etwa zwei Millionen Jahren von Gräsern und Sträuchern der mittelargentinischen Pampa.

Nordamerika. Sie überlebten bis vor 11 000 Jahren und starben dann neben vielen anderen großen Pflanzenfressern aus.

HUFTIERE

Die bereits im Tertiär verbreiteten Pflanzen fressenden Säugetiere mit Hufen gibt es noch heute. Zu ihnen gehören Schweine, Pferde, Kühe, Nashörner, Elefanten und Hirsche. In Südamerika kam es zur Ausbildung eigenartiger hasen-, pferde- und kamelähnlicher Formen. Eine davon war der drei Meter lange *Macrauchenia*, der einen langen Hals, einen längeren Rüssel und Nasenöffnungen oben am Schädel zwischen den Augen hatte. Eines der größten Huftiere, *Toxodon*, hatte einen runden, nashornähnlichen Rumpf auf kurzen, stämmigen Beinen, einen breiten Kopf und kleine, dreizehige Hufen. Charles Darwin, der in Argentinien Fossilien von *Toxodon* suchte, beschrieb das Tier als »eines der seltsamsten Tiere, die je entdeckt wurden«.

AMERIKAS ARTENTAUSCH

Diese charakteristischen Säugetiere Südamerikas sind inzwischen fast ausgestorben. Ihr Verschwinden wird mit der Einwanderung nordamerikanischer Säugetiere erklärt, die vor drei Millionen Jahren über eine neue Landbrücke nach Südamerika kamen. Während nordamerikanische Pferde, Hirsche, Bären und Pumas in den Süden zogen, wanderten die Beutelratten und einige Zahnarme nach Nordamerika. Dieser Austausch führte zu einem regen gegenseitigen »Verkehr« über Mittelamerika. Etwa 50 Prozent der heutigen Säugetiere Südamerikas stammen aus Nordamerika und 20 Prozent der nordamerikanischen Säuger ursprünglich aus Südamerika.

Der Anschein, dass Arten aus dem Norden in Südamerika im Bestand überwiegten, trügt. Die Gesamtpopulation der Säugetiere nahm im Süden zu, die Rate ausgestorbener Tiere war auf beiden Kontinenten etwa gleich hoch. Vom Aussterben betroffen waren hauptsächlich Huftiere und Zahnarme, aber die Artenzahlen gingen schon zurück, bevor die Zuwanderung aus dem Norden begann.

DIE ERSTEN PFERDE
Hyracotherium war vor 50 Millionen Jahren in Nordamerika, Asien und Europa weit verbreitet und hatte eine Schulterhöhe von nur 20 Zentimeter. Er gilt als Vorfahr aller Pferde.

MERYCHIPPUS
Merychippus-Herden durchstreiften vor fünf bis zehn Millionen Jahren die nordamerikanischen Prärien. Sie gehörten zu den ersten Pferden, die sich fast nur von Gras ernährten. Als Anpassung an diese Ernährungsweise wurden die Zähne größer und deren Kronen länger als bei den Vorfahren.

DAS AUSSTERBEN DER WILDPFERDE IN NORDAMERIKA

Neben vielen anderen großen Säugetieren starben in Nordamerika vor 11 000 Jahren auch Pferde aus, möglicherweise auf Grund einer Epidemie oder durch menschlichen Einfluss. Aber die Gattung Equus überlebte in Europa, Afrika und Asien mit den Zebras, Eseln und Wildpferden. Man nimmt an, dass Pferde zum ersten Mal vor 3 000 bis 4 000 Jahren in Ostasien domestiziert wurden. In Amerika wurde das Pferd im 16. Jahrhundert von den Spaniern wieder eingeführt.

WILDPFERDE
Die Mustangs der amerikanischen Prärien im 19. Jahrhundert stammten von domestizierten Pferden ab, die die Spanier 300 Jahre zuvor eingeführt hatten.

Affen und Hominiden

Menschen sind Vertreter einer großen Teilordnung der Primaten, der Altwelt- oder Schmalnasenaffen (Catarrhini), die die Menschenaffen und die Affen Afrikas, Asiens und Europas umfassen. Diese Reihe kann bis zu einem gemeinsamen Vorfahren zurück verfolgt werden, der vor rund 28 Millionen Jahren gelebt hat. Vor 22 Millionen Jahren haben die Altweltaffen einen anderen evolutionären Weg eingeschlagen. Vor nur viereinhalb Millionen Jahren haben sich die Hominiden, die Vorfahren des Menschen, von den übrigen afrikanischen Affen getrennt. Der Unterschied zwischen der DNS (dem genetischen Code) des Menschen und seines nächsten Verwandten, des Schimpansen, beträgt weniger als zwei Prozent.

AUF DER SUCHE NACH DEM »MISSING LINK«
Die Forscher suchten lange nach dem entscheidenden fehlenden Glied zwischen Menschen und Affen in fragmentarischen, fossilen Funden. Sie konzentrierten sich auf aufrecht gehende Hominiden aus Afrika mit einer Mischung verschiedener Merkmale. Diese Australopithecinen konnten mehreren Arten zugeordnet werden, wie die zierlichen *Australopithecus afarensis* und *A. africanus*, oder die kräftigeren *A. robustus* und *A. boisei*.

NUR ENTFERNT VERWANDT
Der Orang-Utan, ein Bewohner Südostasiens, galt früher als nächster Verwandter des Menschen. Wegen seines großen Gehirns und der beachtlichen Intelligenz ordnete man ihn der gleichen Gruppe von Affen zu, wie die afrikanischen Schimpansen und Gorillas. Heute weiß man, dass die afrikanischen Affen mit den Menschen näher verwandt sind.

UNSERE NÄCHSTEN VERWANDTEN
Pan paniscus, der Zwergschimpanse (auch als Bonobo bekannt) aus Zentralafrika ist unser nächster lebender Verwandter. Seine DNS hat mehr Ähnlichkeit mit der des Menschen, als die des Schimpansen *Pan troglodytes*.

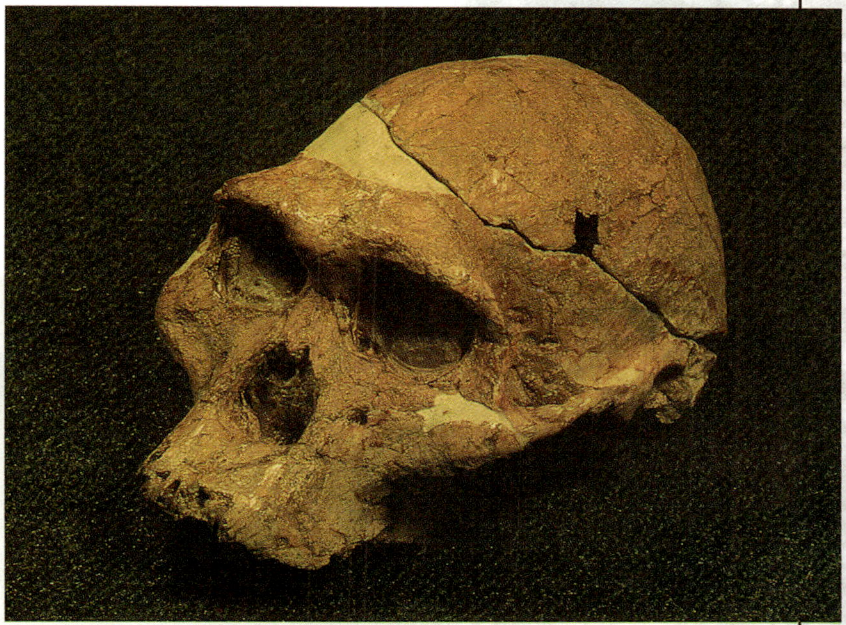

DER SCHÄDEL VON »MRS PLES«
Dieser Schädel eines *Australopithecus africanus* erhielt von dem Wissenschaftler Robert Broom 1935 den Spitznamen »Mrs Ples«. Später konnte Broom zeigen, dass dieser zweieinhalb bis drei Millionen Jahre alte Hominide über 1,4 Meter groß wurde, ganz aufrecht stand und wie ein Mensch gehen konnte.

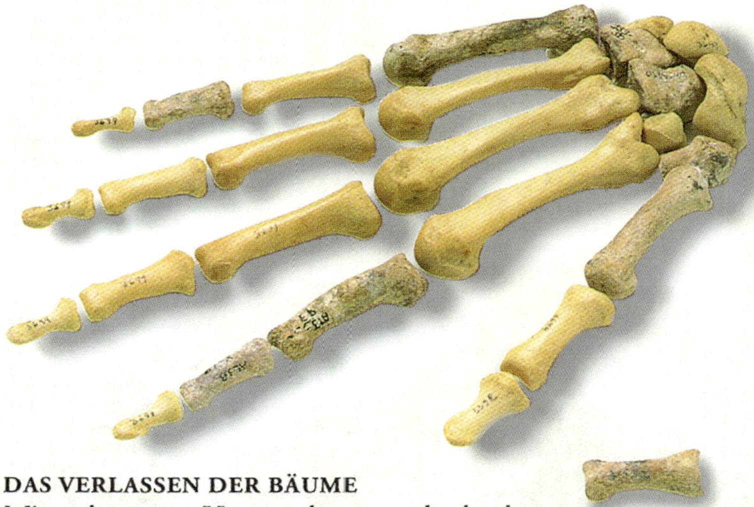

DAS VERLASSEN DER BÄUME

Mit verbesserten Untersuchungsmethoden konnte das Alter dieser Hominiden, die möglicherweise die Vorfahren der Menschen waren, genauer bestimmt werden. In den 1960-er Jahren wurde ein zwei Millionen Jahre alter Schädel von *A. boisei* aus dem Olduvaital, Tansania, gefunden. Der 1994 in Äthiopien entdeckte viereinhalb Millionen Jahre alte *Ardipithecus ramidus*, war ein noch älterer Vertreter der Australopithecinen. Er hatte Ähnlichkeit mit heutigen Schimpansen, ging aber aufrecht.

Ein ausgewachsener *Ardipithecus ramidus* wurde etwa 1,3 Meter groß und wog 27 Kilogramm. Die Weibchen waren kleiner und leichter. Die Art lebte in Wäldern, schlief auf Bäumen und war tagsüber am Boden aktiv. Aufrecht gehend benutzte er seine Hände, um Nahrung zu tragen und den freien Rücken vor der Sonne zu schützen. Seine Ernährung unterschied ihn wahrscheinlich von anderen Affen; neben den bevorzugten Früchten und Wurzeln fraß er auch Fleisch von Kadavern. Vielleicht gingen sie auch gemeinsam auf die Jagd nach kleineren Tieren.

Es ist unwahrscheinlich, dass *Ardipithecus ramidus* Werkzeuge fertigen konnte, da man keine entsprechenden Gegenstände gefunden hat, die älter als 2,6 Millionen Jahre waren.

Dagegen benutzten die ersten Australopithecinen wahrscheinlich schon Stöcke, Zweige und Knochen als Hilfsmittel, ähnlich wie heute die Schimpansen.

Nach der Entdeckung von *Ardipithecus ramidus* konnte die Abstammung der Australopithecinen schließlich lückenlos nachgewiesen werden. Der 1995 entdeckte *A. anamensis* ist 4,2 bis 3,9 Millionen Jahre alt und hat eine Kieferform wie Affen, aber weiter entwickelte Zähne. Der älteste *A. afarensis* lässt sich auf ein Alter von etwa 3,8 Millionen Jahren datieren. *A. africanus* tauchte rund 800 000 Jahre später auf. Die jüngste Entdeckung, *A. garhi*, ist ungefähr zweieinhalb Millionen Jahre alt. Er scheint der eigentliche, direkte Vorfahre der Gattung *Homo* zu sein, während *A. robustus* und *A. boisei* bereits über eine Million Jahre neben den *Homo*-Arten existierten.

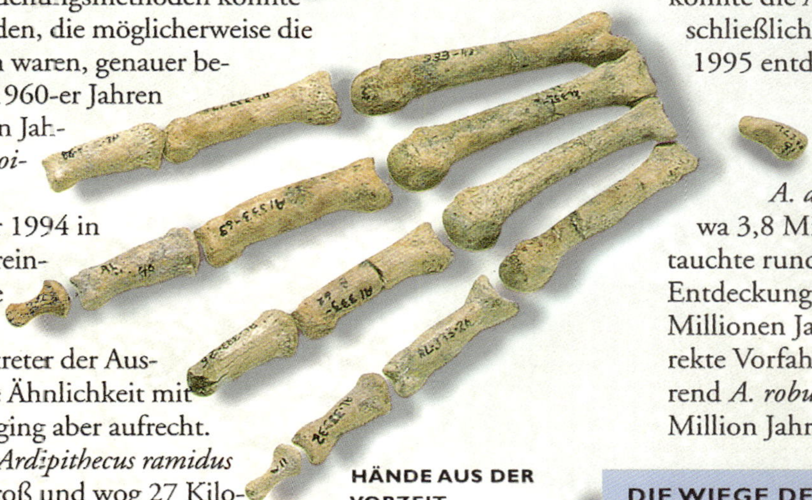

HÄNDE AUS DER VORZEIT
Die Hände dieses 3,3 Millionen Jahre alten *Australopithecus afarensis* aus Äthiopien sehen aus wie die eines Menschen, unterscheiden sich aber noch deutlich davon. Sie weisen sowohl Merkmale eines Baumbewohners als auch eines Werkzeug bauenden Bodenbewohners auf.

DIE WIEGE DER MENSCHHEIT

Der erste Beweis für die Existenz der Australopithecinen war ein Kinderschädel, der in einer Höhle bei Taung, Südafrika, 1924 gefunden wurde. Dieser »Taung-Junge« war ein A. africanus. *1959 wurde im Olduvaital ein Schädel des größeren* A. boisei *entdeckt.*

Der zwei Millionen Jahre alte Schädel überzeugte viele Forscher, dass die Australopithecinen die Vorfahren des heutigen Menschen waren. »Lucy«, das berühmt gewordene Exemplar eines A. afarensis *wurde 1979 bei Hadar in Äthiopien gefunden.*

Das Quartär

Ein Blick auf die Erde vor 18 000 Jahren zeigt eine vereiste Welt. Eisdecken, teilweise über zweieinhalb Kilometer mächtig, bedeckten weite Flächen der nördlichen Kontinente.

Das Quartär ist der jüngste Abschnitt der Erdgeschichte, der seit 1,8 Millionen Jahren bis in die heutige Zeit andauert. In geologischer Hinsicht hat sich seit 18 000 Jahren kaum etwas verändert. Kontinente, Berge, Ozeane, Gebirgsketten und Subduktionszonen befinden sich in fast identischer Lage. Aber das äußere Bild unseres Planeten unterschied sich damals stark von dem heutigen, da die Erde sich in einer Kaltzeit befand und ihre Oberfläche großflächig mit Inlandeis bedeckt war. Es war die letzte einer wechselnden Folge von Eiszeiten im Laufe der Erdgeschichte. Mächtige Eisdecken breiteten sich vom Nordpol südwärts aus und überall auf der Erde hatten die Gletscher eine große Ausdehnung.

Trotz ihres Namens bringen Eiszeiten nicht immer unbedingt Kälte mit sich. Während der letzten Eiszeit schwankte das Klima zwischen Glazialen, also Kälteperioden, in denen die Eisflächen wuchsen und Interglazialen, in denen das Eis schmolz. Jede Vereisung dauerte etwa 100 000 Jahre, unterbrochen von wärmeren Interglazialen, die etwa 10 000 Jahre anhielten. Momentan befindet sich die Erde am Ende dieser letzten Eiszeit auf dem Weg zu einem neuen Interglazial.

Auf dem Höhepunkt der letzten Eiszeit breiteten sich Eis und Permafrost weit über den nördlichen Polarkreis nach Süden aus. Etwa fünf Prozent

PINGOS
In der kanadischen Arktis nennt man Hügel, die sich durch das Hochpressen von Untergrundeis aus der Tiefe bilden, Pingos. Wenn der Eiskern abschmilzt, bleibt ein Kessel übrig. Pingos in Irland und England kennzeichnen Gebiete, in denen während der letzten Eiszeit Dauerfrost herrschte.

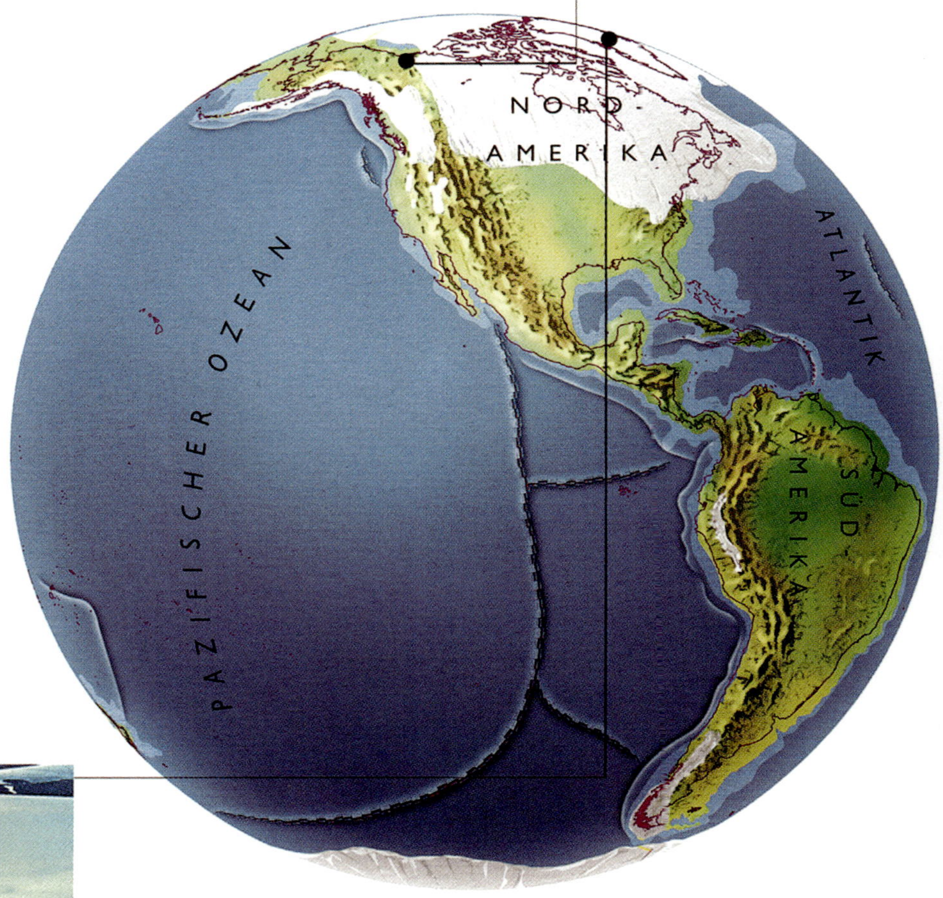

MÄCHTIGES EIS
Eisdecken entstehen im Laufe vieler Jahre. Je mächtiger die darüberliegende Schneedecke ist, desto mehr werden die Bodenschichten zu Eis zusammengepresst. Bei Gefälle wird die Eismasse instabil und kommt durch ihr eigenes Gewicht langsam ins Rutschen, als wäre sie flüssig. Auf dem Bild sieht man, wie ein Gletscher in Grönland eine Gebirgsmulde umfließt.

NORD UND SÜD

Großflächige Vereisungen können nur dort entstehen, wo ausgedehnte polare Landmassen existieren, denn das Land friert viel leichter als das Meer. Während der letzten Vereisung haben sich wegen der um das Arktische Meer konzentrierten Kontinentalflächen größere Eisdecken in der nördlichen Hemisphäre entwickelt. Schließlich fror das Oberflächenwasser des Arktischen Meeres zu und das Eis drang bis ins nördliche Mitteleuropa vor.

aller Gewässer der Erde waren gefroren (90 Prozent des Süßwassers) – mit der Folge, dass der Meeresspiegel um einhundert Meter sank. Flachmeerbereiche wurden zu trockenen Ebenen und es entstanden Landbrücken zwischen getrennten Inseln und Kontinenten, was erhebliche Konsequenzen für die Ausbreitung von Tieren und Pflanzen hatte. Für die Menschen war dies ebenfalls von Vorteil: Sie wanderten über die Beringstraße von Asien nach Amerika und von Europa auf die britischen Inseln.

BACKENZÄHNE EINES MAMMUTS
Wollig behaarte Mammuts waren während der letzten Eiszeit in Europa und Asien häufig. Ihre Backenzähne (oben) waren kräftig und stark gefurcht, um das derbe Gras und die Sträucher der Tundra zerkleinern zu können.

WARUM SCHOB SICH DAS EIS VOR?

Fossile Funde belegen, dass das Erdklima sich in den vergangenen 40 Millionen Jahren immer

mehr abgekühlt hat. Vor drei Millionen Jahren beschleunigte sich dieser Prozess und die polaren Eisflächen und Gebirgsgletscher auf der Nordhalbkugel wuchsen stärker. Die veränderten Klimaverhältnisse waren eine Folge der Kontinentaldrift. Die allmähliche Abspaltung der Antarktis von anderen südlichen Kontinenten führte zur Entstehung einer kreisförmigen Strömung (Westerly Drift), die den Austausch von warmen Luft- und Wassermassen mit kälteren Strömungen verhinderte und eine Abkühlung der Südpolregion bewirkte. Eine polare Eisdecke entstand und die Wassertemperaturen sanken, was zu einer allgemeinen Abkühlung des Erdklimas führte.

Vor etwa drei Millionen Jahren wurden Nord- und Südamerika durch die Landenge von Panama miteinander verbunden, so dass das warme Atlantikwasser nicht mehr um den Äquator fließen konnte und stattdessen nordwärts abgelenkt wurde. Die Folge waren höhere Niederschläge in Kanada, Grönland und Skandinavien – den drei Kernzonen der Vereisung mit stellenweise über 3 000 Meter mächtigen Eisdecken. Die erhöhten Niederschläge führten zum Ansteigen der Flüsse, wodurch der Süßwasseranteil in den arktischen Meeresregionen zunahm. Da Süßwasser schneller friert, wuchs die Eismenge im Polarmeer sehr rasch.

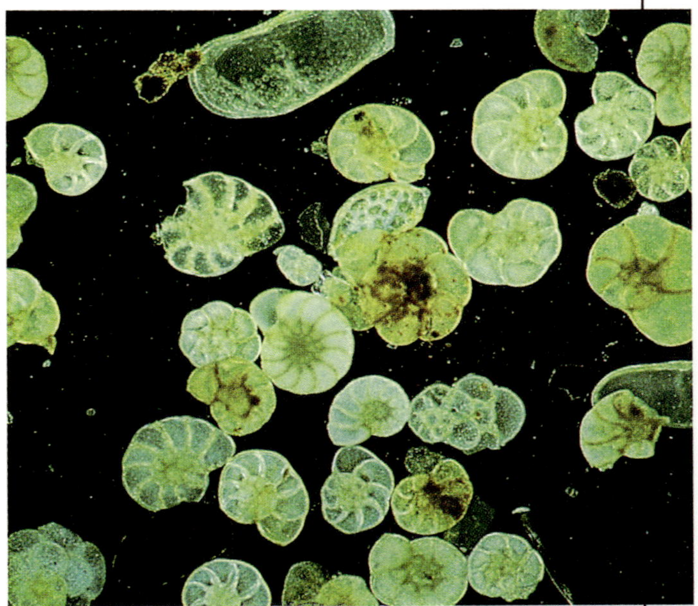

FOSSILER NACHWEIS
Aus der Zusammensetzung der Schalenreste von Einzellern (oben) in Meeresbodensedimenten können die Wissenschaftler Schlüsse auf frühere Temperaturschwankungen des Meerwassers ziehen. Da Luft- und Wassertemperaturen eng miteinander in Beziehung stehen, kann man daraus auch großräumige klimatische Veränderungen ableiten.

Die Mammutsteppe in Russland

Für Pflanzen und Tiere war es sehr schwer, unter Frostbedingungen in der Eiszeit zu überleben. Die Wachstumsbedingungen für Pflanzen in extremer Kälte sind äußerst schlecht, da kaum Wasser und bestäubende Insekten zur Verfügung stehen. Im Dauerfrostboden können Samen nicht keimen. Damit wiederum geht die Zahl der Tiere zurück, die sich von Pflanzen ernähren und kaum Nahrung finden. Auch das Vorkommen der Fleischfresser wird eingeschränkt, da es kaum Beutetiere gibt.

Dennoch haben viele Tiere und Pflanzen in den vereisten Flächen der letzten Eiszeit überlebt. Sie haben sich in mildere, baumfreie Flächen mit sommerlichem Tauwetter in den südlichen Teilen Nordamerikas und Asiens zurückgezogen. Zu den Tieren, die hier lebten, gehörten Mammuts und Nashörner mit wolligem Fell, die wie die heutigen Bewohner der Polargebiete extreme Kälte überstehen konnten. Ihr schweres Fell war eine wirksame Isolierung und die Fettschichten des Körpers wurden in den strengen Wintermonaten als Energiequelle benötigt. Auch durch einen Winterschlaf, wie beim Höhlenbär, ließ sich Energie sparen.

Eines der für reiche Fossilienfunde aus dieser Zeit bekannt gewordenen Gebiete ist die Mammutsteppe im Osten Russlands. Die Steppen damaliger Zeit waren vergleichbar mit den heutigen Savannen Afrikas – nur, dass ihr Boden gefroren war. Während heute Elefanten, Löwen und Nashörner die Savannen bevölkern, gab es in der Tundra Mammuts, behaarte Nashörner und große Raubkatzen. Dabei handelte es sich um Fell tragende Formen der heute verbreiteten Arten.

In der Steppe gab es keine Bäume, aber während des kurzen Frühlings und Sommers erwachten bunt blühende Kräuter und Gräser zum Leben. Im jähr-

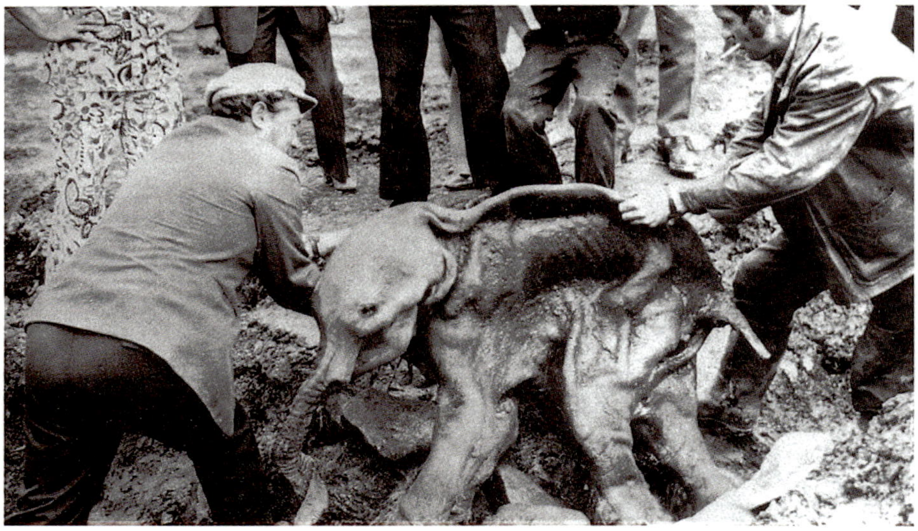

40 000 JAHRE ALTES BABY
Im Juni 1977 wurde Dima in Sibirien unter einer zwei Meter dicken gefrorenen Schlammschicht gefunden. Dima war ein geschwächtes Mammut, sechs bis zwölf Monate alt, das vor 40 000 Jahren starb, als es in einen Sumpf fiel. Als dieser zufror, wurde das Körpergewebe unversehrt konserviert.

DAS LEBEN IN DER STEPPE
Bei der sibirischen Mammutsteppe handelte es sich überwiegend um eine Graslandschaft, die sich zwischen dem Eispanzer im Norden und den sich weiter im Süden anschließenden Waldlandschaften ausdehnte. Sie war Heimat vieler großer Pflanzenfresser, zum Beispiel der wollig behaarten Mammuts und Nashörner, Riesenhirsche, Pferde und Vorfahren der meisten domestizierten Rinder. Sie wurden von Raubtieren wie löwenartigen Großkatzen und Menschen gejagt. Die Vegetation der Steppe ist fast unverändert. Sie umfasst eine Vielzahl an Gräsern und Hahnenfußgewächsen sowie typische Blütenpflanzen der Arktischen Tundra wie Purpurner und Gelber Steinbrech.

lich wiederkehrenden Turnus zog die ergrünte Steppe wandernde Tierherden an, die von hungrigen Raubtieren verfolgt wurden. Einer dieser Räuber, *Homo sapiens*, der Mensch, war ein so erfolgreicher Jäger, dass viele Tierarten ausgerottet wurden.

DIE BEDINGUNGEN ÄNDERN SICH

Als das Klima wärmer wurde, begannen die Eisdecken zu schmelzen, und die Umweltbedingungen änderten sich tief greifend. Den Tieren stand eine größere Fläche zur Verfügung. Bei milderen Temperaturen wuchsen Bäume, so dass die weiten Graslandschaften von Waldlandschaften verdrängt wurden. Waldflächen behinderten die Herden auf ihren Wanderungen. Sie zerfielen in kleinere Gruppen, die leichter anzugreifen waren. Blätter und Sträucher, von denen sich die Tiere nun ernähren mussten, waren weniger nahrhaft als Gräser, wodurch sie noch schneller dezimiert wurden, als durch den Mensch und andere Feinde. Innerhalb weniger tausend Jahre waren Mammuts, behaarte Nashörner, Riesenhirsche und Höhlenbären ausgestorben.

In abgeschiedenen Gebieten Eurasiens und Nordamerikas haben einige Arten die jüngste Eiszeit überlebt und sind noch heute vorhanden. Bison, Braunbär, Wolf, Luchs, Polarfuchs und Kondor gelten heute als stark gefährdet. Für andere Überlebende boten sich bessere Bedingungen, besonders für den Menschen.

DIE WIEDERBESIEDELUNG DES LANDES

Gegen Ende der letzten Eiszeit begannen die Eisdecken zu schmelzen und Pflanzen konnten die frei gewordenen Flächen erneut besiedeln. Die ersten Pflanzen fanden extreme Bedingungen vor. So wie 450 Millionen Jahre zuvor, als sich die ersten Landpflanzen entwickelten, gehörten Flechten und Moose zu den Pionieren. Langsam zogen andere Arten nach, begünstigt durch Bodenbildung und organisches Material. Den Flechten und Moosen folgten niederliegende, robuste Sträucher und Bäume wie Wacholder, Zwergweide und Birke. Seggen, Wollgras und Steinbrechgewächse siedelten sich an. All diese Arten sind noch heute in der Arktischen Tundra zu finden.

ARKTISCHE FLORA
Die Blüten des Purpur-Steinbrechs brachten Farbenpracht in die Grassteppen der Tundra.

HÖHLENBEWOHNER
Die stilisierte Abbildung eines Mammuts wurde in der Höhle von La Baume Latrone, Frankreich, von Eiszeit-Jägern gezeichnet. Der 1,2 Meter lange Körper des Tieres ist im Profil dargestellt, während die Stoßzähne so gezeichnet wurden, als würde man ihm gegenüberstehen.

Die Reise des Menschen

Die Geschichte der menschlichen Evolution ist sehr komplex. Man kann sie nur entschlüsseln, wenn man die fragmentarischen Beweisstücke vergangener Zeiten aus der ganzen Welt versuchsweise zusammensetzt. Die frühesten Fossilien, die wir als *Homo* (Mensch) bezeichnen können, sind fast 2,4 Millionen Jahre alt, stammen aus Ost- und Südafrika und gehören zu *Homo habilis.* Zuerst vermutete man, dass sich vor rund 1,9 Millionen Jahren ein Menschentyp, der fortschrittlicher war als *Homo habilis,* in Afrika entwickelt hatte. *Homo erectus,* »Aufrechter Mensch«, war größer, hatte ein größeres Gehirn als sein Vorgänger und ein Skelett, das dem des heutigen Menschen ähnlich war. Dieser neue Menschentyp breitete sich sehr erfolgreich und rasch aus. Vor 1,8 Millionen Jahren hatte er das Kaukasusgebirge erreicht und sich vor einer bis einer halben Million Jahren in Europa niedergelassen.

Heute ist man der Auffassung, dass sich zwei getrennte Linien der Gattung *Homo* vor 500 000 Jahren zu entwickeln begannen – eine zum Neandertaler *(Homo neanderthalensis),* die andere zum modernen Menschen, *Homo sapiens,* was soviel bedeutet wie »Wissender Mensch«.

FRÜHE KUNST
Die Kultur der Cro-Magnon-Menschen war hoch entwickelt und wies sogar künstlerische Elemente auf. In europäischen Höhlen hinterließen sie zahlreiche Malereien und Skulpturen. Dieses Nashorn wurde in einer Höhle im französischen Rouffignac gefunden.

DER NEANDERTALER

Die Überreste der Neandertaler wurden nur in Europa und im Mittleren Osten gefunden. Ihr Alter liegt zwischen 120 000 und 35 000 Jahren. Der Neandertaler hatte den ungerechtfertigten Ruf primitiv und dumm zu sein, obwohl er in Wirklichkeit eine fortschrittliche Kultur besaß. So begruben die Neandertaler ihre Toten und waren in der Lage, verschiedene Werkzeuge und Waffen zu fertigen.

Aus den Überresten lässt sich ableiten, dass Neandertaler untersetzter und allgemein kräftiger als heutige Menschen waren. Sie hatten auch dickere Augenbrauenwulste, eine fliehende Stirn und im Durchschnitt sogar ein größeres Gehirn. Vermutlich vor etwa 35 000 Jahren sind die Neandertaler jedoch ausgestorben.

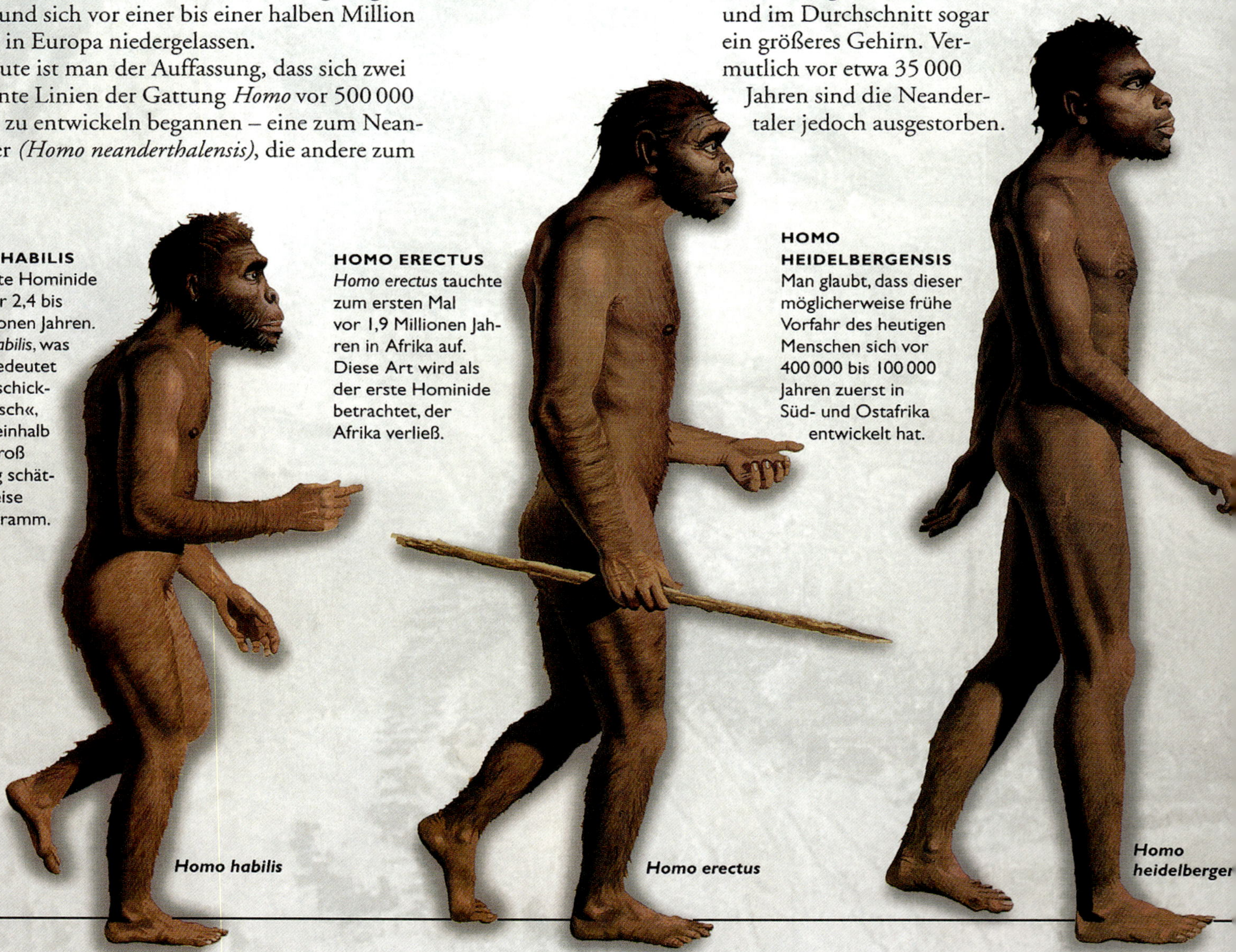

HOMO HABILIS
Der erste Hominide lebte vor 2,4 bis 1,6 Millionen Jahren. *Homo habilis,* was soviel bedeutet wie »geschickter Mensch«, war eineinhalb Meter groß und wog schätzungsweise 50 Kilogramm.

HOMO ERECTUS
Homo erectus tauchte zum ersten Mal vor 1,9 Millionen Jahren in Afrika auf. Diese Art wird als der erste Hominide betrachtet, der Afrika verließ.

HOMO HEIDELBERGENSIS
Man glaubt, dass dieser möglicherweise frühe Vorfahr des heutigen Menschen sich vor 400 000 bis 100 000 Jahren zuerst in Süd- und Ostafrika entwickelt hat.

AMERIKA WIRD BEVÖLKERT
Im Quartär bildete die heutige Beringsee eine durch Sinken des Meeresspiegels entstandene Landbrücke, die den Nordosten Russlands mit Alaska verband. Sie ermöglichte Menschen und Tieren den Weg nach Amerika. Man nimmt an, dass die ersten modernen Menschen vor etwa 30 000 Jahren über Asien nach Nordamerika kamen.

DER MODERNE MENSCH

Homo sapiens hat sich wahrscheinlich aus einer afrikanischen Gruppe, die der *Homo-erectus*-Linie entstammt, entwickelt. *Homo heidelbergensis* stellt möglicherweise eine Zwischenform dar. Die frühesten eindeutigen Überreste unserer Art wurden in Afrika gefunden und sind zwischen 100 000 und 120 000 Jahre alt. Ähnliche Funde in Israel aus der Zeit vor rund 90 000 Jahren zeigen, dass die modernen Menschen dieses Gebiet schon vor dem Neandertaler erreicht hatten. Das widerlegt die Theorie, dass *Homo sapiens* vom Neandertaler abstammt. Nach heutigem Wissen gehörte der Neandertaler einer inzwischen ausgestorbenen Linie der menschlichen Rasse an, was anhand von DNS-Analysen des Knochenmaterials untermauert wurde.

Vor 40 000 Jahren lebte *Homo sapiens* in weit voneinander entfernten Gebieten wie Borneo und Europa. Die meisten Belege weisen darauf hin, dass sich der moderne Mensch in Afrika entwickelte und über andere Kontinente ausbreitete. Es ist auch möglich, dass er sich mit älteren Gruppen in verschiedenen Gebieten gekreuzt und regional kleinräumig differenziert hat, wobei es schließlich zur Bildung der verschiedenen, heute verbreiteten Völker kam.

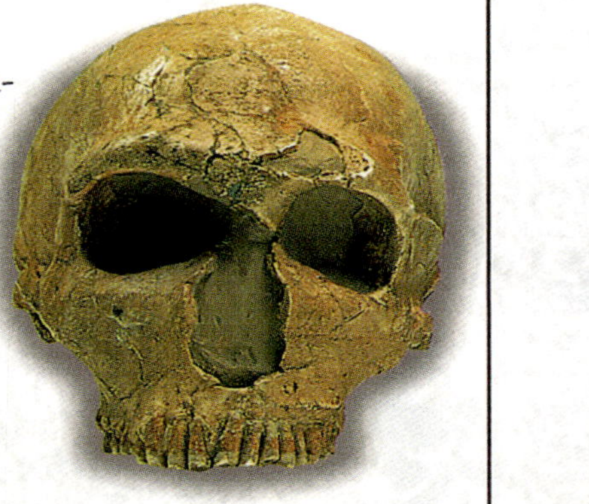

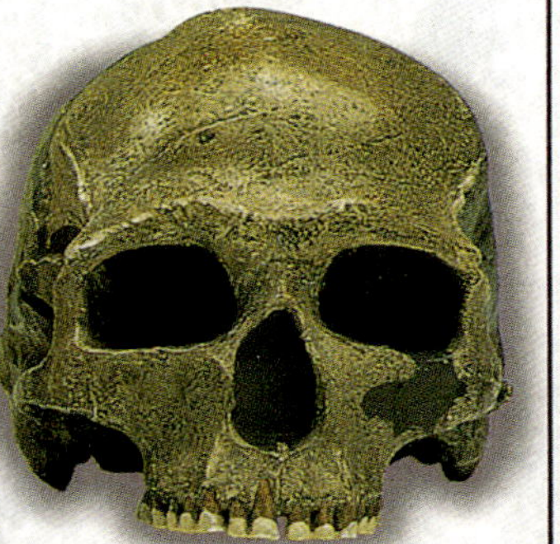

SCHÄDEL
Der Schädel eines Cro-Magnon (oben) und eines modernen Menschen weisen nur geringe Unterschiede auf. Cro-Magnon hatte eine rundlichere Schädeldecke , etwas größere Kiefer und eine größere Nase.

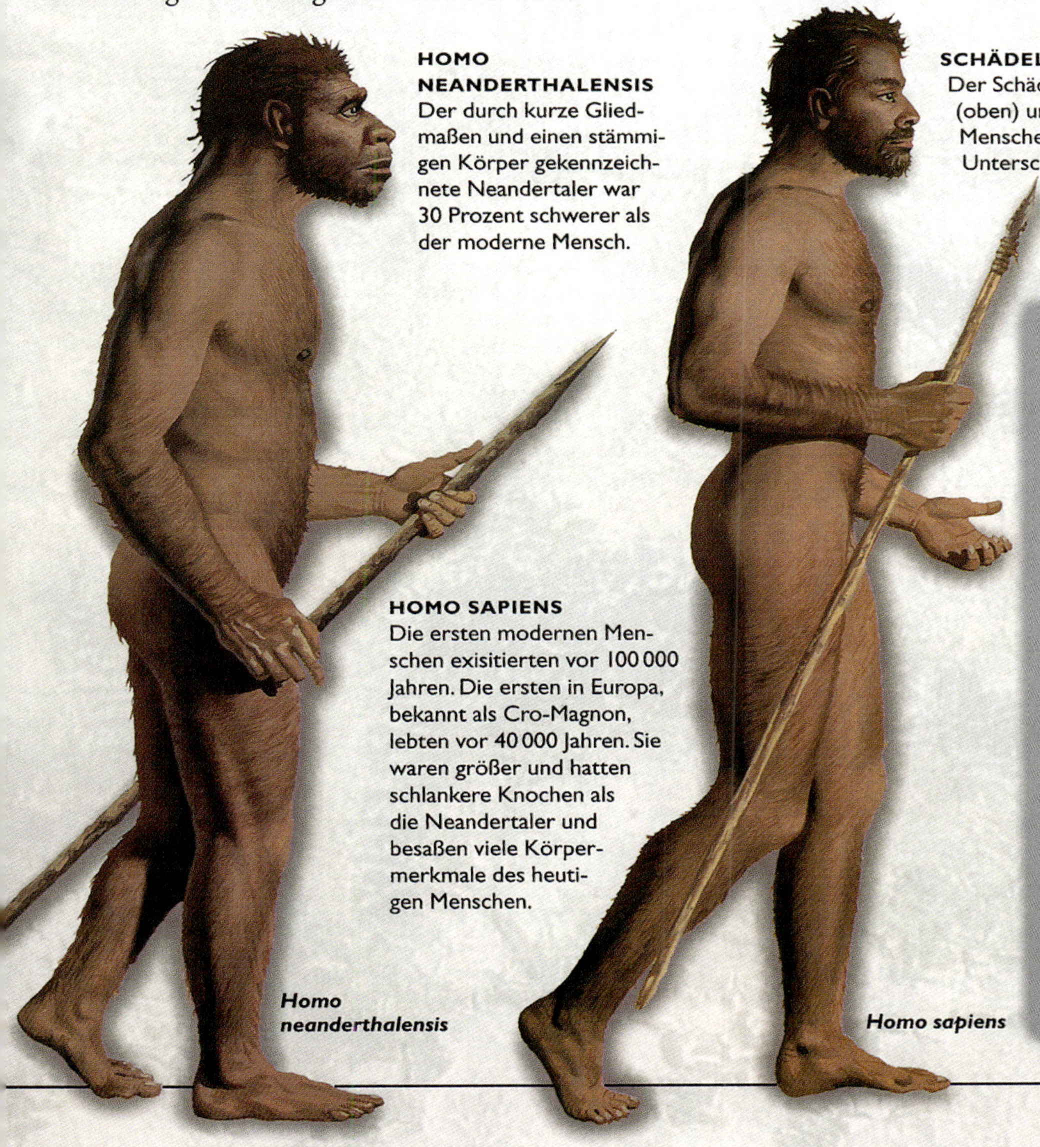

HOMO NEANDERTHALENSIS
Der durch kurze Gliedmaßen und einen stämmigen Körper gekennzeichnete Neandertaler war 30 Prozent schwerer als der moderne Mensch.

HOMO SAPIENS
Die ersten modernen Menschen exisitierten vor 100 000 Jahren. Die ersten in Europa, bekannt als Cro-Magnon, lebten vor 40 000 Jahren. Sie waren größer und hatten schlankere Knochen als die Neandertaler und besaßen viele Körpermerkmale des heutigen Menschen.

Homo neanderthalensis

Homo sapiens

DIE FRÜHEN MENSCHEN AMERIKAS

Die Clovis-Kultur, die durch charakteristische Steinwerkzeuge gekennzeichnet ist, gilt mit etwa 11 500 Jahren als früheste Kultur des Menschen in Amerika. Die Fundstätte bei Monte Verde im Süden Chiles lässt jedoch vermuten, dass die erste Besiedlung noch weiter zurückreicht. Dieser abgelegene Ort zwischen den Anden und dem Pazifischen Ozean muss etwa 12 500 Jahre alt sein. Wenn Menschen über eine Distanz von 16 000 Kilometern von der Beringstraße bis weit in den Süden gewandert sind, müssen sie Nordamerika aber bereits viel früher als vor 11 500 Jahren erreicht haben.

WAFFENHERSTELLER
Die Clovis-Spitze ist eine rasierklingenscharfe Speerspitze aus Stein. Viele solche Spitzen wurden zwischen Mammutknochen gefunden.

Das Postglazial

Vor 10 000 Jahren näherte sich die jüngste Eiszeit ihrem Ende. Die Temperaturen stiegen rasch an und die großen Eisdecken schmolzen und zogen sich zurück. So wie voranschreitende Gletscher die Landschaft formen, tiefe Täler einschneiden und Rundhöcker bilden können, so hinterlässt auch der Rückzug einer Eisschicht seine Spuren.

Das abschmelzende Eis hinterließ große Seen. Einige entstanden dort, wo Gesteins- und Eisreste der zurückweichenden Gletscher Moränen und somit eine natürliche Barriere bildeten. Als diese Eisdämme schließlich auch schmolzen, kam es wie bei den »Channelled Scablands« im US-Staat Washington zu starken Überschwemmungen und zur Ausbildung glazialer Schmelzwasserformen.

Das Schmelzwasser ließ den Meeresspiegel steigen. Dies wiederum führte zur Überflutung von Landbrücken, wie zwischen Alaska und Ostsibirien, wo die Beringstraße entstand und die Tier- und Pflanzenwelt Nordamerikas von Asien abschnitt.

An anderen Stellen verursachte das Abschmelzen der Eisdecken die Hebung von Küstenlinien. Die Eisdecken waren sehr schwer und drückten die darunter liegende Kontinentalkruste in den nachgebenden Erdmantel. Nachdem das Gewicht des Eises nachgelassen hatte, hob sich das Land wieder ganz langsam. Bei jeder Hebung formte sich die Küstenlinie neu.

DER MENSCHLICHE EINFLUSS

Während der letzten 10 000 Jahre – die Zeit, in der die Menschheit ihre Blüte entwickelte – war die Temperatur auf der Erde ziemlich konstant. Doch der Fortschritt der menschlichen Zivilisation beeinflusst auch die Temperatur. Seit Beginn der Industriellen Revolution hat die Aktivität des Menschen einen zunehmend schädigenden Einfluss auf die Erdatmosphäre. Durch das Verbrennen fossiler Brennstoffe wie Kohle, Erdöl und Erdgas freigesetzte Treibhausgase absorbieren mehr Sonnenenergie als üblich, was zur globalen Erwärmung führt. Manche Wissenschaftler glauben, dass die Temperatur in den nächsten 50 Jahren um durchschnittlich fünf Grad Celsius ansteigen könnte. Bei anhaltender Erwärmung würden die polaren Eiskappen schmelzen und der Meeresspiegel um rund sieben Meter steigen, wobei die Küstenregionen überall auf der Welt und die auf diesem Niveau liegenden Städte überflutet würden.

VERSCHIEBUNG DER STRANDLINIE
Eine Steilküste, wie hier auf der schottischen Insel Mull, bildet sich, wenn sich die unter dem Gewicht einer Eisdecke niedergedrückte Landmasse nach dem Schmelzen des Eises wieder aus dem Wasser erhebt.

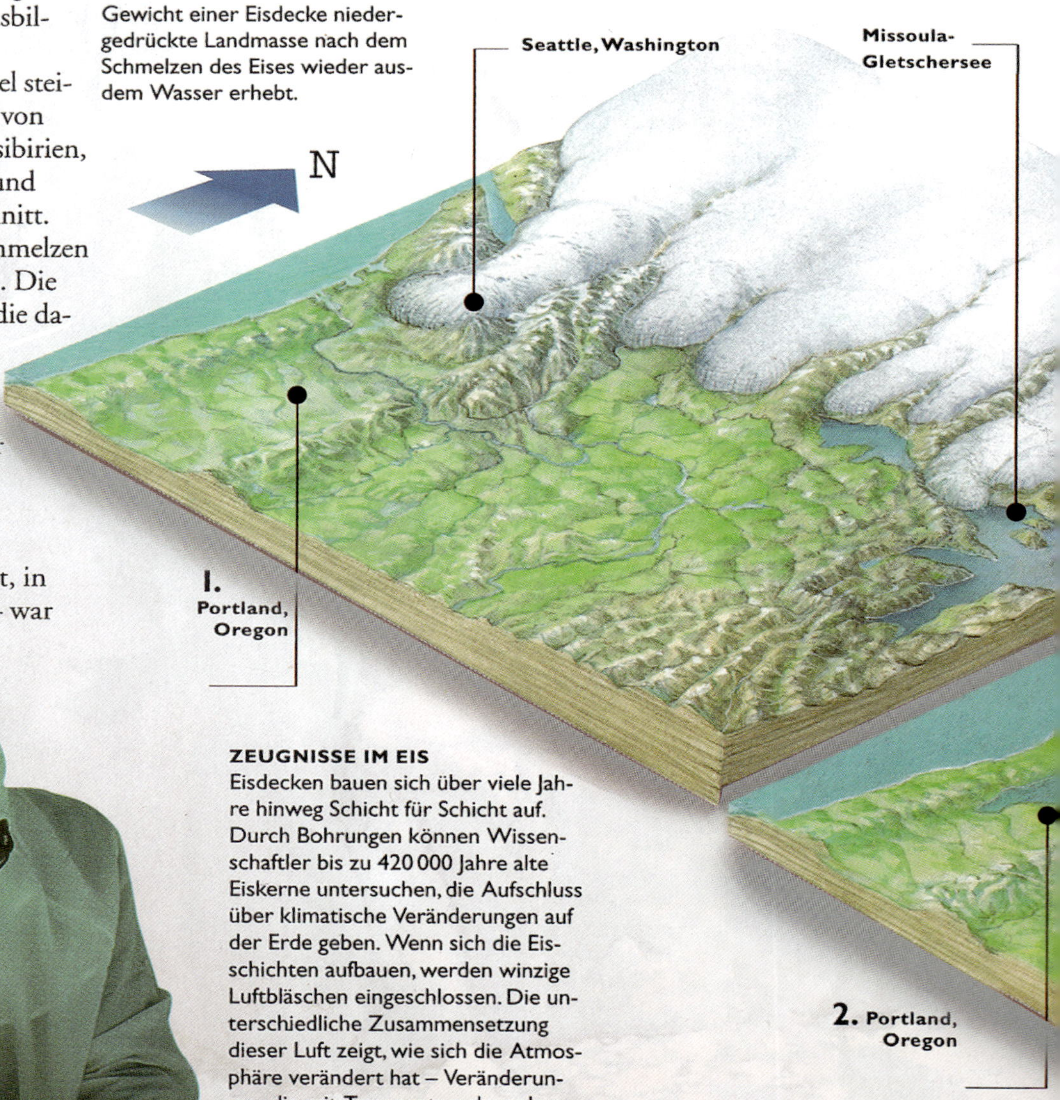

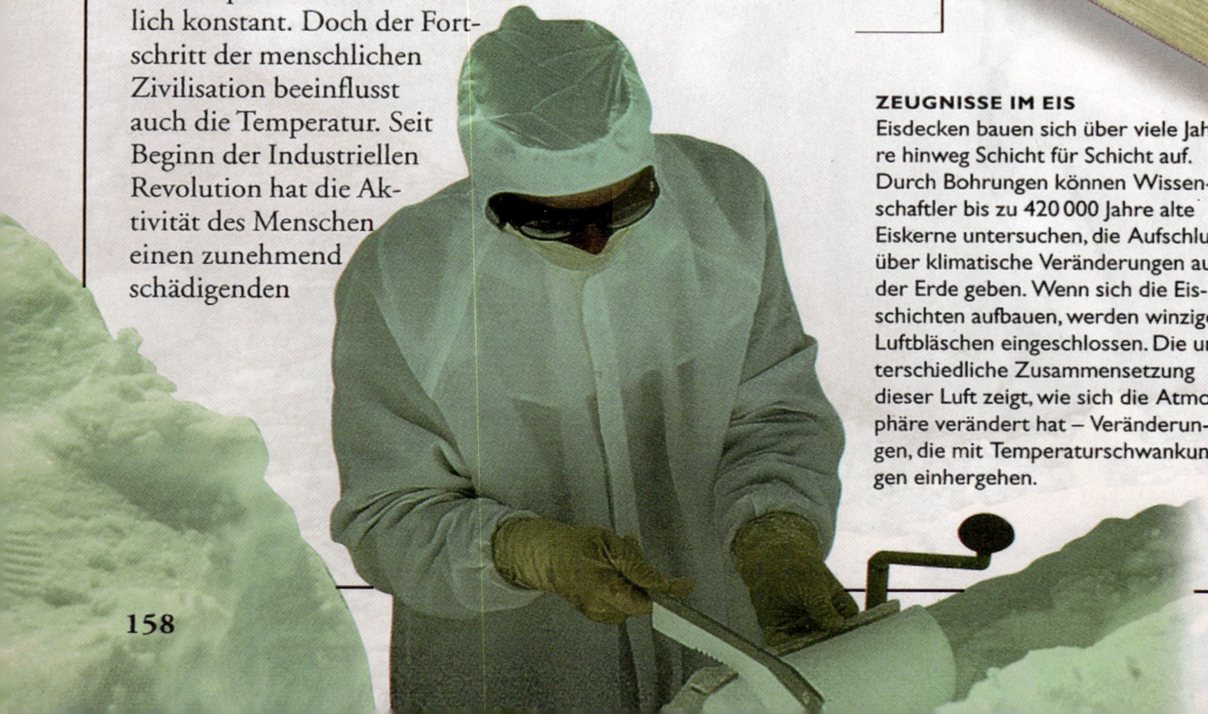

ZEUGNISSE IM EIS
Eisdecken bauen sich über viele Jahre hinweg Schicht für Schicht auf. Durch Bohrungen können Wissenschaftler bis zu 420 000 Jahre alte Eiskerne untersuchen, die Aufschluss über klimatische Veränderungen auf der Erde geben. Wenn sich die Eisschichten aufbauen, werden winzige Luftbläschen eingeschlossen. Die unterschiedliche Zusammensetzung dieser Luft zeigt, wie sich die Atmosphäre verändert hat – Veränderungen, die mit Temperaturschwankungen einhergehen.

DIE KRAFT DES SCHMELZWASSERS

Eine plötzliche Überflutung durch die Schmelzwässer eines Gletschers kann schwerwiegende Folgen haben. Die Fluten, die einst die Channelled Scablands im Osten des US-Staates Washington aushöhlten, haben vermutlich einen Großteil der Lebewesen ausgelöscht. Zu solch katastrophalen Überflutungen kommt es, wenn Gletschereis zu schnell schmilzt. Oft ist die Ursache ein Vulkan, der unter dem Eis ausbricht. Gletscher können sich aber auch an den Flanken eines Vulkans ausbreiten. Zu einem eindrucksvollen Schauspiel dieser Art kam es 1996 in Island, als ein Vulkan unterhalb des Vatnajökull-Gletschers ausbrach. Heiße Lava und Asche ließen das Eis sofort schmelzen und verursachten eine gigantische Überschwemmung. Pro Sekunde flossen 45 000 Kubikmeter Wasser ins Tal, zerstörten zwei Brücken und schwemmten einen zehn Kilometer langen Straßenabschnitt fort.

FEUER UND EIS
Beim Ausbruch des Vulkans unter dem Vatnajökull-Gletscher auf Island brach das Eis beim Schmelzen in Minutenschnelle in kleine Schollen auseinander.

UNGEWÖHNLICHER FANG
Mammuts lebten während der letzten Eiszeit auf der damaligen Landbrücke zwischen Europa und Großbritannien. Ihre fossilen Zähne und Knochen werden heute manchmal vom Meeresboden der Nordsee heraufgefischt.

DIE NÄCHSTE EISZEIT

Trotz globaler Erwärmung ist das Eiszeitalter noch nicht beendet. Momentan befindet sich die Erde wahrscheinlich in einem Interglazial, einer Warmzeit zwischen zwei Eiszeiten. Frühere Zwischeneiszeiten waren sowohl länger als auch wärmer. Es gibt Vermutungen, wonach die gegenwärtige Erwärmungsphase das Einsetzen der nächsten Kälteperiode, die in 5 000 Jahren beginnen und dann 15 000 Jahre anhalten könnte, lediglich verzögert. Berechnen lässt sich das nicht, da durch die globale Erwärmung deutlich wird, wie stark selbst kleine Veränderungen in der Atmosphäre das globale Klima beeinflussen können. Es lässt sich nicht genau vorhersagen, wie der Wärmeeffekt der Treibhausgase andere Prozesse beeinflusst, die zu einem kühleren Klima führen würden.

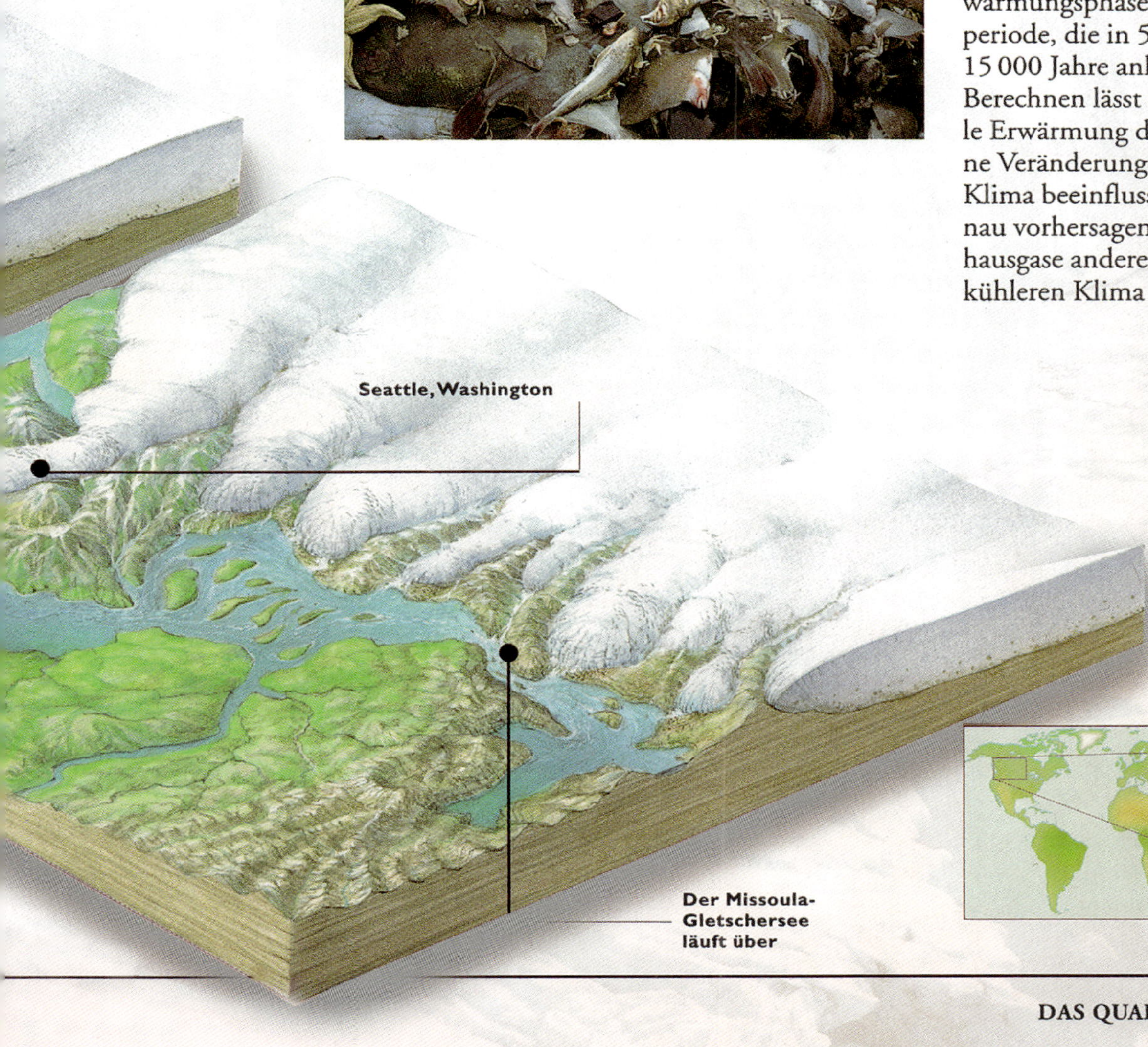

GLAZIÄRE ÜBERFORMUNG
1. Der Missoulasee entstand, als vor 13 000 Jahren eine Moräne das Schmelzwasser der nordamerikanischen Eisdecke zurückhielt. Im Lauf der Zeit wurde er über 300 Meter tief.
2. Als der See überlief, flossen pro Sekunde mehr als 20 Kubikmeter Wasser zum Meer. Es riss Gesteinsblöcke mit sich und ließ sie als glaziäres Geröll in der Anordnung von Sandrippeln zurück.

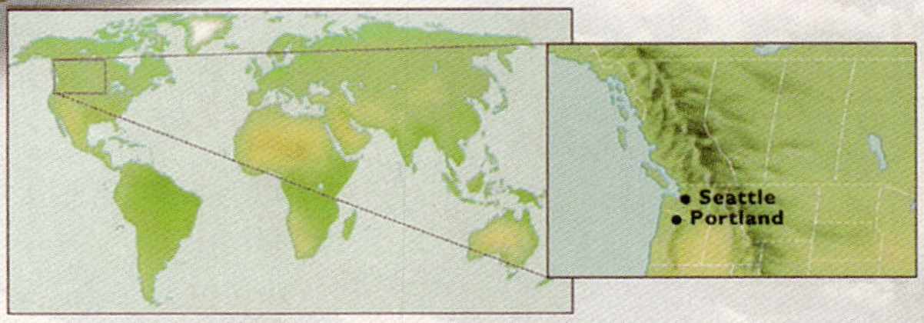

Die Erde im Überblick

Die Geschichte der Erde ist allgegenwärtig, bei jedem Stein, auf den wir treten, stoßen wir darauf. Nicht immer aber erkennen wir auf den ersten Blick, welches Geheimnis sich dahinter verbirgt. In den vergangenen 200 Jahren sind Wissenschaftler bei der Lösung des Rätsels von der Entstehung des Lebens auf der Erde und der Kräfte, die sie formten, ein großes Stück vorangekommen. Dieses Kapitel gibt einen Einblick in die Geschichte der Geowissenschaften und die wichtigsten geologischen, tektonischen und biochemischen Abläufe, die die Gestalt der Erde maßgeblich beeinflussen.

Erdgeschichte: Die geologische Gliederung

Den ersten Geowissenschaftlern, die versuchten, die Geschichte der Erde zu konstruieren, standen noch keine Formationstabellen zur Verfügung, an der sie sich orientieren konnten. Ihre Aufgabe war vergleichbar mit dem Versuc einen Familienstammbaum anhand von anonymen Fotos zu rekonstruieren Ähnlichkeiten, Frisuren und Kleidungsstile weisen zwar auf verwandtschaft che Beziehungen und eine zeitliche Abfolge hin, können aber auch irreführ sein. Das heutige Wissen über frühe erdgeschichtliche Abläufe und deren gr be chronologische Ordnung ist nicht älter als 200 Jahre. Inzwischen könner wir mit modernen Methoden, wie zum Beispiel der Radioisotopendatierun die Entstehungszeit einiger Gesteine genau bestimmen. Danach lässt sich da Alter der Erde mit einiger Gewissheit auf 4,6 Milliarden Jahre festlegen.

Der englische Naturforscher Charles Darwin (1809 – 1882) zog aus der Stratigraphie wegen ihrer Ungenauigkeit und der fehlenden Zeitskala kaum Nutzen für seine Evolutionstheorie. Er überschätzte die Dauer des Tertiärs (65 Millionen Jahre) mit 300 Millionen Jahren beträchtlich.

Schöpfung vor 6000 Jahren

Im 17. und 18. Jahrhundert stützte sich die Bestimmung des Erdalters ausschließlich auf die Auswertung historischer Dokumente, Kalender und astronomischer Berechnungen. Selbst anerkannte Naturphilosophen und Mathematiker, wie Isaac Newton, glaubten, dass der Mensch genauso alt sei wie die Erde. 1650 datierte James Ussher, Erzbischof von Armagh in Irland, die Schöpfung der Erde anhand biblischer Quellen auf das Jahr 4004 vor Christus. Diese Annahme behielt ihre Gültigkeit über 200 Jahre lang.

Schichten im Sedimentgestein

Die meisten Bemühungen zur Erstellung einer geologischen Zeitskala fußten auf Analysen sedimentärer Schichten in Gesteinen, die auf Ablagerung oder Sedimentation mineralischer Partikel durch Wasser oder Wind zurückzuführen sind. Bereits 1669 formulierte der dänische Naturphilosoph und Physiker Nikolaus Steno das Gesetz der Stratigraphie. Es besagt, dass bei einer Folge sedimentärer Schichten die untersten zuerst abgelagert wurden und demzufolge das Alter der Schichten nach oben hin abnimmt. Die zwischen 1780 und 1830 durchgeführten Untersuchungen sedimentärer Schichten zeigten den Geologen, dass geomorphologische Prozesse wie Verwitterung, Erosion und Sedimenttransport, über sehr lange Zeiträume abliefen. Damit war die Theorie von Erzbischof Ussher, die Erde sei 6 000 Jahre alt, wiederlegt.

Die Grundlagen der Stratigraphie

Mithilfe der Stratigraphie (Schichtenkunde) lassen sich Veränderungen der Landschaften und Meeresböden nachvollziehen. Die jeweiligen Umweltbedingungen und Lebensformen eines Zeitraums werden in den aufeinander folgenden Gesteinsschichten dokumentiert. Ablagerungs-und Erosionsprozesse über und unter Wasser können über einen langen Zeitraum zurückverfolgt werden. Es hat 200 Jahre gedauert, bis die genaue zeitliche Abfolge der Schichten feststand und man sie unterteilt, zugeordnet und interpretiert hatte. Die Abläufe der letzten 600 Millionen Jahre Erdgeschichte lassen sich daraus ableiten, aber über die ersten vier Milliarden Jahre herrscht weiterhin Unklarheit.

Stratigraphische Probleme

Leider befinden sich stratigraphische Schichten nicht immer in ihrer chronologischen Reihenfolge. Viele Faktoren können dazu führen, dass ältere Schichten über jüngeren liegen. Durch Plattentektonik und Gebirgsbildung können Ge-

Von links nach rechts: Georges Cuvier, Roderick Murchison und Adam Sedgwick, Begründer der Biostratigraphie im frühen 19. Jahrhundert, bei der aufeinander folgende Gesteinsschichten anhand von eingelagerten Fossilien einem Erdzeitalter zugeordnet werden können.

steinsschichten vollkommen umgekehrt werden (Reliefumkehr). Vulkanisches Gestein kann Sedimentschichten oder andere Gesteine durchdringen und dabei eine jüngere Schicht zwischen zwei älteren entstehen (Diskordanz).

Diskordanz

Eine spezifische Art tektonischer Diskordanz ist die Winkeldiskordanz. Die Diskordanz fällt in einen Zeitraum, in dem keine Sedimente abgelagert wurden (Schichtlücke). Durch Faltung, Verwerfung und Erosion wird das Relief verändert. Setzt die Sedimentation wieder ein, stoßen die Schichten winklig aufeinander. Dieser Prozess kann Millionen Jahre dauern, daher weisen Diskordanzen auf größere zeitliche Lücken in der Stratigraphie hin. Das berühmteste Beispiel einer Winkeldiskordanz ist die Hutton-Diskordanz bei Siccar Point im schottischen Berwickshire. Hier wird eine vertikale Schicht grauen Sandsteins von einer schrägen Schicht roten Sandsteins überlagert.

Fossile Zeugen

Seit dem Ende des 18. Jahrhunderts werden Fossilien allgemein als Überreste vergangener, oft ausgestorbener Lebensformen anerkannt. Im frühen 19. Jahrhundert entdeckten William Smith in England sowie Georges Cuvier und Alexandre Brongniart in Frankreich, dass aufeinander folgende Sedimentschichten Fossilien enthielten, die sich bestimmten Perioden der Erdgeschichte zuordnen ließen.

Fossilien und Stratigraphie

Durch die Entdeckung eines Zusammenhangs zwischen Fossilien und bestimmten geologischen Perioden war es möglich, Schichterfolgen anhand von Fossilien zu bestimmen. Außerdem dienten fossile Spuren in den Sedimenten zum Abgleich von Gesteinen unterschiedlicher geografischer Herkunft. Mit der Zeit ergab sich durch das Zusammenfügen verschiedener Schichtfolgen Stück für Stück eine stratigraphische Zeitskala.

Die Biostratigraphie

Der Ingenieur William Smith war im frühen 19. Jahrhundert mit Kanalbauten in Süd- und Mittelengland befasst. Die Planung und Durchführung erforderte die genaue Kenntnis von der Beschaffenheit der tieferen Gesteinsschichten. Dabei entdeckte Smith, dass er bestimmte Schichten anhand ihrer Fossilien identifizieren konnte. Durch Messen der Schichtneigung ließen sich auch die folgenden Schichten berechnen. Durch Probebohrungen und Kartierung der Oberflächengesteine konnte er großflächig dreidimensionale Karten der Schichtformationen erstellen.

Die ersten geologischen Karten

Smith dehnte die geologische Kartierung auf ganz Südengland aus, wo ein Großteil der mesozoischen Schichten leicht geneigt ist. Wie auch die jüngeren tertiären Schichten des Pariser Beckens (kartiert 1811 von Georges Cuvier und Alexandre Brongniart) zeigen sie eine relativ einfache geologische Struktur aus Faltungen und Verwerfungen.

Die stratigraphische Säule

1815 veröffentlichte Smith eine bemerkenswert genaue Karte der Geologie von England und Wales, eine der ersten großmaßstäbigen Karten weltweit. Er erstellte auch eine generalisierte stratigraphische Skala, die unten mit der ältesten undifferenzierten Grauwackenschicht in Wales beginnt und oben mit den jüngsten Schichten des Pleistozäns und Holozäns endet. Die geologische Zusammensetzung der ältesten Schicht, die zu jener Zeit fast völlig unbekannt war, wurde in den 1820-er Jahren von Roderick Murchison und Adam Sedgwick entschlüsselt. Nach Murchisons Aussage war dies nur möglich, weil sie wie Smith die Schichtenfolgen anhand ihrer Leitfossilien bestimmten.

Schätzungen des Erdalters

Mitte des 19. Jahrhunderts versuchte man das Erdalter anhand von Sedimentations- und Erosionsraten zu berechnen. Der englische Geologe Charles Lyell schätzte das Alter der Erde auf 100 Millionen Jahre. Charles Darwin berechnete mit ähnlichen Methoden die seit der Kreidezeit vergangene Zeitspanne auf etwa 300 Millionen Jahre – eine beträchtliche Abweichung, wie sich später zeigte.

Altersbestimmung mit Isotopen

In den 1890-er Jahren waren wichtige geologische Formationen, wie das Kambrium und das Karbon, bereits international benannt und weitgehend festgelegt. Doch konnte man den geologischen Kalender der Erde immer noch nicht mit genauen Angaben füllen. Zu Beginn des 20. Jahrhunderts erkannte man den radioaktiven Zerfall von bestimmten chemischen Elementen als natürlichen und fortdauernden Prozess im Erdgestein. Mit dieser Art der Berechnung des absoluten Alters von Gesteinen und Mineralien kann man seitdem auch Rückschlüsse auf das Alter der Erde ziehen.

Die geologische Zeitskala

Um 1850 hatte man die Gesteine der Erdoberfläche weit genug erforscht um festzustellen, dass alle Schichten zusammen mehrere Kilometer mächtig waren. In fast jeder Schicht fand man Fossilien, sogar in einigen der tiefsten und ältesten. Es stand mittlerweile fest, dass die Erde viel älter war als bisher allgemein angenommen. Um sich die komplexe Entstehungsgeschichte der Gesteine und die fossilen Zeugen vergangener Lebensformen erklären zu können, musste man die Schichtenfolge in spezifische Phasen einteilen. Am Ende des 19. Jahrhunderts waren die Hauptabschnitte der erdgeschichtlichen Gliederung weltweit festgelegt.

Die drei Erdzeitalter

Im 19. Jahrhundert wurden die geologischen Zeitabschnitte, in denen man prähistorisches Leben vermutete, in drei Zeitalter gruppiert: das Paläozoikum (griechisch palaios = alt), das Mesozoikum (mèsos = Mitte) und das Känozoikum (kainos = neu). Um 1860 konnte John Phillips, Geologieprofessor in Oxford, nachweisen, dass sich jedem Zeitalter bestimmte Pflanzen und Tiere (Biota) zuordnen ließen.

Zeitformationen

Die Unterteilungen der geologischen Zeitskala basieren auf Veränderungen der Fossilien; die Grenzen zwischen jedem Zeitalter sind jeweils durch ein Massenaussterben geprägt. Im frühen 19. Jahrhundert war die gesamte geologische Zeitspanne in 16 Formationen unterteilt, vom Kambrium bis zum Quartär. Unter den ältesten Gesteinen mit Fossilien des Kambriums kam eine noch frühere Phase der Erdgeschichte zum Vorschein. Da man ihr keine Lebensformen zuordnen konnte, nannte man sie Azoikum (azoos = ohne Leben).

Rätselhaftes Präkambrium

Ende des 19. Jahrhunderts deuteten fossile Funde darauf hin, dass sich bereits vor dem Kambrium primitive Lebensformen entwickelt hatten. Die Radiokarbondatierung im frühen 20. Jahrhundert ergab, dass die präkambrische Ära weitaus länger dauerte, als ursprünglich angenommen. Doch ohne eingeschlossene Fossilien als Hilfsmittel schien eine weitere Unterteilung und Zuordnung präkambrischer Schichtfolgen unmöglich zu sein.

Die Perioden des Präkambriums

In den letzten Jahrzehnten konnte die vier Milliarden Jahre dauernde präkambrische Ära etwas erhellt werden. Heute wird das Präkambrium in drei Perioden eingeteilt: das Katarchaikum (4,6 bis 3,8 Milliarden Jahre), das Archaikum (3,8 bis 2,5 Milliarden Jahre) und das Proterozoikum (2,5 bis 0,545 Milliarden Jahre). Man weiß nicht viel über die frühe Formation der Erde, weil nur wenig Gesteine aus jener Zeit oberflächlich zugänglich sind.

Die frühesten Fossilienfunde

Man weiß heute, dass die ältesten bekannten Sedimentgesteine und die frühesten Fossilienfunde aus dem Archaikum stammen; es handelt sich dabei um 3,7 Milliarden Jahre alte chemische Spuren von Mikroorganismen in Grönland. Vor drei Milliarden Jahren besiedelten Stromatolithen (Blaualgen) seichte Gewässer.

Das Proterozoikum

Der jüngere Teil des Proterozoikums (Neoproterozoikum, 1 000 bis 545 Millionen Jahre) besteht aus zwei klar definierten Abteilungen, dem Riphäikum (1 000 bis 680 Millionen Jahre) und dem Wendikum (680 bis 545 Millionen Jahre). Im Riphäikum entwickelten sich die Eukaryonten, der Sauerstoff in der Atmosphäre nahm zu und möglicherweise gab es erste mehrzellige Lebewesen. Das Wendikum war durch eine größere Eiszeit mit großflächigen Vergletscherungen geprägt (vor etwa 630 Millionen Jahren). Anschließend entwickelten sich verschiedenartige mehrzellige Organismen und marine Weichtiere, wie der Ediacara-Fauna, breiteten sich aus. Das Aussterben dieser Lebensformen und die Entwicklung erster mariner Schalentiere kennzeichnet den Beginn des Kambriums.

Das Paläozoikum

Die sechs Perioden des Paläozoikums, vom Kambrium bis zum Perm, umfassen fast 300 Millionen Jahre (von 545 bis 248 Millionen Jahre). Charakteristische Lebensformen im Paläozoikum blieben auf den marinen Bereich beschränkt. Frühe paläozoische wirbellose Meerestiere waren sehr klein, doch bis zur Mitte des Kambriums bildeten sich einige bis zu 90 Zentimeter große räuberische Arthropoden. In der Folge kam es im Meer zu einem regelrechten »Wettrüsten«. Im Silur hatten sich Raubtiere mit Zähnen entwickelt, und die

ÄON			EPOCHE		LEBENSFORMEN
Phanerozoikum	Känozoikum	Quartär	Holozän	0.01 Mio. Jahre	Verbreitung des modernen Menschen
			Pleistozän	1.8	Erste Menschen *(Homo)*
		Tertiär	Pliozän	5	Früheste bekannte Hominiden
			Miozän	24	Affen und Wale: Große weidende Säugetiere
			Oligozän	34	
			Eozän	55	Grasländer: Vorfahren von Pferd und Kamel
			Paläozän	65	Erste große Säugetiere (Dinosaurier sterben aus)
	Mesozoikum	Kreide	Oberkreide		
			Unterkreide	142	Erste Blütenpflanzen: Plazentatiere
		Jura		206	Erste Vögel und Säugetiere; Hauptverbreitung der Dinosaurier
		Trias		248	Erste Flugreptilien und Dinosaurier
	Paläozoikum	Perm		290	Erste säugetierähnliche Wirbeltiere
		Karbon	Oberkarbon	323	Erste Reptilien
			Unterkarbon	354	Geflügelte Insekten: Erste Wälder
		Devon		417	Erste vierfüßige Wirbeltiere: Erste Baumfarne
		Silur		443	Erste Landpflanzen und Insekten
		Ordovizium		495	Erste Süßwassertiere: Erste Korallen
		Kambrium		545	Erste Fische: Frühe Schalenorganismen
Präkambrium	Proterozoikum			2500	Erste Kolonien bildende Algen und Quallen (wirbellose Weichtiere)
	Archaikum			3800	Erste Mehrzeller. Erstes Leben: Algen, Bakterien
	Katarchaikum			4600	

Die Grenzen zwischen den vier großen Erdzeitaltern sind jeweils durch drastische Änderungen der als Fossilien erhaltenen Lebensformen gekennzeichnet, was auf ein Massenaussterben am Ende einer jeden Ära hindeutet.

übrigen Lebewesen waren gezwungen, sich mit Panzern zu schützen oder im Sediment zu verstecken.

Paläozoisches Leben

Zu den typischen paläozoischen Lebensformen gehören erste Arthropoden, wie Trilobiten und Eurypteriden. Es gab auch pflanzenähnliche Graptolithen, die Kolonien bildeten und zahlreiche Cephalopoden. Erste Schnecken, Klaffmuscheln, Seeigel, Seesterne und krabbenähnliche Arthropoden kamen auf.

Erste Wirbeltiere

Vor 460 Millionen Jahren tauchten die ersten Wirbeltiere auf – bizarr geformte kieferlose, fischähnliche Tiere (die Vorfahren von Neunauge und Inger). Im Silur gab es erstmalig Fische, bei denen Kiefer ausgebildet waren, ein weiterer Schritt hin zu räuberischer Lebensweise.

Landinvasoren

Im Silur vollzog sich eine der wichtigsten Entwicklungen in der Geschichte des Lebens – die Eroberung des Landes, und zwar zuerst durch winzige Pflanzen. Insgesamt hatte es über 3,4 Milliarden Jahre gedauert, bis die ersten Lebewesen an Land gingen. 100 Millionen Jahre später gab es bereits ausgedehnte Wälder aus Baumfarnen und Bärlappen, die einer Vielfalt von Tieren Zuflucht boten.

Erste Kohleablagerungen

Zu den ersten vierfüßigen Wirbeltieren gehörten die Vorfahren der Amphibien, Reptilien und Säugetiere. Sie ernährten sich von zahlreichen Wirbellosen – Vorläufer der Tausendfüßer, Schaben, Skorpionen und den ersten Flugtieren: den Libellen. Ihre fossilen Überreste wurden im Karbon in den zu Kohle gepressten Pflanzenresten der Sümpfe und Moore konserviert (lat. carbo = Kohle).

Massenaussterben

Im Paläozoikum kam es mehrmals zum Aussterben bestimmter Arten, doch gegen Ende der Ära vor 248 Millionen Jahren, an der Grenze zwischen Perm und Trias, ereignete sich das größte Massenaussterben aller Zeiten. Berechnungen zufolge wurden fast 70 Prozent aller Meerestiere jener Zeit ausgelöscht. Die Ursache lag möglicherweise im Absinken des Meeresspiegels, so dass die Schelfzonen der Kontinente trockenfielen und die Bewohner der Flachmeere zum Aussterben verurteilt waren.

Das Mesozoikum

Das Mesozoikum dauerte etwa 183 Millionen Jahre (von 248 bis 65 Millionen Jahre), von der Trias bis zur Kreide. Nach dem Massenaussterben im Perm dauerte es lange, bis sich das Leben wieder zu einer ähnlichen Vielfalt entwickelte. Besonders die Meere waren verwüstet, doch nach und nach ersetzten neue Mollusken und Arthropoden die ausgestorbenen Arten. Muscheln anstelle der Brachiopoden und neue Korallenarten kamen auf. Meeresreptilien, wie Ichthyosaurier und Plesiosaurier, wurden zu weit verbreiteten Räubern der Ozeane und ernährten sich von Fischen und Cephalopoden. Letztere entwickelten neue typische Formen, die Ammoniten und Belemniten. An Land prägten Palmfarne, Gingkogewächse und Nadelbäume die Vegetation und bildeten die Basis der Nahrungskette.

Riesenbeute- und Raubtiere

Die mesozoischen Wälder nährten die größten Pflanzen fressenden Landbewohner überhaupt – die Sauropoden und andere Reptilien. Viele von ihnen dienten wiederum den Fleisch fressenden Reptilien als Nahrung, vom kleineren *Coelophysis* (eineinhalb Meter lang) der Trias bis zu dem berühmt gewordenen Giganten *Tyrannosaurus rex* (bis zu 15 Meter lang) aus der Oberkreide.

Neue Entwicklungen im Mesozoikum

Seit der Trias hatten Flugreptilien und gefiederte Dinosaurier den Luftraum erobert. Die damals im Aussterben begriffenen Pterosaurier waren die erfolgreichsten Flugreptilien, bis sich die vielseitigeren Vögel behaupteten. Seit dem Malm veränderten Vögel das Leben auf der Erde radikal. Bemerkenswert war auch das Aufkommen kleiner warmblütiger, mausähnlicher Säugetiere und Blütenpflanzen (Angiospermen) im späten Trias. Vögel, Säugetiere und Angiospermen breiteten sich aber erst stärker aus, als die herrschenden Reptilien verschwanden.

Massenaussterben

Am Ende des Mesozoikums kam es zu einem weiteren Massenaussterben, das durch einen katastrophalen Meteoriteneinschlag ausgelöst wurde, zeitgleich mit dem Verschwinden der Dinosaurier. Inwieweit der Aufprall des im Durchmesser zehn Kilometer großen Meteoriten auf der Yucatan-Halbinsel in Mexiko das Ausmaß des Aussterbens beeinflusst hat, ist noch nicht endgültig geklärt, da auch andere Faktoren dafür verantwortlich gemacht werden.

Klimaänderung

Zur selben Zeit kam es im Hochland von Dekkan zu gewaltigen Vulkanausbrüchen, was vermutlich langfristig eine drastische Klimaänderung zur Folge hatte. Erwiesenermaßen starben die Dinosaurier und zahlreiche andere Reptilien am Ende der Kreidezeit aus. Auch das marine Ökosystem war zu dieser Zeit stark gestört, ein großer Anteil planktonischer Mikroorganismen und die Ammoniten verschwanden.

Das Känozoikum

Das Känozoikum umfasst die jüngsten 65 Millionen Jahre geologischer Zeitrechnung und reicht vom Paläozän bis zur Gegenwart. International wird das Känozoikum in die Perioden Tertiär und Quartär mit sieben Epochen vom Paläozän bis zum Holozän untergliedert.

Säugetiere im Känozoikum

Obwohl viele Organismen des Känozoikums heute noch existieren, wären uns vor 50 Millionen Jahren doch zahlreiche Säugetiere unbekannt vorgekommen. Manche ähnelten Hunden oder Bären, andere Schweinen oder Nilpferden. Einige dieser

***Anahoplites*, Ammonit aus der Kreidezeit, ausgestorbener Verwandter des Tintenfischs.**

Säugetiere lebten im Meer und wurden zu den Vorfahren der heutigen Wale, Delfine und Robben. Die Säugetierpopulationen der isolierten Kontinente Australien und Südamerika umfassten darüber hinaus auch hunde- und katzenähnliche Beuteltiere, die sich parallel zu den fortschrittlicheren Plazentatieren entwickelten.

Vertraute Landschaften

Verwandte der heutigen Blütenpflanzen, von den Gräsern bis zu Bäumen, wuchsen im Känozoikum. Singvögel entwickelten sich, Pferde und Hirsche weideten auf ausgedehnten Grasländern. Die Pflanzen fressenden Huftiere wurden von Fleischfressern, wie Großkatzen, wilden Hunden, Hyänen und den ersten Hominiden, gejagt. In der Folge mehrerer Eiszeiten, die gegen Ende des Känozoikums durch Klimaänderungen ausgelöst wurden, kamen verstärkt kälteresistente Arten auf, wie Mammut und Wollnashorn. Nach der letzten Eiszeit kam es durch den Klimawechsel und den Jagdtrieb des Menschen erneut zum Aussterben vieler Arten.

Datierungsmethoden: Innovationen und Entdeckungen

Im 19. Jahrhundert war es noch nicht möglich, eine korrekte Einteilung erdgeschichtlicher Epochen vorzunehmen, daher blieb das Alter der Erde nach wie vor spekulativ. Die Entdeckung der Radioisotopendatierung zu Beginn des 20. Jahrhunderts revolutionierte das Verständnis der Frühgeschichte der Erde und bestätigte, was Geologen seit Jahrzehnten vermutet hatten: dass sie einen zeitlichen Rahmen von vielen Hundertmillionen Jahre umfasst. Zunächst erwies es sich aber als problematisch, die neuen präzisen Datierungsmethoden mit den bestehenden und allgemein anerkannten Formationstabellen aus dem 19. Jahrhundert in Einklang zu bringen.

Der irische Physiker Lord Kelvin (1824–1907) berechnete das Erdalter auf physikalisch-chemischer Grundlage.

Ernest Rutherford (1871–1937), ein englischer Physiker, entdeckte den Atomkern und berechnete das Gesteinsalter anhand des radioaktiven Zerfalls.

Fossilienchronologie

Als zu Beginn des 19. Jahrhunderts der Zusammenhang zwischen der Schichtenfolge und den darin eingeschlossenen Leitfossilien erkannt wurde, richteten die Geologen ihr Augenmerk auch auf die starken Schwankungen in der Anzahl der Fossilien. Im Paläozoikum, Mesozoikum und Känozoikum wurde das auf bestimmte Zeiten begrenzte Vorkommen typischer Fossilienarten zur Bildung eigenständiger zeitlicher Unterabschnitte herangezogen.

Stratigraphische Zonen

Mitte des 19. Jahrhunderts zeigte Albert Oppel, dass detaillierte aufeinander folgende Änderungen bei Ammoniten zur Erkennung von Unterstufen (Zonen) innerhalb der stratigraphischen Serie des Juras für ganz Europa galten. Oppels Methode wurde von anderen Paläontologen begeistert übernommen. Charles Lapworth entdeckte, dass man anhand von Graptolithen frühe paläozoische Meeresschichten genauso unterteilen konnte. Einige Zonen von Ammoniten und Graptolithen kann man auf den für geologische Maßstäbe ungewöhnlich genauen Zeitraum von ein bis zwei Millionen Jahre eingrenzen.

Heutige Zoneneinteilung

Die stratigraphische Zonierung findet immer noch breite Anwendung, zum Beispiel bei der Untergliederung mariner und terrestrischer Sedimente der jüngeren Erdgeschichte. Einzellige Mikrofossilien (Foraminiferen) aus Tiefseeablagerungen sind sehr nützlich zur Untergliederung und zum Vergleich mariner Sedimente. An Land bestimmt man mit Hilfe von Pollen und Insektenresten, wie den Deckflügeln von Käfern, Sedimente aus der letzten Eiszeit.

Kelvins Theorie

1897 berechnete Lord Kelvin, ein anerkannter irischer Physiker, als einer der ersten Wissenschaftler auf physikalisch-chemische Weise das Erdalter auf 20 bis 40 Millionen Jahre. Er ging davon aus, dass die Erde aus einem ursprünglich flüssigen Zustand abgekühlt ist. Diese Schätzung lag zwar weit unter den Berechnungen der Geologen, doch auf Grund seines unzweifelhaften Rufs, wurden Kelvins Zahlen schnell übernommen. Die Konvektionsströme des Erdmantels und die Radioaktivität blieben bei der Datierung unberücksichtigt, da man zu damaliger Zeit noch nichts über deren Existenz wusste.

Radioaktivität

Im frühen 20. Jahrhundert entdeckten Ernest Rutherford und Arthur Holmes in England und Bertram Boltwood in den USA, dass die Radioaktivität zur Datierung von Mineralien und Gesteinen herangezogen werden kann. 1905 berechnete Rutherford anhand der Zerfallsdauer von Uran das Alter eines Minerals auf 500 Millionen Jahre. Die Genauigkeit dieser Datierungsmethode basiert auf der Tatsache, dass der radioaktive Zerfall im Gestein zufällig und unbeeinflusst von physikalischen oder chemischen Faktoren, wie Oberflächentemperaturen oder Druckänderungen, abläuft.

Altersbestimmung von Isotopen

Die Isotopendatierung basiert auf der Zeitspanne, in der bestimmte radioaktiver Elemente zerfallen. Neutronen mit identischen chemischen Eigenschaften, aber unterschiedlicher Masse bezeichnet man als Isotope desselben Elements. Die meisten Elemente setzen sich aus stabilen und instabilen Isotopen zusammen. Bei der Isotopendatierung werden die Anteile instabiler (radioaktiver) Isotope in Mineralien gemessen. Jedes Isotop zerfällt in einer bekannten Zeitspanne (Halbwertszeit), wodurch man das Alter von Gesteinsformationen berechnen kann. So lässt sich für jedes Gestein mehr oder weniger exakt der Entstehungszeitpunkt feststellen.

Isotopendatierung und Stratigraphie

Ursprünglich ließ sich die Isotopendatierung nur bei Eruptivgestein anwenden, also bei Gestein, das bei der Kristallisation von Mineralien aus geschmolzenem Material (Magma) bei dessen Abkühlung entsteht. Bis vor kurzem konnte Sedimentgestein nicht mit dieser Methode datiert werden, denn das Alter eines bestimmten Gemengeteils in einem Sedimentgestein, wie Sandstein, entspricht dem Zeitpunkt seiner ursprünglichen Kristallisation und nicht dem der Sedimentbildung. Man musste also die Ergebnisse der Isotopendatierung von Eruptivgestein mit der stratigraphischen Einteilung von Sedimentgestein in Zusammenhang bringen.

Probleme bei der Isotopendatierung

Die Datierung von Zirkon in einem Sediment verdeutlicht das Problem bei der Isotopendatierung. Zirkon, ein widerstandsfähiges Mineral, hat bereits mehrere Erosionszyklen durchlaufen und ist viele Jahrmillionen alt, ehe es im Sediment eingeschlossen wird. Mithilfe einer neuen Datierungsmethode lässt sich seit kurzem das Alter winziger Kristalle bestimmen, die nach der Ablagerung an Zirkon wachsen. So kann man nun das Alter von Sedimentgestein bestimmen, auch wenn es, wie der präkambrische Sandstein, keine Fossilien enthält.

Die Präzision der Isotopendatierung

Vulkanische Lava eignet sich sehr gut für die Isotopendatierung. In Wechsellage mit sedimentären Schichten kann man dadurch den Zeitraum, in der das Sediment ober- und unterhalb abgelagert wurde, recht genau einordnen und eine präzise Abstimmung der Isotopendatierung mit den Ergebnissen der stratigraphischen Zeitskala vornehmen.

Das älteste Mineral

Das älteste bekannte Mineral auf der Erde, dessen Alter durch die Isotopendatierung bestimmt wurde, ist ein Zirkon mit einem Alter von 3 962 ± 3 Millionen Jahren aus präkambrischen Graniten der Slave-Provinz in Nordwest-Kanada.

Die Radiokarbonmethode

Der Zerfall von Kohlenstoffisotopen in lebenden Organismen wird zur Datierung organischer Materialien, wie Holzkohle, Muscheln und Knochen, herangezogen. Leider zerfällt das radioaktive Isotop ^{14}C relativ schnell (Halbwertszeit: 5 730 Jahre), so dass diese Methode nur bei jüngeren archäologischen Funden anwendbar ist.

Die Magnetostratigraphie

Viele Gesteine, vor allem Eruptivgesteine, aber auch eine Reihe eisenhaltiger Sedimente, enthalten magnetische Minerale. Diese sind auf das Magnetfeld der Erde ausgerichtet und werden bei der Gesteinsbildung mit dieser magnetischen Ausrichtung fixiert. Bei Eruptivgestein werden die magnetischen Minerale mit ihrer magnetischen Ausrichtung eingeschlossen, wenn das geschmolzene Gestein unter etwa 6 000 Grad Celsius abkühlt.

Magnetische Anomalie

Das Magnetfeld der Erde kehrt sich von Zeit zu Zeit um. Daraus ergeben sich Abfolgen von Gesteinen mit normaler Polarität (ihr magnetischer Norden entspricht dem heutigen magnetischen Norden) und mit umgekehrter Polarität. Veränderungen im Magnetfeld der Erde, die etwa alle 500 000 Jahre auftreten, erzeugen im Lauf der Zeit ein typisches Muster. Ein bestimmtes Umkehrmuster in einer Gesteinsprobe kann wie ein Strichcode mit der Zeitskala der Umkehr des Erdmagnetfelds verglichen werden, um ihr Alter zu bestimmen. Diese Zeitskala wird durch die Isotopendatierung kalibriert.

Die magnetische Ausrichtung von Sedimenten

Bei der Bildung eines Sediments werden winzige Partikel magnetisierten Eisens in den Gemengeteilen auf das Erdmagnetfeld ausgerichtet. Bei der Gesteinsbildung bleibt diese Ausrichtung erhalten. Die Bestimmung der magnetischen Polarität von Sedimenten erwies sich bei der Datierung bestimmter Gebiete als sehr nützlich und erleichterte zum Beispiel die Einordnung miozäner Sedimente der Siwalik-Region im Norden Pakistans. Das Alter der Sedimente, in denen eine Vielfalt fossiler Säugetiere, einschließlich Hominiden, gefunden wurde, war lange unbekannt. Anhand der dreizehn nachgewiesenen paläomagnetischen Umkehrungen konnte schließlich ein Alter zwischen 6,5 und 8,6 Millionen Jahren ermittelt werden.

Die Spaltspurenmethode

Diese neue Datierungsmethode nutzt die spontane Spaltung des radioaktiven Isotops Uran 238, die in Mineralen wie Zirkon wenige Mikrometer lange Spuren hinterlässt. Je nach Urangehalt des Minerals nehmen diese Spuren mit der Zeit zu. Das Alter des Minerals kann durch die Messung der Spaltspurendichte in einem Mineral und des Urangehalts berechnet werden. Die Methode dient zur Überprüfung von Isotopendatierungen. Sie war besonders nützlich bei der genauen Datierung von Vulkanasche, die zwischen den einzelnen Sedimentschichten mit fossilen Hominiden in Ostafrika eingelagert war.

Atome als Zeitzeugen

Zwei Datierungsmethoden, Elektronenspinresonanz und Thermolumineszenz, messen die Zahl derjenigen Elektronen, die auf eine Störung von atomaren Strukturen in Mineralen zurückgehen. Diese Methoden ermöglichen den Anthropologen zum Beispiel die Datierung von anorganischen Funden, wie benutzte Feuersteine an antiken Feuerstellen.

Aminosäurenracemisierung

Bestimmte Kohlenstoffverbindungen existieren spiegelbildlich, einmal in rechts und einmal in links drehender Form. Die Aminosäurenracemisierung basiert auf der langsamen chemischen Umkehrung links drehender Aminosäuren, die natürlicherweise in lebenden Organismen vorhanden sind, in ihren rechts drehenden Gegenpart. Dieser Prozess vollzieht sich bei Änderung der Umweltbedingungen, vor allem bei Temperaturschwankungen und erwies sich als hilfreich bei der Datierung archäologischer Funde, wie Muschelschalen und Knochen, bei denen die Radiokarbonmethode nicht anwendbar war. Ihre Anwendungsmöglichkeit reicht aber nur über wenige hunderttausend Jahre zurück.

Weitere Datierungsmethoden

Eine hilfreiche, aber kaum verfügbare Datierungsmöglichkeit ist die Untersuchung von Asche aus Vulkanausbrüchen, die sich in kurzen geologischen Zeiträumen über weite Gebiete verteilt hat. Gleiches gilt für die bei einem Asteroiden- oder Meteoritenaufprall entstandenen Tektite (durch die Hitze des Aufschlags erzeugte glasartige Fragmente geschmolzenen Gesteins).

Lava aus Vulkanausbrüchen ist ein nützliches Datierungsmittel. Ihr Alter kann durch die Isotopendatierung ermittelt werden, was auch die chronologische Zuordnung der angrenzenden Sedimentgesteine ermöglicht.

Kontroverse Ansätze

Abraham Gottlob Werner (1749–1817) setzte sich für die Beweissicherung von Laboruntersuchungen durch Feldstudien ein.

Die Geologie war schon immer eine Wissenschaft konträrer Ansichten und unterschiedlicher Deutungen. Die Interpretation erhobener Daten, die experimentelle Genauigkeit und die Beweiskraft theoretischer Ansätze waren häufig zweifelhaft und Gegenstand heftiger Diskussionen. Die Entnahme geologischer Proben ist oft schwierig und das Material nicht immer aussagekräftig. Bei der Kennzeichnung von Fossilien wurden zum Beispiel ganze Spezies auf der Grundlage einzelner Exemplare beschrieben.

Geologische Messungen

Eine der Schwierigkeiten besteht darin, dass geologische Vorgänge nicht immer direkt beobachtet werden können, besonders wenn sie sich im Erdinneren abspielen. Sie lassen sich nur durch Daten spezieller Messmethoden, wie die geophysikalischen Gravitations- und Erdbebenmessungen nachweisen.

Der Zeitfaktor

Bei den meisten Wissenschaften ist die Überprüfung der Theorien unter Laborbedingungen unerlässlich. Doch die Zeitdauer geologischer Prozesse, wie zum Beispiel die Gebirgsfaltung, umfassen viele Jahrmillionen und lassen sich nicht im Labor nachstellen. Zu den heutigen Aufgaben der Geologie gehört die genaue Vorhersage von Erdbeben und Vulkanausbrüchen. Da diese komplexen Prozesse zahlreichen Einflussfaktoren unterliegen, kann man sie nicht mit konventionellen Mitteln nachstellen, sondern muss auf komplizierte mathemathische Modelle zurückgreifen.

Kartierung im Gelände

Im 18. Jahrhundert basierte die Geologie noch weitgehend auf den theoretischen Ansätzen früherer Gelehrter, für deren Behauptungen und Mutmaßungen aber meist der entscheidende Nachweis fehlte. Mit der Zeit wurden geologische Feldstudien als notwendiges Mittel erachtet. Einen der ersten Versuche, die Beobachtung von Gesteinen und Schichten mit theoretischen Ansätzen in Einklang zu bringen, unternahm der Italiener Giovanni Arduino (1713–1795), Professor für Mineralogie in Padua. Er teilte das in Norditalien gefundene Gestein in vier Gruppen ein: primär, sekundär, tertiär und vulkanisch.

Werners Theorie

Die Ergebnisse von Arduinos Arbeit wurden von dem deutschen Mineralogen Abraham Gottlob Werner aufgegriffen. Er war der Ansicht, dass das älteste (primäre) Gestein aus einem Urmeer ausgefallen war, das nach herrschender Ansicht die Erde einst umgab. Werner war ein anerkannter Lehrer, der Studenten aus ganz Europa anzog. Doch mit zunehmendem Alter wurde er immer dogmatischer und verschloss sich zunehmend neuen Erkenntnissen und Ideen.

Der Neptunismus

Die Urmeer-Theorie Werners wurde als Neptunismus bezeichnet. Seiner Ansicht nach konnten primäre Sedimente, wie Granit, als Ausgangsgestein keine Fossilien und klastisches Material enthalten. Als genügend Mineralien aus dem Wasser ausgefällt waren, formierten sich die Gesteine, tauchten schließlich als Kontinentalsockel aus dem Meer auf und wurden besiedelt. Das im Wasser gebildete Gestein (Kalkstein und Schiefer) wurde Transitionsgestein genannt. Das jüngste Deckgestein bestand demzufolge vorwiegend aus Sedimenten, wie zum Beispiel Sandstein.

Der Plutonismus

Ein anderer Ansatz beruhte auf der Annahme, dass abkühlendes, unter der Erdoberfläche erstarrtes Magma als Hauptgesteinsbildner in Betracht gezogen werden muss. Der französische Geologe Nicolas Desmarest unterstützte diese Theorie und führte diesbezüglich Mitte des 18. Jahrhunderts eine Detailstudie der Vulkane in der Auvergne in Frankreich durch. Aufgrund seiner Feldstudien stufte Desmarest Basalt als Eruptivgestein aus Vulkanen ein.

Der geologische Zyklus

Im anthropozentrischen Weltbild des 18. Jahrhunderts stand der Mensch eindeutig im Mittelpunkt.

Durch Untersuchung der Vulkane in der Auvergne entdeckte der französische Geologe Nicolas Desmarest, dass Basalt ein Eruptivgestein ist, und widerlegte damit das vorherrschende Meinungsbild im 18. Jahrhundert.

Nach Werners Theorie unterlagen die Kontinente ständiger Abtragung. Neue Gesteinsbildung gab es nicht, da das Urmeer, aus dem sie entstanden, nicht mehr existierte. Die Menschen fühlten sich fortan vom drohenden Verschwinden der Kontinente in ihrer Existenz bedroht, was den schottischen Naturphilosophen James Hutton 1785 zu der neuen These veranlasste, dass geologische Prozesse zyklisch seien. Danach bildet das in den Meeren abgelagerte Erosionsmaterial eine mächtige Folge von Sedimentschichten, die als neue Gebirge vom Meeresboden über die Oberfläche aufragen werden, wenn die alten Kontinente abgetragen sind.

Uniformitarismus

Im Widerspruch zu den Neptunisten behauptete der schottische Arzt James Hutton, dass Granit ein metamorphes Gestein sei und jünger als die umliegenden Schichten. Er ging auch davon aus, dass altes, kontinentales Gestein abtauchen und von neuerem Gestein zugeschüttet werden konnte, um dann, wie in einem Kreislauf, erneut aufzusteigen. Da sich solche Prozesse langsam vollzogen und sich häufig wiederholten, teilte er die Ansicht, dass die Erde bereits sehr alt sein müsse. In der ersten Hälfte des 19. Jahrhunderts wurden Huttons Theorien heftig kritisiert. Die stratigraphischen Methoden legten nahe, dass die Erdgeschichte nicht zyklisch, wie von Hutton angenommen, sondern linear ablief.

Das Problem der Kontinentaldrift

Eine der wichtigsten Fragen innerhalb der Geowissenschaften im frühen 20. Jahrhundert betraf die Bewegung der Kontinente auf der Erdoberfläche. Bis vor kurzem war es physikalisch nicht erklärbar, wie sich Gesteins- und Sedimentmassen von der Größe ganzer Kontinente über Tausende von Kilometern fortbewegen konnten. Doch wies eine beunruhigende Zahl geologischer Faktoren darauf hin, dass genau das in ferner Vergangenheit passiert war und sich immer noch vollzog. Über ein halbes Jahrhundert gab es eine Reihe erfolgloser Erklärungsversuche, bis sich endlich eine akzeptable Lösung abzeichnete.

James Hutton (1726–97) gilt als Begründer der modernen Geologie. Er ging davon aus, dass zyklische Prozesse die erdgeschichtlichen Abläufe steuern.

Gesteinsanalysen vom Giant´s Causeway in Nordirland aus dem 18. Jahrhundert erbrachten eine auffallend ähnliche Zusammensetzung wie Lava aus Vulkanausbrüchen.

Wegeners Theorie

Der deutsche Meteorologe Alfred Wegener behauptete 1915, dass alle Kontinente im Paläozoikum in einem Riesenkontinent namens Pangaea vereint gewesen waren. Er rekonstruierte das Auseinanderbrechen von Pangaea und die Verschiebung der einzelnen Kontinente in ihre heutigen Positionen mithilfe einer bemerkenswerten Kartenfolge. Zahlreiche Indizien unterstützten seine Theorie: Die Küstenformen beiderseits des Atlantiks passten wie Puzzleteile so genau zusammen, dass ein reiner Zufall ausgeschlossen werden musste. Die Ähnlichkeit der Fossilien in heute weit voneinander entfernten Kontinenten war verblüffend. Darüber hinaus konnten Hinweise auf eine frühere Eiszeit in Indien, Südafrika, Südamerika und Australien bei ihrer heutigen Lage nicht anders erklärt werden, als dass sie in der Vorzeit einmal eine gemeinsame Landmasse gebildet haben mussten.

Die Wegener-Debatte

Viele Geophysiker und Geologen reagierten auf Wegeners Theorie mit heftigem Widerstand. Der berühmte englische Geophysiker Harold Jeffreys wandte ein, dass ozeanischer Basalt für eine Kontinentaldrift zu hart sei. Dennoch fand Wegener zögernd Unterstützung. 1928 erklärte Arthur Holmes die Bewegung der Kontinente mit den Konvektionsströmen im Erdmantel, was zunächst schlicht und einfach ignoriert wurde. 1937 veröffentlichte der südafrikanische Geologe Alexander Du Toit einen detaillierten Aufsatz, in dem er die Theorie der Kontinentaldrift und den Zusammenschluss der südlichen Landmassen in dem Superkontinent Gondwana aufgriff.

Paläomagnetische Aufschlüsse

In den frühen 1950-er Jahren änderten sich die Meinungen. Paläomagnetische Messungen kontinentaler Gesteine verschiedenen Alters zeigten, dass der magnetische Nordpol sich mit der Zeit verschoben hatte. Außerdem ergaben Messungen auf verschiedenen Kontinenten unterschiedliche Bewegungsrichtungen des magnetischen Nordpols. Daraus leitete man ab, dass sich die Kontinente unabhängig voneinander bewegt hatten. Unregelmäßige magnetische Muster (Anomalien) am Meeresgrund waren um Hunderte von Kilometern verschoben – großräumige Bewegungen schienen also durchaus möglich. 1963 zeigten Fred Vine und Drummond Matthews, dass magnetische Anomalien am Meeresboden auf Umkehrungen des Erdmagnetfelds zurückzuführen waren.

Die Akzeptanz der Plattentektonik

1962 stellte Harry Hess die Hypothese auf, dass sich die Kontinente nicht über den Meeresboden hinwegbewegen, sondern mit ihm zusammenhängen und sich durch Wärmeströme über dem Erdmantel gemeinsam verschieben. Seiner Ansicht nach stieg an den mittelozeanischen Rücken heißes Erdmantelmaterial auf und formte lineare Zonen neuer ozeanischer Kruste. Das erklärte die symmetrischen magnetischen Streifen am Meeresboden. Später fand man heraus, dass Lage und Verteilung von Erdbebengebieten und Vulkanen auf der Erdoberfläche die jeweiligen Grenzen markieren, an denen die verschiedenen Teile der Erdoberfläche zusammenstoßen. 50 Jahre nach Wegeners Studien zur Kontinentaldrift wurde der Theorie der Plattentektonik schließlich aufgrund zahlreicher, erdrückender Beweise die notwendige Anerkennung zuteil.

Die Debatte geht weiter

Der Antrieb für die Plattentektonik ist nach allgemeiner Überzeugung auf Konvektionsströme aus dem heißen Erdkern auf ihrem Weg durch den Mantel zur Kruste zurückzuführen. Da der Mantel aber vermutlich in eine obere, eine Übergangs- und eine untere Zone unterteilt ist, ist der Verlauf der Konvektionsströmungen sicher komplizierter als bisher angenommen.

Gesteine

Vulkane, Erdbeben und Gletscher sind Zeugen der gesteinsbildenden Kräfte der Erde. Aus verfestigter Lava kristallisiertes Eruptivgestein kann entweder durch Vulkane an die Oberfläche geschleudert werden oder tief in der Erdkruste abkühlen. Metamorphes Gestein entsteht im Inneren der Gebirge unter hoher Druck- und Temperatureinwirkung. Sedimentgesteine bilden sich in einem langen Prozess aus Verwitterung, Erosion und Ablagerung.

Um 125 nach Christus bauten die Römer den 120 Kilometer langen Hadrianswall in Nordengland auf der natürlichen Schwelle des Whin-Sill, einer Basaltintrusion aus dem Tertiär.

Erstarrungsgesteine

Gesteine, die erkalten und aus Magma kristallisieren, und zwar entweder an der Oberfläche (Ergussgesteine) oder in der Erdkruste (Tiefengesteine), nennt man Erstarrungsgesteine. Die Hitze der Erde steigt durch Konvektionsströme vom Kern durch den Mantel auf. Sie sind für die Plattentektonik und das Aufschmelzen der unteren Erdkruste verantwortlich. Das Schmelzmaterial, das bei diesem Prozess in der Erdkruste entsteht, nennt man Magma.

Erstarrtes Relief

Ein Großteil der Erdoberfläche besteht aus Erstarrungsgesteinen, die irgendwann in den 4,6 Milliarden Jahren der Erdgeschichte geschmolzen waren, und zwar vorwiegend in der frühen Entstehungsphase der Erde vor etwa vier Milliarden Jahren. Der heiße Erdkern und der Erdmantel (zusammen über 6300 Kilometer dick) bestehen aus Tiefengesteinen.

Tiefengesteine

Tiefengesteine sind tief in der Erdkruste aus Magma entstanden. Gigantische Granitdome mit einer Größe von mehreren tausend Kubikkilometern bilden die Gebirgsstöcke. Hohe Basaltwände und -decken haben sich durch schmale Spalten gedrängt und dehnen sich über hunderte von Kilometern in der Erdkruste aus. Granit und Basalt sind Tiefengesteine unterschiedlicher Genese.

Granit

Granit ist ein meist hellgraues, beiges oder rosafarbenes Gestein, das aus großen Mineralkristallen, wie Feldspat, Muskovit und Quarz besteht. Diese sind in mehreren Kilometern Tiefe unter großem Druck kristallisiert. Die Zusammensetzung kann sich durch die Aufnahme und das Schmelzen des jeweiligen Umgebungsmaterials ändern.

Basalt

Basaltsäulen entstehen durch vulkanische Aktivität und dringen durch die Erdkruste an die Oberfläche. Basalt ist typischerweise dunkelgrau oder grünlich grau und besteht aus sehr kleinen Silikatkristallen, wie Feldspat, Pyroxen und Biotit.

Verfestigte Lava

Manchmal gelangt die Lava nicht bis an die Erdoberfläche; sie erstarrt oder kristallisiert unterirdisch und wird so praktisch zu einem Tiefengestein. Vertikale, wandartige Platten verfestigter Lava nennt man Gänge, horizontale Platten Lager. Einige Gänge und Lager dienen als Kanäle, durch die Lava an die Oberfläche fließt. Durch diese Spalten steigt Lava bei der Bildung neuen Meeresbodens an den mittelozeanischen Rücken auf.

Der Hadrianswall
Der berühmte Grenzwall im Norden Englands wurde von Kaiser Hadrian um 125 nach Christus auf einer anstehenden Basaltintrusion errichtet. Die Römer benutzten die Basaltblöcke zum Bau des Walls. Der tertiäre Basaltkörper ist ein Relikt vulkanischer Aktivität im Nordwesten Schottlands.

Ergussgesteine
Die Intensität vulkanischer Aktivität an der Erdoberfläche hat in dreieinhalb Milliarden Jahren beträchtlich abgenommen. Dennoch ist Gestein aus erstarrter oder kristallisierter Lava immer noch das häufigste Oberflächengestein. Da sie den Meeresboden bilden und die Ozeane etwa drei Fünftel der Erdoberfläche bedecken, ist ein Großteil der Ergussgesteine nicht sichtbar.

Plateaubasalt
Vulkanisches Gestein findet sich nicht nur am Meeresgrund. Konvektionsströme treten auch unter den Kontinentsockeln auf und bauen mehrschichtige Lavadecken auf, die man Plateaubasalt (Trapp) nennt. Beispiele sind der Sibirische-Trapp in Russland aus dem späten Perm, der Dekkan-Trapp in Indien aus der Unterkreide, die paläozänen Antrim-Lavagebiete in Nordirland und im Nordwesten Schottlands sowie die pliozänen Basalte am Columbia-Fluss in Nordamerika. Derart großräumige Ergüsse aus Lava, Asche und Gasen wurden mit Klimaveränderungen und Massenaussterben in Verbindung gebracht.

Sedimentgesteine
Alle Gesteine der Erde werden durch Gebirgsbildungsprozesse an die Oberfläche gebracht und durch einen Zyklus aus Verwitterung, Erosion und Ablagerung zu Sedimenten . Diese werden verschüttet und weiches, lockeres Material wird zu Sedimentgestein komprimiert. Zu den bekannteren Sedimentgesteinen gehören Sand- und Kalkstein, die als Baumaterial Verwendung finden.

Metamorphes Gestein
Beim Abtauchen in die Tiefen der Erdkruste infolge plattentektonischer Bewegungen sind Gesteine großer Wärme und starkem Druck ausgesetzt. Da diese mit zunehmender Tiefe steigen, verändern viele Gesteine ihre Form (rekristallisieren) und können, je nach ihrer ursprünglichen Zusammensetzung, chemisch umgewandelt werden. Das Endprodukt dieses Prozesses ist das metamorphe Gestein.

Von oben nach unten: Gneisgang, als Magma in metamorphe Gesteine eingedrungen. Feldspat, Muskovit und Quarz sind Erstarrungsgesteine, die aus geschmolzener Lava in kontinentalem Krustengestein kristallisierten. Marmor entsteht aus Kalkstein, der durch Hitze- und Druckeinwirkung zu einem metamorphen Gestein wird.

Nutzung metamorpher Gesteine
Marmor ist umgewandelter Kalkstein und eines der schönsten Gesteine überhaupt. Er wurde seit der griechischen und römischen Antike von Bildhauern verwendet. Schiefer ist umgewandelter Ton. Über Jahrhunderte diente er als natürliches Dachdeckmaterial. Beide Gesteine sind Folge von Erwärmungs- und Komprimierungsprozessen bei der Gebirgsbildung.

Gestein am Meeresboden
Vulkanisches Gestein und die Tiefseesedimente am Meeresboden unterlagen im Lauf der Erdgeschichte ständiger Umwandlung. Aufgrund der ständigen Neubildung von Meeresboden an den mittelozeanischen Rücken ist kein Gestein der Tiefsee älter als 180 Millionen Jahre.

Gesteinsbildung durch Plattentektonik
Beim Zusammenstoßen zweier Platten der Erdkruste wird nicht nur Gestein an die Oberfläche gedrückt (Gebirgsbildung), sondern auch in den Erdmantel hinab (Subduktion), wo es erhitzt und komprimiert wird. In der Tiefe kann das Gestein aufschmelzen und schließlich neues Erstarrungsgestein bilden.

Vulkanismus am »Ring of Fire«
Um den Pazifischen Ozean herum zieht sich der bekannte »Ring of Fire«, eine Vulkankette, die durch das Abtauchen des Meeresbodens unter die kontinentalen Platten entstanden ist. Sie erstreckt sich von Neuseeland über Japan und Alaska entlang der Westküste der amerikanischen Kontinente. Diese sehr labile Zone wird durch das teilweise Aufschmelzen von Gestein im unteren Bereich kontinentaler Kruste verursacht.

Dem Geheimnis auf der Spur
Die kontinentale Kruste enthält einige der ältesten Gesteine der Erde (Schätzungen belaufen sich auf 3 962 Millionen Jahre), meist metamorphe Erstarrungs- und Sedimentgesteine. Im Lauf der Zeit wurde die alte kontinentale Kruste außerdem durch geologische Prozesse mit einer Vielfalt jüngerer Gesteine angereichert. In den vergangenen 300 Jahren haben Geologen diese Gesteine in mühevoller Kleinarbeit datiert und verglichen und damit das Geheimnis um die Entstehungsgeschichte der Erde und des Lebens gelüftet.

Metamorphes Gestein und Sedimentgestein

Bei der Kollision von Erdkrustenplatten entstehen Gebirge. Die Kruste wird dabei gefaltet und verdickt, und das Gestein wird bis zu 68 Kilometer tief in die Erdkruste gedrückt, wo es durch hohe Wärme und starken Druck komprimiert und umgewandelt wird. Diesen Vorgang bezeichnet man als Metamorphose. Die Erdkruste ist in stetiger, langsamer Bewegung wobei das Gestein ständiger Metamorphose unterliegt, und eine unendliche Vielfalt verschiedener Gesteine entsteht, die den Geologen Hinweise auf die Verhältnisse im Erdinneren gibt. Sedimentgestein entsteht hingegen bei zyklischen Prozessen, wie Verwitterung, Erosion und Ablagerung, auf der Erdoberfläche.

Flüsse transportieren Sediment zur Mündung, wo es in einem Delta abgelagert wird. In der Vergangenheit bildeten sich in fruchtbaren Deltas oft großflächige Kohle- und Torflagerstätten aus Pflanzenresten.

Kontaktmetamorphose

Der Prozess der Metamorphose kann sich auf einzelne Gesteinsblöcke beschränken, aber auch Zehntausende Kubikkilometer Gestein einbeziehen. In jedem Fall wird der Vorgang letztendlich durch Hitze im Erdinnern ausgelöst. Im unteren Bereich der Erdkruste schmilzt Gestein zu Magma, steigt auf und dringt in das darüber liegende Gestein ein. Manchmal erstarrt es unterhalb der Erdoberfläche und bildet Tiefengestein, so genannte Plutonite. Das vorhandene Gestein wird durch die aufsteigende Lava erhitzt. Kontaktmetamorphose führt zur Umwandlung der Mineralien und zum Strukturwandel der Gesteine. Ihr Einflussbereich ist auf die Umgebung des Magmas beschränkt und kann eine Ausdehnung von wenigen Zentimetern bis zu über einem Kilometer erreichen.

Heisswassermetamorphose

Auch heiße Flüssigkeiten können eine Metamorphose verursachen. An den mittelozeanischen Rücken, wo die ozeanischen Platten auseinanderdriften (in etwa drei Kilometer Tiefe), steigt ständig geschmolzenes Gestein auf und bildet beim Erstarren neuen Meeresboden (ozeanische Kruste). Die brüchige Lava erhitzt das durch sie hindurchfließende Meerwasser, was man als hydrothermische Zirkulation bezeichnet. Große Wassermengen (410 Millionen Tonnen pro Tag) werden so auf bis zu 300 Grad Celsius aufgeheizt und reagieren mit der neuen ozeanischen Kruste, was zur Metamorphose führt. Dies fördert vermutlich die Entstehung von (sulfidischen) Eisenerzen.

Metamorphe Vielfalt

Jede Gesteinsart – ob Erstarrungs-, Sediment- oder sogar metamorphes Gestein – kann metamorph umgewandelt werden. Die endgültige Zusammensetzung und Struktur hängen vom Ausgangsmaterial und den Bedingungen (Temperatur und Tiefe) der Metamorphose ab. So wird zum Beispiel Ton in Tiefen von zehn Kilometern metamorph zu Tonschiefer komprimiert. Wird derselbe Ton in einer Tiefe von 20 Kilometern auf 500 Grad Celsius erhitzt, entsteht ein silberfarbenes Gestein mit sehr ausgeprägten Schichten namens Schiefer, das aluminiumreiche Mineralien, wie Muskovit, Biotit und Granat, enthält.

Sedimentgestein

Sedimentgestein entsteht an der Eroberfläche als Verwitterungsprodukt vorhandener Gesteine (Sandstein), die der Einwirkung von Eis (glazigen, zum Beispiel Tillit), Wind (äolisch) und Regen ausgesetzt sind, oder sie bestehen aus organischen Resten von Tieren (Kalkstein) und Pflanzen (Kohle). Sedimentgestein kann sich auch in einer Folge chemischer Reaktionen oder durch oberflächliche Verdunstung (Salz) bilden.

Der Recyclingprozess

Am häufigsten ist aus der Umwandlung vorhandener Gesteine entstandenes Sedimentgestein. Das Ausgangsgestein, ob Erstarrungs-, metamorphes oder Sedimentgestein, muss dabei immer zuerst abgetragen werden. Es kann durch sauren Regen langsam zersetzt, durch Frostsprengung aufgebrochen oder durch Gletscherschliff völlig zermahlen werden. Die einzelnen Gesteinspartikel werden dann durch die Kraft von Wasser, Wind, Eis oder Schnee an ihre endgültige Lagerstätte transportiert und schließlich unter hohem Druck zu Gestein verfestigt.

Die Kraft des Wassers

Wasser ist das gängigste Transportmittel für Gesteinspartikel. Selbst tonnenschwere Felsbrocken können durch Hochwasser führende Gebirgsflüsse verfrachtet werden, während langsam fließende Flüsse im Unterlauf nur noch feinere Sande mitführen. Bei Hochwasser werden diese feinkörnigen Sedimente als Schwemmsande am Ufer abgelagert. Schließlich transportieren die Flüsse die Partikel bis zum Meer, wo sie die Ästuare und Deltas allmählich auffüllen.

Ablagerungen in Flüssen und Deltas

Flusssedimente können sehr mächtige Ablagerungen bilden. Mit der Zeit wird das Sediment durch das Gewicht darüber liegender Schichten zusammengepresst und getrocknet, so dass hartes Sedimentgestein entsteht; diesen Prozess nennt man Diagenese. Aus dem Sedimentgestein lässt sich ablesen, wie es transportiert und wo es abgelagert wurde. Flussablagerungen haben typischerweise einen windungsreichen Verlauf und Rippelmarken aus Sandstein. Umgeben sind sie von dünnen Schichten aus Schluff und Ton, die häufig fossile Wurzeln von Pflanzen enthalten, die im Überschwemmungsbereich wuchsen.

Wüstensandstein

Vom Wind mitgeführte Gesteinspartikel enden meist in einem Fluss oder Strom, seltener in der Sanddüne einer Wüste. Die Trockengebiete der großen Kontinente weisen sehr geringe Niederschläge und einen minimalen Pflanzenbewuchs auf,

Sanddünen sind das Ergebnis der Ablagerung von Sand und feinen Gesteinspartikeln durch Wüstenwinde. Manche Dünen sind 45 Meter hoch und dehnen sich über hunderte von Kilometern aus.

daher werden lockere Gesteinspartikel von stärkeren Winden fortgeweht, wodurch das darunter liegende Gestein der Verwitterung und Erosion ausgesetzt wird (zum Beispiel durch die Abriebwirkung von Sandpartikeln in einem Sandsturm). Der Sand wird zu Dünen aufgetürmt, deren Größe und Ausdehnung von der Intensität und Dauer des Windes abhängen.

Marine Sedimente

Wellen und Strömungen transportieren Sedimente an den Küsten entlang und ins Meer hinaus. Die seichten Schelfgebiete am Rand der Kontinente sind für die meisten terrestrischen Sedimente die Endstation. Über Jahrmillionen akkumulieren im Kontinentalschelf einige tausend Meter mächtige Sedimentkeile, die bis zu mehrere hundert Kilometer weit in die ozeanischen Becken hinausreichen. Verfestigen sich diese Ablagerungen zu Gestein, bilden sie ausgedehnte Platten aus Sandstein, Schluff und Ton, häufig reich an marinen und terrestrischen Fossilien, die von den Flüssen mitgeführt wurden.

Gesteine voller Leben

In den tropischen Zonen der Erde, dort wo die Temperatur im Jahresdurchschnitt mehr als 20 Grad Celsius beträgt, bilden sich aus der Fülle der Lebensformen mitunter Riffe, die aus Korallen und anderen Organismen, wie steinartigen Schwämmen, Moostierchen (Bryozoa) und Kalkalgen, bestehen. Die Oberfläche eines solchen Lebensraums wird dann von anderen Organismen besiedelt, die sie verstärken und aufbauen. Da Riffe vorwiegend aus kalkhaltigen Mineralien, wie Kalziumkarbonat, bestehen, die bei normalen atmosphärischen Druck- und Temperaturwerten kristallisieren, können sie massive sedimentäre Ablagerungen bilden, die sich bald zu widerstandsfähigem Kalkstein verfestigen.

Flachmeere

Durch Transgression wurden zu verschiedenen Zeiten der Erdgeschichte weite Bereiche der Kontinentalschollen überflutet. Flachmeere reichten weit ins Landesinnere und hinterließen riesige Kalksteinablagerungen, von denen die Kalksteinlager aus dem Silur und dem Unterkarbon in Nordamerika zeugen. Kreide ist reiner Kalkstein, aus dem in der Kreidezeit zum Beispiel die markanten weißen Felsen der südenglischen und nordfranzösischen Küste gebildet wurden. Sie bestehen aus den Schalenresten einzelliger Mikroorganismen, wie zum Beispiel Coccolithen. Im Lauf vieler Millionen Jahre wurden ihre Schalen auf dem Meeresboden zu Karbonatschlamm, der sich in bis zu 300 Meter mächtigen Kalksteinschichten zu Kreidefelsen verfestigte.

Salzlager

Die großen Salzlagerstätten in Sibirien sind 550 Millionen Jahre alt und durch Verdunstung (Evaporation) entstanden. Dieser Prozess läuft ab, wenn seichte Meeresbecken oder Lagunen nicht dauerhaft mit dem offenen Meer verbunden sind. Bei hohen Lufttemperaturen und geringer Süßwasserzufuhr sind die Verdunstungsraten hoch. Verdunstet das Meerwasser, bleiben Kristalle der Mineralien aus dem Meerwasser zurück, und zwar vor allem Natriumchlorid (Salz). Diese Mineralien bezeichnet man als Evaporite.

Tiefseeböden

Die Tiefsee liegt jenseits der Reichweite der meisten sandkorngroßen Sedimente, wenn sie nicht von einer besonderen Strömung mitgeführt werden. Periodische Trübeströme, die von kleineren Seebeben ausgelöst werden, transportieren große Sand- und Schlammmassen von den Rändern der Kontinentalschelfe in submarine Cañons, die quer zum Schelf tief eingeschnitten sind. Die Cañons begrenzen und kanalisieren die lawinenähnlichen Ströme, bis sie den Tiefseeboden erreichen. Die Trübeströme breiten sich dann über Tausende von Quadratkilometern aus und lagern meterdicke Schichten aus schlammigem Sand ab, die in Randzonen ozeanischer Becken sogar viele hundert Meter Mächtigkeit erreichen.

Von der Tiefsee zum Land

Da sich die ozeanische Kruste durch den Subduktionsprozess der Plattentektonik in ständiger Wandlung befindet, tauchen angehäufte Meeresbodensedimente irgendwann in den Tiefseegräben wieder in den Erdmantel ab. Manchmal werden aber Ablagerungen aus Trübeströmen in großen keilförmigen Stücken vom Meeresboden abgetragen und an die Schelfränder transportiert. Tertiärer Trübsandstein aus der Tiefsee landete auf diese Weise an der kalifornischen Küste.

Fossilien führende Sedimentgesteine

Jedes Fossil in einem Sedimentgestein weist auf dessen Alter und die Umgebung hin, in der es abgelagert wurde. Sedimentgestein enthält häufig organisches und anorganisches Material in Form von Fischzähnen und Ichthyosaurierknochen, wie zum Beispiel im Tonschiefer der aus dem Lias stammenden Kliffs von Lyme Regis in Südengland. Der Ton selbst besteht aus kleinen anorganischen Gesteinspartikeln, doch die schwarze Farbe beruht auf dem hohen Kohlenstoffgehalt von verrottetem organischem Material.

Ein immerwährender Zyklus

Die meisten Sedimente werden im Wasser abgelagert und fortwährend aufgehäuft, wobei sie zu Gestein verfestigen. Anstehendes Sedimentgestein an Land ist auf eine Folge geotektonischer Prozesse zurückzuführen, wie Erdbeben oder Vulkanausbrüche, oder auf ein Absinken des Meeresspiegels. Gelangt das Sedimentgestein an die Oberfläche, setzen Verwitterung und Erosion ein und der Zyklus beginnt von vorn.

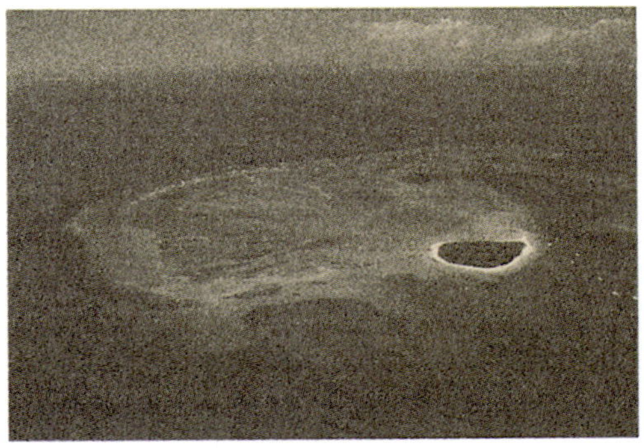

Der größte zusammenhängende aquatische Lebensraum der Erde ist das australische »Great Barrier Reef«. Das Korallenriff erstreckt sich über eine Länge von 2 027 Kilometern.

Geologische Prozesse: Plattentektonik

Vor zweihundert Millionen Jahren konnte man trockenen Fußes von Australien nach Nordamerika gelangen – viele Dinosaurier und andere Landwirbeltiere haben diese Möglichkeit genutzt. Auf einer Weltkarte, die die Verteilung der Kontinente und Ozeane zu jener Zeit zeigt, findet man sich heute kaum zurecht. Lageänderungen und Form der Kontinente sind das Ergebnis geologischer Prozesse, die man als Kontinentaldrift und Plattentektonik bezeichnet. Die mit größeren Platten ozeanischer Kruste verbundenen Kontinente haben sich im Lauf von Jahrmillionen auf der Erdoberfläche verschoben und tun es heute noch.

An der San-Andreas-Verwerfung gleitet der nordamerikanische Kontinent an der Pazifischen Platte vorbei. Die Platten schieben sich mit einer Geschwindigkeit von einem Zentimeter pro Jahr aneinander vorbei. Ihre unregelmäßigen Bewegungen sind die Hauptursache für die großen Erdbeben in der Region.

Das kontinentale Puzzle

Die ersten Beobachtungen, die zu der bemerkenswerten Theorie der Plattentektonik führten, wurden 1756 von dem deutschen Priester Theodor Lilienthal gemacht, der richtig erkannte, dass die einander zugewandten Küsten einiger Kontinente, wie zum Beispiel Südamerika und Afrika, zusammenpassten wie die Teile eines Puzzles, obwohl breite Ozeane zwischen ihnen liegen. Diese Hypothese wurde heftig diskutiert, doch erst in der zweiten Hälfte des 20. Jahrhunderts konnte die Richtigkeit bestätigt werden.

Mittelozeanische Rücken

Bei der Echolotkartierung der Meeresböden stieß man in der Mitte aller großen Ozeane auf hohe vulkanische Aufschüttungen, die mittelozeanischen Rücken. Die Bergketten erheben sich bis zu 3 200 Meter vom Meeresboden und ergeben zusammen eine Länge von 50 000 Kilometern – die längste Gebirgskette der Erde. Bis zu acht Kilometer tiefe zerklüftete Tiefseegräben begrenzen die Randzonen der Kontinente und Inselbögen. Die Existenz der mittelozeanischen Rücken brachte den amerikanischen Geologen H. H. Hess zu der Annahme, dass dort neuer Meeresboden gebildet und dann auf Konvektionsströmen zur Seite geschoben wird, bis er an einem Tiefseegraben wieder in den Erdmantel abtaucht.

Der Meeresboden

Den endgültigen Beweis für diesen Vorgang lieferten Studien über magnetische Anomalien am Meeresboden, die ergaben, dass neu gebildeter Meeresboden stets in der Nähe der mittelozeanischen Rücken zu finden war, alter Meeresboden hingegen in Küstennähe. Das Alter des Meeresbodens nimmt auf beiden Seiten mit der Entfernung von den Rücken zu. Wissenschaftler fanden heraus, dass der Meeresboden nirgendwo auf der Erde älter als 180 Millionen Jahre ist.

Plattentektonik

Die Theorie der Plattentektonik besagt, dass die aus einzelnen festen Platten bestehende Erdkruste durch Konvektionsströme ständig über den darunter liegenden Erdmantel hinweggleiten. Die Kontinente sind mit der ozeanischen Kruste verbunden und bewegen sich daher zusammen mit dem Meeresboden. Viele geomorphologische Strukturen und geologische Abläufe lassen sich durch die Plattentektonik erklären. Erdbeben und Vulkanausbrüche treten häufiger an den Randzonen des Pazifischen Ozeans (»Ring of Fire«) sowie entlang der mittelozeanischen Rücken auf. Der »Ring of Fire« markiert Bereiche, wo einzelne Platten aufeinander treffen. Seismische und vulkanische Aktivitäten lassen sich durch die Kollision oder das Verschieben von Platten erklären.

Eine Kartenstudie zur Kontinentaldrift der vergangenen 250 Millionen Jahre zeigt den Superkontinent Pangaea, sein partielles Auseinanderbrechen und die daraus resultierende Öffnung des Atlantischen Ozeans.

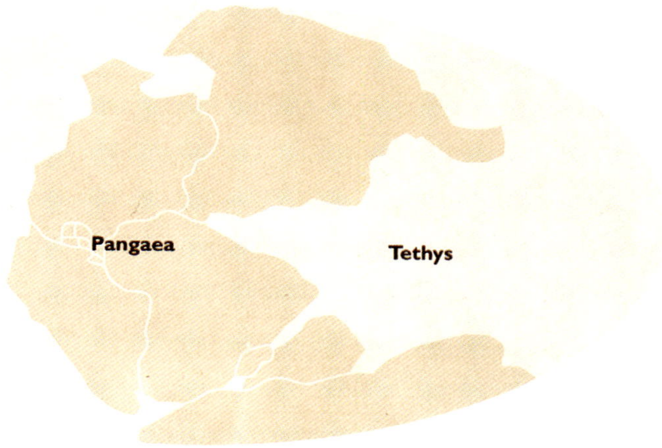

Vor 250 Millionen Jahren

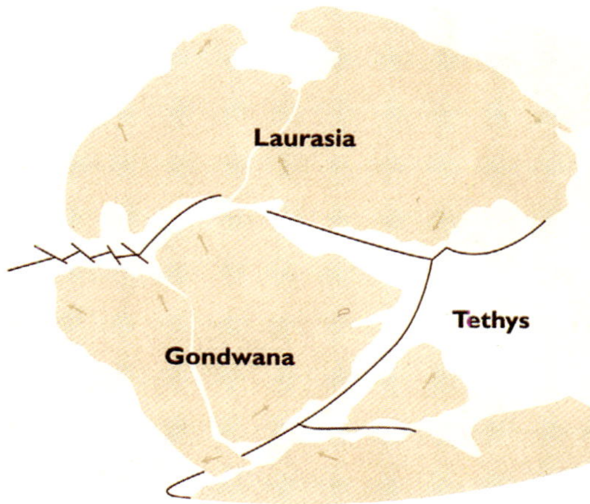

Vor 135 Millionen Jahren

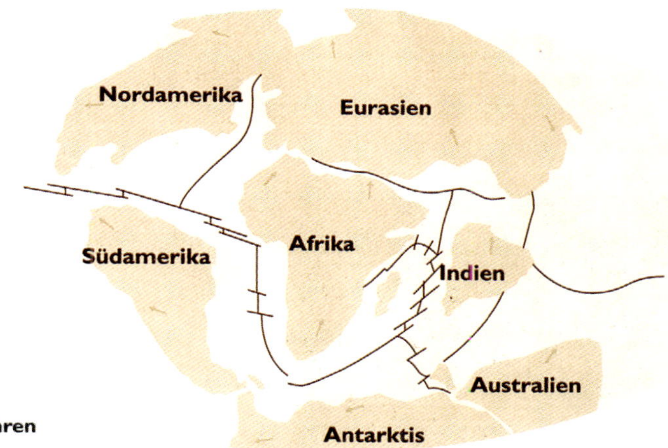

Vor 65 Millionen Jahren

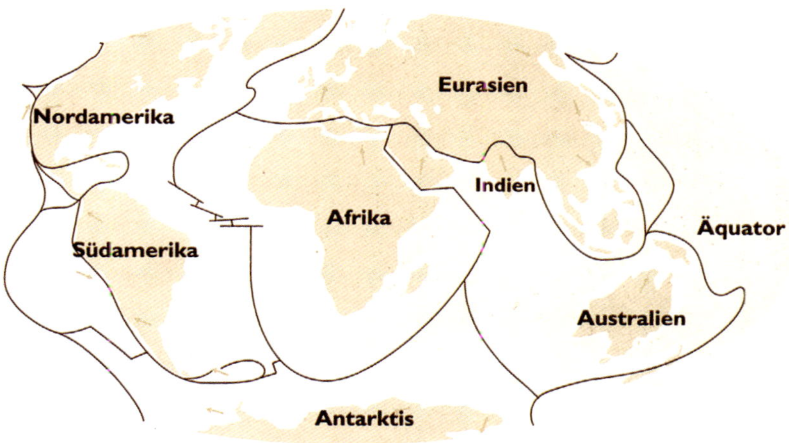

Heute

Subduktionszonen

Wenn ozeanische Kruste an einer Plattengrenze mit kontinentaler Kruste kollidiert, taucht die dichtere ozeanische Kruste in den Mantel ab (Subduktion) und schmilzt. Tiefseegräben, wie der über elf Kilometer tiefe Marianengraben, kennzeichnen solche Subduktionszonen. Vulkanausbrüche und Erdbeben begleiten diesen Prozess.

Faltung und Verwerfung

Bei der Kollision zweier Kontinente faltet sich die Kruste und verdickt sich. Bewegen sich die Platten weiter aufeinander zu, bricht sie und faltet sich auf. Die Faltung führt zur Gebirgsbildung, wie zum Beispiel im Himalaya-Massiv. Platten können sich auch horizontal gegeneinander verschieben, ohne zu kollidieren. Dabei wird die Kontaktstelle durch eine Verwerfung gekennzeichnet. An Verwerfungslinien wie am San Andreas Graben in Kalifornien treten Erdbeben auf, Vulkane jedoch nur selten.

»Sea floor spreading«

Das Abtauchen ozeanischer Kruste in einer Subduktionszone vollzieht sich in gleicher Geschwindigkeit wie die Bildung neuen Meeresbodens an den mittelozeanischen Rücken; sonst würde die Erde schrumpfen. Wo der Rücken auseinander gespreizt wird, steigt Magma auf und ergießt sich als Lava auf den Meeresboden, wo sie erstarrt und neue ozeanische Kruste bildet. Pro Jahr entstehen an einem mittelozeanischen Rücken bis zu 20 Zentimeter neuer Meeresboden.

Großkontinente

Die Rekonstruktion der Kontinentaldrift im Verlauf der Erdgeschichte zeigt, dass zeitweise ein Großteil der Kontinentalplatten in Großkontinenten zusammenhing, um irgendwann wieder auseinander zu brechen. Das Auseinanderbrechen wird aufsteigenden Konvektionsströmen aus dem Erdmantel zugeschrieben, die die Riesenkontinente aufgewölbt, gedehnt und auseinander gerissen haben, wie Pangaea, das vor 240 Millionen Jahren durch die Verbindung der alten Kontinente Gondwana und Laurasia entstanden war. Ein aufsteigender Konvektionsstrom führte an der Nahtstelle zwischen Afrika und Nordamerika erst zur Aufwölbung und dann zum Auseinanderbrechen. Herausströmendes Magma bildete an der Bruchstelle neuen Meeresboden und führte schließlich zur Öffnung des Atlantischen Ozeans.

Erdbeben und Tsunamis

Erdbeben gehören zu den zerstörerischsten natürlichen Phänomenen auf der Erde. Im Durchschnitt finden pro Jahr zwei große Erdbeben statt, die schwere Sachschäden und viele Todesopfer fordern. Sie sind Teil der geologischen Erdgeschichte und werden meist durch aufgestaute Kräfte innerhalb der Kruste infolge der Plattenverschiebungen verursacht. Sie können auch durch die Bewegung geschmolzenen Gesteins unter einem Vulkan ausgelöst werden oder durch das großräumige Absinken von Schichten im Erdinneren. Tsunamis oder Riesenwellen entstehen oft als Nebenprodukt von Erdbeben und können ebenso zerstörerisch wirken.

Erdbeben und Verwerfungslinien

Erdbeben werden meist durch das Nachgeben brüchigen Gesteins in der Erdkruste ausgelöst. Über Hunderte oder sogar Tausende von Jahren bauen sich durch die Plattenbewegungen Druckspannungen in der Kruste auf; schließlich bricht das Krustengestein an Verwerfungslinien. Solche Verwerfungen können sich über Hunderte von Kilometern horizontal oder vertikal in die Kruste erstrecken. Die Spannung entlang der Bruchflächen lässt das Gestein so heftig »verrutschen«, dass es zu Erdbeben kommt.

Erdbeben und Subduktion

Eine andere Art Erdbeben wird erzeugt, wenn sich Platten aufeinander zu bewegen. Kollidiert eine Platte ozeanischer Kruste mit kontinentaler Kruste, taucht die dichtere ozeanische Krustenplatte unter die kontinentale ab; diesen Bereich nennt man Subduktionszone. Beim Abtauchen der ozeanischen Kruste in den Mantel werden Erdbeben ausgelöst, deren Hypozentren (Erdbebenherde) bis zu 700 Kilometer tief unter der Erdoberfläche liegen können. Die zirkumpazifische Bruchzone (»Ring of Fire«) bildet eine Kette von Subduktionszonen um den Pazifik.

Erdbeben und Vulkane

Nicht alle Erdbeben sind tektonischer Art. Wenn geschmolzenes Gestein (Magma) sich im Untergrund oder in der Nähe eines Vulkans aufstaut oder bewegt, dehnt sich die Erdoberfläche, um dem neuen Material Platz zu machen. Dieser Dehnungsprozess verursacht Erdbeben. Die Erdbebenhäufigkeit dient als Massstab zur Vorhersage des nächsten Vulkanausbruchs.

Messungen und Schäden

Traditionell wurde die Stärke eines Bebens anhand der nach oben offenen Richter-Skala gemessen, die die freigesetzte Energie quantifiziert. In jüngerer Zeit wurde die aussagekräftigere Mercalli-Skala von 1 bis 12 eingeführt. Viele Wissenschaftler benutzen immer noch die Richter-Skala; danach bringt ein Beben der Stärke 3 tektonische Bewegungen von weniger als einen Zentimeter mit sich, im Haus ist es spürbar, aber es verursacht keine Schäden. Etwa 100 000 Erdbeben dieser Größenordnung finden pro Jahr statt. Ein großes Beben der Stärke 8 setzt 10 Millionen mal mehr Energie frei als eines der Stärke 3. Die Bewegungen entlang der Bruchflächen sind meterlang und verursachen schwere Schäden und Todesopfer.

Aktive Erdbebengebiete

In manchen Gebieten der Erde kommt es selten zu Erdbeben. So sind sie zum Beispiel in England sehr ungewöhnlich, von geringer Stärke und verursachen keine oder nur geringe Schäden. Doch andere Regionen, wie Japan oder die Westküste Kaliforniens in den USA, werden regelmäßig von kleineren Beben heimgesucht und erleben etwa alle 200 Jahre Erdstöße mit katastrophalen Folgen. Die ungleiche Verteilung der Erdbebengebiete auf der Erde lässt sich durch die Lage der Plattengrenzen erklären, an denen man eine auffällige Erdbebenhäufigkeit registriert.

Das verheerende Erdbeben in San Francisco 1906 dauerte nur 40 bis 60 Sekunden; es forderte 700 Todesopfer und 225 000 Menschen wurden obdachlos.

Die San-Andreas-Verwerfung

Die verschiedenen Arten von Plattenbewegungen erzeugen Erdbeben mit unterschiedlichen Merkmalen. Die San-Andreas-Verwerfung, die die Westküste Nordamerikas der Länge nach teilt, ist ein Beispiel für eine Transformationsverwerfung – eine Bruchlinie, an der sich zwei Platten horizontal gegeneinander verschieben. Transformationsverwerfungen lösen flache Beben aus. Das Hypozentrum liegt meist weniger als 30 Kilometer unter der Erdoberfläche. Die zwei Platten an der San-Andreas-Verwerfung verschieben sich mit einer Geschwindigkeit von einem Zentimeter pro Jahr. Die bei der Reibung der Platten entstehenden Spannungen werden bis zu einem kritischen Punkt aufgestaut. Dann kommt es plötzlich zum Bruch, das Gestein lockert sich und die Erde bebt.

Kalifornische Erdbeben

In diesem Jahrhundert hat es an der San-Andreas-Verwerfung mehrere große Erdbeben gegeben, die die Stärke 3 der Richter-Skala überschritten haben. Doch nur das erste, 1906 in San Francisco, richtete verheerende Zerstörungen an. Es wurde durch eine Verschiebung von sieben Metern in einem Umkreis der Verwerfung von 300 Kilometer ausgelöst. Durch das Beben wurden die Gasleitungen beschädigt, was zu einem Großbrand führte, der wegen der ebenfalls zerstörten Wasserleitungen nicht gelöscht werden konnte. Große Teile der Stadt lagen in Schutt und Asche, 700 Menschen verloren ihr Leben.

Japans Erdbebengebiete

Japan liegt in der Nähe eines Punktes, an dem sich drei Subduktionszonen treffen, daher kommt es in dieser Region häufig zu Erdbeben. Frühe Aufzeichnungen berichten von den großen Beben von Ansei (1854–1855) und dem Erdbeben von 1891, das das Land praktisch zweiteilte und 200 000 Häuser zerstörte. 1923 kamen 143 000 Menschen infolge eines Erdbebens in Tokio ums Leben. Im Januar 1995 wurde die japanische Stadt Kobe von einem starken Erdbeben heimgesucht.

Erdbebensterblichkeit

Die meisten Todesfälle werden nicht direkt durch das Erdbeben verursacht, sondern durch dessen Folgen: Brände, Überschwemmungen, Schlamm- und Steinlawinen sowie einstürzende Gebäude. Achtsamkeit und vorbereitende Maßnahmen reduzieren, wie 1995 bei dem Erdbeben in Kobe in Japan, die Todesraten deutlich. In unvorbereiteten Gebieten sterben viele Menschen durch mangelnden Schutz, Hungersnöte und Krankheiten infolge von Obdachlosigkeit, Wassermangel und unzureichender Abwasserbeseitigung, ehe Hilfsmaßnahmen greifen.

Ein Erdbeben erschütterte die Stadt Kobe in Japan am frühen Morgen des 17. Januar 1995. Insgesamt 5 000 Menschen verloren ihr Leben und über 67 000 Gebäude stürzten ein; die Sachschäden waren immens.

Schlafender Riese

Das erste Zeichen des Wiedererwachens des Vulkans Mount Saint Helens im Staat Washington war ein Erdbeben der Stärke 4,2 am 21. März 1980. Weitere schwache Beben im April schrieb man dem Aufsteigen von Magma unter dem Vulkan zu. Am 18. Mai 1980 verursachte ein Erdbeben der Stärke 5,1 eine Steinlawine, die den Berg ins Ungleichgewicht brachte und eine Explosion auslöste, die fast die gesamte Nordflanke des Vulkans wegsprengte.

Tsunamis

Eine Folge von Vulkanausbrüchen und Erdbeben sind Riesenwellen, die so genannten Tsunamis, die mehr Schäden anrichten können als der Vulkan oder das Erdbeben selbst. Tsunamis (auch seismische Wogen genannt) können sich mit einer Geschwindigkeit von bis zu 700 Kilometer pro Stunde fortbewegen. Sie werden durch Druckwellen ausgelöst, meist aufgrund von Seebeben oder Vulkanausbrüchen, die sich im Wasser fortsetzen, sind also nicht auf meteorologische Ereignisse zurückzuführen.

Pazifikwellen

Die meisten Tsunamis werden mit der Meeresbodenspreizung im Pazifik in Verbindung gebracht. Da ein Großteil des Pazifikraums nur dünn besiedelt ist und bis zu diesem Jahrhundert weitgehend isoliert war, weiß man wenig über die historische Häufigkeit der Tsunamis. Auf den japanischen Inseln und auf Hawaii kommt es häufig zu Tsunamis. Im offenen Meer erzeugen untermeerische Druckwellen zunächst kleine, sich schnell fortpflanzende Wellen, die kaum spürbar sind. Wenn sie flacheres Wasser erreichen, nimmt ihre Höhe und Zerstörungskraft erheblich zu. Ihre Länge umfasst manchmal mehrere hundert Kilometer. Hoch entwickelte Warnsysteme können heute untermeerische Beben erfassen und vorhersagen, wo und wann Tsunamis auf bewohnte Küstenregionen treffen, um die Auswirkung drohender Überschwemmungen möglichst gering zu halten.

Den Ausbruch des Vulkans Krakatau 1883 konnte man über eine Entfernung von 4 800 Kilometern hören. Der dadurch ausgelöste Tsunami war 40 Meter hoch.

Der Krakatau-Tsunami

Der wohl berühmteste Tsunami der jüngeren Geschichte wurde durch den gewaltigen Vulkanausbruch des Krakataus 1883 auf einer unbewohnten indonesischen Insel ausgelöst, die durch die Eruption größtenteils zerstört wurde. Der Tsunami entstand beim Versinken der Inselteile im Meer, wobei sich 200 Meter unter dem Meeresspiegel ein Graben von acht Kilometer Breite bildete. Die Welle setzte sich in Richtung der benachbarten Inseln Java und Sumatra fort und erreichte eine Höhe von über 40 Metern, als sie sich dem Land näherte, wobei sie die Siedlungen in Küstennähe überflutete und etwa 36 000 Menschen tötete. Die Fischer auf dem Meer bemerkten die Welle kaum, doch bei ihrer Rückkehr fanden sie ihre Dörfer, Familien und ihr Vieh weggespült. Der Tsunami forderte mehr Todesopfer als der Vulkanausbruch.

Das Alaska-Phänomen

Die meisten Tsunamis werden durch Erdbeben ausgelöst. Häufig finden diese unter Wasser statt und der Tsunami kann sich auflösen, ehe er Schaden anrichtet. Doch wenn das Beben stärker ausfällt oder an einem bestimmten Ort stattfindet, können die Folgen katastrophale Ausmaße annehmen. Ein Beispiel bietet das Erdbeben in Alaska 1964. Dieses große Beben der Stärke 8,4 richtete in der dünn besiedelten Umgebung nur geringe Schäden an. Mehrere Nachbeben lösten jedoch eine Serie von 10 Meter hohen Tsunamis aus, die sich im Golf von Alaska fortsetzten und schwere Sachschäden verursachten.

Wandernde Tsunamis

Die durch das Erdbeben in Alaska ausgelösten Wellen wurden später vor der Küste Kaliforniens registriert, wo sie immernoch sieben Meter hoch und sehr gefährlich waren, wie zwölf Todesfälle in der Region zeigen. Ihre Reise setzte sich bis nach Hawaii fort, wo sie noch zwei Meter Höhe hatten. Auf der anderen Seite der Erde gelangten sie mit noch einem Meter Höhe bis zur Antarktis.

Ein Riesentsunami

Eine Folge des Einschlags eines zehn Kilometer großen Meteoriten auf der Yucatan-Halbinsel in Mexiko am Ende der Kreidezeit (vor 65 Millionen Jahren) war ein Riesentsunami im Karibischen Meer und dem Golf von Mexiko. Die Druckwellen des Einschlags waren so gigantisch, dass die geschätzte Höhe etwa einen Kilometer betrug. Es ist geologisch nachgewiesen, dass Meeresbodensedimente hochgerissen und an Land entlang des Golfs von Mexiko abgelagert wurden. Eine solche Welle hätte alles Leben in den Küstengebieten ihres Auftreffens zerstört. Es war vermutlich einer der größten Tsunamis aller Zeiten.

Vulkane

Ein Vulkan besteht aus einem Schlot oder einer Spalte in der Erdoberfläche, durch die geschmolzenes, festes oder gasförmiges Material austritt. Die wichtigsten Eruptionsprodukte sind geschmolzene oder verfestigte Silikate und zugehörige Gase. Die Art des Eruptionsmaterials variiert je nach physikalischen Bedingungen sowie den chemischen Eigenschaften des geschmolzenen Materials (Magma) aus den Tiefen des Erdmantels. Nicht nur auf der Erde gibt es Vulkane; auf Triton, dem größeren der beiden Satelliten Neptuns, spucken Vulkane Stickstoff-Fontänen. Auf dem ersten Jupitermond Jo bilden sich Wolken aus Schwefeldioxid und Schwefellava wird ausgestoßen.

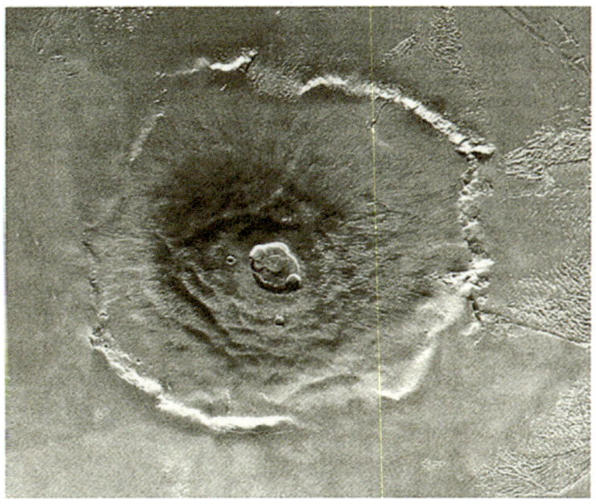

Vulkanische Aktivitäten beschränken sich nicht nur auf die Erde. Nix Olympica auf dem Mars, der größte bekannte Vulkan, ist über 25 Kilometer hoch.

Die Schmiede des Vulcanus

Seit der Vorzeit wurden Vulkanen auf Grund ihres oft verheerenden und unvorhersehbaren Verhaltens übernatürliche Kräfte zugeschrieben. Die Bezeichnung »Vulkan« stammt von der Insel Vulcano, einer der Liparischen Inseln vor der Nordküste Siziliens. Wegen der häufigen Vulkanausbrüche betrachteten die alten Römer die Insel als Schmiede des Feuergottes und Waffenschmieds Vulcanus.

Verteilung der Vulkane

Heute gibt es auf der Erde über 1 500 aktive Vulkane. Sie verteilen sich tendenziell an den Rändern der Ozeane, wie entlang des zirkumpazifischen Gürtels »Ring of Fire«. Doch es gibt auch Ausnahmen, wie die Vulkane auf Hawaii. Die globale Verteilung der Vulkane ergibt sich weitgehend durch die Plattentektonik, also der in Bewegung befindlichen oberen 10-80 Kilometer der Erdkruste, die sich wie ein Puzzle aus einzelnen starren Krustenplatten zusammensetzt.

Plattengrenzen

Einige dieser Krustenplatten driften auseinander, andere bewegen sich aufeinander zu und wieder andere gleiten aneinander vorbei. Die Vulkane befinden sich meist an den Grenzen der Krustenplatten, besonders an divergierenden und konvergierenden Rändern. An den divergierenden Rändern werden die tektonischen Platten gedehnt und ausgedünnt, so dass das heiße, halbgeschmolzene Mantelmaterial darunter aufsteigen und weiter schmelzen kann, wodurch sich neues Magma bildet. Das Magma bricht dann an einigen Stellen durch und bildet Vulkane, wie den Kilimandscharo, den Mount Kenia und den Oldoinyo Lengai, die am Ostafrikanischen Grabenbruch entstanden sind.

Mittelozeanische Rückenvulkane

Bei extremer Divergenzbewegung dünnt die tektonische Platte derart aus, dass sie reißt und eine mehr oder weniger ständige vulkanische Aktivität auf der gesamten Länge des Risses einsetzt. Das ist bei den mittelozeanischen Rücken der Fall, wie zum Beispiel der mittelatlantische Rücken, der sich von Jan Mayen, einer Insel im Osten Grönlands, bis zur Bouvet-Insel im Südatlantik erstreckt. Kleinere Eruptionen finden episodisch auf der ganzen Länge des Rückens statt, sowohl an Spalten von bis zu 15 Kilometern Länge als auch in den isolierten Vulkanen eines Grabenbruchs im mittleren Bereich des Rückens.

Isländische Eruptionen

Auf der Atlantikinsel Island, wo sich der mittelozeanische Rücken über den Meeresspiegel erhebt, ist ein Großteil des ausgestoßenen Magmas, oder der Lava, flüssig. Die Lavamengen sind dort verhältnismäßig groß, da der Rücken mit einer Zone aufsteigenden Magmas aus dem Mantel (»hot spot«) zusammentrifft. 1783-84 kam es zum Ausbruch der Laki-Spalte , wo sich der mit 70 Kilometer Länge größte jemals registrierte Lavastrom bildete. Die dabei freigesetzten schwefelhaltigen Gase verursachten eine Klimaänderung, die in Nordwesteuropa strenge Winter zur Folge hatte. Die Ernte wurde zerstört und der Viehbestand in Island dezimiert, was zu einer großen Hungersnot führte. 25 Prozent der isländischen Bevölkerung starb damals an Krankheiten und Hunger.

Hot Spots

Vulkane finden sich auch über »hot spots« (heißen Flecken) mitten auf tektonischen Platten, wie auf Hawaii, das auf der Pazifischen Platte liegt. Die meisten Eruptionen aus »hot spots« sind nicht sehr stark, aber anhaltend. Die Pu´u´O´o-Eruption des Kilauea auf Hawaii dauert bereits 16 Jahre an. Die sehr flüssige Lava bedeckt inzwischen riesige Gebiete.

Subduktionsvulkane

Die Vulkanausbrüche an konvergierenden Plattengrenzen haben meist verheerende Folgen. Die vulkanisch aktivsten konvergenten Grenzen sind jene, wo sich ozeanische unter kontinentale Kruste schiebt (Subduktionszone), wie auf weiten

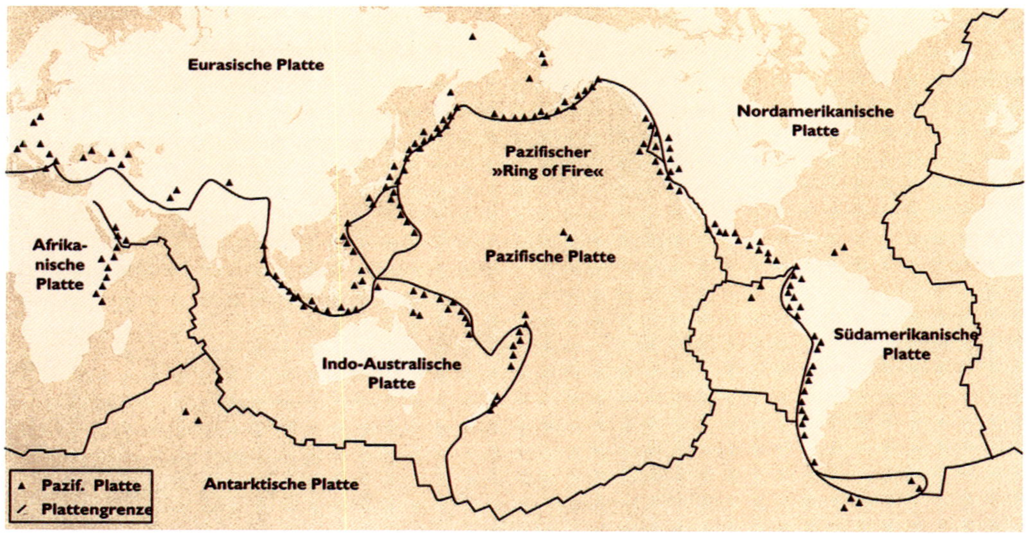

Der »Ring of Fire«, ein ausgedehnter Gürtel vulkanischer Aktivität rund um den Pazifik, ist die seismisch aktivste Zone der Erde. Die Vulkane befinden sich an Plattengrenzen an den Rändern der Kontinente. Die meisten größeren Städte in dieser Region sind bereits von Erdbeben oder Vulkanausbrüchen heimgesucht worden.

Strecken des pazifischen »Ring of Fire«. In diesen Regionen ist das Magma aufgrund seiner chemischen Zusammensetzung weitaus dickflüssiger als an divergierenden Grenzen. Die zähflüssige Lava erstarrt häufig bereits im Untergrund und hinterlässt verfestigte Lavapfropfen in Rissen und Spalten. Das unter dem Lavapfropfen eingeschlossene Magma bildet weiter Gasblasen, die zunehmend Druck aufbauen. Schließlich wird der Pfropfen, wenn der Druck zu hoch geworden ist oder sich durch ein Erdbeben verschiebt, wie ein Champagnerkorken herausfliegen.

Mount Saint Helens

Nach 123 Jahren Untätigkeit wurden am 21. März 1980 erstmals wieder seismische Bewegungen am Mount Saint Helens im Staat Washington registriert. Am Nordhang entstand eine riesige Kuppel eingeschlossenen Magmas, die pro Tag eineinhalb Meter höher wurde. Als am 18. Mai 1980 ein Erdbeben der Stärke 5,1 auf der Richter-Skala die Kuppel abrutschen ließ, wurde das darunter liegende, unter Druck stehende Magma freigesetzt. Es folgte ein gigantischer Bergsturz begleitet von einer Staublawine und einer großen Bimsstein- und Ascheneruption. Mindestens 17 verschiedene über 1 500 Grad Celsius heiße pyroklastische Ströme (fließende Wolken aus Asche, Gesteinen und Gasen) wälzten sich mit einer Geschwindigkeit von 100 Kilometer pro Stunde die Vulkanhänge hinunter. Über 400 Meter des einstigen Berggipfels wurden dabei abgesprengt.

Seismische Aktivitäten kündigten den Ausbruch des Mount Saint Helens 1980 an. Das Gebiet wurde größtenteils evakuiert und die Zahl der Todesfälle blieb vergleichsweise gering, trotzdem waren 57 Opfer zu beklagen.

79 n. Chr. entstand beim Ausbruch des Vesuvs ein pyroklastischer Strom, der die römische Stadt Pompeji mit heißer Asche und Gasen erstickte. Die verbrannten Körper hinterließen Hohlräume, die mit Zement ausgegossen wurden.

Vulkanische Gefahren

Vulkanausbrüche zerstören Häuser, Ernten, Vieh und Menschenleben. Doch die fruchtbaren Böden, die bei der Verwitterung von Lava entstehen, veranlassen Menschen an Vulkanhängen zu leben und zu arbeiten. Die dicht besiedelten Soufrihre Hills auf der Karibikinsel Montserrat wurden bei einem Ausbruch 1997 völlig verwüstet.

Pyroklastische Ströme

Die Eruptionsprodukte eines Vulkans, wie Lava, Asche und Bimsstein, können unmittelbare Schäden anrichten. Pyroklastische Ströme aus überhitzter, erstickender Asche, giftigen Gasen und großen Gesteinsblöcken sind besonders gefährlich. Sie können sich mit über 300 Kilometer pro Stunde über viele Quadratkilometer ausbreiten. Die bekanntesten pyroklastischen Ströme der Geschichte wurden 79 nach Christus aus dem Vesuv in Süditalien geschleudert, wodurch die Einwohner der Städte Pompeji und Herculaneum umkamen.

Klimatische Auswirkungen

Ein weiteres Problem bei großen Vulkanausbrüchen stellen Klimaänderungen dar, wenn große Mengen Asche und Ruß in die Atmosphäre gelangen. Vor etwa 74 000 Jahren wurde beim Ausbruch des Toba auf Sumatra so viel vulkanisches Material in die Atmosphäre geschleudert, dass sich ihre chemische Zusammensetzung änderte und das Erdklima deutlich abkühlte.

Aschewolken, Erdstürze und Ströme

Auch die Nebenwirkungen von Vulkanausbrüchen können gefährlich sein. 1985 brachte heiße Asche aus einem kleinen Ausbruch des Nevado del Ruiz in Kolumbien Eis und Schnee um den Gipfel zum Schmelzen. Mit Asche vermischte Schmelzwasserströme rutschten als Schlammfluten den Berg hinunter und zerstörten eine Kleinstadt, in der etwa 20 000 Menschen ums Leben kamen. Der Ausbruch des Grimsvatn unter dem Gletscher Vatnajökull in Island 1996 löste eine Riesenflutwelle aus (Jökulhlaup genannt), die 50 000 Kubikmeter Wasser pro Sekunde freisetzte.

Nutzen vulkanischer Tätigkeit

Der Vulkanismus hat nicht nur negative Seiten. In Island nutzt man die geothermische Energie, die durch die Magmabewegung im Untergrund freigesetzt wird, zur Stromerzeugung und zum Heizen von Gewächshäusern, in denen Nahrungsmittel wachsen, die sonst importiert werden müssten. Böden, die bei der Verwitterung von Lava entstehen, sind häufig reich an mineralischen Nährstoffen und daher sehr ertragreich.

Vorhersage von Vulkanausbrüchen

Zur Vermeidung von Katastrophen ist es wesentlich, Methoden zur Vorhersage des Zeitpunkts und der Stärke von Vulkanausbrüchen zu entwickeln. Obwohl die frühen Warnsignale eines bevorstehenden Vulkanausbruchs erkennbar sind, ist es noch äußerst schwierig, den genauen Zeitpunkt des Beginns vorauszusagen oder in welche Richtung Lava und Asche fließen werden. Ein Ausbruch wird durch viele geologische Faktoren gesteuert, von denen nicht alle bekannt oder leicht zu registrieren sind. Die laufende Erfassung seismischer Aktivitäten und vulkanischer Gasemissionen kann zu einem besseren Verständnis früher Warnsignale führen, doch ist es unwahrscheinlich, dass in naher Zukunft eine präzise Vorhersage von Vulkanausbrüchen möglich sein wird.

Sedimentation

Haushohe Gesteinsbrocken, die von untermeerischen Felswänden brechen, Sandstürme in Wüsten, Lawinen aus Schnee, Eis, Schlamm oder Steinen, Ströme glühender Vulkanasche und Meteoriteneinschläge haben eins gemeinsam: Sie entstammen Abtragungsprozessen mit teilweise verheerenden Auswirkungen auf die Umwelt. Auch wenn sie nur periodisch auftreten, haben sie denselben, wenn nicht einen größeren Effekt als die beständige Sedimentation angeschwemmten Materials am Meeresboden. All diese sedimentären Prozesse bewirken schließlich dasselbe – die Ablagerung von Schichten mineralischer und organischer Bestandteile, die sich schließlich zu Gestein verfestigen.

Bei dieser Eislawine in Alaska donnern herabhängende Eis- und Schneepartikel den Berg hinunter. Ihre zerstörerische Kraft wird durch lockeres, abrutschendes Gesteinsmaterial noch erhöht.

Der Sedimentationsprozess

Den Transport sedimentärer Partikel jeglicher Größe von einem Ort zum anderen nennt man Sedimentation. Sie kann schnell oder langsam ablaufen, Sekunden oder Jahrzehnte dauern. Sie kann einen kleinen Teich füllen oder eine Meeresbodenfläche in der Größenordnung eines Landes. Sedimentation kann auf kurze Ereignisse zurückzuführen sein oder als stetiger Prozess auftreten. Sedimente können an Land und unter Wasser abgelagert werden, wobei unter Wasser die Wahrscheinlichkeit größer ist, dass die Schichten in der Reihenfolge der Ablagerung erhalten bleiben.

Vulkanische Glutwolken

Zu den eindrucksvollsten, gewaltigsten und zerstörerischsten Sedimentationsformen gehört der Auswurf von Aschenfontänen und vulkanischem Glas als Glutwolke aus einem Vulkan. Sie breiten sich extrem schnell aus (mit Geschwindigkeiten von bis zu 300 Kilometer pro Stunde) und können verheerende Schäden anrichten. 1902 war ein solcher Ausbruch am Mont Pelée auf der Karibikinsel Martinique verantwortlich für die Zerstörung der Stadt Saint Pierre, bei der bis auf zwei alle 28 000 Einwohner ums Leben kamen. Das ausgestoßene Lockermaterial verfestigt sich zu Ignimbrit und anderen Tuffablagerungen. Sie sind relativ selten und bilden nur einen kleinen Teil der Sedimentationsformen auf der Erde.

Aschenregen

Sehr viel häufiger kommt es zu Ablagerungen aus Aschenregen nach einem Vulkanausbruch. Asche kann bis zu 40 Kilometer hoch in die Atmosphäre geschleudert werden. Staubkorngroße Partikel werden durch Höhenwinde um die Erde getragen und regnen schließlich großräumig ab. Bei sehr großen Vulkanausbrüchen, wie dem des Krakatau 1883, wird Staub über den ganzen Erdball verteilt. In Perioden mit intensivem Vulkanismus, wie bei der Entstehung des indischen Dekkanplateaus vor 65 Millionen Jahren, wurde soviel Asche in die Atmosphäre geschleudert, dass die darauf folgende globale Klimaänderung zu einem Massenaussterben an der Kreide-Tertiär-Grenze führte.

Tuffablagerungen

Größere Aschepartikel werden in der näheren Umgebung als Tuff abgelagert, wobei die Schichtmächtigkeit zwischen wenigen Millimetern und Hunderten von Metern variiert. Tuffe enthalten häufig Mineralien, wie Zirkon, deren Alter mit Hilfe der Radioisotopendatierung bestimmt werden kann. Liegen sie im Wechsel zum Beispiel mit Fluss-Sedimenten, wie im Ostafrikanischen Grabenbruch, kann man aus Ihnen auch Rückschlüsse auf das Alter der angrenzenden Schichten ziehen.

Unterwasserlawinen

Ähnliche Materialverfrachtungen kommen auch unter Wasser vor. So genannte Trübeströme bestehen aus Feinsediment-Wasser-Gemischen, die sich bei Erdbeben oder einfach durch Abrutschen einer größeren Menge von in Seen oder an Schelfrändern angesammeltem Flusssediment bilden können. In einer wässrigen Lösung gebunden, weisen die Partikel eine größere Dichte auf als Wasser, und ihre Fließgeschwindigkeit wird durch die Schwerkraft ähnlich wie bei einer Lawine beschleunigt.

Sedimente der Tiefsee

Trübeströme transportieren Sedimente hunderte von Kilometern von den Kontinentalrändern fort, ehe das Material am Meeresboden großflächig angereichert wird. Je nach Umfang des Stroms können sich in kurzen Zeiträumen – von einigen Stunden bis zu mehreren Tagen – Sand und Schluff meterhoch auftürmen. Ein großer Teil der Sedimente, die das Meer erreichen, wird schließlich durch Trübeströme von den Schelfrändern abtransportiert. Diese Art angeschwemmten Materials gehört zu den häufigsten Sedimentformen der Tiefsee und wird oft zu Sedimentgestein am Meeresboden verfestigt.

Zerstörerische Kräfte

Bei einem Seebeben im Jahr 1929 in Höhe von Neuschottland konnte man einen Eindruck von der immensen Geschwindigkeit gewinnen, mit der sich Trübeströme fortbewegen können. Das Seebeben löste einen Trübestrom aus, der in einem submarinen Canyon kanalisiert wurde und sich bis zum Kontinentalabhang der Grand Banks fortsetzte. Der Strom zerstörte auf seinem Weg 13 im Meer verlegte Telefonkabel. Da man genau wusste, zu welcher Zeit die einzelnen Kabel gerissen waren, konnte man die Geschwindigkeit des Stroms berechnen. Sie betrug 100 Stundenkilometer. Dabei wurde das mitgeführte Sediment über eine Fläche von 280 000 Quadratkilometern verteilt.

Meteoriteneinschläge
Beim Aufprall eines Meteoriten auf die Erdoberfläche schmilzt das umliegende Gestein, spritzt hoch und tritt aus dem Einschlagkrater aus. Die geschmolzenen Gesteinspartikel (Tektite) können auf diese Weise weiträumig verteilt werden. Beim Verdampfen der äußeren Schicht des Meteoriten kommt es auch zur Bildung einer Staubwolke in der Atmosphäre, die sich ebenfalls über ein weites Gebiet verteilt und ebenfalls zu Ablagerungen aus charakteristischen Meteoritenbestandteilen führt.

Iridiumablagerungen
Meteoritenstaub weist eine einzigartige chemische Zusammensetzung auf. Er bildet eine Schicht mit Spuren des seltenen Elements Iridium. So sind die Ablagerungen, die den Übergang zwischen Kreidezeit und Tertiär kennzeichnen, weltweit mit Iridium angereichert. Sie werden dem Einschlag und der Zertrümmerung des im Durchmesser zehn Kilometer großen Meteoriten auf der Yucatan-Halbinsel in Mexiko vor 65 Millionen Jahren zugeschrieben. Die Staubwolke verdunkelte die Sonne über einen langen Zeitraum, was zum Absterben der Vegetation führte und zum Aussterben der Dinosaurier beitrug.

Wandernde Gletscher
Gletschervorstöße können Landschaften grundlegend verändern und in kurzer Zeit zu umfangreichen Ablagerungen führen. Der Gletscher schleift das Urgestein ab, das als Gesteinsmehl an der gefrorenen Unterseite des Eisstroms mitgeführt wird. Diese Fragmente funktionieren wie Schleifpapier und glätten oder zerkratzen das darunter liegende Gestein, eine Erosionform, die man als Gletscherschliff bezeichnet.

Glazialer Formenschatz
Beim Abschmelzen des Eises lagern sich Felsbrocken und Gesteinsfragmente in Form von Moränen, Geröll oder Geschiebemergeln ab, unsortiertes, verschiedenartiges Material unterschiedlicher Struktur und Textur. Diese glazialen Formen können kilometerlang werden, parallel zum Gletscherrand verlaufen (Endmoränen) oder parallel zur Fließrichtung (Seitenmoränen). Sie können auch plattenförmig abgelagert werden oder linsenförmige Hügel bilden (Drumlin). Rundhöcker treten auf, wenn das anstehende Gestein zu hart war, um abgeschliffen zu werden, und der Gletscher darüber hinwegfließen musste, so dass die Seite gegen die Fließrichtung geglättet, die entgegengesetzte Seite dagegen aufgeraut wurde.

Erratische Blöcke
Erratisches Material ist beispielsweise Tillit, ein aus verfestigtem Geschiebelehm bestehendes Gestein, das als Geschiebe hunderte von Kilometer zurückgelegt hat, sowie teilweise haushohe Findlinge, die häufig nach Abtrag des feinkörnigeren Materials übrig bleiben. Erratica aus Norwegen wurden vom Eis bis an die Ostküste Englands transportiert. 550 Millionen Jahre alte Tillite aus dem späten Präkambrium wurden in Kanada, Irland und Schottland gefunden, was darauf hinweist, dass es nicht nur in der jüngeren Erdgeschichte Eiszeiten gab, sondern dass sie im Verlauf der Erdgeschichte immer wieder auftreten.

Der Krater des Canyon Diablo in Arizona entstand vor etwa 50 000 Jahren durch den Einschlag eines Nickel-Eisen-Meteoriten von 60 Meter Durchmesser.

Der Perito-Moreno-Gletscher in Patagonien, Argentinien. Während der letzten Eiszeit waren die Gletscher noch weitaus umfangreicher als heute.

Stete Sedimentation
Sedimente werden ständig auf der Erdoberfläche abgelagert: Flusssedimente lagern sich an Stränden oder Deltas ab; Reste von Korallen und andere Teilchen setzen sich am Fuß von Riffen ab; ein steter Strom aus anorganischen und organischen Partikeln wird in den Becken und Mulden der Tiefsee angereichert.

Datierung von Tiefseesedimenten
Abgelagertes Material, das den Boden der Tiefsee erreicht, kann sehr vielfältig sein. Vulkanische Asche, kosmischer Staub und sehr feiner Wüstensand bilden die anorganischen Komponenten, Skelette der schwimmenden oder frei schwebenden Organismen, die aus Kalziumkarbonat oder Kieselerde bestehen, bilden den Rest. Ihre Skelette sind bei der Datierung und Zuordnung der Tiefseesedimente von großer Bedeutung, doch löst sich Kalziumkarbonat leider in großen Tiefen auf.

Umweltveränderungen
Die Sedimentation in Seen, deren Wassertemperaturen deutlichen jahreszeitlichen Schwankungen unterliegen, kann präzise Hinweise auf Umweltveränderungen in der Vergangenheit geben. So zeigt zum Beispiel das 200 000 bis 400 000 Jahre alte Sedimentgestein aus dem Paraña-Becken Brasiliens den Übergang der verschiedenen Jahreszeiten durch eine helle Sommerschicht und eine dunklere Schicht mit den Resten von Lebewesen aus dem Winterhalbjahr.

Nach der Ablagerung
Nach erfolgter Ablagerung wird das Sediment durch verschiedene Prozesse verändert und umgeformt. Im Wasser kann sich die Korngröße zum Beispiel durch Wellenbewegungen verringern oder feines Material aus Sand- und Schlickablagerungen ausgewaschen werden, so dass sich schließlich Sandstein bildet. Wasser im Hohlraum einer Sedimentschicht kann zu chemischen Reaktionen führen und so die Mineralstruktur ändern. An Land tragen Wind, Frost und Regen das Sedimentgestein fortwährend ab.

Hinterlassenschaften des Menschen
Die ständig wachsenden Ansprüche des Menschen in der heutigen modernen Welt hinterlassen eine dauerhafte Ansammlung von Wohlstandsmüll aus Glas, Kunststoffen und giftigen chemischen Substanzen. Zukünftigen Geologen werden sie ebenso einen Einblick geben in das Leben unserer Zeit, wie Sedimentgesteine aus der Vorzeit.

Die Gegenwart als Schlüssel zur Vergangenheit

Wie entstehen Berge? Warum finden sich Schalen von Meerestieren in hartem Gestein, viele tausend Meter über dem Meer und hunderte von Kilometern davon entfernt? Weshalb werden Gesteine gebogen und gefaltet, als wären sie aus weichem Ton? Wodurch wird aus weichem Sand und Schlamm festes Gestein? Grundlegende geologische Fragen wie diese konnten erst in den letzten 200 Jahren zufriedenstellend beantwortet werden. Der wichtigste Schlüssel dazu ist die Unveränderlichkeit der Naturgesetzte.

Richard Owen (1804–92), Anatom, Paläontologe und Pionier der Dinosaurier-Rekonstruktion. Er befasste sich intensiv mit ausgestorbenen Wirbeltieren und setzte sich für ein Naturgeschichtsmuseum in London ein.

Katastrophismus

Während viele geologische Prozesse unendlich langsam ablaufen, vollziehen sich andere äußerst schnell, oft gefährlich oder sogar mit katastrophalen Folgen für das Leben auf der Erde. In der Vergangenheit war man der Auffassung, dass Naturereignisse, wie Erdbeben und Vulkanausbrüche, für die Entstehung von Tälern und Gebirgen verantwortlich seien. Lange Zeit waren europäische Naturphilosophen davon überzeugt, dass sich die Entwicklung des Lebens und die Erdgeschichte so abgespielt haben, wie im Alten Testament in der Schöpfungsgeschichte beschrieben. Die Sintflut galt als besonders wichtiges, geologisch prägendes Ereignis. Je weiter sich ein geologisches Verständnis für diese Prozesse entwickelte, um so mehr musste diese antike Weltsicht verworfen werden, um auch die anderen in langer Folge aufgetretenen Naturkatastrophen erklären zu können.

Gradualismus

Ein ganz anderer Ansatz prägte die geologische Denkweise im 19. Jahrhundert. Geologische Prozesse wurden als unendlich langsam, doch gleichzeitig als unaufhaltsam angesehen, so dass sie nach in ausreichend langer Zeit durchaus jene Strukturen hervorbringen konnten, die in Gesteinen und Gebirgen ihren Ausdruck fanden. Dazu bediente man sich jener alltäglichen Vorgänge, die sich auf der Erdoberfläche beobachten ließen.

Beobachtungen und Messungen

Zum ersten Mal beobachteten und maßen Geologen die Prozesse der Verwitterung und Erosion an Berghängen, die Transportkapazität von Strömen und Flüssen, den sedimentären Formenschatz von Wind, Wasser, Eis und Flüssen sowie ihre Eigenschaften. Nach entsprechender Zeit konnten diese Prozesse offensichtlich zum Abtragen von Gebirgen und zur Bildung von Sedimenten führen. Viele Vorgänge waren nun erforscht, doch der Prozess der Gebirgsbildung war weiterhin unbekannt.

Ein unveränderliches Universum

In der Methodik dieses Ansatzes ist die Gegenwart der Schlüssel zur Vergangenheit. Dahinter verbirgt sich die Theorie zweier berühmter schottischer Geologen, James Hutton (1726–97) und Charles Lyell (1797–1875). Hutton faszinierte das stetige, sich wiederholende Wesen der natürlichen Prozesse auf der Erde, was der noch älteren Newtonschen Sicht eines stabilen und zyklischen Universums entsprach. Lyell griff den Newtonschen Ansatz dahingehend auf, dass sich natürliche Phänomene nur durch Kräfte erklären lassen, deren Wirkungsweise nachvollziehbar ist . Erklärungen sollten immer auf dem Grundsatz der Unveränderlichkeit der Naturgesetze beruhen, da nur die Abläufe in der Gegenwart als Maßstab dienen können.

Viktorianischer Pragmatismus

Die Geologen der viktorianischen Zeit haben natürliche Phänomene mit genauso großer Hingabe beschrieben, wie darüber theoretisiert. Sie begannen mit der ersten Kartierung der Verteilung von an der Erdoberfläche anstehenden Schichten und erkannten, dass die Schichtenfolge einer zeitlichen Abfolge von Ereignissen entsprach. Vertikalschnitte durch die Schichten erlaubten die Datierung der jüngsten, obersten Ablagerungen bis hin zu den ältesten. Um 1860 wurde deutlich, dass es noch ältere Schichten gab und damit eine noch frühere Vergangenheit zu ergründen war.

Die Entwicklung des Lebens

Im Sinne seiner uniformistischen Weltsicht erwartete Lyell fossile Überreste aller Arten von Organismen auch in den ältesten Gesteinen. Doch um die Mitte des 19. Jahrhunderts wurde deutlich, dass es im Lauf der geologischen Geschichte bei Pflanzen und Tieren eine Entwicklung von den primitivsten hin zu höher entwickelten Arten gegeben hatte. Lyell, der der Evolutionstheorie Darwins anfangs skeptisch gegenüberstand, wurde durch die überzeugende Darlegung des englischen Biologen Thomas Henry Huxley bekehrt.

Geologie in der Alten Welt

Der Schauplatz zahlreicher früher geologischer Entdeckungen im 18. Jahrhundert war Europa, vor allem England, Frankreich und Deutschland. Als vergleichsweise kleines geografisches Gebiet liefert Großbritannien einen eindrucksvollen Querschnitt der Erdgeschichte vom Präkambrium bis in die Gegenwart. Einige Perioden der geologischen Zeitskala, wie das Kambrium, das Ordovizium, das Silur und das Devon, wurden nach ihren englischen Fundorten benannt. Die reichhaltigen Fossilienfunde führten im frühen 19. Jahrhundert zu einer raschen Weiterentwicklung der englischen und europäischen Paläontologie .

Perspektiven in der Neuen Welt

Zur Erforschung darüber hinausgehender geologischer Phänomene konnte Europa dagegen nichts Wesentliches beisteuern. Globale Maßstäbe ließen sich erst in der Neuen Welt anwenden, wie nordamerikanische Pioniere im späten 19. Jahrhundert zeigten. Charles Lyell besuchte Nordamerika zwischen 1841 und 1853 viermal und legte seine Erfahrungen in den Neuauflagen seines berühmten Buches *Principles of Geology* nieder (die Erstauflage erschien 1830).

Berge in Bewegung

Einer der wichtigsten Untersuchungsgegenstände der nordamerikanischen Geologen war das Verständnis der komplexen Geologie innerhalb von Bergketten. Sie wiesen nicht nur eine enorme Schichtmächtigkeit auf, sondern auch vielfältige tektonische Strukturen mit großräumigen Faltungen und Brüchen. Die Größenordnung, die sich nicht mit den überschaubaren Verhältnissen in England vergleichen ließ, stellte für die Forscher eine echte Herausforderung dar. Einige dieser Bergketten, wie die Appalachen im Nordosten Amerikas, schienen unmittelbar an den Küsten zu enden. Die Lösung des Rätsels lag in vorzeitlichen plattentektonischen Bewegungen, denn es zeigte sich, dass sich die Bergketten im Kaledonischen Gebirge Irlands und Schottlands auf der anderen Seite des Atlantiks fortsetzten.

Dieses Modell eines *Iguanodon* wurde von dem Künstler Benjamin Waterhouse Hawkins unter der Anleitung des Paläontologen Richard Owen für die Große Ausstellung in Londons Crystal Palace 1854 erstellt.

Der britische Dinosaurier

Die ersten Dinosaurierfunde Anfang des 19. Jahrhunderts in mesozoischen Schichten Südenglands waren sehr bruchstückhaft und unvollständig. An den ersten Rekonstruktionen von Dinosauriern in Lebensgröße versuchte sich der Anatom und Paläontologe Richard Owen.

Rekonstruktion der Giganten

Zur Rekonstruktion dieser neuen Reptiliengruppe standen Owen nur lebende Reptilien, wie Eidechsen, Krokodile und die neu entdeckten Leguane, zur Verfügung. Doch konnte er das Äußere heutiger Reptilienarten nicht einfach auf die gigantischen Echsen der Vorzeit übertragen. Als Owen klar wurde, dass sich die Modelle nicht auf Elefantengröße projezieren ließen, nahm er auch Eigenschaften säugetierähnlicher Wesen zu Hilfe. Das Ergebnis waren seltsame Mischungen, massige und plumpe nashornähnliche Reptilien.

Die Wende in der Dinosaurierforschung

Die Entdeckung vollständiger Dinosaurierskelette in Amerika entlarvte die von Owen nachgebildeten plumpen Vierbeiner als nicht sehr realitätsnah. Der Schwerpunkt der Dinosaurierforschung lag fortan nicht mehr in Europa. 1858 entdeckte Joseph Leidy ein Dinosaurierskelett in New Jersey, das er zu einem zweibeinigen, känguruartigen Modell zusammensetzte. In den 1870-er Jahren fanden zwei Lehrer, Arthur Lakes und O.W. Lucas, gut erhaltene Dinosaurierfossilien in Colorado und leiteten damit die Blütezeit der Dinosaurierforschung ein. Erst als es die Paläontologen aufgaben, das Rätsel der Dinosaurier durch Vergleiche mit heutigen Arten zu lösen, entwickelte sich die Forschung in diesem Bereich allmählich weiter.

Der neue Katastrophismus

Am Ende des 20. Jahrhunderts entwickelten die Geologen eine neue Sichtweise in Bezug auf die potentiellen Auswirkungen von Naturkatastrophen, wie Stürmen, Überschwemmungen, Vulkanausbrüchen, Tsunamis und Meteoriteneinschlägen. Die Auswirkung seltener Naturereignisse an Land oder im Meer wurde für nachhaltiger befunden, als der kumulative Effekt von stetigen, langsamen geologischen Prozessen.

Meteoriteneinschlag

Die verheerendsten Folgen scheinen danach große Meteoriteneinschläge zu haben, die in Intervallen von mehreren hundert Millionen Jahren auftreten. Einige, wie der Chicxulub-Einschlag auf der mexikanischen Yucatan-Halbinsel vor 65 Millionen Jahren, werden für ein so genanntes Massenaussterben verantwortlich gemacht. Die Erkenntnis, dass solche Ereignisse häufiger vorkommen als früher angenommen und dass sie auch in Zukunft auftreten werden, hat das Interesse der Geologen in Bezug auf mögliche erdgeschichtliche Folgen von Naturkatastrophen erneut geweckt.

Die Darstellung von Meeresreptilien aus der Sicht von Benjamin Waterhouse Hawkins (1809–89), einem Assistenten Richard Owens. Durch Bilder wie diese wurden die »Schlammbewohner der Tiefsee« bekannt.

Wohin geht die Reise? Die Auswirkungen der zukünftigen Kontinentaldrift

Erdgeschichtliche Abläufe unterliegen einer außergewöhnlich großen Dynamik. Die Ozeane der Vorzeit haben sich wiederholt geöffnet und geschlossen und Kontinente wurden auf der Erdoberfläche wie Puzzleteile verschoben. Das Wissen über diese Bewegungen basiert auf geologischen Untersuchungen an den über vier Milliarden Jahre alten Schichtenfolgen der Gesteine. Es gibt keine Hinweise darauf, dass sich diese Prozesse in der jüngeren geologischen Vergangenheit verlangsamt hätten, und wahrscheinlich werden sie bis in die ferne Zukunft andauern. Schließlich wird sich der Prozess der Plattentektonik durch die allmähliche Abkühlung und Verdickung der Lithosphäre, der harten äußeren Erdschicht, verlangsamen. Die Erde wird allmählich ihre Dynamik verlieren und schließlich ein toter Planet sein.

Die Vergangenheit als Schlüssel zur Zukunft
Man kann einige der Methoden, die die Geologen zur Bestimmung der früheren Lage der Kontinente herangezogen haben, auch zur Berechnung ihrer zukünftigen Bewegungen nutzen. Vorausgesetzt wird dabei, dass die heutige Bewegungsrate anhält. Die Hauptantriebskraft der dynamischen Prozesse ist die Bildung von neuem Meeresboden an den mittelozeanischen Rücken. Um die Plattenbewegungen berechnen zu können, muss man die Geschwindigkeit messen, mit der neuer Meeresboden gebildet wird. Diese nicht ganz einfache Aufgabe basiert im Wesentlichen auf zwei Methoden: der Kartierung und Messung der paläomagnetischen Polumkehr und der Radioisotopendatierung der Meeresbodengesteine.

Paläomagnetische Umkehr
Das Magnetfeld der Erde wird durch Konvektionsströme im geschmolzenen Eisenkern der Erde erzeugt. Von Zeit zu Zeit kehrt sich das Magnetfeld der Erde um: Dabei wird der magnetische Norden zum magnetischen Süden und umgekehrt. Wenn Magma am Meeresboden der mittelozeanischen Rücken austritt und sich verfestigt, richten sich die darin enthaltenen magnetischen Bestandteile nach der jeweiligen Polrichtung aus. Durch den dauernden Magmanachschub wird jede Veränderung des Magnetfeldes in Form eines linearen Musters, ähnlich einem Streifen- oder Barcode, darin sichtbar. Dabei entsprechen sich die beiden Streifenmuster beidseitig des Rückens, werden von Schiffen aus per Ultraschall erfasst und können so den jeweiligen paläomagnetischen Segmenten zugeordnet werden.

Erstellung einer Zeitskala
Von Tauchbooten entnommene Magmaproben vom Meeresboden können durch die Radioisotopendatierung zeitlich eingeordnet werden. Diese Daten liefern eine vollständige Zeitskala der magnetischen Umkehr. Sind die genauen Zeitpunkte der Umkehr bekannt, lässt sich die Geschwindigkeit der Meeresbodenspreizung berechnen. Mit dieser Methode kann man auch Veränderungen bei den Bewegungen der einzelnen Kontinentalplatten feststellen.

Messung seismischer Wellen
Die Messung der Fortpflanzungsgeschwindigkeit seismischer Wellen während eines Erdbebens ist eine weitere Möglichkeit, Aufschluss über die aktuelle Bewegung der Kontinentalplatten zu bekommen. Durch die Aufzeichnung von Erdbeben über einen festgelegten Zeitraum in einem begrenzten Gebiet mithilfe eines globalen Netzwerks von Seismometern lassen sich auch Spannungsraten der Erdkruste bestimmen. So erhält man Seismogramme mit Anhaltspunkten über derzeitige Plattenbewegungen.

Der Ostafrikanische Grabenbruch, ein zukünftiger mittelozeanischer Rücken. In zehn Millionen Jahren hat sich der nördliche Teil des Grabens in ähnlicher Weise wie das Rote Meer geöffnet.

Beobachtungen aus dem All
Mit Satelliten lassen sich heute ebenfalls Bewegungen der Kontinentalplatten erfassen. Durch die Aufzeichnung von Lageveränderungen bestimmter Punkte auf der Erdkruste über einen gewissen Zeitraum kann die Verschiebungsrate dieser Punkte zueinander berechnet werden.

Time Trek
Das Computerprogramm »Time Trek« wurde an der Cambridge University entwickelt, um frühere Plattenbewegungen darzustellen und zukünftige vorherzusagen, wobei einige unabsehbare Ereignisse, wie zum Beispiel das Ansteigen des Meeresspiegels durch globale Erwärmung oder Vergletscherungen, nicht berücksichtigt werden können. Die Abfolge zukünftiger Szenarien, die bereits für die nächsten 20 Millionen Jahre (geologisch eine kurze Zeitspanne) ein ganz neues Bild der Erdoberfläche ergibt, lässt sich folgendermaßen zusammenfassen:

In 20 Millionen Jahren: Gespaltenes Afrika
Ostafrika und Madagaskar haben sich vom übrigen Afrika abgespalten und dabei einen neuen Ozean gebildet. Spanien hat sich von Frankreich gelöst und leicht im Uhrzeigersinn gedreht. Australien, Neuseeland und Papua Neuguinea haben sich so schnell nordwärts verschoben, dass der Norden Australiens jetzt am Äquator liegt. Das Schwarze Meer ist vollständig vom Mittelmeer abgeschnitten und der Golf von Akaba hat sich bis zur Türkei geöffnet.

In 40 Millionen Jahren: Erweiterter Atlantik
Der Persische Golf hat keinen Zugang mehr zum Indischen Ozean und das Schwarze Meer ist – auf bestem Weg vollständig zu verschwinden – nur noch halb so groß. Afrika bewegt sich unaufhaltsam weiter nach Norden und verdrängt allmählich das Mittelmeer. Sizilien wurde nach Norden verschoben und liegt in Küstennähe vor Rom. Spanien bewegt sich weiter im Uhrzeigersinn von Frankreich weg. Ostafrika löst sich ostwärts vom restlichen Afrika, während Australien seine Reise nach Norden Richtung Südostasien fortsetzt. Die amerikanischen Kontinente entfernen sich noch weiter von der Alten Welt, der Atlantik wird breiter.

In 50 Millionen Jahren: Kalifornien bricht ab
Nordamerika (mit Grönland) rückt weiter nach Westen, beginnt dann sich im Uhrzeigersinn zu drehen und nach Süden zu bewegen. Nun wird Grönland wirklich grün, da es sich südlich vom 60. Breitengrad befindet . Ein Teil Kaliforniens hat sich entlang der San-Andreas-Verwerfung vom amerikanischen Festland abgespalten und bewegt sich Richtung Nordosten.

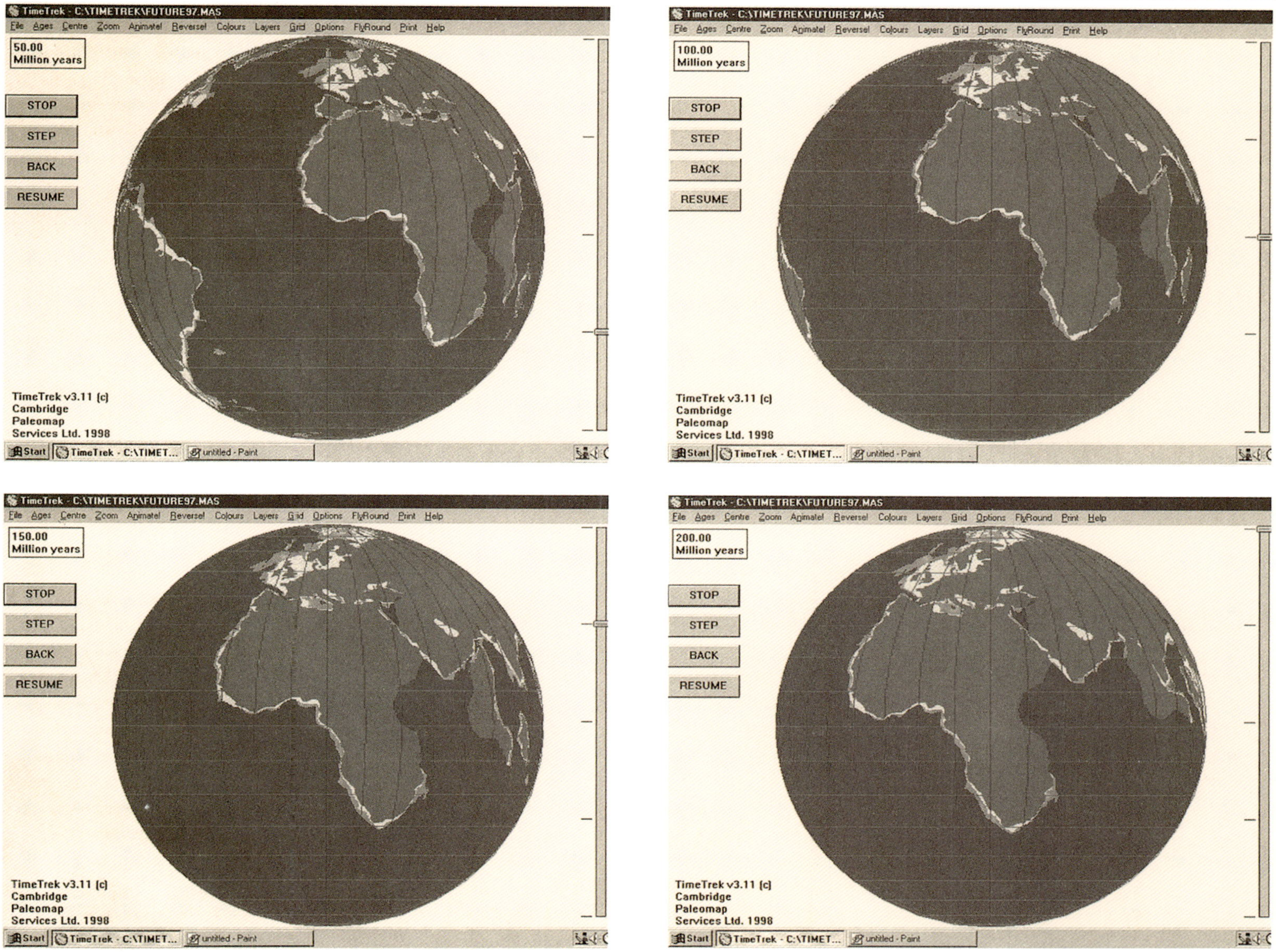

Zukunftsszenarien des Time Trek-Programms der Cambridge University zeigen die allmähliche Erweiterung des Atlantiks. Oben links: in 50 Millionen Jahren, oben rechts: in 100 Millionen Jahren, unten links: in 150 Millionen Jahren, unten rechts: in 200 Millionen Jahren.

In 80 Millionen Jahren: Das Mittelmeer verschwindet

In Neuseeland gibt es keine schneebedeckten Berge mehr, da es inzwischen die Tropen erreicht hat. Australien ist in der Zwischenzeit mit Japan kollidiert. Die Antarktis nimmt Kurs auf Australien. Afrika ist mit Süditalien und Spanien zusammengestoßen. Das Mittelmeer ist verschwunden und mit ihm die letzten Spuren der Antike. Mit dem Aufprall beginnt eine neue Phase in der langen Geschichte alpiner Gebirgsbildung.

In 90 Millionen Jahren: Geteiltes Amerika

Nord- und Südamerika sind getrennt. Nordamerika verlagert sich südlich an die Seite Südamerikas.

In 150 Millionen Jahren: Tropisches Neufundland

Der große Kontinent Grönland liegt jetzt ganz südlich des 60. Breitengrades und kommt in den Genuss eines wärmeren Klimas, das es zuletzt im frühen Tertiär erlebte (vor 200 Millionen Jahren). Neufundland erreicht die Tropen, Mexiko liegt am Äquator und Florida ein paar Grad weiter nördlich. Südamerika verschiebt sich nach Süden, so dass sich Peru bei etwa 30 Grad südlicher Breite befindet.

In 200 Millionen Jahren: Antarktis am Äquator

Die Antarktis hat sich Mexiko stark angenähert, so dass beide am Äquator liegen. Die Antarktis ist wieder ebenso üppig bewachsen wie einst im frühen Mesozoikum (vor 400 Millionen Jahren). Ostafrika hat mit Indien kollidiert, während Madagaskar weiter östlich an Indonesien in Südostasien gestoßen ist. Neufundland liegt bei 10 Grad nördlicher Breite und bewegt sich auf den Äquator zu, den Florida auf seinem Weg nach Süden bereits überquert hat. Südamerika hat sich im Uhrzeigersinn um 90 Grad gedreht, so dass Argentinien bei 60 Grad südlicher Breite liegt. In den letzten 200 Millionen Jahren haben sich die Britischen Inseln und Skandinavien langsam in südöstliche Richtung verschoben.

Das Ende der Erdgeschichte

Die tektonischen Platten bestehen aus der brüchigen und harten Außenschicht der Erde, der Kruste und dem äußeren Mantel, auch Lithosphäre genannt. Da die Erde langsam abkühlt, wird die Lithosphäre sich allmählich verdicken und unbeweglicher werden. Die Meeresbodenspreizung wird sich verlangsamen und die ozeanische Kruste wird nicht mehr unter die Kontinente abtauchen. Die Erde wird ihre Dynamik verlieren und absterben. Bis dahin werden viele Jahrmillionen vergehen, aber wenn es soweit ist, wird die Erde schließlich so öde und unfruchtbar sein wie Venus oder Mars.

Fossilien: Klassifikation

Das Bestreben, die große Zahl der Organismen, die heute und in ferner geologischer Vergangenheit auf der Erde gelebt haben, systematisch zu ordnen, reicht bis ins Altertum zurück. Schon damals bemühten sich Gelehrte der griechischen Antike und des frühen Christentums um eine Klassifikation der Lebensformen von den primitivsten zu den am höchsten entwickelten (Menschen). Die Grundlage dieser Hierarchien bildete eine Unterteilung der Organismen in Würmer, Insekten, Pflanzen, Fische, Vögel, Säugetiere und Menschen, die sich über viele Jahrhunderte in unserem Sprachgebrauch gehalten hat.

1836 begab sich der englische Naturforscher Charles Darwin (1809–82) auf eine Forschungsreise nach Südamerika und zu den Pazifikinseln an Bord der *Beagle* (oben). Seine Studien an Fossilien und lebenden Organismen führten zur Entwicklung der Evolutionstheorie, die er später in seinem umstrittenen Werk *On the Origin of Species* (1859) darlegte.

Vererbte Eigenschaften
Die Fortpflanzung bei Menschen, Familienstammbäume und die alten Kenntnisse der Nutzpflanzen- und Haustierzucht lieferten ein Grundverständnis der Lebensprozesse und ihrer genealogischen Zusammenhänge. Getreide, Gemüse und Zierpflanzen wurden über Jahrtausende gezüchtet, um Ertrag und Aussehen zu verbessern. Auf ähnliche Weise wurden Rinder, Pferde, Hunde und Katzen durch den Menschen »veredelt«. Obwohl man sich die Vorgänge im Einzelnen nicht erklären konnte, war doch offensichtlich, dass sich immer nur gleiche Arten untereinander fortpflanzen können. Die Grundlagen der Vererbung wurde zumindest auf ihrer praktischen Ebene verinnerlicht.

Die Klassifikation der Lebensformen
Seit 1735 basierte die biologische Systematik zur Einteilung und Gruppierung von Pflanzen und Tieren auf dem Schema des schwedischen Naturforschers Carl von Linné (1707–1778) aus seinem Werk *Systema naturae*. Linné ging davon aus, dass Arten eigenständige Einheiten bilden und von einer Generation zur nächsten unverändert bleiben.

Die Namensgebung
Linné benutzte ein hierarchisches Klassifikationssystem mit vier ansteigenden Ebenen: Art, Gattung, Ordnung und Klasse. Linné führte die noch heute gängige Methode ein, jeder Art zwei lateinische Namen zu geben, wobei der erste sich auf die Gattung bezieht, der zweite auf die Art. Die Gattung Mensch wird z. B. als *Homo* bezeichnet, die Art als *sapiens*. Linné klassifizierte die Gattung *Homo* unter die Ordnung der Primaten, zusammen mit Menschenaffen, Affen und Lemuren. Diese wiederum gehörte in die Klasse der Säugetiere als Teil des Tierreichs.

Die Revolution Darwins
Trotz anfänglicher Kritik wurde Linnés Klassifikationsmethode von den Wissenschaftlern angenommen. Sie wurde und wird laufend entsprechend der biologischen Forschung erweitert und modifiziert. Für die Naturalisten im frühen 19. Jahrhundert stellte sie die natürliche Ordnung alles Lebenden dar. Das änderte sich durch die Evolutionstheorie von Charles Darwin und Alfred Wallace 1858. Mit der Veröffentlichung seiner Werke zur Selektionstheorie *On the Tendency of Species to form Varieties* und *On the Perpetuation of Varieties and Species by Natural Selection* äußerte er Zweifel an der Unveränderlichkeit der Arten und propagierte die noch heute gültige Annahme, dass Arten von einem gemeinsamen Vorfahren abstammen und sich im Lauf der Zeit ändern können.

Evolutionäre Bindeglieder

Nach dieser Theorie müsste es evolutionäre Bindeglieder oder Übergangsformen zwischen Gruppen von Organismen im Lauf ihrer Evolution gegeben haben. Doch Darwin erkannte, dass sich seine Ideen kaum durch die Fossilienfolge untermauern ließen. Aufgrund seiner geologischen Kenntnisse und Erfahrungen erkannte er, dass die Fossilienfunde zu bruchstückhaft waren, um seine Theorie zu belegen. Die Fossilienfolge war nur ein kleiner Ausschnitt vergangener Artenvielfalt, sodass es sehr unwahrscheinlich war, ausreichend viele Bindeglieder zu finden. Bei der Genauigkeit heutiger Datierungs- und Analysemethoden wäre Darwin zweifellos erstaunt gewesen, in welchem Maß die Fossilienfolge seine revolutionäre Theorie Mitte des 19. Jahrhunderts inzwischen belegen konnte.

Der Prähistorische Stammbaum

Der deutsche Biologe Ernst Haeckel (1834–1919) war einer der ersten Wissenschaftler, die die vollständige Abfolge prähistorischer Lebensformen auf der Erde aufzeichneten. Er beschrieb die Geschichte des Lebens als zusammenhängende Genealogie, eine Art erweiterten Stammbaum, mit dem Menschen an der Spitze.

Genanalysen haben einige Forscher dazu veranlasst, Wale zu den paarhufigen Säugetieren (Artiodactyla), wie Nilpferden, zu stellen, obwohl andere Wissenschaftler auf Grund der erhobenen Daten keine Grundlage für einen solchen Rückschluss sehen.

Gemeinsame Vorfahren

Haeckel entwickelte auch den »Stamm« (Phylum) als neuen und über die Klasse gestellten Klassifikationsrang. Alle Klassen innerhalb eines Stamms haben einen gemeinsamen Vorfahren. Dieser Ansatz verlieh Linnés System eine neue Dimension. Alle Arten, ob lebend oder ausgestorben, konnten irgendwo in den Stammbaum eingefügt werden, wobei sich ihre Abstammung im Idealfall bis zu einem gemeinsamen Vorfahren zurückverfolgen ließ.

Die zeitliche Dimension

Darwin und Haeckel weiteten die Klassifikation der Organismen zu einer Genealogie aus, in der die Arten sich mit der Zeit weiterentwickelten. Die zunehmende Entschlüsselung der Fossilienfolge unterstützte sie dabei. Die Unterschiede von Fossilien und lebenden Organismen warfen jedoch häufig Fragen nach der Verwandtschaft auf, und der Test an lebenden Arten, ob sie lebensfähige Junge hervorbringen, kann bei fossilen Arten nicht angewandt werden.

Kladistik

Die kladistische Analyse ist eine moderne Methode zum Verständnis der evolutionären und biologischen Wechselbeziehungen zwischen Organismen. Dabei wird nach einem formalen Schema beurteilt, inwieweit lebende und fossile Organismen Eigenschaften teilen. Entwickelt wurde sie von dem Entomologen Willi Hennig. Durch diese Methode verliert die Zeitdimension an Bedeutung. Faktoren, wie die verwandtschaftliche Nähe von Arten und ihr jüngster gemeinsamer Vorfahr, werden in einem verzweigten Diagramm oder Kladogramm dargestellt.

Gemeinsame Eigenschaften

Ein Kladogramm basiert auf bestimmten Eigenschaften, die nur zwei Arten teilen (gemeinsame ererbte Merkmale oder Synapomorphien). Die Abfolge von Verzweigungen (Knoten) in einem Kladogramm gibt das Prinzip wieder, nach dem Synapomorphien auftreten.

Bedeutsame Vergleiche

Durch die Darstellung des Prinzips, nach dem gemeinsame ererbte Merkmale sich entwickeln, können Kladogramme verschiedenen Zwecken dienen. Gruppen, die mehr oder weniger Synapomorphien teilen, gelten als enger oder weiter miteinander verwandt. Auch die Reihenfolge, in der bestimmte Fähigkeiten oder Verhaltensweisen (zum Beispiel wie Vögel Flügel entwickeln) übernommen werden, lässt sich damit erklären. Wichtig ist, dass genügend viele Merkmale und Organismen verglichen werden.

Der DNS-Stammbaum

Durch die Genanalyse (die Entschlüsselung der DNS) wurde eine neue Möglichkeit entwickelt, Wechselbeziehungen zwischen größeren Gruppen lebender Organismen auf molekularer Ebene nachzuweisen. Die molekulare Phylogenie, die Bestimmung grundlegender Beziehungen zwischen Organismen, basiert auf dem genetischen Code. Durch Untersuchungen der Ähnlichkeit von Organismen auf dieser Ebene lässt sich die morphologische Klassifikation (basierend auf Form und Struktur der Organismen) überprüfen. Mit Hilfe der Genanalyse konnte man offene Fragen klären und zeigen, dass Schimpansen und Menschen sich vermutlich näher stehen als eine der beiden Gruppen den Gorillas.

Überprüfung der Fossilienfolge

Obwohl die Genanalyse bei ausgestorbenen Gruppen nicht angewandt werden kann, liefert sie nützliche Anhaltspunkte zur Überprüfung der Fossilienfolge. Eine genaue Bestimmung des genetischen Abstandes zwischen größeren wirbellosen Stämmen, wie Ringelwürmern, Mollusken, Arthropoden und Echinodermen, kann bei der Schätzung ihrer zeitlichen Divergenz helfen. Da Vertreter des Stammes vielzelliger Organismen (Metazoen) aus kambrischen Schichten bekannt sind, nahm man an, dass sie ihren Ursprung vor etwa 800 Millionen Jahren im späten Präkambrium haben mussten. Das liegt viel weiter zurück, als aus der Fossilienfolge hervorgeht, und Paläontologen versuchen nun diese Behauptung zu überprüfen.

Fossilienbildung

Fossilien sind direkte Zeugen vergangenen Lebens aus 3,8 Milliarden Jahren Erdgeschichte . Doch liefern sie nur einen sehr kleinen Ausschnitt aus der Existenz und dem Verhalten früheren Lebens – vorwiegend von Organismen mit konservierbaren, harten Körperteilen, wie Schalen und Knochen. Wie repräsentativ sind also Fossilienfunde? Eignen sie sich als Abbild vergangener Lebensformen, als Rückblick auf die »Familiengeschichte« heute lebender Pflanzen und Tiere und aller ausgestorbener Arten? Um die Grenzen ihrer Aussagekraft zu erkennen, muss man zunächst den Fossilisationsprozess erläutern.

Die Vielfalt heutigen Lebens

Heute gibt es etwa zehn Millionen Arten lebender Organismen auf der Erde mit einer enormen Vielfalt und Größenunterschieden von Viren und Bakterien bis hin zu riesigen Mammutbäumen und Blauwalen. Doch die Mehrheit (etwa 63 Prozent) stellen relativ kleine Anthropoden, wovon die meisten Insekten sind (über 85 Prozent). Ausgehend von der heutigen Fülle an Lebensformen müssten die Fossilienfunde viel mehr Arten enthalten. Da sich die Lebensdauer von Arten vermutlich auf ein bis 15 Millionen Jahre beschränkt, hat es im Lauf der Erdgeschichte beträchtliche Umwälzungen bei den Lebensformen gegeben.

Heutiges Ausmaß fossiler Funde

Setzt man die durchschnittliche Lebensdauer einer Art auf zehn Millionen Jahre an, hat es in den 500 Millionen Jahren vom Kambrium bis heute über 50 vollständige Umwälzungen im Artenbestand gegeben. Geht man von der heutigen Vielfalt von etwa zehn Millionen Arten aus, müssten um die 500 Millionen fossiler Arten in der Schichtenfolge eingeschlossen sein. Bis jetzt haben Paläontologen erst ein paar hunderttausend Fossilienarten beschrieben. Mit weniger als 0,01 Prozent ist das ein sehr kleiner Anteil der geschätzten Gesamtmenge.

Lücken in der Fossilienfolge

Im allgemeinen werden Organismen ohne mineralisierbare harte Teile nicht fossilisiert, weshalb die meisten Einzeller und andere Mikroorganismen (Bakterien, Protisten, Pilze), Algen, Gefäßpflanzen ohne holziges Gewebe, Würmer und Quallen bei der Fossilienerfassung unberücksichtigt bleiben. Besonders die Insekten sind kaum vertreten, wenn man berücksichtigt, in welch phänomenaler Vielfalt und Gesamtmenge sie sich heute darstellen.

Haltbare Körperteile

Ein Großteil der Fossilien besteht aus Schalen, Knochen, Zähnen, Pollen und karbonisiertem Pflanzenmaterial, den härtesten und haltbarsten Teilen der Tier- und Pflanzenkörper. Am häufigsten wurden marine Lebewesen fossilisiert (wie Klaffmuscheln, Schnecken, Korallen, Brachiopoden, Echinodermen, Trilobiten, Krabben), wovon die meisten in Flachmeeren leben oder lebten. Die Urorganismen waren im Überfluss vorhanden und ihre Überreste sind unvergänglich und häufig von Sedimenten verschüttet.

Wirbeltierfunde

Knochenteile der Tiere mit Wirbelsäule (Vertebraten), vor allem Zähne, Wirbel und Skelettfragmente, sind recht hart und bleiben gut erhalten, wenn sie schnell von Sediment verschüttet werden. Knochen bestehen aus kalkhaltigem Mineral (Kalziumphosphat, Kalziumkarbonat) und der organischen Substanz Ossein, das von Bakterien, Pilzen und durch Oxidation zersetzt wird. Die organische Komponente der Knochen kann daher an der Erdoberfläche oder am Meeresgrund in wenigen Monaten oder Jahren verrotten. Das Gewebe in Wirbeltierkörpern lockt Aasfresser an und vor allem Fleisch und Organe beginnen sich Stunden nach dem Tod zu zersetzen. Daher sind fossile Funde von Landwirbeltieren, wie Dinosauriern und Menschen selten.

Austrocknung

Durch Austrocknung, vor allem in Wüstengebieten, kann Gewebe, wie Haut, Haar und sogar Muskeln, konserviert werden. Die Fossilien einiger Landwirbeltiere wurden auf diese Weise erhalten und es gibt seltene Funde fossilisierter Abdrücke von Dinosaurierhaut. Ganze Dinosaurierskelette, die durch Wüstensandstürme verschüttet wurden, fand man in der Mongolei in Sandstein aus der späten Kreidezeit.

Bernstein

Bernstein gehört zu den besten natürlichen Konservierungsmitteln. Es handelt sich um ein komplexes aromatisches Harz, das im Ostseeraum von Nadelbäumen wie Araukarien produziert wurde und Pilz hemmende Eigenschaften besitzt, die der biologischen Zersetzung von Organismen bei deren Einschluss entgegenwirken. Als fossiles Harz kommt es am häufigsten in känozoischen Ablagerungen vor, wie im Ostseeraum (30 – 40 Millionen

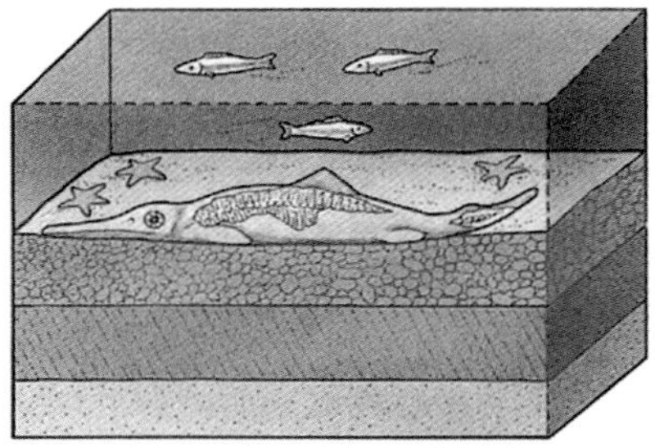

Ein Ichthyosaurier stirbt und wird von weichen Sedimenten am Meeresgrund verschüttet.

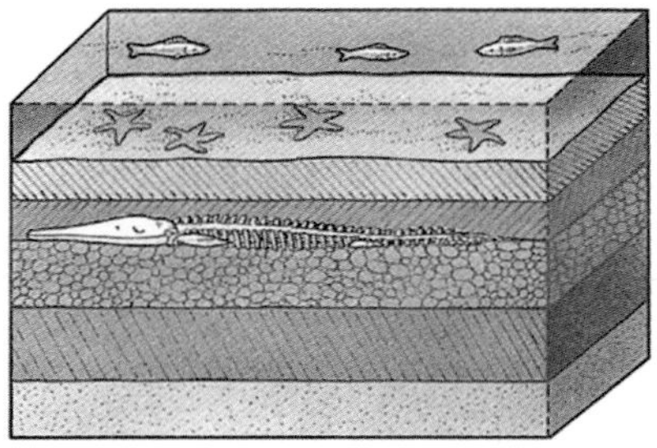

Das Fleisch zersetzt sich, die Knochen werden unter mehreren Sedimentschichten mineralisiert.

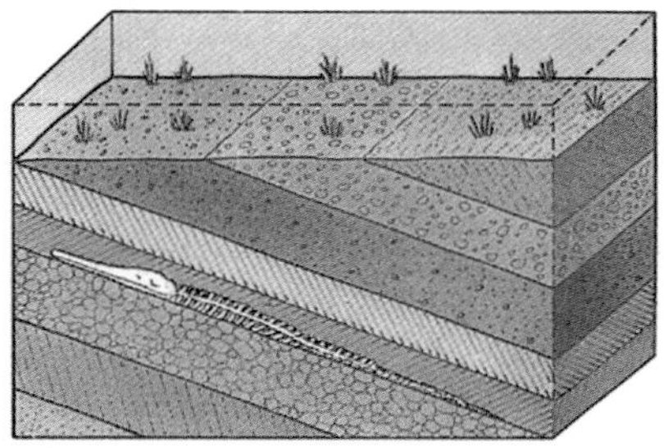

Das fossilisierte Skelett wird durch das Gewicht und die Verschiebung der Schichten komprimiert.

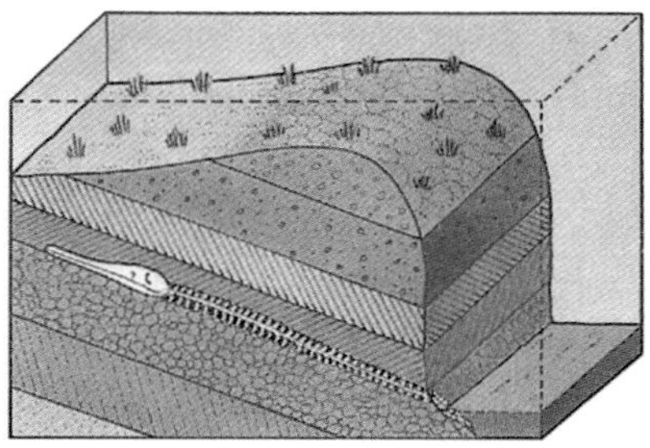

Durch die Erosionskraft der Strömung wird der Schwanz freigelegt, einige Knochen fallen auf den Grund.

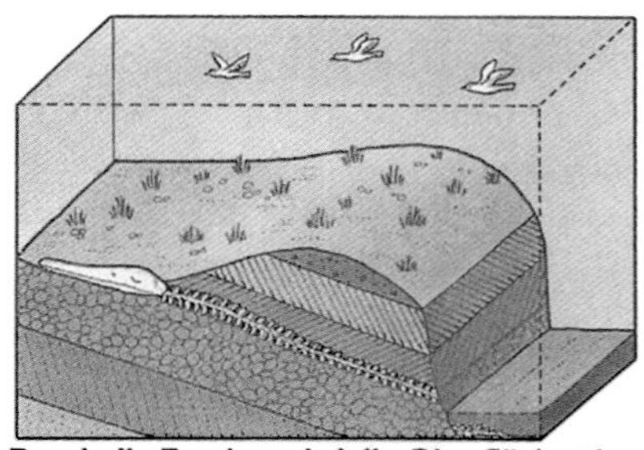

Durch die Erosion wird die Oberfläche abgetragen, das Skelett wird freigelegt.

Jahre alt), doch fand man noch älteren Bernstein aus der Kreidezeit (bis zu 120 Millionen Jahre alt) im Nordosten der USA, in Sibirien, im Libanon und auf der Isle of Wight im Ärmelkanal.

Konservierung in Bernstein

Eine Vielfalt an Organismen, von Blätterpilzen über Federn bis zu Insektenparasiten, wurde in Bernstein gefunden, und da er in der Schichtenfolge als organisches Mineral erhalten bleibt, stellt ein Bernsteineinschluss eine echte Fossilisation dar. Die meisten Bernsteinfossilien sind Wirbellose und Insekten, doch fand man auch einige kleine Wirbeltiere (Baumfrösche und Eidechsen).

Gefrieren

Unter Permafrostbedingungen können Blut und Organe über Zehntausende von Jahren konserviert werden. Vollständige Körper aus der Eiszeit von Mammuts und anderen Tieren, wie Wollnashörnern, Pferden, Vielfraßen und Bisons (vereinzelt auch Menschen, wie der neolithische Fund von 1991 in den Ötztaler Alpen), wurden in Sibirien und Alaska auf diese Weise konserviert. Obwohl sie nicht dauerhaft fossilisiert werden, wenn der Permafrost nachlässt, liefern sie wertvolle Informationen über die Bedingungen in der Eiszeit. Den bemerkenswertesten Fund stellte 1977 das vollständig erhaltene männliche Mammutbaby Dima dar (zwischen sechs und zwölf Monate alt), das vor über 40 000 Jahren lebte.

Bazillen und Schlamm

Bakterien tragen wesentlich zur natürlichen Wiederaufbereitung organischer Materialien bei. Sie sind in großer Zahl in fast allen Lebensräumen der Erde vorhanden, in den Tiefen der Meere, in heißen Quellen an Land und sogar im Polareis. Die meisten Bakterien zersetzen komplexe organische Stoffe und spalten sie in einfachere flüssige Bestandteile und Gase. Unter bestimmten Bedingungen, besonders bei Sauerstoffmangel, kann die Tätigkeit der Bakterien die Fossilisation weichen Gewebes durch das Auslösen chemischer Reaktionen fördern.

Anaerobe Konservierung

Bedingungen, unter denen die Bakterientätigkeit die Fossilisation fördert, finden sich oft in feinkörnigem Lehm am Grund von Seen oder Meeren. Es entstehen Minerale, wie Kalziumphosphat und Eisenkies, die Gewebe, wie Muskelfasern, Haut, Federn, Därme und sogar empfindliche Kiemen, bedecken und replizieren. Der Burgess Shale in Kanada aus dem frühen Kambrium ist ein berühmter Fundort derart konservierter Fossilien – Arthropoden mit Beinen und Kiemen, Würmer und Chordaten.

Fossilien sind Zeugnisse der Evolution des Lebens auf der Erde. Von oben nach unten: eine Schildkröte aus dem späten Eozän, *Praecoris*, ein in Bernstein eingeschlossener Käfer und *Sabalites*, ein fossilisiertes Palmenblatt aus dem frühen Tertiär.

Ein marines Ökosystem

Meeresküsten sind reich an allen Arten von Lebensformen und an Fossilien wirbelloser Meerestiere. Mariner Sandstein aus dem Paläozoikum ist typischerweise voll von Brachiopoden, Trilobitfragmenten, Seerosen und Moostierchen (Bryozoa) sowie einzelnen Schnecken, Klaffmuscheln und Cephalopoden (Nautiliden). Mesozoischer Sandstein enthält Klaffmuscheln, Schnecken, Cephalopoden, Seerosen und Brachiopoden. Im känozoischen Sandstein finden sich viele Arten an Schnecken und Klaffmuscheln, Fragmente von Echinodermen (Seeigeln, Seesternen) und Krabben.

Fossile Brennstoffe

Pflanzenreste werden bei der Fossilisation meist karbonisiert. Sie werden in der Erdkruste bei steigendem Druck und steigender Temperatur allmählich umgewandelt, aus einem anfänglich torfähnlichen Zustand über Braunkohle in Steinkohle und Anthrazit. Dieser Prozess setzt auch Gase frei, die unter bestimmten geologischen Bedingungen eingeschlossen werden. Trotz intensiver Nutzung im 19. und 20. Jahrhundert bilden Kohle und Gas immernoch die größten weltweiten Reserven fossiler Brennstoffe.

Pflanzenmineralisierung

Holziges Pflanzengewebe kann auf verschiedene Arten verändert werden, so durch Versteinerung und das Ersetzen durch verschiedene Minerale, von Kalziumkarbonat und Eisenkies bis zu Opal oder Kiesel. Erstaunlicherweise liefern diese Arten der Mineralisierung detaillierte Informationen über die Zellanatomie ausgestorbener Pflanzen, die viele Millionen Jahre alt sind.

Verschüttung

Fragmente von Organismen müssen von Sedimenten verschüttet werden, um konserviert und fossilisiert zu werden. Ein Großteil mariner Konservierung findet in den abgelagerten Sedimenten flacher Schelfmeere an den Kontinentalrändern statt. An Land hängt die Erhaltung von Sedimenten und Fossilien wegen der Verwitterung und Erosion von Einschlüssen ab, wie sie in Binnenseen oder Seebecken gefunden wurden sowie an Hängen von Gebirgsketten, in Trogtälern, an Verwerfungen oder in Grabenbrüchen. In diesen Bereichen häufen sich so viel Sedimente an, dass trotz späterer Anhebung und Erosion einige Schichten mit den verschütteten Fossilien erhalten bleiben.

Fossilienfunde: Rekonstruktion der Vergangenheit

Heute werden Fossilien ganz selbstverständlich als Überreste einst lebender Organismen akzeptiert, die in Filmen, Büchern und Museen wieder zum Leben erweckt werden. Noch vor hundert Jahren wären derart eindrucksvolle Darstellungen vergangenen Lebens nicht möglich gewesen, da der letzte wissenschaftliche Nachweis dafür noch nicht erbracht war. Die Fossilienfunde der letzten Jahrzehnte enthüllten immer neue, oft unerwartete Aspekte der fernen Vergangenheit. Doch bisher haben wir das Geheimnis der 3,8 Milliarden Jahre alten Geschichte des Lebens auf der Erde erst zu einem kleinen Teil gelüftet.

Steven Spielbergs Film *Jurassic Park* wurde berühmt durch die lebensnahe Animation von Dinosauriernachbildungen.

Erste Fossilienfunde

Fossilien übten seit ihrer Entdeckung durch frühe Menschen vor vielen tausend Jahren stets eine starke Faszination aus. Fossile Schalen, die von unseren prähistorischen Vorfahren als wertvoll geschätzt wurden, dienten als Schmuckstücke und wurden mit ihren Besitzern begraben. Die ersten größeren fossilen Knochen wurden meist mythischen Fabelwesen oder Riesen zugeschrieben.

Die Suche nach Erklärungen

Die Bibel lieferte mit der Geschichte der Sintflut eine derart überzeugende Erklärung für diese rätselhaften Überreste, dass sie bis zum Anfang des 19. Jahrhunderts nicht wiederlegt werden konnte. Viele hoch angesehene Geologen damaliger Zeit waren davon überzeugt, dass es eindeutige geologische Beweise für die Sintflut gab und damit für den Wahrheitsgehalt der Bibel.

Überreste der Sintflut

Als die Knochen einer Vielzahl großer Tiere, wie Elefanten, weitab von ihrem geografischen Verbreitungsgebiet in Nordeuropa und Nordamerika gefunden wurden, nahm man an, dass sie in der Sintflut ertrunken und dorthin geschwemmt worden waren. Außerdem lieferten sie eine vernünftige Erklärung dafür, dass fossilisierte Schalen und Knochen von Meeresbewohnern in Gesteinen im Binnenland und manchmal sogar auf Bergen gefunden wurden. Erst in der Mitte des 19. Jahrhunderts setzte sich die Auffassung durch, dass diese Interpretation falsch war.

Frühe Interpretationen von Fossilien

Unser heutiges, hoch entwickeltes Verständnis der Natur und der Schichtenfolge ist erst etwa 300 Jahre alt, obwohl bereits Aristoteles (384–322 vor Christus) im antiken Griechenland und Plinius der Ältere (etwa 23–79 nach Christus) in Rom große Fortschritte bei der Beobachtung und Interpretation der Natur gemacht hatten. Viel von diesem antiken Wissen blieb bis zum Mittelalter verborgen und wurde erst in der Renaissance in Europa neu bewertet.

Schöpfungsmedaillen

Die Suche, Sammlung und Darstellung von Fossilien wurde zu einem beliebten Zeitvertreib und Gegenstand der Forschung. Seit der Mitte des 17. Jahrhunderts galten Fossilien immer mehr als authentische Überreste einst lebender Wesen und nicht mehr als Objekte, die durch Kräfte oder Flüssigkeiten im Boden geformt worden waren. Solange diese als »Schöpfungsmedaillen« galten, die nach vorherrschender Meinung konform mit der Schöpfungsgeschichte des Alten Testaments gingen, wurde der Umgang mit Fossilien gesellschaftlich akzeptiert.

Neubewertung der Vergangenheit

Zu Beginn des 19. Jahrhunderts entdeckte man sehr umfangreiche Fossilien führende Schichten, die nicht infolge einer einzigen Flut aufgehäuft werden konnten, wie katastrophal sie auch ausgefallen sein mag. Außerdem musste die prähistorische Entwicklung der Erde mehr als 6 000 Jahre gedauert haben. 1650 hatte James Ussher, protestantischer Erzbischof von Armagh in Irland, anhand der genealogischen Listen im Alten Testament den Zeitpunkt der Schöpfung auf 4004 vor Christus berechnet. Als man den langsamen Ablauf vieler geologischer Prozesse, wie Erosion und Sedimentation, erkannt hatte, musste man das Erdalter auf mehrere Jahrmillionen ausdehnen. Die geologische Erforschung der langen Erdgeschichte ergab dann, dass die Verschüttung organischer Reste in Sedimentschichten ständig erfolgte und dass die Arten fossiler Organismen sich innerhalb der bekannten Schichtenfolge änderten.

Neubewertung der Bibel

In dieser Zeit zeigte die Wissenschaft viele Widersprüche in der Bibel auf. Es wurde deutlich, dass die Bibel kein historisches Dokument war, sondern eine komplexe Sammlung historischer Erzählungen verschiedener Zeiten, die der Interpretation bedurften. Viele christliche Geistliche, die sich aktiv mit der Erforschung der Natur und besonders mit der Suche nach fossilen Überresten früherer Lebensformen befassten, hielten diese Enthüllungen nicht für besonders problematisch. Die neuen Entdeckungen konnten immer noch als wundersame Werke eines gütigen und großzügigen Gottes betrachtet werden. Doch bekam auch diese liberale Sichtweise immer mehr Risse und die Zweifel an der Schöpfungsgeschichte nahmen zu.

Das Problem des Aussterbens

In der zweiten Hälfte des 18. Jahrhunderts fand man in verschiedenen Teilen der Welt Fossilien

großer, unbekannter Wirbeltiere. 1739 entdeckte man elefantenähnliche Knochen (1806 *Mastodon* genannt) an den Ufern des Ohio in Nordamerika. 1796 wurden fossile Überreste aus Paraguay als Teile eines riesigen Bodenfaultiers beschrieben, das als *Megatherium* bekannt wurde.
Die »Bestie von Maastricht«, ein riesiges Meeresreptil, wurde 1786 gefunden und 1823 als *Mosasaurus* bezeichnet. Die Seedrachen von Lyme Regis (Ichthyosaurier und Plesiosaurier) wurden zu Beginn des 19. Jahrhunderts entdeckt.
Nun mussten sich Naturforscher langsam mit der Möglichkeit des Aussterbens von Lebewesen befassen. Doch blieben Fragen offen wie diese: Wenn die Tiere nicht Opfer der Sintflut geworden waren, wie konnte ein gütiger Schöpfer es zulassen, dass irgendeine seiner Kreationen ausstarb? Das Problem, das Aussterben erklären zu können, wurde durch die Auseinandersetzung mit der aufkommenden Evolutionstheorie schließlich vorerst nebensächlich.

Nachbildung der Dinosaurier

Die ersten Funde unvollständiger Fossilien großer Tiere, die nicht mit irgendeinem lebenden Reptil vergleichbar waren, stellen zu Beginn des 19. Jahrhunderts kaum mehr als biologische Puzzleteile dar, die nur für wenige Naturhistoriker von Interesse waren. Doch als Richard Owen, ein englischer Anatom, die Fossilien als Überreste von Dinosauriern interpretierte, einer Gruppe in der Wissenschaft unbekannter ausgestorbener Reptilien, änderte sich dies schlagartig. Richard Owen konnte nicht wissen, was für einen Boom er 1842 damit auslöste. Er schuf eine neue Sichtweise der Dinosaurier aus Fakten und Fiktion und löste eine Renaissance der Fabelwesen aus.

Wiederbelebung der Vergangenheit

Die Paläontologie, das Studium der Fossilien, und die Geologie, die Wissenschaft der Gesteine, wurden im 19. Jahrhundert zu akademischen Disziplinen. Die unaufbereiteten Daten und Informationen, auf denen die Wiederbelebung der fernen Vergangenheit basiert, bestehen oft nur aus einer unvollständigen Sammlung versteinerter, zerbrochener und verformter fossiler Knochen. Diese Fossilien werden von Paläontologen, Modellbauern und wissenschaftlichen Zeichnern zu beeindruckenden Tieren zusammengesetzt. Das Ergebnis wird meist kritiklos angenommen.
Doch sind diese Darstellungen, so realistisch sie auch wirken mögen, meist nicht mehr als der Versuch, Knochenteile zusammenzusetzen, die sich in einer Vielzahl verschiedener Möglichkeiten kombinieren lassen, sodass das Ergebnis mehr oder weniger stark von der Wirklichkeit abweichen kann. Ihre Realitätsnähe hängt ganz von der Qualität der Fossilien und der Verfügbarkeit lebender Vorbilder bei Echsen und Säugetieren ab.

Die Bedeutung der Dinosaurier

Die Bedeutung und die bildliche Darstellung der Dinosaurier hat sich, manchmal durchaus unbewusst, seit Richard Owens Zeit erheblich gewandelt. Von den drachenähnlichen »kriechenden Schlangen« aus der Bibel wurden die Dinosaurier zu faszinierenden Geschöpfen, deren Größe und Artenvielfalt von kleineren, vogelartigen Exemplaren bis zu riesigen schwerfälligen Ungeheuern reichte, deren Größe und Stärke den Gesetzen der Biologie und Physik zu trotzen schienen. Einige Dinosaurier werden heute als höchst agile, warmblütige Monsterwesen eingestuft. Da sie seit langer Zeit ausgestorben sind, konnten sie nie als Zeitgenossen des Menschen beobachtet werden, was natürlich viel Raum für Spekulationen über ihre Lebensweise lässt. Doch wie fantasievoll die Interpretationen auch ausfallen mögen, mit den Fossilienfunden liegen genügend unabänderliche Beweise für ihre Existenz, Kraft und Größe vor. Zweifellos waren einige Dinosaurier die größten terrestrischen Pflanzen- und Fleischfresser, die je auf diesem Planet lebten.

Prähistorische Monster

Darüber hinaus waren die Dinosaurierfunde sehr hilfreich bei der Ausräumung einiger längst überfälliger, verstaubter Vorstellungen aus viktorianischer Zeit. Angesichts solch gigantischer Bestien konnte man nicht länger an die verborgene Existenz von Kolonien geheimnisvoller Monster in einer unerforschten Region der Erde glauben – obwohl diese Vorstellung bis heute in Geschichten über das Ungeheuer von Loch Ness und andere Wesen aus der geologischen Vergangenheit weiter lebendig bleibt.

Drei ausgestorbene Reptilien aus der späten Kreidezeit vor 65 bis 80 Millionen Jahren. Gegen den Uhrzeigersinn von links: *Triceratops*, ein gehörnter, gepanzerter Dinosaurier aus Nordamerika, neun Meter lang und bis zu 5,4 Tonnen schwer; *Velociraptor*, ein kleiner zweibeiniger Dinosaurier aus der Mongolei, 1,8 Meter lang; *Queztalcoatlus*, ein fliegender Pterosaurier aus Texas mit einer Flügelspannweite von bis zu zwölf Metern.

Evolution und Fossilienfolge

Zu Beginn des 19. Jahrhunderts entdeckten Geologen, wie Roderick Murchison und Adam Sedgwick, dass Fossilien nicht nur in jungen Gesteinsschichten nahe der Oberfläche vorkamen, sondern auch in darunter liegenden älteren Schichten. Diese Fossilien deuteten darauf hin, dass das Massenaussterben kein einmaliges Ereignis war, sondern sich mehrmals vollzog. Die Vorstellung einer einzigen Sintflut als Ursache des Aussterbens wurde verworfen, ebenso wurde die Annahme, dass die Erde nur wenige tausend Jahre alt sei, für nicht mehr tragbar gehalten. Die Geschichte des Lebens war weitaus länger.

Mutation

Zunehmende Hinweise darauf, dass einzelne Arten und Gruppen von Pflanzen und Tieren zu verschiedenen Zeiten in der Schichtenfolge erschienen und wieder verschwanden, warfen die Frage auf, wie konstant Arten über einen längeren Zeitraum in ihrer Gestalt waren. Wenn der Mensch durch Zucht neue Unterarten hervorbrachte, konnte eine Art auch im Lauf der Zeit von allein mutieren? Neue Ansichten zur Mutation verbreiteten sich am Ende des 18. Jahrhunderts unter den Naturphilosophen, wie Georges-Louis Leclerc de Buffon (1707–88) und Jean-Baptiste de Monet de Lamarck (1744–1829) in Frankreich und Charles Darwins Großvater Erasmus Darwin (1731–1802) in England.

Selektive Zucht

Eine Art zeichnet sich durch die Zeugungsfähigkeit lebensfähiger, fruchtbarer Nachkommen aus. Die Menschen züchteten über Jahrtausende verbesserte Nutzpflanzen und Tierarten und man weiß seit langem, dass durch selektive Zucht die Chancen, bei den Nachkommen bestimmte Eigenschaften zu verbessern, nachhaltig steigen. Die meisten Rassen bei Rindern, Hunden, Katzen, Tauben und Blumen wurden künstlich gezüchtet. Obwohl man sich die näheren Umstände nicht erklären konnte, wusste man doch, dass lebende Organismen sich über mehrere Generationen allmählich verändern konnten.

Gemeinsame Merkmale

Ein Konzept zur Hierarchie der Lebensformen, von der primitivsten zu der am höchsten entwickelten, wurde bereits in der Antike begründet. Seit Linnés Klassifikationssystem zur Anwendung kommt, wurden aber auch Ähnlichkeiten zwischen großen Affen und Menschen deutlich. Man fragte sich, ob Affen »zivilisiert« werden könnnen, und unternahm entsprechende Versuche. Weiterhin verglich man die Skelette aller Wirbeltiere miteinander, wobei sich eine Vielzahl gemeinsamer Merkmale ergaben.

Vergleichende Anatomie

Die Wissenschaft der vergleichenden Anatomie, begründet durch den schottischen Chirurgen John Hunter (1728–93) und den französischen Naturforscher Georges Cuvier (1769–1832), machte es möglich, die bruchstückhaften fossilen Knochen ausgestorbener Lebewesen zu anatomisch lebensfähigen Tieren zusammenzusetzen. Die Akzeptanz einer allen Wirbeltieren gemeinsamen Skelett-

Der *Archaeopteryx*, in Sandsteinschichten des Weißen Jura im deutschen Solnhofen gefunden, zeigt Merkmale der Vögel und der Reptilien (knochiger Schwanz und Federn).

struktur bildete die Grundlage der Rekonstruktion. So ähnelt zum Beispiel die Grundform des Oberschenkel- oder Oberarmknochens einer Eidechse im Wesentlichen der von Fröschen oder Menschen.

Cuviers Modelle

George Cuvier erstellte einige der innovativsten und erstaunlichsten Rekonstruktionen ausgestorbener Tiere, angefangen beim Riesenfaultier (*Megatherium*, 1796), das in den vergangenen zwei Millionen Jahren in Südamerika lebte, bis zu den damals ältesten bekannten primitiven Säugetieren aus der Tertiärschicht des Pariser Beckens, einem ausgestorbenen Beutelsäugetier (1804) und dem tapirähnlichen *Palaeotherium* (1804). Doch führte die Anerkennung einer gemeinsamen Skelettstruktur aller Wirbeltiere nicht automatisch zur Akzeptanz der zu dieser Zeit aufkommenden Evolutionstheorie.

Darwins revolutionärer Ansatz

Charles Darwin studierte Geologie und Paläontologie bei Adam Sedgwick in Cambridge und Wales und er las Charles Lyells neues Werk *Principles of Geology*. Außerdem sammelte er geologische Erfahrungen auf seiner Reise an Bord der Beagle. Er erkannte bald, dass der Ausschnitt früherer Lebensformen der Fossilienfolge bruchstückhaft war und immer noch ist. In seinem Buch *On the Origin of Species* (1859) teilte er die Auffassung, dass es entwicklungsgeschichtliche Bindeglieder oder Übergangsformen zwischen verschiedenen Gruppen von Organismen gegeben haben musste. Doch die Fossilienfolge war derart unvollständig, dass die Wahrscheinlichkeit solche Zwischenformen zu finden sehr gering war und Darwin fossile Zeugnisse daraufhin weitgehend mied.

Das Fehlende Bindeglied

1861 gelang Darwins Theorie der Durchbruch mit der Entdeckung eines Fossils im Solnhofer Plattenkalk, einer einzelnen Feder in lithographischem Jura-Sandstein. Sechs Monate später wurde ein fast vollständiges Vogelskelett gefunden. Der englische Biologe und Vertreter der Theorien Darwins, Thomas Henry Huxley (1825–95) erkannte, dass dieser neue Fund, *Archaeopteryx* (Urvogel) genannt, Merkmale von Reptilien und Vögeln aufwies. So lieferte er das erste gut erhaltene fossile Beispiel einer Übergangsform, die eindeutig eine Tiergruppe (die Vögel) mit ihren Vorfahren (den Reptilien) verband.

Die Evolution der Pferde

Ein noch besseres Evolutionsbeispiel liefert die Fossilienfolge der Pferde. Eine französische Expedition fand in den 1850-er Jahren zahlreiche Pferdeknochen in terrestrischen Ablagerungen im griechischen Pikermi. In den 1860-er Jahren wurde ein provisorischer Stammbaum für die Evolution der Pferde erstellt, in dem der griechische Fund mit früheren Funden aus Frankreich verglichen wurde. Die älteste bekannte Form, das *Palaeotherium*, war ein kleines Hufsäugetier mit drei etwa gleich langen Zehen. Das jüngere *Hipparion* aus Griechenland hatte immer noch seitliche Zehen, doch erfüllten sie keine Funktion mehr, da sie die Erde nicht berührten. Daher galt es als Übergangsform zwischen dem *Palaeotherium* und dem modernen Pferd *Equus* mit einem vergrößerten einhufigen Zeh und winzigen seitlichen Zehen. Die Evolutionsgeschichte des Pferdes wurde in den 1870-er Jahren von dem amerikanischen Paläontologen Othniel Marsh genauer untersucht, der noch einige andere Pferdearten in den Tertiärschichten Nordamerikas fand.

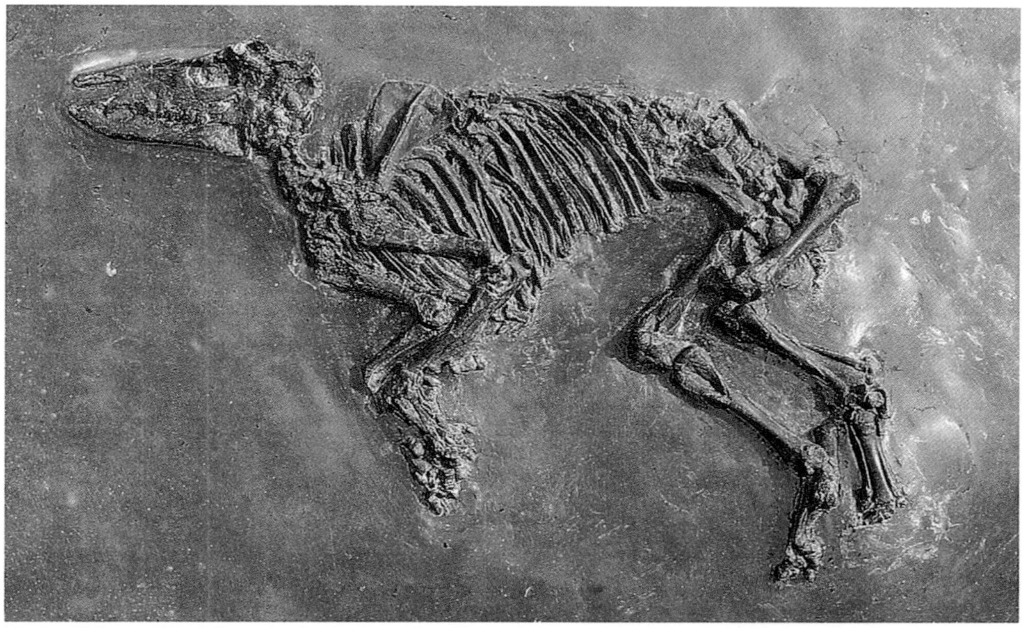

Ein fossilisiertes Pferd *(Propaleotherium)* aus dem Eozän in Deutschland. Der Paläontologe Othniel Marsh zeigte, dass die Fußknochen der Pferde im Lauf der Zeit einem Evolutionsmuster für schnelleres Laufen folgten.

Mikroevolution

Im letzten Jahrzehnt des 20. Jahrhunderts haben Paläontologen Schichtfolgen entdeckt, die außerordentlich reich an bestimmten Fossiliengruppen sind. Diese Ablagerungen zeigen detaillierte Veränderungen in der evolutionären Abstammung dieser Organismen. Bemerkenswerte entwicklungsgeschichtliche Sequenzen liefern die Trilobiten von Wales aus dem Ordovizium, die silurischen Graptolithen aus Polen, tertiäre Schnecken und Barschfische aus Ostafrika sowie jüngere Mikrofossilienfolgen aus der Tiefsee.

Spurensuche

Umfangreiche Proben aus Hunderten oder sogar Tausenden von Exemplaren aufeinander folgender Generationen von Fossilienarten können über Jahrmillionen verfolgt werden. Sie scheinen bestimmte Eigenschaften mit wechselnder Geschwindigkeit übernommen und wieder verloren zu haben, unabhängig von anderen eng verwandten Stämmen. Der Barsch, dessen Entwicklung durch die Entstehung zahlreicher großer Seen gefördert wurde, zeigt, wie schnell evolutionäre Entwicklungen ablaufen können. Auch Charles Darwin wäre von der ungewöhnlichen Qualität der Fossilien beeindruckt gewesen. Im Vergleich dazu sind die Fossilienfolgen der Dinosaurier oder Hominiden leider nur bruchstückhaft.

Ausblick

Vor nicht allzu langer Zeit behauptete ein bedeutender Biologe, dass man bereits so viel über die evolutionären Beziehungen lebender Organismen wisse, dass die Fossilienfolge nur noch dazu beitragen könnte, das »Kirchenbuch des Lebens« zu füllen.

Im letzten Jahrzehnt des 20. Jahrhunderts waren fossile Funde aber durchaus noch für so manch überraschendes Ergebnis gut. Aus den geologisch bisher kaum erforschten Regionen der Welt waren fossile Funde nur beschränkt zugänglich und sind erst im Zuge weiterer Forschungsreisen zu erwarten.

Paläontologen wissen mittlerweile, unter welchen Umständen auch weiches Gewebe fossil erhalten bleibt. Proben aus früherer Zeit lassen sich nun im Hinblick darauf erneut interpretieren.

Der am wenigsten bekannte Abschnitt der Erdgeschichte ist immer noch das Präkambrium. Die über drei Milliarden Jahre alte und bisher kaum bekannte Geschichte und Evolution des Lebens wartet weiterhin darauf, erforscht zu werden.

Fossilien und die molekulare Uhr

Der Evolutionstheorie von Darwin und Wallace fehlte ein wesentlicher Bestandteil: der Schlüssel für die Vererbung bestimmter Merkmale. Nichteinmal das grundlegende Schema, durch das Eigenschaften von einer Generation zur nächsten vererbt werden, war bis zur Jahrhundertwende und dem Tod von Darwin und Wallace bekannt, obwohl die Vererbungsmuster bereits in den 1860-er Jahren von dem österreichischen Mönch Gregor Mendel (1822–84) aufgestellt worden waren. Er hatte die Ergebnisse seiner botanischen Zuchtexperimente mit Erbsen veröffentlicht, doch fanden sie keine Beachtung und wurden erst Jahre nach seinem Tod wiederentdeckt. Mit Mendels Vererbungslehre hätte Darwin seine revolutionäre Theorie weitaus selbstbewusster vertreten können.

Das Verständnis der Vererbung

Um die Jahrhundertwende ergaben unabhängige Zuchtexperimente des englischen Zoologen William Bateson (1861–1926) und des holländischen Botanikers Hugo de Vries (1848–1935), dass immer wiederkehrende Eigenschaften, die als »dominant« und »rezessiv« bezeichnet werden, an die Nachkommen vererbt wurden. Doch hatten die Wissenschaftler noch nicht entschlüsselt, wie die reproduzierten Zellen kombiniert werden und wie der Informationsaustausch bei der Mischung der elterlichen Merkmale abläuft, bei dem festgelegt wird, welche Merkmale zur Ausprägung kommen.

Das Knacken des Codes

Der genetische Code, verschlüsselt in den Chromosomen jeder Körperzelle, verdoppelt sich bei der Zellteilung durch die Wiederholung der doppelten Spiralstruktur der Desoxyribonukleinsäure (DNS), dem Hauptbestandteil der Chromosomen aller Organismen. Er enthält die jeweilig typische Anordnung, in der sich die stickstoffhaltigen Grundbestandteile der DNS im Molekül befinden, wodurch wiederum Art und Menge des Proteins festlegt werden, das in der Zelle synthetisiert werden muss. Dieser Ablauf wurde 1953 von dem Amerikaner James Watson (geboren 1928) und dem Engländer Francis Crick (geboren 1916) erstmalig nachgewiesen, und stellte den sensationellen Höhepunkt der Forschungsarbeit zahlreicher Wissenschaftler dar, die über Jahrzehnte hinweg auf ein gemeinsames Ziel hingearbeitet hatten.

Evolutionäre Beziehungen

Der genetische Code jeder einzelnen Körperzelle macht jeden Organismus unverwechselbar. Ähnlichkeiten im Zellcode von Organismen entscheiden darüber, ob sie sich kreuzen lassen, also lebensfähige Nachkommen produzieren können. Durch die Auswertung der genauen Abfolge genetischer Informationen, die in jeder Zelle eines Organismus enthalten sind, lassen sich die verwandtschaftlichen Beziehungen lebender Organismen nachweisen. Dabei zeigte sich die verwandtschaftliche Nähe von Menschen und Schimpansen.

Ausschnitt eines DNS-Moleküls, das in einer doppelten Spiralstruktur (Doppelhelix) gedreht ist. Die DNS ist verantwortlich für die Vererbung von Eigenschaften der Eltern an die Nachkommen.

Unsere nächsten Verwandten

In den 1960-er und 1970-er Jahren fanden Molekularbiologen heraus, dass das Erbgut von Schimpansen und Menschen viel ähnlicher ist, als erwartet. Nach der Fossilienfolge schien die evolutionäre Spaltung zwischen höheren Affen und Menschen vor etwa 15 Millionen Jahren stattgefunden zu haben. Dann hätte allerdings der genetische Abstand zwischen beiden weitaus größer sein müssen, als es tatsächlich der Fall ist.

Die molekulare Uhr

Das Modell der molekularen Uhr basiert auf versuchsweise festgelegten genetischen Mutationsraten bei verschiedenen Molekülen lebender Organismen. Dabei sollte die Vermutung bestätigt werden, dass Mutationen immer mit konstanter Geschwindigkeit ablaufen. Erweiterte Tests an lebenden Organismen ergaben jedoch unterschiedliche Veränderungsraten bei einzelnen Molekülen. Mittlerweile ist bekannt, dass die Mutationsrate einiger Moleküle nicht so zuverlässig ist wie ein Uhrwerk, während sich andere in sehr regelmäßigen Zeiträumen vollziehen. In jedem Fall müssen molekulare Analysen über die Geschwindigkeit evolutionärer Abläufe einzelner Organismengruppen mit der Fossilienfolge und anderen Indizien abgeglichen werden.

Verwandtschaft bei Säugetieren

Obwohl man sehr viel über die Biologie der verschiedenen Säugetiergruppen weiß, rätseln Biologen immer noch über die verschiedenen Verwandtschaftsgrade. Wie eng sind heutige primitive Säugetiere, zum Beispiel Eier legende Kloakentiere (Monotremata), wie das Schnabeltier und Beuteltiere (wie Kängurus) mit den höher entwickelten Plazentatieren verwandt? Nach dem traditionellen Ansatz, der sich auf Form und Körperaufbau stützt, stehen die Kloakentiere auf einer weitaus primitiveren Entwicklungsstufe. Neue Ergebnisse der Molekularforschung deuten dagegen darauf hin, dass Kloaken- und Beuteltiere sich näher stehen als den Plazentatieren.

Fossilienkunde und Molekularforschung

Durch die molekularen Unterschiede allein lässt sich nicht sagen, wann sich einzelne Gruppen von Organismen auseinanderentwickelt haben. Sie müssen mit Fossilienfolgen verglichen werden. So wurde zum Beispiel die Trennung von Krokodilen und Vögeln, basierend auf den ersten bekannten ausgestorbenen Vorfahren der Krokodile und Vögel, auf vor 225 Millionen Jahre geschätzt.

Wenn man von der Annahme ausgeht, dass die Mutationsrate im Lauf der Zeit allmählich und regelmäßig verlief, kann man aus Molekularstudien Schätzwerte für die Divergenzzeiten verschiedener Vogel- und Krokodiluntergruppen ableiten. Neue Molekularstudien ergeben im Verhältnis zur Fossilfolge manchmal frühere oder spätere Divergenzdaten. Spätere Fossilienfunde belegen häufig die Werte bereits ermittelter Mutationsraten. Durch die Kombination der Methoden lassen sich die Beziehungen zwischen den Gruppen und ihre Divergenzzeiten genauer bestimmen

Haltbarkeit der DNS

Das Problem der Genanalyse liegt darin, dass – entgegen den Behauptungen in Michael Crichtons *Jurassic Park* – aus älteren Fossilien keine DNS entnommen werden kann. Die meisten Makromoleküle, wie beispielsweise DNS und Proteine, zerfallen sehr schnell nach dem Tod des Organismus, wenn das Gewebe nicht auf ungewöhnliche Weise, wie durch schnelles Gefrieren, erhalten wird.

Experimente mit Bernstein

Die scheinbar perfekte Konservierung von Organismen in Bernstein nährte die Hoffnung, dass ihre DNS ebenfalls erhalten geblieben ist. Zahllose Versuche wurden unternommen, um in Bernstein eingeschlossenen Insekten die DNS zu entnehmen, in Einzelfällen durchaus erfolgreich. Doch alle Replikationsversuche schlugen fehl, was darauf hinweist, dass die Proben bereits durch neuere DNS-Strukturen verunreinigt waren.

Konserviert im Permafrost

In der Eiszeit wurden zum Beispiel Mammuts im Permafrost konserviert. Ihre DNS bieb durch schnelles Gefrieren erhalten und kann heute erforscht werden; doch sind diese Körper nur wenige zehntausend Jahre alt. Es wäre möglich, ihre DNS mit heutigen Arten zu kombinieren, um eine Art »Eiszeitpark« zu schaffen, bevölkert von Elefanten- und Mammutbastarden.

Die zahnlosen Gürteltiere (oben) galten lange als die primitivsten Plazentatiere, doch haben neue molekulare Datenanalysen ergeben, dass Insektenfresser, wie Igel noch primitiver sein könnten. Nach einer weiteren bemerkenswerten molekularen Entdeckung sind die Hasenartigen (Lagomorpha) möglicherweise eng mit den Primaten verwandt, während sie vorher den Nagetieren, wie Ratten, zugeordnet wurden.

Fortschritt und Katastrophe

Fossilienfunde belegen, dass die Entwicklung des Lebens auf der Erde von dramatischen Rückschlägen geprägt war. Organismen entstanden und verschwanden durch eine Vielzahl von Ursachen. In der Fossilienfolge der letzten 500 Millionen Jahre kam es 54-mal zu einem Massenaussterben, bei dem mehr als 10 Prozent der fossilen Gattungen ausgelöscht wurden. Unser Planet ist ständigen Klimaveränderungen bis hin zu Eiszeiten ausgesetzt, und wir Menschen werden uns diesen Veränderungen anpassen müssen, wenn wir überleben wollen. Mit der Kenntnis der natürlichen Prozesse, die das Leben in der Vergangenheit beeinflusst haben, sollten wir uns die Wirkung unseres Handelns stärker bewusst machen. Wenn wir weiterhin negativ in das Weltklima eingreifen, werden wir dem Schicksal der Dinosaurier folgen.

Die Mondoberfläche ist durch Meteoriteneinschläge und Vulkanausbrüche zerklüftet – Erosion oder Sedimentation gibt es dort nicht. Die großen Kopernikus- und Tycho-Krater sind 400 bis 800 Millionen Jahre alt.

Evolutionäre Entwicklung

Die Geschichte des Lebens wurde in der Vergangenheit stets als Geschichte des Fortschritts dargestellt, die von den primitivsten bis zu den am höchsten entwickelten Organismen verläuft. Die Säugetiere und vor allem der Mensch galten als Krone der Schöpfung. Seit dem frühen 20. Jahrhundert und der Evolutionstheorie Darwins gilt die genetische Mutation als Antriebskraft hinter der Anpassungsfähigkeit der Organismen. Der Lebensraum und die Konkurrenz mit anderen Organismen bilden die selektiven Kräfte, die den am besten angepassten Organismen das Überleben und die Fortpflanzung erlauben.

Atomarer Winter

In der heutigen Zeit ist man sich der Wirkung von Katastrophen auf die Geschichte und Entwicklung des Lebens wieder bewusst und auch der Tatsache, dass sie sich in nicht allzu ferner Zukunft jederzeit wiederholen können. Während des Kalten Krieges wurde das Szenario eines »atomaren Winters« entwickelt, in dem die Folgen eines atomaren Holocausts berechnet wurden. Danach würde bei einer solchen Katastrophe so viel Gesteinsstaub in die Atmosphäre geschleudert, dass lange Zeit winterliche Bedingungen vorherrschen würden, die drastische Auswirkungen auf das Leben hätten. Das Pflanzenwachstum am Anfang der Nahrungskette würde gestört, was alle Lebensformen in Mitleidenschaft zöge.

Verstärkter Vulkanismus

Die Szenarien des Kalten Krieges ließen Wissenschaftler auch über andere Katastrophen nachdenken, wie Vulkanausbrüche großen Ausmaßes und Meteoriteneinschläge. Die geologischen Funde von Lava- und Ascheschichten in der Stratigraphie zeigen, dass beide Ereignisse im Lauf der Erdgeschichte wiederholt aufgetreten sind. Es gab in den letzten 250 Millionen Jahren elf Vulkanausbrüche von überdurchschnittlicher Intensität in Abständen von etwa 22 Millionen Jahren. Die meisten Eruptionen fielen mit Massenaussterben zusammen, was durch die Abnahme fossiler Organismen in den Gesteinsschichten belegt werden konnte.

Die Folgen von Vulkanausbrüchen

Bei großen Vulkanausbrüchen werden riesige Mengen an Asche und Gasen herausgeschleudert, vor allem des natürlichen Treibhausgases Kohlendioxid. Es lässt kurzwellige Sonnenstrahlen in die Erdatmosphäre, aber hindert langwellige Strahlung am Entweichen, wodurch Hitze gespeichert und die Erdtemperatur erhöht wird. Ein großer Vulkanausbruch kann aufgrund des reduzierten Lichteinfalls und des sauren Regens anfänglich zu einer Abkühlung führen, der eine globale Erwärmung folgt. Diese Faktoren können einschneidende Auswirkungen für das Leben auf der Erde haben, vor allem auf die Pflanzenwelt.

Einschläge auf dem Mond

Die vernarbte Oberfläche des Mondes ist ein Musterbeispiel für fehlende geologische Prozesse. Beide, Mond und Erde, wurden immer wieder durch Meteoriten unterschiedlicher Größe und Zusammensetzung aus dem All getroffen. Doch im Gegensatz zur Mondoberfläche, wo die Einschlagkrater aufgrund fehlender Erosion und Sedimentation unverändert erhalten bleiben, sorgen die geologischen Prozesse auf der Erde dafür, dass deren Spuren an der Oberfläche mit der Zeit verwischt werden.

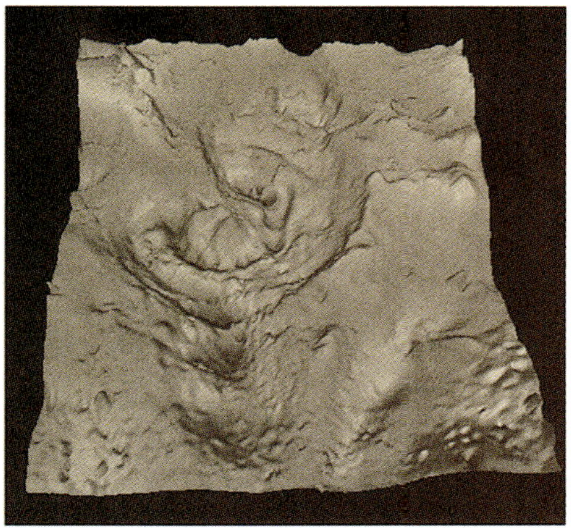

Der Chicxulub-Einschlag fand vor 65 Millionen Jahren auf der Yucatan-Halbinsel in Mexiko statt. Hier entstand der einzige Krater auf der Erde von mehr als 100 Kilometer Durchmesser.

Meteoriteneinschläge

Mehrere hundert messbare Einschläge in den letzten 500 Millionen Jahren konnten dennoch inzwischen auf der Erde nachgewiesen werden. Dreißig dieser Meteoriten hinterließen Krater von mehr als zehn Kilometer Durchmesser; Einschläge solcher Größenordnung finden seltener als alle zehn Millionen Jahre statt.

Massenaussterben

In den letzten 500 Millionen Jahren kam es nachweislich zu 54 Massenaussterben, wobei in 15 Fällen mehr als 30 Prozent der Arten auf der Erde ausstarben. Wissenschaftler wurden sich dieser Dimension des Aussterbens erst am Ende des 20. Jahrhunderts bewusst.

Das Ende des Paläozoikums

Das Massenaussterben zwischen Perm und Trias, am Ende des Paläozoikums, stellt das einschneidendste Ereignis in der Erdgeschichte dar. Man weiß heute, dass mindestens 57 Prozent aller Familien mariner Organismen ausstarben und möglicherweise 95 Prozent aller Arten verschwanden. Am stärksten waren die weit verbreiteten Schalenfossilien betroffen, die im Flachwasser am Meeresgrund lebten, wie Brachiopoden, sowie Moostierchen und Seerosen. Doch auch viele Landbewohner starben aus. Die Lebensformen erholten sich jedoch erstaunlich schnell und entwickelten bald neue Formen, ein Beleg für die Unverwüstlichkeit lebender pflanzlicher und tierischer Organismen.

Umweltfaktoren

Die Ursache des Perm-Trias-Aussterbens wird in einer drastischen Änderung der Umweltbedingungen vermutet. Möglicherweise ging ein rascher Klimawechsel mit dem verheerenden Vulkanausbruch einher, bei dem sich vor etwa 250 Millionen Jahren der sibirische Plateaubasalt bildete. Auch der Aufprall eines Meteoriten wurde in Erwägung gezogen, doch kein großer Krater oder Trümmer des Aufpralls konnten eine solche Katastrophe zu jener Zeit belegen. Das Verschwinden der Arten hat sich offenbar über einen Zeitraum von zehn Millionen Jahren hingezogen. Ein bedeutender Faktor könnte auch der globale Zusammenschluss kontinentaler Platten zum Superkontinent Pangaea gewesen sein.

Sinkender Meeresspiegel

Die Bildung von Pangaea ging mit einem Absinken des Meeresspiegels einher. Ausgedehnte Schelfzonen fielen trocken. Die Lebensbedingungen einer großen Vielfalt mariner Lebewesen änderten sich so schnell, dass viele, vor allem die Meeresboden- und Riffbewohner, sich nicht rechtzeitig anpassen konnten.

Aussterben in der Eiszeit

Das jüngste Massenaussterben wird mit der letzten Eiszeit in Verbindung gebracht. Als sich die Gebiete der Dauerfrostböden südwärts über Nordasien, Europa und Nordamerika ausdehnten, bildeten sich Gletscher in den Bergen und der Atlantik war teilweise eisbedeckt. Die großen Säugetiere wurden nach Süden gedrängt. Viele konnten sich der Kälte anpassen und überlebten, dem eisigen Wind ausgesetzt, in den Tundren und Steppen Asiens und Nordamerikas.

Zeugnisse der Klimaänderung

Durch Fossilienfunde ist belegt, dass das Mammut und das Wollnashorn, Bären, Wölfe, Vielfraße, Riesenhirsche, Pferde, Großkatzen und viele andere Säugetiere während der letzten Eiszeit die kalten Regionen Asiens, Europas und Nordamerikas bewohnten. Auch die Szenarien altsteinzeitlicher Höhlenmalereien in Westeuropa zeugen davon. Sie mussten diesen Lebensraum damals mit dem erfolgreichsten Jäger aller Zeiten, dem Menschen, teilen.

Der Einfluss des Menschen

Zweifellos war die schnelle Klimaveränderung und die daraus folgende Störung der Vegetation am Ende der letzten Eiszeit weitgehend für den Untergang vieler Tiere, wie des Mammuts, verantwortlich. In der nördlichen Hemisphäre wurde die Population, vermutlich durch die zunehmende Jagd des Menschen, auf einen nicht mehr überlebensfähigen Restbestand reduziert. Neue Genanalysen ergaben, dass der moderne Cro-Magnon-Mensch möglicherweise, wenn auch indirekt, für das Aussterben des Neandertalers verantwortlich war. Jedenfalls gibt es keine Spuren von Genen des Neandertalers im genetischen Code des *Homo sapiens*, was bei einer erfolgten Kreuzung der Fall wäre.

Das Leben als Lotterie

Einige Paläontologen vermuten, dass das Massenaussterben im Evolutionsprozess eine wichtige und nicht kalkulierbare Rolle spielt. Die Evolution wird mit einem Spiel verglichen, bei dem Glück und Pech die entscheidenden Faktoren sind. In unregelmäßigen Abständen beeinflussen katastrophale Ereignisse wahllos die Weiterentwicklung des Lebens, indem einige Arten rein zufällig aussterben. Der Grad, mit dem sich die Organismen davon erholen können und weiter entwickeln, hängt davon ab, welche Lebewesen überlebt haben. Ihre Fähigkeit, das Beste aus den Gegebenheiten zu machen und die frei gewordenen ökologischen Nischen zu füllen, bestimmt dann die weitere Richtung der Evolution bis zum nächsten zufälligen Aussterben.

Aus der Vergangenheit lernen

Andere Paläontologen können dieser Theorie nicht zustimmen und weisen auf den Fortbestand und die Weiterentwicklung bestimmter Organismen zu im Lauf der Zeit höher entwickelten und komplexeren Gruppen hin. Die Wirbeltiere, die sich im frühen Kambrium aus den Chordatieren entwickelten, haben alle 54 Katastrophen überlebt und sich kontinuierlich fortentwickelt. Was auch immer das jeweilige Massenaussterben ausgelöst haben mag, unser Überleben hängt auch davon ab, inwieweit wir etwas aus der fernen Vergangenheit gelernt haben.

Berge von Stoßzähnen werden im Nationalpark von Nairobi in Kenia verbrannt. Der Mensch gefährdet als erfolgreichster Jäger der Erde den Bestand der letzten großen Pflanzenfresser in Afrika und Asien.

Biographien

Douglas Louis Agassiz (1807 – 1873) Schweiz-Amerikaner, Naturforscher und Glaziologe. Ausbildung zum Arzt in Deutschland, dann Besuch der Vorlesungen **Georges Cuviers** in Paris. Er machte sich durch seine bahnbrechende Forschung an fossilen Fischen einen Namen , wobei er nicht weniger als 1700 neue Arten beschrieb. Als einer der ersten Wissenschaftler war er von einer Vereisung im Pleistozän überzeugt. Seit 1846 lehrte er in Harvard und war ein Gegner der Evolutionstheorie von **Charles Darwin**.

Roy Chapman Andrews (1884 – 1960) Amerikanischer Forscher, der in den 1920-er Jahren die erste Expedition des Amerikanischen Museums für Naturgeschichte in New York zur Wüste Gobi in der Mongolei leitete. Dabei wurden neue Dinosaurier entdeckt, wie der *Protoceratops*, der *Oviraptor* und der *Velociraptor*, sowie das erste Nest mit Dinosauriereiern und Jungen.

Mary Anning (1799 – 1847) Das bekannteste Mitglied einer englischen Familie professioneller Fossiliensammler. Die Annings fanden Fossilien von Ichthyosauriern, Plesiosauriern, Fischen und vielen wirbellosen Fossilien in Schichten des frühen Jura an der Kliffküste nahe der Küstenstadt Lyme Regis in Südengland.

Luis (1911 – 1988) und **Walter** (*1940) **Alvarez** Vater und Sohn aus Amerika, die 1980 mit der Theorie von sich reden machten, dass die dünne, mit Iridium angereicherte Lehmschicht an der Kreide–Tertiärgrenze auf einen großen Meteoriteneinschlag hinweisen könnte. Ihrer Ansicht nach war dieses Ereignis vor 65 Millionen Jahren für das Aussterben der Dinosaurier verantwortlich. **Luis Alvarez** war Astrophysiker und gewann 1968 den Nobelpreis für Physik.

Elso Barghoorn (*1915) Amerikanischer Paläontologe, der 1956 in Gunflint (Ontario) zwei Milliarden Jahre alte Mikrofossilien aus dem Präkambrium entdeckte. 1968 erbrachte er den Beweis, dass chemische Bestandteile, wie Aminosäuren, in drei Milliarden Jahre alten Gesteinen fossil erhalten bleiben.

Joachim Barrande (1799 – 1883) Französischer Ingenieur und Naturforscher, der bei **Georges Cuvier** studierte und dann als Privatlehrer bei der französischen Königsfamilie im Exil arbeitete. Er widmete sein Leben den frühpaläozoischen Fossilien in Böhmen.

Hugo Benioff (1899 – 1968) Amerikanischer Seismologe, nach dem die Benioff-Zone benannt wurde. Er fand heraus, dass die Subduktion ozeanischer Platten unter eine Kontinentalplatte Erdbeben auslöst. Je weiter landeinwärts dies geschieht, umso tiefer liegt das Epizentrum.

Bertram Boltwood (1870 – 1927) Amerikanischer Chemiker, der herausfand, dass man Gesteine durch die Messung der Isotopenverhältnisse von Blei und Uran genau datieren kann.

Alexandre Brongniart (1770 – 1847), Französischer Naturforscher und Pionier der Stratigraphie (siehe Glossar). Er arbeitete mit **Georges Cuvier** zusammen, kartierte die Schichten um Paris und sammelte lokale Fossilien.

Adolphe Brongniart (1801 – 1876) Sohn von **Alexandre Brongniart** und Botaniker, der botanische Methoden zur Analyse fossiler Pflanzen anwandte. Daraus wurde ein Modell für zukünftige Studien abgeleitet.

Jennifer Clack (*1947) Englische Paläontologin, die eine lange verbreitete Meinung über die ersten Wirbeltiere mit Beinen revidierte. Ihre detaillierten Studien devonischer Fossilien zeigten, dass sich Beine ursprünglich zum Schwimmen in Fließgewässern entwickelten. Erst später passten sie sich dem Gehen an Land an.

Edwin Colbert (*1905) Amerikanischer Experte für Dinosaurier der Triaszeit, der die Ghost Ranch in New Mexico mit vollständig erhaltenen *Coelophysis*-Skeletten entdeckte.

Edward Drinker Cope (1840 – 1897) Amerikanischer Naturforscher, Sammler von Säugetier- und Dinosaurierfossilien und erbitterter Rivale von **Othniel Marsh**. Copes umfangreiche Sammlung befindet sich heute im American Museum of Natural History in New York.

Georges Cuvier (1769 – 1832) Französischer Begründer der vergleichenden Anatomie und einer der größten Naturforscher seiner Zeit. Er rekonstruierte fossile Wirbeltiere aus wenigen Knochen und zog Rückschlüsse auf ihre Lebensweise. Mit **Alexandre Brongniart** entdeckte er die Prinzipien der Stratigraphie (Schichtenfolge). Er glaubte, dass es im Lauf der Erdgeschichte wiederholt zu Katastrophen kam, die die Entwicklung des Lebens stark beeinträchtigten.

James Dwight Dana (1813 – 1895) Amerikanischer Geologe, der als Sammler an der Wilkes-Pazifik-Expedition teilnahm. Seine Beschreibung geologischer und zoologischer Funde zeichneten sich durch Sachkenntnis und Präzision aus. Er untersuchte auch Vulkane, Korallenriffe und Prozesse der Gebirgsbildung und war ein Verfechter von **Charles Darwins** Evolutionstheorie.

Raymond Dart (1893 – 1988) Australischer Zoologe, der den ersten fossilen Vorfahren des Menschen, den *Australopithecus* (= Südaffe), entdeckte. Der kleine gut erhaltene Schädel des »Taung-Babys« wurde 1924 in Höhlenablagerungen in Botswana gefunden. Darts Behauptung, dass es sich um ein Bindeglied zwischen fossilen Affen und Menschen handelt, wurde erst in den späten 1930-er Jahren akzeptiert.

Charles Darwin (1809 – 1882) Englischer Naturforscher, der sich mit geologischen Themen sowie lebenden und fossilen Organismen befasste, besonders auf seiner fünfjährigen Expedition um die Welt mit der *HMS Beagle*. Er entwickelte die noch heute gültige Evolutionstheorie durch natürliche Selektion. Die Grundzüge der Theorie wurden erstmals 1858 gemeinsam mit **Alfred George Wallace** veröffentlicht, der eigenständig zum gleichen Ergebnis gelangt war. Darwin entwickelte die Theorie in seinem berühmten Werk »*On the origin of species by natural selection*« (1859) weiter. Er stieß damit auf heftigen Widerstand, besonders als er sie in »*The descent of man*« 1871 auf den Menschen übertrug. Er wurde von vielen Wissenschaftlern seiner Zeit, wie **Adam Sedgwick**, dafür heftig kritisiert.

Louis Dollo (1857 – 1931) Französischer Paläontologe, der in Belgien mit **Louis de Pauw** das berühmte *Iguanodon*-Skelett untersuchte. Dollo rekonstruierte den *Iguanodon* erstmals nach dem Muster von Vogel- und Känguruskeletten. Er veröffentlichte eine Theorie über die Irreversibilität der Evolution, nach der spezialisierte Lebewesen sich nicht zu unspezialisierten entwickeln können.

Dianne Edwards (*1942) Waliser Paläobotanikerin, die die ältesten fossilen Gefäßpflanzen in Gestein aus dem Silur in England entdeckte. Sie zeigte, wie sich die ersten Landpflanzen entwickeln und ausbreiten konnten.

Maurice Ewing (1906 – 1974) Amerikanischer Meeresgeologe, der den Nachweis erbrachte, dass ozeanische Kruste dünner ist als kontinentale. 1953 entdeckte er mit **Bruce Heezen** das weltweite Vorkommen mittelozeanischer Rücken. Er fand den Zentralgraben im mittelatlantischen Rücken und belegte, dass der Rücken durch eine Driftbewegung auseinanderweicht.

Martin Glaessner (1906 – 1989) Australischer Geologe, der erste detaillierte Beschreibungen (1958) spätpräkambrischer Weichtierfossilien aus den Flinders Range Mountains in Südaustralien erstellte. Die Fossilien stammten aus einem Fund von **R. C. Sprigg** in den späten 1940-er Jahren.

Stephen Jay Gould (*1941) Amerikanischer Paläontologe und Evolutionsforscher, der das Konzept eines unterbrochenen Gleichgewichts in der Evolution, der »Quantenevolution«, aufbrachte. Danach entwickeln sich neue Arten stoßweise, worauf eine Phase geringer Veränderungen folgte.

James Hall (1811 – 1898) Amerikanischer Pionier im Studium paläozoischer Fossilien, vor allem im Staat New York, und der Gebirgsbildung in den Appalachen. Später wurde er Leiter des Museum of Natural History in Albany.

Bruce Heezen (1924 – 1977) Amerikanischer Ozeanologe, der mächtige submarine Trübeströme mit Geschwindigkeiten bis zu 85 Kilometern pro Stunde entdeckte, die große Mengen terrestrischer Sedimente Hunderte von Kilometern in die Tiefseebecken transportieren konnten.

Harry Hammond Hess (1906 – 1969) Amerikanischer Geologe, der entscheidende Beiträge zur Meeresgeologie leistete. 1962 stellte er die Theorie auf, dass an den mittelozeanischen Rücken ständig geschmolzenes Gestein vom Mantel an die Oberfläche aufsteigt, sich dort horizontal ausbreitet und neuen Meeresboden bildet. Dieser ist umso älter, je weiter er vom Rücken entfernt ist.

James Hutton (1726 – 1797) Schottischer Naturforscher, der in seinem Werk »Theory of the earth« (1788) behauptete, dass die Erde sehr alt sei mit »keiner Spur eines Anfangs, keiner Aussicht auf ein Ende« und dass geologische Phänomene aufgrund gegenwärtiger Prozesse erklärt werden könnten und sollten. Ein anderer schottischer Geologe, **Charles Lyell**, griff diesen Ansatz auf und entwickelte ihn weiter.

Donald Johanson (*1943) Amerikanischer Paläoanthropologe, der 1973 das Kniegelenk eines Australopithecinen in Äthiopien fand. Anhand der Knochen konnte er nachweisen, dass diese hominiden Vorfahren, ähnlich dem modernen Menschen, aufrecht gingen. 1974 fand er **Lucy** (*Australopithecus afarensis*). Dieses fast vollständige fossile Skelett stammt von dem mit etwa 3,1 Millionen Jahren ältesten bekannten menschlichen Vorfahren.

Mary Leakey (1913 – 1998) In Kenia lebende englische Paläoanthropologin. Sie leitete die Expedition nach Laetoli, Tansania, bei der die mit 3,6 Millionen Jahren ältesten bekannten Fußspuren von Australopithecinen gefunden wurden.

Inge Lehmann (1888 – 1993) Dänische Geophysikerin, die entdeckte, dass der innere Erdkern fest ist.

Carl von Linné / Carolus Linnaeus (1707 – 1778) Schwedischer Physiker und Naturforscher, dessen Werk »Systema naturae«1735 die Grundlage für die Klassifikation von Organismen bildete. Linné gruppierte Organismen mit gemeinsamen Eigenschaften in einem System, dessen Grundeinheit die Art ist. Er benutzte lateinische Namen für die Einteilung in Art, Gattung, Familie, Ordnung, Stamm und Reich.

Katherine Lonsdale (1903 – 1971) Irische Mineralogin, die zur Analyse kristalliner Atomstrukturen, vor allem organischer Kohlenstoffkristalle Röntgenstrahlen verwendete. Ihre Arbeit war bei der Forschung zur Analyse von Proteinstrukturen, wie der DNS, sehr nützlich.

Charles Lyell (1797 – 1875) Schottischer Geologe, der mit seinem Werk »Principles of geology« (1830 – 33) den Grundstein der modernen Geowissenschaften legte und die Entwicklung von **Charles Darwins** Evolutionstheorie mit beeinflusste. Lyell war ein Gegner des Katastrophismus von **George Cuvier** und unterstützte **James Hutton**. Er zeigte, wie gegenwärtige Prozesse auf geologische Phänomene übertragen werden konnten und unterteilte das Tertiär in Abteilungen – Paläozän, Eozän, Oligozän, Miozän und Pliozän.

Othniel Marsh (1831 – 1899) Amerikanischer Professor für Naturgeschichte in Yale und einer der Pioniere der Dinosaurierforschung. Er beschrieb 19 neue Dinosauriergattungen und konkurrierte mit seinem Rivalen **Edward Cope** bei der Sammlung neuer Dinosaurier im amerikanischen Mittelwesten. Er befasste sich auch mit der Evolution der Wirbeltiere, vor allem der Pferde.

Drummond Matthews (1931 – 1999) Zusammen mit **Frederick Vine** entdeckte der Engländer die symmetrischen Muster magnetischer Meeresbodenlava beiderseits der mittelozeanischen Rücken. Die Muster sind eine Folge der magnetischen Anomalie, natürlichen Veränderungen im Magnetfeld der Erde. Außerdem bewies er, dass sich der Meeresboden an den mittelozeanischen Rücken bildet.

Motonori Matuyama (1884 – 1958), Japanischer Geologe, der 1929 einige Gesteine mit umgekehrter Polarität entdeckte und daraus schloss, dass sich das Erdmagnetfeld im Lauf der Zeit verändert hat. Das war auch ein Hinweis darauf, dass sich die Kontinentalplatten im Lauf der geologischen Zeit über die Erdoberfläche bewegt haben.

Stanley Miller (*1930) Amerikanischer Chemiker, der Anfang der 1950-er Jahre organische Substanzen, wie Aminosäuren, herstellte, indem er ein einfaches Gasgemisch elektrisch auflud und so die frühe Erdatmosphäre nachbildete. Seine Ergebnisse zeigten, wie erste Lebensformen auf dem Planeten entstanden sein könnten.

Andrija Mohorovicic (1857 – 1936) Kroatischer Geophysiker, der 1909 Unterschiede in der Geschwindigkeit von Erdbebenwellen durch die äußere Erdhülle feststellte. Er entdeckte, dass unter der Erdkruste in etwa 30 Kilometer Tiefe ein dichterer Mantel liegt. Diese Fläche wird als Mohorovicic-Diskontinuität bezeichnet, kurz Moho.

Sir Roderick Murchison (1792 – 1871) Schottischer Offizier; Pionier der Kartierung und des Studiums paläozoischer Gesteine. Entdeckte und benannte1835 das Silur, sowie gemeinsam mit **Adam Sedgwick** 1839 das Devon und 1841 das Perm.

Alexander Ivanovich Oparin (1894 – 1980) Russischer Chemiker und Pionier einer auf chemischen Abläufen basierenden Ursache für den Ursprung des Lebens. Er behauptete, dass es vor der Entwicklung des Lebens auf der Erdoberfläche einfache organische Substanzen gab. Seine Theorie beeinflusste **Stanley Miller**.

Richard Owen (1804 – 1892) Englischer Anatom, der 1842 den Namen »Dinosaurier« prägte. Owen leitete die ersten lebensgroßen Rekonstruktionen für den ersten Themenpark der Welt – den Crystal Palace Gardens in London. Owen beschrieb auch den *Archaeopteryx*, den fossilen Urvogel, doch war er ein Gegner der Evolutionstheorie von **Charles Darwin**.

Henry Fairfield Osborn (1857 – 1935) Paläontologe und früherer Präsident des Amerikanischen Museum of Natural History in New York. Er unterstützte **Charles Darwins** Evolutionstheorie und beschrieb und benannte 1905 den *Tyrannosaurus rex* (obwohl das Exemplar eigentlich von **Barnum Brown** in Sedimenten aus der späten Kreidezeit in Hell Creek, Montana, gefunden wurde).

Catharine Raisin (1855 – 1945) Englische Geologin und eine der ersten Frauen, die Institutsleiterin an einer englischen Universität wurden (1890). Sie regte die Benutzung des Mikroskops zur Analyse von Mineralien und Gesteinen an, die als Fragmente alten Meeresbodens in Gebirgen aufgefaltet wurden, besonders Serpentin.

Charles Richter (1900 – 1985) Amerikanischer Geophysiker, der 1935 eine Skala zur Messung der absoluten Stärke von Erdbeben entwickelte. Das schwerste Erdbeben des 20. Jahrhunderts erreichte demnach eine Stärke von 8,9 auf der nach ihm benannten Skala; das Erdbeben, das 1906 San Francisco zerstörte, hätte der Stärke von 8,25 auf der Richterskala entsprochen.

Adam Sedgwick (1785 – 1873) Englischer Kleriker und Professor an der Universität von Cambridge (seit 1818). Er kartierte die frühpaläozoischen Schichten in Wales, definierte 1835 das Kambrium und 1839 mit **Roderick Murchison** das Devon. Später datierte Murchison den Beginn des Silurs in das von Sedgwick festgelegte Kambrium, was einen erbitterten Streit auslöste, der bis zum Tod beider Männer nicht vollständig geschlichtet wurde.

William Smith (1769 – 1839) Englischer Kanalbauingenieur, Autodidakt und Pionier der geologischen Kartierung und stratigraphischen Geologie. Er entdeckte und nutzte das Prinzip, dass Schichten und deren Abfolgen durch die enthaltenen Fossilien charakterisiert werden können. Unterschiedliche Fossilien wurden zu verschiedenen Zeiten im Sediment eingelagert. Dasselbe Prinzip wurde gleichzeitig von **Georges Cuvier** und **Alexandre Brongniart** in Frankreich erarbeitet. Smith erstellte 1819 die erste geologische Karte von England und Wales.

Marie Stopes (1880 – 1958) Englische Paläobotanikerin, die aufzeigte, wie sich Pflanzenreste in Kohle umwandeln. Später wurde sie bekannt, weil sie sich für Themen der weiblichen Gesundheit einsetzte.

Frederick Vine (*1939) Der Engländer entdeckte 1963 zusammen mit **Drummond Matthews** magnetische Anomalien an den mittelozeanischen Rücken. Sie vermaßen und kartierten die sich wiederholenden symmetrischen Umkehrmuster der Polarität in magnetisch ausgerichteter Lava beiderseits der Rücken. Dies unterstützte die Theorie von **Harry Hammond Hess**, der die Ansicht vertrat, dass an den Spreizrücken neues Meeresbodengestein entsteht.

Charles Doolittle Walcott (1850 – 1927) Amerikanischer Paläontologe, der sich auf fossile Arthropoden, vor allem aus dem Kambrium, spezialisiert hatte. Er entdeckte 1909 die reichen kambrischen Ablagerungen im Burgess Schiefer in Kanada. Er grub etwa 70 000 Exemplare aus und brachte sie in das Institut, das er seit 1907 leitete. Verwaltungsarbeiten ließen ihm aber nur wenig Zeit für seine Studien an diesem bemerkenswerten Fund.

Alfred Wegener (1880–1930) Deutscher Meteorologe und Geophysiker, der die Theorie der Kontinentaldrift entwickelte. Er sammelte Gesteine und Fossilien um zu zeigen, dass Südamerika, Afrika, Indien, die Antarktis und Australien einst einen Superkontinent bildeten, den er 1912 Pangaea nannte. Doch konnte er keinen akzeptablen Grund für den Antrieb finden, durch den die Kontinente sich über solch große Entfernungen auf der Erdoberfläche bewegt hätten. Seine Theorie wurde erst in den 1960-er Jahren anerkannt, als die Theorie der Plattentektonik stichhaltige Beweise für die tatsächliche Bewegung der Kontinente lieferte.

Abraham Gottlob Werner (1749–1817) Deutscher Mineraloge und Lehrer. Verfechter des so genannten Neptunismus, nach der Mineralien in einem Urmeer gelöst waren und sich nach und nach als hartes Gestein abgelagert haben. Die untersten und ältesten waren »primitive« Granite und Schiefer, gefolgt von »Transitionsgestein», »Flöz« oder Schichtgestein und schließlich »alluvialen« Sedimenten. Seine Theorien hatten damals großen Einfluss im Bereich der Geowissenschaften.

John Tuzo Wilson (1908–1993) Kanadischer Geophysiker, dessen Arbeit zur Entwicklung der Plattentektonik beitrug. Er wies nach, dass ozeanische Inseln umso älter sind, je weiter sie von einem mittelozeanischen Rücken entfernt liegen; 1965 legte er das Konzept der »Transform-Störungen« vor, an denen sich die mittelozeanischen Rücken in einzelne Segmente auftrennen. Wilson vertrat auch die Existenz von so genannten »hot spots« am Meeresboden mit aufsteigenden Konvektionsströmen aus dem Erdmantel.

John Woodward (1665–1728) Englischer Medizinprofessor, der eine umfangreiche Sammlung geowissenschaftlicher Objekte, wie Fossilien und Mineralien, hinterließ. Er vermachte seine Sammlung der Universität von Cambridge, wo man sie heute noch im Sedgwick Museum bewundern kann.

Museen und Institutionen

Die in diesem Buch erwähnten geologischen Funde stammen aus folgenden bemerkenswerten Sammlungen naturgeschichtlicher Museen und Institutionen.

ARGENTINIEN
Buenos Aires: Museo Argentino de Ciencias Naturales
La Plata: Museo de la Universidad de La Plata

AUSTRALIEN
Adelaide, South Australia: South Australian Museum
Brisbane, Queensland: Queensland Museum
Melbourne, Victoria: Museum of Victoria
Perth, Western Australia: Western Australian Museum
Sydney, New South Wales: Australian Museum
Young, New South Wales: National Dinosaur Museum

BELGIEN
Brüssel: Königliches Institut für Naturwissenschaften
Bernissart, Hainault: Bernissart Museum

BRASILIEN
Rio de Janeiro: Museo Nacional

CHINA
Peking: Beijing Natural History Museum; Institute of Vertebrate Paleontology and Paleoanthropology Museum
Beipei, Sichuan: Beipei Museum

DEUTSCHLAND
Berlin: Museum an der Humboldt-Universität
Darmstadt: Hessisches Landesmuseum
Frankfurt-am-Main: Naturmuseum Senckenberg
München: Bayerische Staatssammlung für Paläontologie und Historische Geologie
Stuttgart: Staatliches Museum für Naturkunde
Tübingen: Institut and Museum für Geologie und Paläontologie

FRANKREICH
Paris: Musée National d´Histoire Naturelle

GROßBRITANNIEN
Birmingham: Birmingham Museum
Cambridge: Sedgwick Museum, Cambridge University
Cardiff: National Museum of Wales
Edinburgh: Royal Scottish Museum
Elgin: Elgin Museum
Glasgow: Hunterian Museum
Leicester: The Leicestershire Museums
London: British Museum (Natural History); Crystal Palace Park
Maidstone: Maidstone Museum
Manchester: Manchester Museum
Oxford: University Museum
Sandown, Isle of Wight: Museum of Isle of Wight Geology

INDIEN
Kalkutta: Geology Museum, Indian Statistical Institute

ITALIEN
Bologna: Museo di geologia e paleontologia
Mailand: Museo civico di storia naturale
Padua: Museo di geologia e paleontologia
Rom: Museo di paleontologia
Venedig: Museo civico di storia naturale

JAPAN
Osaka: Museum of Natural History
Tokyo: National Science Museum

KANADA
Calgary, Alberta: Zoologischer Garten
Drumheller, Alberta: Royal Tyrrell Museum of Paleontology
Edmonton, Alberta: Provincial Museum of Alberta
Ottawa, Ontario: Canadian Museum of Nature
Patricia, Alberta: Dinosaur Provincial Park
Quebec, Quebec: Redpath Museum
Toronto, Ontario: Royal Ontario Museum

KENIA
Nairobi: Kenya National Museum

MAROKKO
Rabat: Musée de science géologique

MEXIKO
Mexico City: Museo Nacional de Historia

MONGOLEI
Ulan-Bator: Museum of Natural History

NIGER
Niamey: Musée National du Niger

ÖSTERREICH
WIEN: Museum für Naturgeschichte

POLEN
Chorzow, Silesia: Dinosaurier Park
Warschau: Institut für Paläobiologie, Akademie der Wissenschaften

RUSSLAND
Moskau: Staatliches Darwin Museum; Paläontologische Fakultät der Russischen Akademie der Wissenschaften

SCHWEDEN
Uppsala: Paläontologisches Museum der Universität von Uppsala

SIMBABWE
Harare: National Museum of Harare

SÜDAFRIKA
Capetown: South Africa Museum
Johannesburg: Bernard Price Institute of Paleontology

VEREINIGTE STAATEN VON AMERIKA
Boulder, Colorado: University Natural History Museum
Buffalo, New York: Buffalo Museum of Science
Cambridge, Massachusetts: Museum of Comparative Zoology, Harvard University
Chicago, Illinois: Field Museum of Natural History
Cleveland, Ohio: Natural History Museum
Denver, Colorado: Denver Museum of Natural History
Jensen, Utah: Dinosaur National Monument
Los Angeles, California: Los Angeles County Museum of Natural History
New Haven, Connecticut: Peabody Museum of Natural History, Yale University
New York, New York: American Museum of Natural History
Pittsburgh, Pennsylvania: Carnegie Museum of Natural History
Princeton, New Jersey: Museum of Natural History, Princeton University
Salt Lake City, Utah: Utah Museum of Natural History
Washington, D.C.: National Museum of Natural History, Smithsonian Institution

INTERNET-ADRESSEN

Das World Wide Web ist eine hervorragende Quelle, um sich in Bezug auf geologische und paläontologische Fragestellungen oder die neuesten Fossilienfunde auf den aktuellen Stand zu bringen. Die folgenden »websites« eignen sich gut zum Einstieg in diese Thematik, sind aber nur eine kleine Auswahl der Informationen, die mittlerweile im Internet zur Verfügung stehen.

Allgemeine Paläontologie
Paläontologische Gesellschaft Greifswald
www. geologie.uni-halle.de/palges/links.html

University of California Museum of Paleontology, Berkeley, The PaleoNetPages
www.ucmp.berkeley.edu

Natural History Museum, London
www.nhm.ac.uk

The Geological Society, London
www.geolsoc.org.uk

The Paleontological Association, UK
www.palass.org

American Museum of Natural History
www.amnh.org

The Dinosaur Interplanetary Gazette
www.dinosaur.org.societies.html

Alfred-Wegener-Stiftung, Berlin
www. aw-stiftung.de

Naturhistorisches Museum, Bern
www-nmbe.unibe.ch/index.html

Spezielle Arten oder Fossiliengruppen
The Dinosauricon
http://dinosaur.umbc.edu

Adressen mit übergeordnetem Charakter
Discovery Channel
www.discovery.com

National Geographic
www.nationalgeographic.com

www.geologie.tu-clausthal.de/geo-server

Glossar

A

ANPASSUNG
Eine biologische Veränderung, durch die sich ein Organismus besser auf eine bestimmte Lebensweise einstellt – zum Beispiel eine Ernährungsumstellung.

AGNATHA
Gruppe kiefer- und zahnloser fischähnlicher Wirbeltiere, zu denen viele ausgestorbene Süß- und Meerwasserarten gehören. Heutige Vertreter sind Inger und Neunauge (Ordovizium bis heute).

ALGEN
Sammelbegriff für verschiedene, nicht miteinander verwandte Gruppen einfacher Organismen, die in feuchtem oder nassem Milieu leben und zu den primitivsten bekannten Lebensformen gehören. Sie kommen als Ein- oder Vielzeller vor und brauchen wie Pflanzen Sonnenlicht zum Zellaufbau. Fossilisierte Algen tauchten vor etwa 3,5 Milliarden Jahren erstmals auf.

AMMONITEN
Ausgestorbene Gruppe von Kopffüßern, die spiralförmige Schalen bildeten und häufig als Fossilien in mesozoischen Schichten gefunden werden (Jura bis Ende Kreide).

AMNIOTEN
Lebende und fossile Wirbeltiere, deren Embryonen sich in einer Schutzhülle entwickeln – dem Amnion. Zu dieser Gruppe gehören frühe Vierfüßer, Reptilien, Vögel und Säugetiere, aber keine Amphibien.

AMPHIBIEN
Hauptgruppe der Wirbeltiere, zu denen alle Vierfüßer gehören, die im Frühstadium Kiemen und im Erwachsenenalter Lungen haben. Amphibien entwickeln sich aus ungeschützten, im Wasser abgelegten Eiern zu Kaulquappen und nehmen erst in einem späteren Stadium ihre endgültige Form an (Mittleres Karbon bis heute)

ANAPSIDEN
Gruppe von Reptilien, die kein Schläfenfenster hinter den Augen haben und zu denen Schildkröten, Meeresschildkröten und einige andere primitive Arten gehören.

ANGIOSPERMEN
Meist als Blütenpflanzen oder Bedecktsamer bezeichnete Hauptgruppe des Pflanzenreichs, zu der Laubbäume, Sträucher, Gräser und Unkräuter genauso gehören wie Blumen. Die Samen sind in einem Fruchtknoten eingeschlossen (Später Jura bis heute).

ANKYLOSAURIER
Familie gepanzerter, Pflanzen fressender Dinosaurier mit Mundwerkzeugen aus Horn. Knochenartige Platten und Stachel bedeckten Nacken, Schultern und Rücken, der Schwanz endete in einer knochigen Keule (Mitte bis Ende Kreide)

ANNELIDA
Ringelwürmer, die eine Fossilienfolge aus fossilisierten Spuren hinterlassen haben, einige Kalkröhren sowie organische zahnähnliche Strukturen (Spätes Ordovizium bis heute)

ANTHRACOSAURIER
Gruppe Fisch fressender, echsenförmiger Vierfüßer, die an Land oder im Meer lebten; zu ihnen gehörten möglicherweise die Vorfahren der Reptilien (Frühes Karbon bis Perm)

APPALACHEN
Alte Gebirgskette an der Ostküste Nordamerikas mit einer komplexen geologischen Geschichte, die bis ins späte Präkambrium zurückreicht.

ARACHNIDA
Große Gruppe vorwiegend an Land lebender, Fleisch fressender Arthropoden, wie Skorpione, Milben und Spinnen. Die frühesten fossilen Formen sind silurische Skorpione; Spinnen tauchten erstmals im Devon auf.

ARCHEBAKTERIEN
Primitive, einzellige, mikroskopisch kleine Bakterien, die unter extremen Bedingungen, wie in saurem oder sehr heißem Wasser, leben können. Man zählt sie zu den frühesten Lebensformen, die vor etwa 3,5 Milliarden Jahren entstanden sind.

ARCHAEOCYATHA
Ausgestorbene Gruppe frühkambrischer schwammähnlicher Organismen, die am Meeresboden wuchsen und die ersten Riffe bildeten. Sie lebten in schalenförmigen Strukturen aus Kalziumkarbonat mit porösen Wänden und sind vermutlich mit den Schwämmen verwandt.

ARCHAIKUM
Älteste Formation der präkambrischen Schichtenfolge vor 3,8 bis 2,5 Milliarden Jahren vor heute.

ARCHOSAURIER
Reptiliengruppe, zu der die Dinosaurier, die Pterosaurier und lebende Krokodile gehören. Ihr Ursprung liegt in der frühen Trias, viele sind in der späten Kreidezeit ausgestorben.

ARMORIKA
Alter Bereich kontinentaler Kruste im heutigen Frankreich, der Schweiz, Süddeutschland und Teilen Osteuropas. Ursprünglich gehörte es zum südlichen Riesenkontinent Gondwana, doch spaltete es sich ab und driftete im Ordovizium nordwärts.

ART
siehe **SPEZIES**

ARTHROPODEN
Die Gliedertiere bilden die größte Tiergruppe (mit über einer Million lebender Arten), zu der auch viele ausgestorbene Gruppen gehören, wie Trilobiten und Eurypteriden, sowie lebende Gruppen, wie Krabben, Insekten und Spinnen. Sie haben verbundene Glieder und eine harte Haut, die sie beim Wachstum von Zeit zu

Zeit abwerfen müssen (Unterkrambrium bis heute).

AUE
Flache Landschaftsform entlang eines Flusses, die entsteht, wenn der Fluss über die Ufer tritt und seine Sedimentfracht dort ablagert. Bei wiederholten Überschwemmungen können die Sedimente mächtige Ablagerungen bilden.

AUSTRALOPITHECUS
Ausgestorbene Gruppe kleiner, aber aufrecht gehender, affenähnlicher Vorfahren des Menschen, die vor 4,5 bis 1,4 Millionen Jahren lebten.

AVALONIA
Frühpaläozoische Kontinentalplatte bestehend aus Neufundland, England, Wales, Südostirland und Teilen Westeuropas, die sich im Ordovizium von Gondwana abspaltete und gegen Ende des Silurs mit Laurentia verband.

B

BAKTERIEN
Große, vielfältige Gruppe von Mikroorganismen, die aus einzelnen Zellen ohne abgegrenzte Membranen um die Zellkerne bestehen. Zusammen mit den Blaualgen gehören sie zu den Prokaryoten, den ersten und primitivsten Organismen, die sich vor 3,5 Milliarden Jahren entwickelten.

BALTIKUM
Frühpaläozoische Krustenplatte bestehend aus Nordwest- und Mitteleuropa sowie Teilen Russlands. Die Platte kollidierte mit Laurentia und verursachte im Ordovizium die Kaledonische Gebirgsbildung.

BÄRLAPPGEWÄCHSE
Pflanzengruppe, die im Karbon große Schuppenbaumgewächse ausbildete und von der bis heute kleinere Formen überlebt haben. Ihre Stämme werden von kleinen, blattähnlichen Strukturen schuppenartig bedeckt. Sie reproduzieren sich durch Sporen, die kegelförmig angeordnet sind (Devon bis heute).

BASALT
Vulkanisches Gestein, das entweder flächendeckend die Oberfläche einnimmt, wenn die Lava aus Rissen im Boden strömt, oder im Untergrund liegt, wenn die Lava in Spalten des Umgebungsgesteins gepresst wird. Mit Basalt gefüllte vertikale Spalten nennt man Gänge, horizontale Basalteinschlüsse heißen Lager.

BAUMFARNE
Mesozoische Gruppe von Farnpflanzen, die bis auf Baumhöhe heranwachsen. Es gibt nur wenige rezente Vertreter, wie Dicksonia (Spätes Karbon bis heute).

BELEMNITEN
Ausgestorbene Gruppe tintenfischähnlicher Kopffüßer mit einem harten, kegelförmigen Fortsatz am Körperende (Jura bis Kreide).

BERNSTEIN
Zähes, aromatisches Harz, das seit dem Jura von bestimmten Bäumen als Schutz vor Krankheiten produziert wird. Insekten und andere Organismen können darin stecken bleiben und werden fossilisiert, wenn es sich zu Bernstein verhärtet.

BEUTELTIERE
Säugetiere, die kleine, unvollständig entwickelte Junge gebären, die in einem Hautbeutel unter dem Magen der Mutter genährt werden, bis sie für sich selbst sorgen können. Sie entwickelten sich in der Kreidezeit und sind heute in Australien und Amerika beheimatet.

BRACHIOPODEN
Im Paläozoikum verbreitete Armfüßer, die den zweischaligen Mollusken ähneln und an Felsen oder am Meeresboden festhafteten (Frühes Kambrium bis heute).

BRYOPHYTA
Moospflanzen, wie Lebermoos, ohne richtige Wurzeln, die flach am Erdboden wachsen. Man nimmt an, dass sie im Ordovizium die ersten Landpflanzen waren.

BRYOZOA
siehe **MOOSTIERCHEN**

BURGESS-SCHIEFER
Mittelkambrisches, marinesSedimentgestein in British Columbia, Kanada, das für eine vielfältige fossile Fauna berühmt geworden ist.

C

CARNOSAURIER
Gruppe mächtiger, Fleisch fressender Dinosaurier mit großen Schädeln und Zähnen, von denen viele Zweifüßer waren (Früher Jura bis Ende Kreide).

CEPHALOPODEN (KOPFFÜSSER)
Große Gruppe von Meeresbewohnern, wie Octopus, Kalmar und Tintenfisch, mit einem von Tentakeln umgebenen, deutlich ausgebildeten Kopf (Kambrium bis heute).

CERATOPSIDEN
Untergruppe der Vogelbecken-Saurier mit etwa 20 Arten von nashornähnlichen, Pflanzen fressenden Sauriern, die knochenartige Kopfschilde und Hörner hatten. (Späte Kreide).

CHORDA DORSALIS
Gallertartiger Stützstab im Körper der Chordaten. Er reicht vom Kopf bis zum Schwanz und bildet bei Wirbeltieren die Basis der Wirbelsäule.

CHORDATEN
Tiere mit einer Chorda, einer stabähnlichen Vorstufe des Rückgrats, oder einer Wirbelsäule. (Mittelkambrium bis heute).

CONODONTEN
Ausgestorbene Gruppe kleiner kieferloser Meeresbewohner mit mehreren Zahnreihenpaaren aus knochenähnlichem Material; heute betrachtet man sie als Chordaten oder als primitive, kieferlose Wirbeltiere. Die fossilen Zähne eignen sich her-

vorragend zur Datierung von Gesteinsschichten (Spätes Kambrium bis Ende Trias).

CYNODONTEN
Ausgestorbene Gruppe weit entwickelter, reptilienähnlicher Vierfüßer, die in der Trias sehr zahlreich waren und zu denen die Vorfahren der Säugetiere gehörten (Spätes Perm bis später Jura).

D

DELTA
Mündungsform eines Flusses, bei der, je nach Strömungsstärke und Sedimentationsbedingungen, in oft weiträumigen Dreiecksformen Sedimente abgelagert werden. Die fossilen Überreste reichhaltiger Flora und Fauna in tropischen Deltas werden oft zu Kohlen-, Erdöl- und Erdgaslagerstätten.

DEVON
Paläozoische Formation vor 417 bis 354 Millionen Jahren zwischen Silur und Karbon. Den Namen erhielt sie von der südwestenglischen Grafschaft Devon, wo Gesteine aus dieser Formation gefunden wurden.

DIAPSIDEN
Obergruppe der Saurier, zu der Dinosaurier, ausgestorbene Meeresreptilien, Krokodile, Eidechsen, Schlangen und Vögel gehören, die durch zwei Schläfenfenster direkt hinter den Augenhöhlen gekennzeichnet sind (Oberkarbon bis heute).

DICYNODONTEN
Ausgestorbene Gruppe weit entwickelter, reptilienähnlicher Vierfüßer mit zwei vorstehenden, abwärts gerichteten Stoßzähnen. Unterordnung der Therapsiden (Perm bis Trias).

DINOSAURIER
Die so genannten »schrecklichen Echsen« gehören zu einer ausgestorbenen und artenreichen Gruppe terrestrischer Reptilien, die ihre Blütezeit von der späten Trias bis zum Ende der Kreidezeit erlebten und aus denen sich möglicherweise die Vögel entwickelten.

DIPROTODONTEN
Ausgestorbene Familie australischer Beutelsäugetiere. Die meisten von ihnen waren Pflanzenfresser und einige erreichten die Größe von Nilpferden (Spätes Tertiär bis Quartär).

DNS
Desoxyribonukleinsäure. Genetisches Material, das die ererbten Eigenschaften der meisten lebenden Organismen bestimmt. Bei der Zellteilung wird die DNS kopiert, so dass jede neue Tochterzelle denselben genetischen DNS-Code erhält.

DROMAEOSAURIER
Ausgestorbene Gruppe vogelähnlicher, vierfüßiger Dinosaurier von 1,2 bis 3 Meter Länge. Sie waren aktive Raubtiere mit leichten, beweglichen Körpern, langen Fingern und einer langen Kralle an einem Zeh (Mitte bis Ende Kreide).

DÜNE
Großer Sandkörper, der durch Wasser oder Wind aufgehäuft wird. Dünen weisen verschiedenartigste Formen auf, die Rückschlüsse auf die Strömungsrichtung zulassen. Einige erstrecken sich über zehn Kilometer Länge und werden 30 Meter hoch.

E

ECHINODERMEN
Marine wirbellose Stachelhäuter, wie Seesterne (Asterias), Seeigel (Echinoidea), Seelilien (Crinoidea), Seegurken (Holothuroidea) und einige ausgestorbene Arten, die bis zum Kambrium zurückreichen. Sie weisen eine ungewöhnliche fünfstrahlige Symmetrie auf. Viele haben ein hartes Kalkskelett und sind häufig als Fossilien zu finden.

EDIACARA
Gruppe von Weichtieren, die fossilisiert in Meeresbodensedimenten aus dem Ordovizium gefunden wurden. Viele von ihnen sind ausgestorben. Es ist noch nicht geklärt, zu welcher Art Organismen sie gehören, doch einige scheinen mit lebenden Gruppen wie den Seefedern verwandt zu sein. Sie wurden nach den Ediacara-Hills in der Flinderskette in Südaustralien benannt, wo ihre Fossilien gut erhalten sind.

EISKAPPE
Flache, kuppelförmige Eismasse, die sich in den Eiszeiten an den Polen bildete und unter dem eigenen Gewicht nach allen Seiten strömte (Inlandeis).

EISZEITALTER
Periode von mehreren Millionen Jahren, in denen Warm- (Interglazial) und Kaltzeiten (Glazial) aufeinander folgten. Im Glazial kam es zur Bildung polarer Eiskappen, Gletscher, zu sinkendem Meeresspiegel und zu einer Verschiebung der Klimazonen.

EMBRYO
Frühestes Entwicklungsstadium eines Tieres zwischen Befruchtung und Schlüpfen oder Geburt.

EOZÄN
siehe **TERTIÄR**

ERDKERN
Der dichte, heiße Kern der Erde mit einem Radius von 6940 Kilometern aus den metallischen Elementen Eisen und Nickel, die einen äußeren flüssigen und einen inneren festen Kern bilden.

ERDKRUSTE
Harte und brüchige Gesteinsoberfläche der Erde, die auf dem Mantel liegt und als kontinentale oder ozeanische Kruste in Dicke und Zusammensetzung variiert.

ERDMANTEL
Etwa 2900 Kilometer mächtige Schicht heißen, festen Gesteins, die zwischen Erdkruste und Erdkern liegt. Die Hitze zirkuliert in aufsteigenden Strömen, den so genannten Konvektionsströmen vom Kern durch den Mantel zur Kruste.

EROSION
Durch Wind, Wasser, Schwerkraft oder Eis erfolgende Abtragung von Gesteinsmaterial, das zuvor durch Verwitterungsprozesse aufgebrochen wurde.

ERSTARRUNGSGESTEIN
Aus geschmolzenem Material (Magma) entstandenes Gestein.

EURYPTERIDEN
Ausgestorbene Gruppe skorpionähnlicher Arthropoden, die vom frühen Ordovizium bis ans Ende des Perms im Süß- und Salzwasser lebten; einige wurden bis zu drei Meter lang.

EVAPORIT
Sedimentäre Ablagerung von Mineralen, wie Salz oder Gips, die bei der Verdunstung von Salzwasser in heißem, trockenen Klima entsteht.

EVOLUTION
Prozess der Entwicklung und Veränderung der Lebensformen, der seit dem Beginn des Lebens auf der Erde abläuft. Die Fossilienfolge beweist, dass die Lebensformen ausgehend von primitiven, winzigen Einzellern immer größer und komplexer wurden. Die Evolution ist geprägt von einer Kombination aus genetischer Veränderung oder Mutation, Fortpflanzung und den Wechselbeziehungen der Organismen mit ihrer Umwelt; im Lauf dieses Prozesses verändern sich einige Arten und überleben, während andere aussterben. Zum ersten Mal wurde die Theorie wissenschaftlich von Charles Darwin und Alfred Wallace 1858 vertreten.

EXOSKELETT
Harte, schützende Außenhaut der Arthropoden, wie Insekten, Krustentiere und Spinnen. Es besteht aus weichem Material, das sich zu einer Schale verhärtet. Einige Arthropoden wie lebende Krabben müssen ihr Außenskelett von Zeit zu Zeit abstreifen und durch ein neues, größeres ersetzen.

F

FARNPFLANZEN
Große Gruppe terrestrischer Pflanzen, zu denen viele lebende und ausgestorbene Arten gehören. Farne haben ihren Ursprung im Karbon (obwohl farnähnliche Pflanzen bereits im frühen Devon gefunden wurden) und sind heute noch artenreich. Sie haben große, gefiederte Blätter, die normalerweise auch die Sporen erzeugenden Fortpflanzungsorgane tragen.

FLEISCHFRESSER (KARNIVOREN)
Umschreibung für Tiere, die das Fleisch von Wirbeltieren fressen, aber nicht unbedingt zu den Raubtieren gehören. Siehe auch **PFLANZENFRESSER, INSEKTENFRESSER.**

FOSSILIEN
Überreste von abgestorbenen Organismen, die in Gesteinsschichten erhalten sind. Ein Fossil kann aus der chemischen Spur eines Organismus bestehen, einer Kriechspur, einem Teil des Körpers oder einem mineralischen Abdruck.

G

GANG
Vertikal ausgerichteter, plattenförmiger Gesteinskörper zum Beispiel aus Erstarrungsgestein, der aus einer Magmakammer im Erdinnern in ältere Gesteinsschichten eingedrungen ist (Intrusion). Einige Gänge vulkanischen Ursprungs erreichen die Oberfläche an Stellen, wo flüssige Lava austritt.

GATTUNG (GENUS)
Taxonomische Bezeichnung für eine Gruppe eng verwandter Organismen. Mit *Homo* wird zum Beispiel die Gattung bezeichnet, zu der die lebende Art *Homo sapiens* und die ausgestorbene Art *Homo neanderthalensis* gehören.

GEBIRGSBILDUNG
Prozess der Gebirgsbildung an Land durch die Verdickung von Erdkrustengesteinen aufgrund der Kollision von Krustenplatten. Wenn die Platten kollidieren, kann die kontinentale Kruste sowohl nach unten in den Mantel gedrückt als auch nach oben aufgetürmt werden. Siehe auch OROGENESE

GEFÄSSPFLANZEN
Pflanzen mit speziellen Zellen zur Aufnahme von Wasser und Nährstoffen aus dem Boden durch ein Wurzelsystem über den Stiel bis zu den Blättern. Die Zellen sind meist verstärkt, um ein aufrechtes Wachstum vom Boden zum Licht hin zu gewährleisten.

GENUS
siehe **GATTUNG**

GINKGO
Lebende Fossile einer Gruppe primitiver Pflanzen mit fächerförmigen Blättern und hölzernen Stämmen, die in der geologischen Vergangenheit weit verbreitet waren. Heute gibt es noch eine Art, *Ginkgo biloba* – den Ginkgo- oder Fächerbaum (Perm bis heute).

GLAZIAL
Zeit- und Klimabegriff für die Phase der Vergletscherung in einer Eiszeit, oder für alle Bildungen, die während einer Eiszeit entstanden sind.

GLETSCHER
Strom aus Eis und Schnee, meist innerhalb eines Tales, der der Schwerkraft folgend langsam abwärts fließt, die Landschaft erodiert und große Mengen an Gesteinstrümmern mitführt, die in Moränen abgelagert werden.

GLOSSOPTERIS
Ausgestorbene Pflanzengattung, deren fossile Überreste in den Perm- und Triasschichten zahlreicher Kontinente verbreitet sind. Die Verteilung der fossilen, farnähnlichen Blätter in Indien, Australien, Südafrika, Südamerika und der Antarktis diente unter anderem als Beweis für die Existenz des Superkontinents Gondwana (Perm bis Jura).

GONDWANA
Paläozischer Superkontinent auf der Südhemisphäre bestehend aus mehreren großen Kontinentalplatten (Australien, Südamerika, Afrika, der Antarktis, Indien) und zahlreichen kleineren Krustenfragmenten wie Florida; die Teile fügten sich im Kambrium zusammen und bildeten im Perm zusammen mit Laurasia den Urkontinent Pangaea, der nach 300 Millionen Jahren im Jura auseinanderzubrechen begann.

GRABENBRUCH
Hohlform, die durch die Seitwärtsdehnung, das Absenken und Brechen des Krustengesteins entlang zweier paralleler Verwerfungslinien entsteht, so dass der Mittelteil absinkt und einen Talboden bildet; häufig wird dieser Prozess durch vulkanische Eruptionen begleitet und leitet mitunter den Abbruch eines Teils der Kontinentalscholle ein.

GRANIT
Hartes, kristallines Erstarrungsgestein, auch Tiefengestein genannt, das sich aus Schmelzmaterial (Magma) tief in der kontinentalen Kruste bildet und aus einer bestimmten Zusammensetzung von Mineralen, wie Quarz, Feldspat und Glimmer, besteht.

GRAPTOLITHEN
Ausgestorbene Gruppe winziger Tiere, die in den Meeren des Paläozoikums (Kambrium bis Perm) lebten und röhrenförmige Skelette aus organischem Material bildeten. Ihre Fossilien sehen aus wie Bleistiftmarkierungen auf Gesteinsoberflächen und sind bei der Altersbestimmung mariner Sedimentgesteine nützlich.

GYMNOSPERMEN
Gruppe von Nacktsamern, wie Farnen und Koniferen, deren Samen nicht in Fruchtknoten eingeschlossen sind, sondern die offen auf den Fruchtblättern liegen. (Spätes Devon bis heute).

H

HADROSAURIER
Gruppe großer zwei- und vierfüßiger, ornithopoder Dinosaurier. Sie hatten hornige Schnäbel zum Fressen von Pflanzen und eine Reihe von Backenzähnen zum Kauen (Mitte bis Ende Kreide).

HOMINIDEN
Familie von Primaten, zu denen die Menschen und ihre fossilen Vorfahren, wie der Australopithecus, gehören. Die Experten sind sich uneinig, ob man höhere Affen, wie Schimpansen, zu dieser Gruppe hinzuzählen sollte (Pliozän bis heute).

HOT SPOT
Auch »heißer Fleck« genannte 100 bis 200 Kilometer breite Aufschmelzungszone im oberen Erdmantel, aus der Magma aufsteigt und Vulkane bildet. Die Hawaii-Inseln sind durch einen hot spot entstanden. Die Erdkrustenplatten bewegen sich bei der Kontinentaldrift über die ortsstabilen hot spots hinweg.

HYDROTHERMALER SCHLOT
Kleine, vulkanähnliche Öffnung, durch die heißes Wasser austritt und Minerale abgelagert werden können. Die meisten Schlote befinden sich an mittelozeanischen Rücken und fördern mit Mineralen angereichertes Meerwasser, wodurch sich einzigartige Lebensgemeinschaften am Meeresboden bilden, die ohne Sonnenlicht auskommen.

HYPSILOPHODONTEN
Vogelartige, straußenähnliche Dinosaurier von 1,8 Meter Höhe mit langem, verhärteten Schwanz. Sie erreichten eine große Geschwindigkeit und hatten hornige Schnäbel und Backenzähne zum Fressen von Pflanzen (Später Jura bis Ende Kreidezeit).

I

IAPETUS
Geschlossener Ozean, der im Kambrium zwischen Laurentia und Gondwana entstand; der Meeresboden sank im Ordovizium ab, als kontinentale Fragmente wie Avalonia von Gondwana wegbrachen und nach Norden drifteten, wobei sich der Rheische Ozean bildete.

ICHTHYOSAURIER
Ordnung schnell schwimmender, räuberisch lebender Meeresreptilien mit delfinförmigen Körpern (Frühe Trias bis späte Kreide).

IGUANODON
Gruppe Pflanzen fressender, vogelartiger Dinosaurier, die auf zwei Beinen liefen, und eine der ersten Dinosauriergruppen, die im frühen 19. Jahrhundert von Gideon Mantell in England als Fossilien identifiziert wurden (Später Jura bis späte Kreide).

IMMERGRÜNE PFLANZEN
Pflanzen, die ihre Blätter das ganze Jahr über tragen. Die Blätter sind meist klein, um den Wasserverlust so gering wie möglich zu halten, und werden nach einem oder zwei Jahren abgeworfen.

INSEKTENFRESSER (INSEKTIVOREN)
Gruppe kleiner und vorwiegend nachtaktiver Säugetiere, wie lebende Igel, Maulwürfe und Spitzmäuse, die sich von Insekten ernähren. Diese Gruppe tauchte am Ende der Kreidezeit erstmals auf und erfuhr im Tertiär einen enormen Entwicklungsschub.

INSELBOGEN
Kette vulkanischer Inseln, die sich über einer Subduktionszone bildet, wo ozeanische Kruste teilweise zu Magma verschmilzt, das sich einen Weg an die Oberfläche bahnt und Vulkane bildet.

INTERGLAZIAL
Zeitabschnitt zwischen zwei Eiszeiten, der sich durch wärmeres Klima auszeichnet.

INTRUSION
Magmatische Gesteinsmassen, die innerhalb der Erdkruste in umliegende Gesteinsschichten eindringen und dabei oft

wandartige Gänge (Stöcke), horizontale Lager oder abgerundete Plutone bilden.

IRIDIUM
Seltenes metallisches Element in der Erdkruste. Es findet sich in Meteoriten und anderen Trümmern aus dem Weltall.

ISOTOP
Atom, das gegenüber anderen Atomen desselben chemischen Elements zwar die gleiche Anzahl Protonen, aber eine abweichende Anzahl Neutronen im Kern aufweist. Einige Isotope verschiedener chemischer Elemente sind radioaktiv (instabil). Die einzelnen Atome dieser instabilen Isotope zerfallen in konstanten Raten in stabilere Tochterformen. Durch die Messung der Anzahl von Tochterisotopen in einem Gestein lässt sich dessen Alter bestimmen.

J

JUNGES
Tierbaby, das gerade aus dem Ei geschlüpft ist. Einige sind fertig entwickelt und können das Nest sofort verlassen (Nestflüchter), andere sind hilflos und brauchen die Pflege der Eltern (Nesthocker).

JURA
Mittlere Formation des Mesozoikums vor 206 bis 142 Millionen Jahren zwischen Trias und Kreide, die nach dem europäischen Jura-Gebirge benannt wurde.

K

KALEDONISCHES GEBIRGE
Paläozoische Bergkette, die sich von Skandinavien über den Nordwesten der Britischen Inseln bis nach Neufundland erstreckte und bei der Kollision zwischen Avalonia und Laurentia am Ende des Silurs entstanden ist.

KALKSTEIN
Sedimentgestein, das vorwiegend aus Kalziumkarbonat besteht und häufig die Schalenreste von Meerestieren enthält.

KALZIUMKARBONAT
Natürlich vorkommendes Mineral, das sich an der Erdoberfläche bilden kann; die Skelette vieler Tiere (Korallen, Trilobiten, Klaffmuscheln) werden daraus aufgebaut oder damit verstärkt.

KAMBRIUM
Die erste geologische Formation des Phanerozoikums reicht vom Ende des Präkambriums (vor 545 Millionen Jahren) bis zum Anfang des Ordoviziums (vor 495 Millionen Jahren). In dieser Zeit tauchten die meisten Hauptgruppen der Wirbellosen in der Fossilienfolge auf sowie die ersten Chordaten.

KARBON
Geologische Formation zwischen dem Ende des Devons (vor 354 Millionen Jahren) und dem Anfang des Perms (vor 290 Millionen Jahren). In dieser Zeit entwickelten sich die ersten ausgedehnten Wälder, die später Kohlenlagerstätten bildeten, und die ersten an Land lebenden Wirbeltiergemeinschaften der Reptilien und Amphibien. Man unterteilt in Ober- und Unterkarbon.

KATASTROPHISMUS
Theorie, nach der die Geschichte der Erde und des Lebens durch plötzliche katastrophische Ereignisse beeinflusst wird. Ursprünglich bezog sie sich auf die biblische Sintflut, doch wurden später auch Meteoriteneinschläge und andere Naturkatastrophen berücksichtigt.

KIES
Silikatreiche Mineralablagerung, die sich in Meeresbodensedimenten bildet und Überreste von Organismen, vor allem Mikroben, einschließt und fossilisiert. Präkambrischer Kies enthält viele fossile Zeugnisse primitiver Lebensformen.

KLASSE
In der Taxonomie bezeichnet dies eine übergeordnete Gruppe ähnlicher Organismen. Eine Klasse enthält eine oder mehrere Ordnungen; ähnliche Klassen bilden einen Stamm (Phylum).

KOHLE
Kohlenstoffreiche Lagerstätte, die aus Pflanzenresten entstanden ist. Erst wird das Material zu Torf; mit zunehmender Komprimierung wandelt es sich in Braunkohle um, dann in härtere Formen wie Anthrazit. Jede Umwandlungsform enthält mehr Kohlenstoff und weniger Wasser.

KOLLISIONSZONE
Bereich, an dem zwei Krustenplatten kollidieren, was zur Verwerfung und Faltung (Gebirgsbildung) der Gesteine und häufig – je nach Art der Krustenplatten – zur Subduktion einer Platte führt.

KOLONIE
Gruppe von Tieren oder Einzellern derselben Art, die einen Verband bilden. Einige Kolonien, wie die der Korallen, Schwämme und Graptolithen, teilen ein gemeinsames Skelett, andere wie die Insekten leben in einer engen sozialen Organisation, in der einige Individuen auf bestimmte Aufgaben spezialisiert sind.

KONIFEREN
Große Gruppe von Holzgewächsen mit Nadeln oder schuppenartigen Blättern und eingeschlechtigen Zapfen zur Reproduktion (Karbon bis heute).

KONTINENTALE KRUSTE
Oberste, brüchige Gesteinsschicht der Erde, aus der die Kontinente bestehen und die zwischen 25 und 90 Kilometer mächtig ist. Sie besteht überwiegend aus Granit, doch enthält sie darüber hinaus eine Vielfalt an Metamorphiten, Sedimentiten und Erstarrungsgesteinen.

KONTINENTALSCHELF
Meeresbereich am Rand der Kontinente, der durch Flachmeere bedeckt ist und zum Meeresboden hin steil abfällt. Der Schelf ist von mächtigen Meeresboden- und Flusssedimentschichten bedeckt und Lebensraum für viele Meeresbewohner.

KONVEKTIONSSTRÖME
Wärmeströme im Inneren des halbgeschmolzenen Erdmantels. In der Nähe des Erdkerns wird Material geschmolzen und steigt langsam durch den Mantel auf. Gleichzeitig sinkt kühleres Material zum Kern hin ab. Durch die Hitzebewegung können Gesteine in der Kruste schmelzen und zu Magma werden.

KONVERGENTE EVOLUTION
Phänomen, wodurch Tiere aufgrund ähnlicher Umweltbedingungen gleichartige Körpermerkmale entwickeln – zum Beispiel die Flügel bei Fledermäusen, Vögeln und Pterosauriern.

KORALLEN
Gruppe primitiver mariner Weichtiere, die ein stützendes Kalkskelett aufbauen. Sie variieren in Größe und Form zwischen kleinen Schalen (etwa zwei Zentimeter groß) und kuppelförmigen, verästelten Strukturen von bis zu einem Meter Durchmesser. Heutige Korallen brauchen Licht und leben meist in flachen tropischen Gewässern; sie entwickelten sich in der Trias aus mittlerweile ausgestorbenen paläozoischen Arten (Ordovizium bis Perm).

KREIDE
Weicher Kalkstein, der sich aus feinkörnigem Kalziumkarbonat gebildet hat; häufig besteht er, wie in den Kalklagerstätten Westeuropas, aus Schalen winziger mariner Organismen.

KREIDEZEIT
Formation am Ende des Mesozoikums zwischen Jura und Tertiär, die vor 142 Millionen Jahren begann und vor 65 Millionen Jahren endete.

KROKODILE
Sehr alte Reptiliengruppe, die bis heute überlebt hat und mit Hornschilden gepanzert ist. Ihre Vorderbeine sind kürzer als die Hinterbeine, der Körper ist lang gestreckt mit einem seitlich abgeflachten Schwanz (Ruderschwanz) (Späte Trias bis heute).

CRUSTACEAE (KREBSE)
Große Klasse Salzwasser-, Süßwasser- und mitunter terrestrischer Arthropoden (über 35.000 lebende Arten), wie Krabben und Garnelen, die durch eine harte äußere Schale geschützt sind (Spätes Kambrium bis heute).

KREIDE-TERTIÄR-GRENZE
65 Millionen Jahre zurückliegender zeitlicher Einschnitt im Übergang zwischen dem Mesozoikum und dem Tertiär, dem eine deutliche Änderung in der Schichtenfolge zu entnehmen ist und der durch ein Massenaussterben (zum Beispiel der Dinosaurier) gekennzeichnet wird.

L

LAGER
Horizontale Platte aus Tiefengestein, die sich zwischen älteren Gesteinsschichten im Untergrund findet.

LANDBRÜCKE
Schmaler Streifen tief liegenden Landes, das bei sinkendem Meeresspiegel freigelegt wird, Kontinente verbindet und die Wanderung von Landtieren erlaubt, aber die Migration der Meerestiere unterbindet.

LANZETTFISCHCHEN
Kleine Meerestiere, die durch seitliche Bewegungen des Körpers schwimmen können, wobei sie paarweise Muskeln an jeder Seite der so genannten Chorda dorsalis benutzen. Dieses Stützorgan definiert sie als Chordaten und Vorfahren der Wirbeltiere.

LAURASIA
Großkontinent, der auf der Nordhemisphäre durch die Schließung des Iapetus im Ordovizium und die Verbindung von Laurentia und Asien (ohne Indien) entstanden ist.

LAURENTIA
Bezeichnung für den nordamerikanischen Urkontinent, der sich um den präkambrischen kanadischen Schild gebildet hat.

LAVASTROM
Vulkanische Lava, die sich in großen Mengen aus tiefen Spalten oder Schloten in der Erdkruste auf die Erdoberfläche ergießt; Auslöser sind häufig »hot spots« oder Konvektionsströme im Erdmantel, die aus der Tiefe des Erdinneren aufsteigen. Siehe auch **MAGMA**.

LUNGENFISCH
Gruppe primitiver Knochenfische (Dipnoi) mit Kiemen und Lungen zur Atmung im und außerhalb des Wassers (Devon bis heute).

M

MAGMA
Natürlich vorkommendes geschmolzenes Gestein, das sich tief in der Erdkruste bildet und durch Spalten und Risse zur Erdoberfläche aufsteigen kann, wo es manchmal als Lava bei Vulkanausbrüchen zu Tage gefördert wird.

MANTELTIERE (TUNICATA)
Weichtiere, die teilweise am Meeresboden festsitzen, aber deren kaulquappenartige Larven frei schwimmen. Aufgrund der Chorda dorsalis bei den Larven werden sie den Chordaten zugeordnet (Frühes Kambrium bis heute).

MANTELDIAPIR
Aufsteigender, säulenartiger Hitzestrom im Erdmantel, der sich seitwärts ausdehnt, wenn er die Kruste erreicht. Ein Manteldiapir erwärmt die Kruste, wodurch sie sich ausdehnt, aufwölbt und reißt, so dass das Magma durch Vulkane und Spalten als Lava an die Oberfläche gelangt.

MASSENAUSSTERBEN
Ein geologisch kurzer Zeitraum, in dem ungewöhnlich viele Organismen aussterben. Als Gründe kommen Veränderungen des Meeresspiegels, Klimaveränderungen auf Grund tektonischer Bewegungen, Meteoriteneinschläge oder Veränderungen der Wärmezufuhr durch die Sonne in Frage.

MEERESBODENSPREIZUNG
Auch als »sea floor spreading« bezeichneter Prozess, bei dem neuer Meeresboden gebildet wird. Aus dem Erdmantel aufsteigendes heißes Material spreizt die darüber liegende kontinentale Kruste auf und öffnet mit der Zeit vulkanische Spalten an der Oberfläche. Diese Spalten dehnen sich zu einem Graben aus, der schließlich überflutet wird und sich bei weiterer Aufspreizung zu einem neuen Ozean öffnet.

MESOZOIKUM
Erdmittelalter vor 248 bis 65 Millionen Jahren zwischen Paläozoikum und Känozoikum (Tertiär und Quartär). Es umfasst Trias, Jura und Kreide und wird auch als Zeitalter der Reptilien bezeichnet.

METAMORPHOSE
Prozess, bei dem Gesteine durch Hitze und Druck in der Erdkruste umgewandelt werden und der vor allem bei der Gebirgsbildung abläuft.

METEORITENEINSCHLAG
Kollision eines Körpers aus dem Weltall mit einem Planeten, wobei ein Krater entsteht und, je nach Größe des Meteoriten, Pflanzen und Tiere vernichtet werden.

MIKRODIAMANTEN
Mikroskopisch kleine Diamanten, die beim explosiven Schmelzen kohlenstoffreicher Mineralien, wie Kalkstein, bei Meteoriteneinschlägen entstehen.

MIOZÄN
siehe **TERTIÄR**

MITTELOZEANISCHER RÜCKEN
Untermeerische Bergkette vulkanischen Gesteins, die sich auf dem Meeresboden erhebt und häufig Entstehungsort neuen Meeresbodens ist.

MOLEKULARE UHR
Schätzung der Evolutionszeiten basierend auf bekannten genetischen Veränderungsraten bei bestimmten Gruppen von Organismen.

MOLLUSKEN
Große Gruppe von Weichtieren, zu denen lebende Schnecken, Klaffmuscheln, Kalmare, Oktopusse sowie ausgestorbene Ammoniten und Belemniten gehören. Sie tauchen in der Fossilienfolge des frühen Kambriums auf und müssen sich daher vor dieser Zeit entwickelt haben. Viele von ihnen bilden Schalen aus Kalziumkarbonat, die als Fossilien weit verbreitet sind.

MONOTREMATA
Gruppe primitiver Säugetiere (Kloakentiere) mit reptilienähnlichen Merkmalen, zum Beispiel das Legen von Eiern. Heutige Vertreter sind Schnabeltier und Ameisenigel (Mittlere Kreidezeit bis heute).

MOOSTIERCHEN
Winzige Tiere, die in Kolonien leben, deren Formen an Moos oder Seegras erinnern. Die Kolonien bilden geometrische Muster und können tausende von Individuen enthalten. Sie überziehen Pflanzenoberflächen wie Seetang mit ihrem kalkhaltigen Außenskelett und sind so am Aufbau von Kalkriffen beteiligt (Ordovizium bis heute).

MOSASAURIER
Gruppe sehr großer und kräftiger Meeresreptilien. Sie wurden bis zu zehn Meter lang und waren gefährliche Raubtiere (Mittlere bis späte Kreidezeit).

MULTITUBERCULATA
Früheste Pflanzen fressende Säugetiere mit meißelförmigen Vorderzähnen zwischen Maus- und Bibergröße (Später Jura bis Mittleres Tertiär).

N

NAGETIERE
Gruppe kleiner Säugetiere, wie Eichhörnchen, Biber, Ratten, Stachelschweine, und ihrer ausgestorbenen Vorfahren. Nagetiere haben scharfe, meißelförmige Vorderzähne, die ständig nachwachsen, um harte Körner und Samen fressen zu können (Frühes Tertiär bis heute).

NAHRUNGSKETTE
Abfolge verschiedener Organismen, die ernährungsmäßig voneinander abhängig sind. So werden zum Beispiel winzige Pflanzen, die nahe an der Meeresoberfläche leben, von kleinen schwimmenden Tieren wie Garnelen gefressen, die kleinen Fischen als Nahrung dienen, welche wiederum von größeren Fischen gefressen werden.

NATÜRLICHE SELEKTION
Evolutionärer Schlüsselprozess, wodurch Organismen mit der besten Anpassung an ihren Lebensraum sich am erfolgreichsten fortpflanzen. Die Umwelt beeinflusst so die Ausbildung bestimmter Merkmale von Arten oder Individuen, die für diese Umgebung am besten geeignet sind.

NEANDERTALER
Ausgestorbene Menschenpopulation (Homo neanderthalensis), die sich vor etwa 150 000 Jahren im östlichen Mittelmeerraum entwickelte und nach Europa und Westasien ausbreitete; sie starb vor etwa 35 000 Jahren aus. Genanalysen deuten darauf hin, dass sie sich nicht mit dem modernen Menschen kreuzte.

O

ÖKOLOGIE
Lehre der Wechselbeziehungen zwischen Organismen und der Umwelt, in der sie leben.

ÖKOLOGISCHE NISCHE
Bereich in einer Umgebung, der von einem bestimmten Organismus belegt wird und durch Eigenschaften, wie Temperatur, Toleranz, Nahrungsgewohnheiten und natürliche Feinde, gekennzeichnet ist.

ÖKOSYSTEM
Natürliche Einheit eines Lebensraumes mit der Gemeinschaft oder den Gemeinschaften von Organismen, die in ihm leben.

OLIGOZÄN
siehe **TERTIÄR**

ORDOVIZIUM
Geologische Formation des frühen Paläozoikums vor 495 bis 443 Millionen Jahren zwischen Kambrium und Silur. Der Name stammt von einem alten englischen Stamm, den Ordovizen.

ORNITHISCHIA
Eine der beiden Hauptordnungen der Dinosaurier mit vogelähnlichen Becken. Sie waren Pflanzenfresser und umfassten Gruppen wie Ornithopoden, Stegosaurier und Ceratopsiden (Früher Jura bis späte Kreide) Siehe auch **SAURISCHIA**.

ORNITHOPODEN
Gruppe vogelähnlicher Dinosaurier, die vorwiegend auf ihren Hinterbeinen liefen und dreizehige, vogelartige Füße hatten. Vertreter waren Iguanodon und Hadrosaurier.

OROGENESE
Geotektonische Prozesse der Gebirgsbildung aufgrund der Kollision von Kontinenten. Die großen Gebirgsketten der Welt sind auf diese Weise entstanden. Einige Orogenesen, wie die des alpidischen Faltengürtels, sind heute noch aktiv. Siehe auch **GEBIRGSBILDUNG**.

OZEANE
Große Salzwasserkörper, die heute insgesamt etwa 60 Prozent der Erdoberfläche bedecken. Sie entstanden vor etwa zwei Milliarden Jahren, haben sich geöffnet und geschlossen, ihr Wasserspiegel ist gestiegen und gefallen, je nach Verschiebung der Kontinente und Veränderung des Klimas.

OZEANISCHE KRUSTE
Im Vergleich zur kontinentalen Kruste dünne, aber dichte Schicht vulkanischen Gesteins von sechs bis elf Kilometer Mächtigkeit, die den Meeresboden bildet. Die heutige ozeanische Kruste ist nirgendwo älter als 180 Millionen Jahre. Neue ozeanische Kruste wird an den mittelozeanischen Rücken gebildet, von wo aus sie sich langsam einige Zentimeter pro Jahr zur Seite wegbewegt.

P

PALÄONTOLOGIE
Wissenschaft vergangener Lebensformen, die sich mit Fossilien, ihrer Enstehung und Erhaltung befasst, mit der Formulierung von Theorien sowie der Geschichte und Evolution dieser Lebensformen.

PALÄOZÄN
siehe **TERTIÄR**

PALÄOZOIKUM
Erdaltertum vor 545 bis 248 Millionen Jahren vom Kambrium über Ordovizium, Silur, Devon und Karbon bis zum Ende des Perms.

PALMFARNE
Palmenähnliche Nacktsamer mit massiven Stämmen und einer Krone aus farnartigen Blättern. Sie können recht klein bleiben oder baumartig bis zu 20 Meter hoch werden (Perm bis heute).

PANDERICHTHYS
Kleine Fischgruppe mit zwei lappigen Flossenpaaren und einer speziellen Schädelknochenanordnung. Sie gelten als Vorfahren aller vierfüßigen Wirbeltiere (Spätes Devon).

PANGAEA
Weltumspannender Riesenkontinent, entstanden durch die Verbindung von Gondwana, Laurentia, dem Baltikum und Sibirien am Ende der Trias. Er erstreckte sich fast von Pol zu Pol und begann auseinanderzubrechen, als sich der Atlantische Ozean öffnete.

PANTHALASSA
Ein einziger großer Ozean, der den Urkontinent Pangaea umgab und mehr als die Hälfte der Erdoberfläche bedeckte.

PELYCOSAURIER
Gruppe reptilienartiger Vierfüßer, die einige Merkmale der Säugetiere aufwiesen, wie verschiedene Zahnformen. Einige Pelycosaurier hatten knochenverstärkte, netzartige Strukturen auf ihrem Rücken, die möglicherweise der Temperaturregelung dienten (Spätes Karbon bis spätes Perm).

PENNATULIDA
siehe **SEEFEDERN**

PERM
Letzte Formation des Paläozoikums vor 290 bis 248 Millionen Jahren zwischen Karbon und Trias.

PERMAFROST
Gebiet ständig gefrorener Böden an den Rändern der Polareiskappen. Die Oberfläche kann im Sommer kurz auftauen, was einigen robusten Pflanzen das Wachstum ermöglicht.

PFLANZENFRESSER (HERBIVOREN)
Tiere, die sich von Gras und anderen Pflanzen ernähren und meist besonders angepasste Mägen und Zähne zum Kauen und Verdauen harten Pflanzenmaterials haben.

PHANEROZOIKUM
Aktuelles Zeitalter der geologischen Zeitrechnung, das die vergangenen 545 Millionen Jahre umfasst, in denen vielfältige Lebensformen auftraten. Es folgt dem Proterozoikum (vor 2 500 bis 545 Millionen Jahren).

PHOTOSYNTHESE
Aufbau organischer Substanzen der Pflanzen durch Sonnenlicht, Kohlendioxid und Wasser. Bei der Photosynthese wird Sauerstoff an die Atmosphäre abgegeben.

PLANKTON
Mikroorganismen, die an der Wasseroberfläche von Seen und Meeren leben und die Grundlage der Nahrungskette dieser Ökosysteme bilden.

PLATEAUBASALT
Auch als Trapp (schwed. Bergmannssprache) bezeichnet. Ausgedehnte flächige Basaltdecke, die sich über aufsteigenden »hot spots« aus Spalten in der kontinentalen Kruste über die Kontinente ergießt.

PLATTEN
Riesige Gesteinsplatten, in die die Erdkruste unterteilt ist und die die Größe von Kontinenten oder kleineren Bruchstücken aufweisen können. Zu einer typischen Platte gehören Kontinent, Schelfmeer und ozeanische Bereiche.

PLATTENTEKTONIK
Geologischer Prozess, bei dem die Krustenplatten sich über die Erdoberfläche verschieben, angetrieben von Strömen im halbgeschmolzenen Mantel. Die Platten können auseinanderdriften und Ozeane bilden, sich an Verwerfungen gegeneinander verschieben oder kollidieren, wobei Inselbögen und Gebirgsketten entstehen.

PLAZENTATIERE
Säugetiere, die ein spezielles Gewebe (Plazenta) entwickeln, durch das der Embryo Nähr- und Abfallstoffe mit seiner Mutter austauschen kann. Die Plazenta liefert so lange Nährstoffe zum Wachstum, bis das Junge geboren wird (Mitte Kreidezeit bis heute).

PLESIOSAURIER
Gruppe drei bis zwölf Meter langer mariner Reptilien, die zwischen Jura und Kreide lebten. Viele hatten lange Hälse, die kurzhalsigen Arten wurden Pliosaurier genannt (Jura bis Kreide).

PLIOZÄN
siehe **TERTIÄR**

PLUTON
Großer Körper aus Tiefengestein, der unter der Erdoberfläche erstarrt ist.

POLLEN
Mikroskopisch kleine Sporen und Körner, die von den männlichen Fortpflanzungsorganen der Bedecktsamer (Angiospermen) und Nacktsamer (Gymnospermen) in großen Mengen zur Fortpflanzung erzeugt werden.

PRÄKAMBRIUM
Geologisches Zeitalter der Erdentstehung, das vor 4,6 MilliardenJahren begann und bis zum Beginn des Paläozoikums vor 545 Millionen Jahren andauerte.

PRIMATEN
Säugetiergruppe, zu der lebende Affen, Menschenaffen und Menschen wie auch ihre Vorfahren gehören. Sie entwickelten sich im frühen Tertiär aus kleinen, vierbeinigen, auf Bäumen lebenden Insektenfressern.

PTEROSAURIER
Ausgestorbene Gruppe von Flugreptilien. Ihre Flügel bestanden aus Haut, die vom Körper über die Vordergliedmaßen und stützende, verlängerte kleine Finger gespannt war (Späte Trias bis späte Kreide).

Q

QUARTÄR
Jüngste Formation der Erdgeschichte, die vor 1,8 Millionen Jahren nach dem Tertiär begann und durch eine große Eiszeit geprägt ist.

QUASTENFLOSSER
Primitiver Knochenfisch mit großen einzelnen und paarweisen Flossen. Man vermutete, er wäre in der Kreidezeit ausgestorben, bis man 1938 den lebenden Quastenflosser Latimeria fand (Spätes Devon bis heute).

R

RAUBTIERE (CARNIVORA)
Säugetiergruppe mit gut entwickelten, dolchartigen Eckzähnen zum Fressen von Fleisch (Frühes Tertiär bis heute).

RHEISCHER OZEAN
Ozean, der sich öffnete, als im Ordovizium und Silur die Krustenplatten von Avalon, Armorika und Iberien vom Nordrand Gondwanas wegbrachen und nordwärts Richtung Laurentia drifteten.

RÜCKENSCHILD
Harter Schild oder Schale zum Schutz der Körper von Tieren wie Arthropoden oder Schildkröten.

S

SAMENFARNE
Ausgestorbene Gruppe der Nacktsamer, Pteridospermae genannt, mit farnartigen Blättern, auf denen sich die Samen entwickelten (Spätes Devon bis späte Kreidezeit).

SAMENPFLANZEN
Auch Blütenpflanzen genannt, unterteilt in Nacktsamer (Gymnospermen) und Bedecktsamer (Angiospermen), welche eingeschlossene Samen tragen. Die Gymnospermen waren die dominierenden Landpflanzen, bis die Angiospermen in der Kreidezeit vorherrschend wurden (Spätes Devon bis heute).

SANDSTEIN
Sedimentgestein, das aus mineralen Fragmenten besteht, die durch Schwerkraft, Wind oder Wasser abgelagert und komprimiert wurden.

SÄUGETIERE
Warmblütige, behaarte Wirbeltiere, die ihre lebend geborenen Jungen säugen. Diese Gruppe umfasst Tiere vielfältiger Lebensräume im Wasser, an Land und in der Luft. Säugetiere sind aus säugetierähnlichen Reptilien, den so genannten Cynodonten, am Ende der Triaszeit hervorgegangen.

SAURISCHIA
Eine der beiden Hauptordnungen der Dinosaurier. Sie hatten ein reptilienartiges Becken und umfassten große, Pflanzen fressende Sauropoden, die auf vier Beinen gingen, sowie die etwas kleineren Fleisch fressenden Theropoden, die auf ihren beiden Hinterbeinen liefen (Früher Jura bis späte Kreide).
Siehe auch **ORNITHISCHIA**.

SAUROPODEN
Echsenähnliche, Pflanzen fressende Dinosaurier mit kleinen Köpfen, langen Hälsen und Schwänzen, massiven Körpern und vier stämmigen Beinen (Früher Jura bis späte Kreide).

SAVANNE
Offene tropische Vegetationsform mit Gräsern als wichtigsten Pflanzen auf Grund der jährlichen Trockenzeit und der Brände. Die ersten Grasländer entstanden im frühen Tertiär und versorgten große Herden Gras fressender Säugetiere mit Nahrung.

SCHACHTELHALM
Weit verbreitete Sumpfpflanzen im Karbon, die zur Familie der Calamitaceae gehören. Einige erreichten mit 18 Meter Baumgröße und hatten hohle Stängel, kleine schuppenartige Blätter und kranzförmig angeordnete Äste (Vorwiegend spätes Devon bis frühe Trias, heute noch einige rezente Arten).

SCHICHT
Plattiger Gesteinskörper, der bei der Ablagerung von Sedimenten durch Wind, Wasser oder Schwerkraft entstanden ist. Aufeinander folgende Sedimentschichten werden übereinander gelagert, verschüttet und komprimiert, bis sie sedimentäre Gesteinsschichten bilden. Schichtfolgen können in geotektonischen Prozessen gefaltet oder in Schollen zerlegt werden.

SEA FLOOR SPREADING
siehe **MEERESBODENSPREIZUNG**

SEEFEDERN (PENNATULIDA)
Federförmige Korallentiere, die durch Stöcke im Meeresboden verwurzelt sind. Sie sind mit Seeanemonen und Korallen verwandt (Wendikum bis heute).

SEELILIEN
Pflanzenförmige Echinodermen, die durch Wurzeln mit dem Grund verbunden sind. Ihr langer Stengel endet in einem Kelch mit Armen, und sie bestehen aus verbundenen Kalziumkarbonatplatten (Frühes Ordovizium bis heute).

SILUR
Formation des Paläozoikums vor 443 bis 417 Millionen Jahren zwischen Ordovizium und Devon. Benannt wurde es 1835 von Roderick Murchison nach den Siluren, einem alten englischen Stamm, aufgrund einer Schichtenfolge in den walisischen Borderlands.

SPEZIES (ART)
In der Taxonomie unterste Gruppe verwandter Organismen, die untereinander fruchtbare Junge zeugen können.

STEGOSAURIER
Gruppe Pflanzen fressender, vogelähnlicher Dinosaurier, die auf vier Beinen liefen. Stegosaurier hatten Reihen knochenartiger Platten oder Stachel auf dem Rücken, die möglicherweise der Balz und dem Temperaturausgleich dienten (Mitte Jura bis späte Kreide).

STRATIGRAPHIE
Wissenschaft von der Ordnung der Gesteinsschichten nach Alter, Eigenschaften und der Vergleichbarkeit örtlich getrennter Vorkommen.

STROMATOLITHEN
Mehrere Meter hohe Strukturen, aufgeschichtet über viele Jahre in flachen und warmen tropischen Gewässern durch Algenreste, die sich am Grund ausgebreitet und Sedimente angereichert haben. Die ersten Stromatolithen entstanden vor 3,5 Milliarden Jahren im Präkambrium.

SUBDUKTION
Geotektonischer Prozess, bei dem dichtes Gestein am Meeresboden unter leichtere kontinentale Kruste geschoben wird, wenn Platten kollidieren. Bei diesem Prozess werden große Energiemengen in Form von Erdbeben freigesetzt. Das abgetauchte Gestein wird teilweise zu Magma geschmolzen, das wiederum zur Oberfläche der kontinentalen Platte aufsteigt und in Vulkanen zum Ausbruch kommt.

SUPERKONTINENT
Eine große kontinentale Masse, wie Gondwana oder Pangaea, die durch den Zusammenschluss kontinentaler Krustenplatten entstanden ist.

SYNAPSIDEN
Gruppe ausgestorbener Vierfüßer, wie Pelycosaurier und Therapsiden, mit Säugetiermerkmalen und nur einem Paar Schläfenfenster hinter den Augen (Mittleres Karbon bis mittlerer Jura).

T

TEKTONIK
siehe **PLATTENTEKTONIK**

TELEOSTIER
Etwa 22 000 Arten umfassende Gruppe von Knochenfischen, wie Dorsche und Aale. Sie kommen heute in Salz- und in Süßgewässern vor. (Späte Trias bis heute).

TERRANE
Fragment kontinentaler Kruste, das anderen Ursprungs ist als das übrige umliegende Gestein. Sein Entstehungsort liegt stets in einiger Entfernung von der endgültigen Lage, an die es durch tektonische Plattenbewegungen geschoben wurde.

TERTIÄR
Formation am Anfang des dritten geologischen Zeitalters nach der Kreidezeit und vor dem Quartär vor 65 bis 1,8 Mio. Jahren. 1833 von Charles Lyell in fünf Abteilungen untergliedert: Paläozän, Eozän, Oligozän, Miozän und Pliozän.

TESTUDINES
Große Reptiliengruppe, zu der Meeres- und Landschildkröten mit kurzen, breiten Körpern gehören, die oben und unten durch Schilde aus knochenähnlichen, von Schildpatt bedeckten Platten geschützt sind (Späte Trias bis heute).

TETHYS
Vorwiegend tropischer Ozean, der zwischen Perm und mittlerem Tertiär Laurasia und Gondwana trennte und durch die Nordwärtsverschiebung von Afrika und Indien geschlossen wurde.

THERAPSIDEN
Gruppe reptilienähnlicher, vierfüßiger Synapsiden aus dem späten Perm bis zur

frühen Trias, zu denen die Vorfahren der Säugetiere gehören.

THEROPODEN
Vielfältige Untergruppe großer, reptilienartiger Dinosaurier, die auf ihren Hinterbeinen liefen. Sie waren vorwiegend Fleischfresser, wie die Tyrannosaurier. Zu den Theropoden gehörten 40 Prozent aller bekannten Dinosaurierarten (Späte Trias bis späte Kreide).

TIEFSEEGRABEN
Tiefer untermeerischer Graben im Meeresboden, der bis zu 11 000 Meter Tiefe erreichen kann. Tiefseegräben entstehen, wo Meeresboden unter eine kontinentale Krustenplatte abtaucht (Subduktion).

TILLIT
Geschiebemergel aus glazialen Ablagerungen, bestehend aus Lehm, Sand und Schutt ohne Korngrößensortierung. Die größeren Gesteinsfragmente sind meist vom Eis geschrammt. Tillitschichten sind typisch für Eiszeiten.

TRAPP
siehe **PLATEAUBASALT**

TREIBHAUSKLIMA
Phase warmen globalen Klimas; erhöhte Mengen an Kohlendioxid und anderer Gase in der Atmosphäre halten einen Teil der Sonnenenergie zurück, was zu einer globalen Erwärmung führt. Die Gase können durch menschliche Aktivitäten freigesetzt werden, wie das Verbrennen fossiler Brennstoffe, oder durch natürliche Prozesse wie Vulkanismus.

TRIAS
Früheste Formation im Mesozoikum vor 248 bis 206 Millionen Jahren zwischen Perm und Jura. Die Trias wurde 1834 durch Friedrich von Alberti benannt, um eine dreifache Schichtenunterteilung in Deutschland zu beschreiben.

TRILOBITEN
Ausgestorbene, ehemals weit verbreitete Gruppe paläozoischer Meeresarthropoden mit einer auffälligen Dreiteilung des Körpers und harten, schalenartigen Außenskeletten (Exoskelett). Die Skelette wurden beim Wachstum abgestreift und ihre Überreste fossilisiert (Frühes Kambrium bis spätes Perm).

TSUNAMI
Durch Erdbeben, untermeerische Massenverlagerungen oder Meteoriteneinschläge ausgelöste Riesenwelle; sie entwickelt im Ozean Geschwindigkeiten von bis zu 900 Kilometer pro Stunde, wobei sie in Küstennähe an Höhe und Zerstörungskraft gewinnt.

TUNICATA
siehe **MANTELTIERE**

TYRANNOSAURIER
Ausgestorbene Gruppe großköpfiger, theropoder Dinosaurier. Tyrannosaurier liefen auf ihren Hinterbeinen, hatten ungewöhnlich kurze Arme und Hände mit zwei Fingern. Sie lebten in der späten Kreidezeit in Nordamerika und Ostasien.

V

VARISKISCHE GEBIRGSBILDUNG
Phase der Gebirgsbildung vom späten Karbon bis zum frühen Perm, die sich von der Atlantikküste Nordamerikas ostwärts über die südlichen Britischen Inseln bis nach Deutschland erstreckte. Sie wurde ausgelöst durch die Schließung des Rheischen Ozeans bei der Kollision von Avalonia mit Nordgondwana.

VERGLETSCHERUNG
Vorgang der Bildung und Ausbreitung von Inlandeis und Gletschern auf der Erdoberfläche mit den begleitenden Prozessen der Erosion und Ablagerung von glazialen Sedimenten.

VERWERFUNG
Tektonische Störung hervorgerufen durch aufgestauten Druck im Erdinneren, so dass das Gestein auf einer Seite der Verwerfung sich gegen das Gestein auf der anderen Seite verschiebt. Einzelbewegungen, die häufig mit Erdbeben in Zusammenhang stehen, können wenige Meter betragen, doch mit der Zeit können sie sich auf viele Kilometer summieren. Die San-Andreas-Verwerfung in Kalifornien hat sich in den letzten 30 Millionen Jahren um 300 Kilometer verschoben.

VIERFÜSSER
Hauptwirbeltiergruppe, zu der alle vierbeinigen Wirbeltiere gehören. Sie entwickelten sich im späten Devon und zu ihren Nachkommen gehören Amphibien, Reptilien, Säugetiere und Vögel. Einige frühe Vierfüßer, wie die Therapsiden, können keiner dieser Gruppen zugeordnet werden.

VULKANASCHE
Kleine Partikel verfestigten Magmas, Gesteinsfragmente und mineralische Kristalle, die bei einem Vulkanausbruch in die Atmosphäre geschleudert werden, auf die Erde zurückfallen und Sedimente bilden. Staubkorngroße Partikel können von Winden um den ganzen Globus transportiert werden, ehe sie herabfallen.

W

WIRBELLOSE
Tiere ohne Wirbelsäule, von Einzellern bis zu Arthropoden. Die Larven von wirbellosen Echinodermen weisen Ähnlichkeiten mit den Wirbeltieren auf.

WIRBELSÄULE
Lange, gliedrige Skelettstruktur, die dem Körper die Beugung ermöglicht und Kopf, innere Organe und paarweise Glieder trägt. Sie wird auch als Rückgrat bezeichnet.

Z

ZONE
Unterste stratigraphische Einheit, die durch eine Reihe von Gesteinsschichten mit Fossilien derselben Arten oder Gruppen gekennzeichnet ist.

Bibliographie

Die folgende Bücherliste zeigt eine Auswahl an grundlegenden und neueren Titeln zum Thema in deutscher Sprache.

Bahlburg, Heinrich; Breitkreuz, Christoph
Grundlagen der Geologie, Stuttgart 1998

Bardintzeff, Jacques Marie
Vulkanologie, Stuttgart 1999

Barthel, Karl W.; Swinburne, Nicola H. Canway, Morris Simon
Solnhofen. Ein Blick in die Erdgeschichte, Thum 1978

Benton, Michael J.
Die Entwicklung des Lebens auf der Erde. 3,5 Milliarden Jahre Evolution Heidelberg 1988

Benton, Michael J.
Tiere der Vorzeit von A bis Z, München 1991

Benton, Michael J.
Das große Buch der Dinosaurier. Verhalten, Fossilien, Funde, Nester, Aussterben, München 2000

Berckhemer, Hans
Grundlagen der Geophysik, Darmstadt 1997

Marchaud, Piere (Hg.)
Die Entstehung unserer Welt. Vom Urknall zum ersten Menschen, Gütersloh, München1992

Bögl, Harald
Geologie in Stichworten, Unterägerie 1986

Bojunga, Wolfdieter
Die Evolution der Organismen, Köln 1990

Brinkmann, Roland; begründet von E. Kayser
Abriss der Geologie, Stuttgart 1991

Broschinski, Annette
Dinosaurier. Riesenreptilien der Urzeit, München 1997

Carroll, Robert L.
Paläontologie und Evolution der Wirbeltiere, Stuttgart 1993

Chaline, Jean
Paläontologie der Wirbeltiere, Stuttgart 2000

Dixon, Douglas
Geschöpfe der Zukunft. Die Tierwelt in 50 Millionen Jahren, Königswinter 1999

Eisbacher, Gerhard, H.
Einführung in die Tektonik, Stuttgart 1996

Frisch, Wolfang; Löschke, Jörg
Plattentektonik, Darmstadt 1993

George, Uwe; Funk, Werner
Expedition in die Urwelt, Hamburg, 1993

Gould, Steven Jay
Das Buch des Lebens, Köln 1993

Gould, Steven Jay
Bravo, Brontosaurus. Die verschlungenen Wege der Naturgeschichte, Hamburg 1994

Gould, Steven Jay
On Evolution. CD-Rom, Köln 1994:

Gould, Steven Jay
Illusion Fortschritt. Die vielfältigen Wege der Evolution, Frankfurt 1999

Haubold, Hartmut (Hg.)
Fachlexikon ABC der Fossilien, Minerale und geologischen Begriffe, Leipzig 1989

Haubold, Hartmut
Die Dinosaurier. System, Evolution, Paläobiologie, Wittenberg 1990

Hölder, Hartmut
Kurze Geschichte der Geologie und Paläontologie, Berlin, Heidelberg 1989

Hölder, Hartmut
Naturgeschichte des Lebens. Eine paläontologische Spurensuche, Berlin, Heidelberg 1996

König, Viola (Hg.)
Bausteine der Evolution,
Gelsenkirchen, Schweln 1997

Königswald, Wighart von; Baszio, Sven
Messel. Ein Pompeji der Paläontologie,
Sigmaringen 1998

Lehmann,Ulrich
Paläontologisches Wörterbuch, Stuttgart 1996

Macdougall, J.D.
Eine kurze Geschichte der Erde.
Eine Reise durch 5 Milliarden Jahre,
München 2000

Margulis, Lynn
Die andere Evolution, Heidelberg, Berlin 1999

Mattauer, Maurice
Berge und Gebirge.
Werden und Vergehen geologischer Großstrukturen,
Stuttgart 1999

Meißner, Rolf
Geschichte der Erde. Von den Anfängen des Planeten bis zur Entstehung des Lebens,
München 1999

Melderis, Hans
Der biologische Urknall. Entstehung von Kosmos und Leben aus der Bewegung,
Hamburg 1999

Michler, Dr. Günther (Hrsg.)
Noch mehr Wissen über Natur. Unsere Erde,
Köln 1987

Miller, Hubert
Abriss der Plattentektonik, Stuttgart 1992

Murawski, Hans; Mayer, Wilhelm
Geologisches Wörterbuch, München 1998:

Paturi, Felix R.; Strauch, Friedrich; Herholz, Michael
Die Chronik der Erde,
Gütersloh, München 1995

Reincke-Kunze; Christine
Alfred Wegener.
Polarforscher und Entdecker der Kontinentaldrift,
Biel-Benken 1994

Schmidt, Werner
Die faszinierende Geschichte des Lebens.
Warum wir so sind, wie wir sind.
Hamburg 1997

Sommer, Volker
Von Menschen und anderen Tieren.
Essays zur Evolutionsbiologie,
Stuttgart, Leipzig 2000

Stanley, Steven M.
Historische Geologie. Eine Einführung in die Geschichte der Erde und des Lebens,
Heidelberg 1994

Stanley, Steven M.
Wendemarken des Lebens.
Eine Zeitreise durch die Krisen der Evolution,
Heidelberg 1998

Steitz, Erich
Die Evolution des Menschen, Stuttgart 1993

Stirrup, Martin; Heierli, Hans
Grundwissen in Geologie.
Ein Lehr- und Lernbuch auf elementarer Basis,
Thun 1996

Strathern, Paul
Darwin und die Evolution, Frankfurt 1999

Tattersall, Ian
Puzzle Menschwerdung.
Auf der Spur der menschlichen Evolution,
Heidelberg 1997

van Andel, Tjeerd H.
Das neue Bild eines alten Planeten. Die neuen Erkenntnisse der dynamischen Erdwissenschaft,
München 1992

Young, David
Die Entdeckung der Evolution,
Basel 1994

Ziegler, Bernhard
Einführung in die Paläobiologie,
Teil 1, Allgemeine Paläontologie
Teil 2, Spezielle Paläontologie. Protisten Spongien und Coelenteraten, Mollusken
Teil 3, Spezielle Paläontologie. Würmer, Arthropoden, Lophophoraten, Echinodermen
Stuttgart o.J.

INDEX

Fett gedruckte Seitenzahlen verweisen auf Haupteinträge auf den Seiten 48–159.

A

Abkühlung, globale
Oberkreide 38–39
Ablagerung 181
Tiefsee 180
siehe Sedimentation
Acanthostega 78 – 79
Adelobasileus 106–107
Aenigmavis 132–133
Afrika
Bewegung, Jungtertiär 42
Bruchbildung, Jungtertiär 44–45
Teilung, Oberkreide 37
am Südpol, Unterkambrium 16–17
Agassiz, Douglas L. 198
Agnatha 204
Ailuravus 132–133
Alaska
Erdbeben 177
Ausdehnung, Oberkambrium 18–19
Subduktion, Oberkreide 36–37
Albertosaurus 124 – 125
Algen 204
Allopleuron hoffmani 121
Allosaurus 98–99
Alttertiär 40–41
Indien, Oberkreide 39
Indonesien, Jungtertiär 44
Jura 32–33
Jungtertiär 134–135
Nordamerika, Ordovizium 20–21
und Ozeanerweiterung 134–135
Ordovizium 20–21
Silur 22–23
Alvarez, Luis 198
Alvarez, Walter 39, 198
Amerika
Gebirgsbildung 24
Florida 26
Britisch Kolumbien 18
Aminosäuren
Racemisierung 167
Ammoniten 101, 127, 204
siehe auch *Anahoplites*
Amnioten 81, 204
Amphibien 204
Anahoplites (Kreide) 165
Anapsiden 204
Anatomie, vergleichende 192–193
Anatotitan 125
Andrews, Roy C. 116, 198
Angiospermen 109, 136–137, 204
Ankylosaurier 109, 118–119, 124–125, 204
Annapurna 142
Annelida 204
Anning, Mary 101, 198
Anomalie, magnetische 167
Anomalocaris 65
Anpassung 204
Antarctica 37
Antarktis
Vereisung, Jungtertiär 44
Trennung, Oberkreide 37
Zukunft der 185
Anthracosaurier 83, 204
Appalachen 204
Arabien (Alttertiär) 40
Grabenbruch, Ostafrikanischer
Arachnida 81, 204
Arandaspis 71
Archaefructus 136–137
Archaeocyatha 60–61, 204
Archaeonycteris 132–133
Archaeopteryx (Jura) 104–105, 193
Archaikum (Präkambrium) 164, 204
Archebakterien 52, 204
Archelon 115
Archosaurier 204
Ardipithecus ramidus 151
Arduino, Giovanni 168
Armfüßer
siehe Brachiopoden
Armorica 63, 204
Kollision, Devon 24–25
Oberkarbon 18–19
Ordovizium 20
Arthropoden 21, 71, 62–63, 204
Aschenregen (vulkanisch) 39, 180
Asiatosuchus 132–133
Ateleaspis 74–75
Atlantischer Ozean
an der Kreide-Tertiär-Grenze 38–39
Ausdehung, Unterkreide 34
in der Oberkreide 36–37
Öffnung, Jura 32
Zukunft des 184
Atmosphäre,
Kohlendioxidgehalt 81
Sauerstoffgehalt 81
Aublysodon 125
Aue 208
Aufbau, Karbon 26
Ausdehnung, Trias 30
Plattentektonik, Oberkreide 36
Aussterben 197, 208
siehe auch Massenaussterben
Australien
Bewegung, Karbon 27
Kälte, Unterkreide 34–35
Klima, Alttertiär 40–41
Fossilien und Vulkanismus, Silur 22–23
Gebirgsbildung, Kambrium 18–19
Loslösung, Oberkreide 36–37
Sedimente, Ordivizium 20–21
Vergletscherung, Quartär 46
Australopithecus 114–145, 205
Australopithecus afarensis 145, 150–151
Australopithecus africanus 150–151
Australopithecus boisei 146–147, 150–151
Australopithecus robustus 150
Austrocknung, Jungtertiär 44–45
Entstehung, Jungtertiär 42–43
Autophyllum 90
Avalonia 205
Fossilien, Silur 22
Kollision, Devon 24
Oberkambrium 18–19, 62
Ordovizium 20
Unterkambrium 16–17
Azoikum 164

B

Bakterien 205
Balanerpeton woodi 82
Baltica 205
Devon 24
Oberkambrium 18–19, 62
Unterkambrium 16
Baltikum 205
Barghoorn, Elso 198
Bärlappgewächse 82, 206
Barrande, Joachim 198
Baryonyx 110–111
Basalt 170, 205
Lava 135
Plateaubasalt 171
Säulen- 134–135
Bateson, William 194
Baumfarne 82, 110–111, 215
Bedecktsamer 109, 137
Belemniten 205
Benioff, Hugo 198
Bering-Landbrücke (Quartär) 46, 153, 157
Bernissartia 110–111
Bernstein 204
Fossilieneinschlüsse 188–189, 195
Bestie von Maastricht 120–121, 191
Bibel
Neubewertung 190–191
Biostratigraphie 163
Birkenia 72, 74–75
Blöcke, erratische 181
Boltwood, Bertram 166, 198
Bothriolepis 78–79
Brachiopoden 60, 63, 71, 205
Branchiostoma 66
Brennstoffe, fossile 158, 189
Britisch Kolumbien 18
Brongniart, Adolphe 198
Brongniart, Alexandre 163, 198
Brontosaurus 113
Bruchtektonik 206
Bryophyta 205

Buffon, Georges-Louis Leclerc de 192
Bullockornis 140
Burgess Schiefer (Kambrium) 63, **64–65**, 205
Burgessochaeta 64–65

C

Calamites 84
Calyptosuchus 94 – 95
Canadia 64 – 65
Caricoidea 132 – 133
Carnosaurier 118 – 119, 205
Cephalopoden 75, 100 – 101, 206
Ceratopsiden 109, 118, 206
Chamosausus 122
Charnia 56 – 57
Chelonia 206
Chelotriton 132 – 133
Chicxulub-Meteorit **38 – 39**, **122 – 123**, 177, 197
  Einschlag **126 – 127**
China
  Fossilien, Silur 23
  Hebung, Unterkreide 34 – 35
  Meere, Devon 25
  Meere, Karbon 27
  Sedimente, Ordovizium 21
  Trennung, Kambrium 17
Chorda dorsalis 70, 212
Chordatiere 70, 206
Clack, Jennifer 198
Coelodonta antiquitatars 154
Coelophysis 94 – 95
Coelurosauravus 96
Colbert, Edwin H. 94, 198
Compsognathus 104 – 105
Conodonten 70, 75, 206
Cooksonia 74 – 75
Cope, Edward D. 113, 198
Corythosaurus 118 – 119
Crichton, Michael 113, 195
Crick, Francis 194
Crocodylus 111
Crocuta 147
Cuvier, Georges 121, 163, 192, 198
Cyclomedusa 56 – 57
Cyclonema 71
Cynodonten 207

D

Dalmanites 73
Dana, James D. 198
Dart, Raymond 199
Darwin, Charles 104, 162, 186 – 187, 193, 199
  Natürliche Auslese 186
  Ursprung der Arten 193
Darwin, Erasmus 192
Daspletosaurus 118 – 119
Dasyatis africana 147
Datierungsmethoden 166 – 167
Deinonychus 115
Deinotherium 146
Delta 172, 207
Desmatosuchus 94 – 95
Devon **24 – 25**, **76 – 79**, 207
Diapsiden 207
Dickinsonia 56 – 57
Dicroidium 89
Dicynodon 88 – 89
Dicynodonten 207
Dimetrodon 89
Dinamischus 64 – 65
Dinnetherium 94 – 95
Dinosaurier 165, 207
  Bedeutung 191
  Entdeckung 191
Diprotodonten 207
Dipterus 78 – 79
DNS 150, 187, 194 – 195, 207
Dob's Linn 22, 68
Doedicurus 148 – 149
Dollo, Louis 199
Draco volans 96 – 97
Dromaeosaurier 119, 207
Dromaeosaurus 125
Düne 207

E

Echinodermen 207
Edaphosaurus 86 – 87
Ediacara-Fossilien 14 – 15, 56 – 57, 208
Edmontosaurus 124 – 145
Edwards, Dianne 199
Einfluss des Menschen 197
Eiskappen 210
Eiskerne 158
Eisschichten, Quartär 46 – 47
Eiszeit **152 – 153**, 158, 210
  Aussterben 197
Eiszeitalter **152 – 153**, **158 – 159**, 210
Ekaltadeta 140
Elephantulus 107
Elpistostege 78 – 79
Embryo 208
Endoceras 71
England, Gesteine (Ordovizium) 20 – 21
  Entstehung (Trias) 30 – 31
Eomanis 132 – 123
Equus 147, 149, 154 – 155
Erdalter 163, 166
Erdbeben 176 – 177
  durch Meteoriteneinschläge 127
Erdbebengebiete 176
Erdkruste 50, 170, 207
Erdmantel 50, 170, 211
Erdöl
  Entstehung, Kreide 34 – 35
Ergussgestein 170 – 171
Ernietta 56 – 57
Erosion 208
Erstarrungsgestein 170, 171, 210
Eudimorphodon 93, 94 – 95
Euoplocephalus 118 – 119
Eurasia, Eisschicht 46 – 47
Europa
  Bewegung, Jungtertiär 42 – 33
  Jura 32 – 33
  Konvergenz 97, 206
  Plattentektonik, Karbon 26 – 27
Europolemur 132 – 133
Eurotamandua 132 – 133
Eurypteriden 74 – 75, 208
Eurypterus 74 – 75
Eusthenopteron foordi 76 – 77
Evaporit 208
Evolution **192 – 193**, 208
  Bindeglieder 186 – 187
  und Fossilien 192 – 193
Evolution, konvergente 97, 206
Ewing, Maurice 199
Exoskelett 59, 208

F

Falklandinseln (Oberkreide) 37
Faltung 175
Farnpflanzen 80 – 82, 208
Farnsamen 129
Fingalshöhle (Staffa) 134
Flachmeere
  und Sedimentgesteine 173
Fleischfresser 205
Flinderskette (Australien)
  Ediacara-Fossilien **14 – 15**, **56 – 57**
Florida, Karbon 26
Flüsse und Sedimentgesteine 172
Fossilien
  Ediacara 14 – 15, 56 – 57
  Fossilfolge Ordovizium 20
  Spurenfossilien Silur 23
Fotosynthese 53, 213

G

Gallimimus 116 – 117
Gang 207
Ganges 143
Gattung 209
Gebirge, Kaledonisches (Oberkambrium) 18 – 19, 205
Gebirgsbildung 211
  Asien, Jungtertiär 44 – 45
  Devon 24 – 25
  kaledonische Gebirgsbildung
  Kreide 34 – 35
  Oberkambrium **18 – 19**
  Perm 28 – 29
Gefäßpflanzen 215
Geologie
  Datierungsmethoden **166 – 167**
  geologische Karten 163
  Geologischer Zyklus 168 – 169
  Geschichte der **182 – 183**
  Zeitskala **162 – 169**

Gestein, metamorphes 171, 172, 173
Gesteine **170 – 173**
Gewässerzyklus 181
Ghost Ranch 94–95
Ginkgo 109, 136, 209
Girtyocoelia 86 – 87
Glaessner, Martin 199
Glazial 209
Gletscher 209
Sedimentation 181
Glossopteris 86 – 88, 209
Glutwolken (vulkanisch) 180
Gondwana 209
Auseinanderbrechen, Perm 29, 31
Bewegung, Karbon 26 – 27
Ordovizium 20 – 21
Silur 22 – 23
Unterkambrium 16 – 17
Unterkreide 34 – 35
Gondwana, nördliches (Proterozoikum) 14 – 15
Gondwana, südliches (Proterozoikum) 14 – 15
Gorgosaurus libratus 118 – 119
Gould, Stephen J. 199
Grabenbruch, 33 213
Gradualismus 182
Granit 170, 209
Graptolithen 209
Great Barrier Reef (Australien) 173
Grönland
tropisches, Unterkambrium 16 – 17
Gürteltier 195
Gymnospermen 82, 137, 209

H

Hadrosaurier 118, 209
Haeckel, Ernst 187
Halkiera 58
Hallucigenia 63, 64
Hasenartige 195
Hawaii, Entstehung 42
Heezen, Bruce 199
Heißwassermetamorphose 172
Hess, Harry H. 169, 199
Hibbertopterus scouleri 83
Himalaya
Entstehung, Jungtertiär 43, **142 – 143**
Hebung, Jungtertiär 44 – 45
Hipparion 146 – 147, 193
Hipparion 146 – 147, 193
Hippopotamus amphibius 146
Holmes, Arthur 166, 169
Holoptychius 78 – 79
Hominiden **146 – 147**, 209
Homo erectus 146, 156
Homo ergaster 147
Homo garhi 145
Homo habilis 145, 146, 156
Homo heidelbergensis 156
Homo neanderthalensis 157
Homo sapiens 146 – 147, 157
Homotherium 146 – 147
Hot Spot 130, **134 – 135**, 141, 178, 209
Hunter, John 192
Hutton, James 169, 182, 199
Huxley, Thomas H. 182, 193
Hydrothermaler Schlot 50, 209
Hylonomus lyelli 84 – 85
Hyolithellus 60
Hypsilophodon 110 – 111
Hypsilophodontier 109, 210
Hypsiprimnodon 140 – 141
Hyracotherium 149

I

Iapetus 16, 210
Ausdehnung, Ordovizium 20 – 21
Oberkambrium 19, 62
Silur 22, 72
Iberia (Alttertiär) 40 – 41
Icarosaurus 94 – 95
Ichthyosaurier 100 – 101, 210
Ichthyosaurus 100 – 101, 103
Ichthyostega 78 – 79
Igel 195
Iguanodon 109, 110 – 111, 112, 210
Indien
Dekkan-Trapp 123, 171
Plattentektonik, Jungtertiär 44 – 45
Indonesien (Jungtertiär) 44
Insektenfresser 195, 210
Inselbogen 210
Interglazialzeit 159, 210
Intrusion 210
Eruptiv- 170
Iridium 122, 210
Irland, Gesteine (Silur) 22, 135
Island, Vulkanismus 135, 159, 178 – 179
Isotopen 210
Italien (Alttertiär) 40

J

Jamoytius 74 – 75
Japan
Vulkanismus 176
Jungtertiär 43
Johanson, Donald 199
Jura **32 – 33**, **98 – 101**, 210

K

Kalifornien
Erdbeben 176
Zukunft von 184
Kalkstein 211
Entstehung 173
Kalziumkarbonat 205
Kambrium **16–19**, **58–67**, 205
Kamptobaator 116 – 117
Kanada, Meteoriten 30 – 31
Kannemeyeria 89
Känozoikum 164 – 165
Karbon **26 – 27**, **80 – 85**
Unterkreide 34 – 35
Karbon **26 – 27**, **80 – 85**, 205
Katarchaikum (Präkambrium) 164
Katastrophismus 182 – 183, 196 – 196, 205
Kelvin, Lord 166
Kennalestes 116 – 117
Kies 206
Kladistik 187
Klasse 206
Klima
Jura 32 – 33, 98 – 99
Massenaussterben 91, 165, 197
Quartär 46 – 47, 153
Kohle **80 – 85**, 165, 206
Kollisionszone 206
Kolonie 206
Koniferen 108, 136, 206
Konservierung, anaerobe 189
von Fossilien 189, 195
Kontaktmetamorphose 172
Kontinentaldrift 87, 130 – 131, 169, 174
Kontinentalschelf 206
Kontroversen **168 – 169**
Konvektionsströme 169, 206
Kopffüßer
siehe Cephalopoden
Korallen 173, 206
Korallenriffe
Unterkambrium 17
Krakatau 177
Kreide 180, 206
Kreide-Tertiär-Grenze **38 – 39**, **122 – 123**, 210
Kreidezeit **34 – 37**, **108 – 129**, 207
Kreidezeit 34 – 35, 142 – 143
Oberkreide 36 – 37
Perm 28 – 29
Silur 22 – 23
Krokodile 207
Kruste, kontinentale 142, 206
ozeanische 212
Krustentiere 207
Kryptobaatar 116 – 117
Kuehneosaurus 96 – 97

L

Lager 170, 214
Laggania 63 – 64
Lakes, Arthur 183
Lamarck, Jean-Baptiste de Monet de 192
Lambeosaurus 118 – 119, 124 – 125
Landbrücke 210
Lanzettfischchen 210
Latouchella 60
Laurasia 211
Laurentia 14, 16, 18, 20, 28, 31, 211
Devon 24 – 25

Kalkstein, Unterkarbon 16 – 17
Karbon 26 – 27
Oberkambrium 18 – 19, 62
Proterozoikum 14 – 15
Silur 22 – 23
Laurophyllum 132 – 133
Lava 170 – 171
Leakey, Mary 200
Lebensformen
Benennung 186
Klassifikation 186
Zyklische Sicht 182
Lehmann, Inge 200
Leidy, Joseph 183
Lepidodendron 80 – 81, 84 – 85
Lepidotes 110
Lilienthal, Theodor 174
Linné, Carl 186, 200
Loganellia 74 – 75
Lonsdale, Katherine 200
Löss, Quartär 47
Lucas, O. W. 183
Lungenfisch 211
Lycaenops 88 – 89
Lycaon 147
Lyell, Charles 182 – 183, 193, 200
Lyme Regis 100
Lystrosaurus 88 – 89

M

Macraucheria 149
Madagaskar, Trennung (Kreide) 36 – 37
Magma 142, 211
Magnetostratigraphie 167
Maiasaura 115, 118 – 119
Mammuthus primigenius 154 – 155
Manteldiapir 211
Manteltiere (Tunicata) 214
Marchantia 136
Marine 173, 180
Recycling 172
Marrella 64 – 65
Marsh, Othniel 113, 193, 200
Massenaussterben 90 – 91
Im Mesozoikum 165
Im Paläozoikum 165
Kreide-Tertiär-Grenze 122 – 123, 126 – 127, 197
Massensterben 90 – 91
an der Kreide-Tertiär-Grenze 122 – 123, 126 – 127, 197
Mastodon 103, 191
Matthews, Drummond 200
Matuyama, Motonori 200
Medulosa 84 – 85
Meer, Rotes, Alttertiär 40 – 41
Meeresboden
Ablagerung 180 – 181
Gestein 171, 173, 174
Meeresbodenspreizung 174 – 175, 212
siehe auch Rücken, mittelozeanische
Meeresspiegel
Oberkreide 36 – 37, 114
Senkung, Trias 30 – 31
Unterkambrium 16 – 17
Veränderungen und Massenaussterben 90 – 91, 197
Megalocerus giganteas 154 – 155
Megalosaurus 110 – 111, 112
Megatherium (Tértiär) 148 – 149, 191, 193
Megatherium 148 – 149, 191, 193
Megazostrodon 106 – 107
Merychippus 149
Mesozoikum 164–165, 211
Messel 132–133
Messelpferdchen 133
Meßmethoden 168
Metamorphose 211
Meteoriten 181, 183
an der Kreide-Tertiär-Grenze **38 – 39**, **122 – 123**
Trias 30-31
Meteoriteneinschlag 210
Metoposaurus 94 – 95
Microdictyon 61
Mikrodiamanten 211
Mikroevolution 193
Miller, Stanley 51, 200
Milleretta 88
Mineral, ältestes 167
Missoulasee (Washington) 159
Mittelmeer
Zukunft des 184 – 185
Mobergella 59
Mohorovicic, Andrija 200
Mollusken 211
Mondeinschläge 196
Monograptus proteus 72
Mononykus 116 – 117
Monotremata 106, 211
Moostierchen 211
Morganucodon 107
Mosasaurier (Kreide) 115, 120 – 121, 211
Mososaurus hoffmani 120 – 121
Mount Saint Helens 177, 179
Multituberculata 106, 211
Murchison, Sir Roderick 72 – 73, 163, 200

N

Nagetiere 213
Nahrungskette 208
Namibia (Proterozoikum) 14, 54
Nantuo-Formation (China), Proterozoikum 14–15
Neandertaler 212
Nemegbaatar 116 – 117
Nemegtosaurus 125
Neohelos 140 – 141
Neoproterozoikum (Präkambrium) 164
Neptunismus 168
Neufundland
Gesteine, Proterozoikum 14 – 15
Zukunft von 185
Neuseeland, Oberkreide 38 – 39
Newton, Isaac 162
Nische, ökologische 212
Nordamerika
Karbon 26
Ausdehnung, Alttertiär 40
Inlandeis, Quartär 46
Gebirge, Devon 24
Bewegung, Jura 32
Bewegung, Jungtertiär 42
Sedimente, Perm 28
Nothosaurus 96 – 97

O

Oberkreide **36 – 37**
Ökologie 207
Ökosystem 208
Olenoides 63, 64 – 65
Oparin, Alexandr I. 200
Ophiceras 92 – 93
Ophiderpeton 82-83
Ordovizium **20 – 21**, **68 – 71**, 212
Ornithischia 125, 212
Ornithopoden 109, 110 – 111, 212
Orogenese 18 – 19, 212
siehe Gebirgsbildung
Orthograptus 70
Osborn, Henry E. 200
Osteolepis panderi 77
Ottoia 64 – 65
Oudenodon 89
Oviraptor philoceratops 116 – 117
Owen, Richard 113, 182 – 183, 191, 200
Ozeane 212
Proterozoikum 14 – 16
Jura 32 – 33

P

Pachycephalosaurus 118 – 119
Palaeocharinus 136 – 137
Palaeopython 132 – 133
Palaeoryctes 124 – 125
Palaeotherium 193
Palaeotis 132 – 133
Paläomagnetismus 169, 184
Paläontologie 212
Paläozoikum 164, 212
Ende 197
Aussterben 165
Lebensformen 165
Palmfarne 207
Pan paniscus 150
Panderichthys 212
Panderichthys 78 – 79
Pangaea 212
Entstehung 26 – 27, 80 – 81
Bewegung, Jura 32 – 33, 98 –99
Perm 28 – 29, 86 – 87

Pannotia 14 – 15, 16 – 17, 62
Panthalassa 22 – 23, 26 – 27, 32 – 33, 212
Panthera 155
Parasaurolophus 118 – 119, 124 – 125
Paroodectyes 132 – 133
Parvancorina 56 – 57
Pazifischer Ozean
Ring of Fire (Kreide) 108, 176, 179
Vulkanismus (Alttertiär) 40 – 41
Peltobatrachus 88
Pelycosaurier 212
Perm 28 – 29, 86 – 87, 212
Permafrost 212
Pferde
Evolution 193
Pflanzen 214, 215
Mineralisierung 189
Pflanzen, Immergrüne 208
Pflanzenfresser 209
Phanerozoikum 212
Phillips, John 164
Phoenicites 132 – 133
Pholidocercus 132 – 133
Pikaia 63, 65, 66 – 67
Pirania 64 – 65
Placerias 94 – 95
Plankton 53, 213
Plateaubasalt 171, 213
Platten 213
Plattengrenzen
und Vulkanismus 178
Plattenränder
Proterozoikum 14 – 15
Plattentektonik 174 – 185, 213
Devon 24 – 25
Karbon 26 – 27
und Gesteinsbildung 171
Jungtertiär 44 – 45
Konsequenzen 184 – 185
Oberkreide 36 – 37
Theorie 169
Siehe auch Kontinentaldrift; Meeresbodenspreizung
Plazentatiere 107, 117, 213
P lesiochelys 111
Plesiosaurier 100 – 101, 115, 213
Plesiosaurus 100 – 101, 103
Pluton 213
Polacanthus 110 – 111
Pole, im Oberkambrium 18 – 19
Pollen 213
Postosuchus 94-95
Praecoris (Tertiär) 189
Praecoris 189
Präkambrium 164, 213
Primaten 213
Priscacara 130 – 131
Priscileo 140
Procynosuchus 89
Promissum 71
Propalaeotherium (Tertiär) 132 – 133, 193
Propalaeotherium 132-133, 193
Proterozoikum **14 – 15**, **54 – 57**, 164, 215
Werner, Abraham G. 168, 201
Protoceratops 116 – 117
Psittacosaurus 109
Pteranodon 104 – 105
Pteridinium 55 – 57
Pterodactylus 96 – 97, 104
Pterosaurier 213
Pterygotus 74 – 75
Ptilodus 106 – 107
Pulmonoscorpius kirktonensis 82 – 83
Purgatorius 107

Q

Quartär **46 – 47**, **152 – 153**, 213
Quastenflosser 100 – 101, 103, 206
Quetzalcoathlus 124 – 125, 191

R

Radioaktivität
Datierung mittels 166
Schichtenfolge 163
Radioisotopenzerfall 166
Radiokarbondatierung 167
Raisin, Catherine 201
Raubtiere 205
Raucher, Schwarze 50
Recycling 172, 173
Reptilien
Rekonstruktion 183
Trias 30 – 31
Rhamphorhynchus 104 – 105
Rheischer Ozean 22 – 23, 213
Entstehung 20 – 21
Öffnung, Oberkambrium 18 – 19
Rhinocolobus 147
Rhomaleosaurus 100 – 101
Richter, Charles 201
Ring of Fire, Pazifik 108, 176, 179
Riphäikum (Präkambrium) 164
Robertia 89
Rücken, mittelozeanische 174, 211
Alttertiär 40 – 41
Entstehung 12
an der Kreide-Tertiär-Grenze 38 – 39
Vulkanismus 114 – 115, 178
Rückenschild 205
Rutherford, Ernest 166
Rutiodon 94 – 95

S

Sabalites (Tertiär) 189
Sabalites 189
Sacabambaspis 70
Salz
Entstehung 173
Trias 31
Samenpflanzen 214
San-Andreas-Verwerfung 174
Sandsteine 213
Devon 76 – 77
Proterozoikum 14 – 15
Säugetiere **130 – 131**, **106 – 107**, 211
Känozoische 165
Verwandtschaften 88 – 89, 194
Säule, stratigraphische 163
Säulenbasalt, Tertiär 134
Saurischia 213
Sauropoden 109, 213
Saurornitholestes 118 – 119
Savanne 139, 213
Schachtelhalm 82, 84, 95, 209
Schicht 214
Schmelzwasser 159
Schmelzwasser 159
Sea floor spreading
siehe Meeresbodenspreizung
Sedgwick, Adam 58, 73, 163, 193, 201
Sedimentation 180 – 181
Sedimente 171 – 173, 180
Oberkambrium 18 – 19
Ordovizium 20 – 21
Proterozoikum 14 – 15
Silur 22 – 23
Sedimente, glaziale 181
Sedimentgesteine 171 – 173
See, fossiler 135
Seefedern (Pennatulida) 214
Seelilien 214
Seismosaurus 113
Shonisaurus 96 – 97
Sibirien
Bewegung, Unterkambrium 16 – 17, 60
Sigillaria 84 – 85
Silur **22 – 23**, **72 – 75**, 214
Silvanerpeton 82
Silvianthemum 136 – 137
Sinoconodon 106 – 107
Skandinavien, Eisdecke (Quartär) 46 – 47
Smith, William 163, 201
Spezies (Art) 214
Spriggina 56 – 57
Squaloraja 100 – 101
Stegosaurier 99, 214
Steno, Nicholas 162
Stenochlana 128 – 129
Stenopterygius 96 – 97
Stopes, Marie 201
Strandlinie 158
Stratigraphie **162 – 163**, 214
und Fossilien 163
und Radioisotopendatierung 166
Strictoporella 70
Stromatolithen 52 – 53, 214
Ströme, pyroklastische 179
Strophomena 71
Sturzflut 208
Styracosaurus 118 – 119
Subduktion 214
und Erdbeben 176
an Plattengrenzen 175
und Gesteinsrecycling 173
und Vulkanismus 178 – 179

Südafrika
Vergletscherung, Ordovizium 21
Sedimente, Perm 29, 88
Südamerika
Vergletscherung, Quartär 47
Bewegung, Jura 32
Superkontinent 214
Supersaurus 113
Synapsiden 87, 88 – 89, 214

T

Taiwan, Jungtertiär 43
Tarbosaurus baatar 116
Taxodium 132 – 133
Taxodon 149
Tektite (Meteoriten) 181
Teleostier 214
Tenontosaurus 109
Tertiär 215
Alt- 40 – 41, 130 – 131
Jung- (Pliozän) **44 – 45**, **144 – 145**
Jung- (Miozän) **42 – 43**, **138 – 139**
Tethys 28 – 29, 32 – 33, 214
Jungtertiär 42 – 43
Thaumaptilon 64 – 65
Therapsiden 88, 90 – 91, 215
Theropoden 125, 215
Theroptithecus 147
Tibet, Hochland von 138, **142 – 143**
Tiefsee
Ablagerungen 180
Datierung 181
Graben 215
Tillit 15, 215
Titanophoneus 91
Toddalia 132 – 133
Tommotia 61
Torosaurus 125
Treibhausklima 158 – 159, 209
Triarthrus 70
Trias **30 – 31**, **92 – 95**, 215
Tribrachidium 56-57
Triceratops (Kreide) 115, 124 – 125, 128, 191
Triceratops 115, 124 – 125, 128, 191
Trilobiten 215
Trionyx 131
Troodon formosus 118 – 119
Trübeströme (ozeanisch) 180 – 181
Ablagerungen aus 173
Tschechien, Sedimente 22
Tsunami 176 – 177, 215
Kreide-Tertiär-Grenze 38 – 39, 122 – 123
Tuffablagerungen 180
Tundra 46 – 47
Tylosaurus proriger 103
Typothorax 94 – 95
Tyrannosaurier 114 – 115, 118 – 119, 215
Tyrannosaurus rex 113, 114, 118 – 119

U

Uhr, molekulare 57, 194, 211
Artenvielfalt 188
Entstehung von 188 –189
erste Funde 164, 190
Fossilienfolge 188
Klassifikation 186 –187
Konservierung 188
Neubewertung der Vergangenheit 190 – 191
Schichtenfolge 162, 190
Stratigraphie 163, 166
und Altersbestimmung 173
und Evolution 192 – 193
Uniformitarianismus 169
Unterkreide 34 – 35
Unterwasserlawinen 180
Ural 28 – 29
Ussher, Erzbischof James 102, 162, 190

V

Variskische Gebirgsbildung 215
Vegetationsentwicklung
nach Meteoriteneinschlag 126 –127
Perm 28 –29
Velociraptor 114 – 115, 125, 191
Vererbung 194
Vergletscherung 209
Ordovizium 20 – 21
Perm 28 – 29
Quartär 46 – 47, 152 – 153, 154
Verwerfung 175, 208
Messung 184
Verwerfungslinien 176
Vesuv, Eruption 179
Vierfüßer 213, 215
Vine, Frederick 201
Vitis 132 – 133
Vulkanasche 215
Vulkanismus 178 – 179, 196
Folgen 179
Sedimente 180
und Erdbeben 176
unter Eis 159, 179
Zonen 178

W

Walchia 86 – 87
Walcott, Charles D. 64, 201
Wales
Oberkambrium 18 –19
Gesteine, Silur 22 – 23
Wallace, Alfred 186
Wasser
Hochwasser 172
Sedimentation im 172
Watson, James 194
Wegener, Alfred 86 – 87, 169, 201
Westlothiana lizziae 83
Whin-Sill 170
Wilson, John T. 201
Winter, atomarer 196
Wirbellose 56 – 57, 210
Wirbelsäule 215
Wirbeltiere
Erste 62 – 63, 165
Konservierung 188
Wiwaxia 62, 65
Woodward, John 201
Woodworthia 92
Wüstensandstein 173

X

Xestops 132 – 133

Y

Yalkaparidon 141
Yellowstone-Nationalpark 44, 52
Yochelcionella 60

Z

Zahnlose 195
Zalambdalestes 107, 116
Zhijinites
Zirkondatierung 167
Zone 205
Zucht, selektive 192
Zukunft der Erde 193, 197
Zweifüßer 205
Zwischeneiszeiten 158 – 159, 210

Bildnachweis

o = oben, u = unten, m = Mitte, l = links, r = rechts

Fotos und Archivmaterial

1 François Gohier/Ardea; 2 Vaughan Fleming/Science Photo Library; 4 P. Morris/Ardea; 6l Simon Conway Morris, 6m Sinclair Stammers/Oxford Scientific Films, 6r François Gohier/Ardea; 7l Vaughan Fleming/Science Photo Library, 7m The British Museum, 7r P. Morris/Ardea; 8o The Natural History Museum, London, 8o François Gohier/Ardea; 9t John Reader/Science Photo Library, 9u François Gohier/Ardea; 10-11 Tony Stone Images; 48-49 P. Morris/Ardea; 50o B. Murton/Southampton Oceanography Centre/Science Photo Library, 50u Sinclair Stammers/Science Photo Library; 51 Jean-Paul Ferrero/Ardea; 52 François Gohier/Ardea; 53 Breck P. Kent/Oxford Scientific Films; 54o Simon Conway Morris, University of Cambridge, 54u Dr Peter Crimes; 55o Dr Peter Crimes, 55u Simon Conway Morris, University of Cambridge; 56 Jean-Paul Ferrero/Ardea; 57 Shuhai Xiao and Andrew Knoll, Harvard University; 58l Simon Conway Morris, University of Cambridge, 58r Simon Conway Morris, University of Cambridge; 59o Simon Conway Morris, University of Cambridge, 59u Simon Conway Morris, University of Cambridge; 60 Dr Peter Crimes; 61 Dr Peter Crimes; 62o Simon Conway Morris, University of Cambridge, 62u Royal Ontario Museum; 63o Simon Conway Morris, University of Cambridge, 63u Dr Derek E.G. Briggs, University of Bristol; 64 Simon Conway Morris, University of Cambridge; 65l Simon Conway Morris, University of Cambridge, 65or Dr Derek E.G. Briggs, University of Bristol, 65ur Dr Derek E.G. Briggs, University of Bristol; 66o Gary Bell/Planet Earth Pictures, 66u Simon Conway Morris, University of Cambridge; 67 NHPA; 68o William Campbell/DRK Photo, 68u Jens Rydell/Bruce Coleman; 69o Martin Land/Science Photo Library, 69u Volker Steger/Science Photo Library; 70 Richard Aldridge, University of Leicester; 71o BD/IPR/19-7 British Geological Survey © NERC. All rights reserved, 71u The Natural History Museum, London; 72o Manfred Schauer, 72u Martin Land/Science Photo Library; 73o The Natural History Museum, London, 73u The Natural History Museum, London; 74l Sinclair Stammers/Science Photo Library, 74r Department of Earth Sciences,Cardiff University, Wales; 75l Kaj R. Svensson/Science Photo Library, 75r Sinclair Stammers/Science Photo Library; 76o Breck P. Kent/Oxford Scientific Films, 76u The Natural History Museum, London; 77o Eric and David Hosking/Corbis, 77u The Natural History Museum, London; 78 Zig Leszczynski/Oxford Scientific Films; 79 University Museum of Zoology, Cambridge; 80o G.I. Bernard/NHPA, 80u Sinclair Stammers/Oxford Scientific Films; 81o Sarah Finney, 81u The Manchester Museum, The University of Manchester; 82l Andrew Mounter/Planet Earth Pictures, 82r University Museum of Zoology, Cambridge; 83 National Museums of Scotland; 84 P. Morris/Ardea; 85 Prof. Dr Carsten Brauckmann/Institut für Geologie & Palaeontologie, Clausthal; 86t David Muench/Corbis, 86u The Field Museum, Chicago Neg. No. GEO 8128 4; 87o David M. Dennis/Oxford Scientific Films, 87u Chip Clark; 88l Dr David Norman, 88r Luiz Claudio Marigo/Bruce Coleman; 89 The Field Museum, Chicago Neg. No. GEO 81027; 90 The Natural History Museum, London; 91 François Gohier/Ardea; 92o P. Morris/Ardea, 92u Sinclair Stammers/Science Photo Library; 93o Specimen: Staatliches Museum für Naturkunde Stuttgart/Dr R. Wild, 93u Specimen: Museo Civico di Scienze Naturali "E. Caffi", Bergamo, Italien/Dr R. Wild; 94 François Gohier/Ardea; 95 Neg. No. 32931 9 Photo by Bolton Courtesy Dept. of Library Services American Museum of Natural History; 96 The Natural History Museum, London; 97o Geoscience Features Picture Library, 97u James D. Watt/Planet Earth Pictures; 98o David M. Dennis/Oxford Scientific Films, 98u =P. Morris/Ardea; 99o François Gohier/Ardea, 99u Vaughan Fleming/Science Photo Library; 100 Robert Harding Picture Library; 101 P.Morris/Ardea; 102u Mary Evans Picture Library; 103o Ken Lucas/Planet Earth Pictures, 103u Peter Scoones/Planet Earth Pictures; 104 The Natural History Museum, London; 105l Ken Lucas/Planet Earth Pictures; 105 François Gohier/Ardea; 106 John Fields/Nature Focus; 107 Anthony Bannister/NHPA; 108o Tony Stone Images, 108u The Natural History Museum, London; 109o François Gohier/Ardea, 109u François Gohier/Ardea; 110 Steve Hutt; 111 Vivek Sinha/Oxford Scientific Films; 112l François Gohier/Ardea, 112r The Natural History Museum, London; 113l The Kobal Collection, 113r Brigham Young University; 114t David Sanders, 114b François Gohier/Ardea; 115t E.R. Degginger/Oxford Scientific Films, 115b Ken Lucas/Planet Earth Pictures; 116 François Gohier/Ardea; 117 François Gohier/Ardea; 118 Jonathan Blair/Corbis; 119 François Gohier/Ardea; 120 Jean-Loup Charmet; 121 Natuurhistorisch Museum Maastricht; 122o François Gohier/Ardea, 122u Paul A. Souders/Corbis; 123o Dr David Kring/Science Photo Library, 123u E. Hanumantha Rao/NHPA; 124 The Natural History Museum, London/Dorling Kindersley; 125 J. David Archibald; 128o P. Morris/Ardea, 128b François Gohier/Ardea; 129o David C. Fritts/Oxford Scientific Films, 129u Wolfgang Kaehler/Corbis; 130o The Stock Market, 130u Ken Lucas/Planet Earth Pictures; 131o Photo: Senckenberg, Forschungsabt. Grube Messel, 131u Photo: Senckenberg, Forschungsabt. Grube Messel; 132 Photo: Senckenberg, Forschungsabt. Grube Messel; 133 Photo: Senckenberg, Forschungsabt. Grube Messel; 134 Kevin Schafer/NHPA; 135 Krafft/Planet Earth Pictures; 136o Kathie Atkinson/Oxford Scientific Films, 136u Dr Paul Selden, University of Manchester; 137o David Dilcher and Ge Sun, 137u Steve Hopkin/Planet Earth Pictures; 138o Alex Kerstitch/Planet Earth Pictures, 138u George Poinar; 139o Vaughan Fleming/Science Photo Library, 139u David Maitland/Planet Earth Pictures; 140 NHPA; 141 David Maitland/Planet Earth Pictures; 142 David Paterson; 143 NASA/Science Photo Library; 144o Adrian Warren/Ardea, 144u John Reader/Science Photo Library, 145o John Reader/Science Photo Library, 145u James Balog/Tony Stone Images; 146 Christopher Ratier/NHPA; 147 Anthony Bannister/NHPA; 148 Copyright 1995, Worldsat International and J. Knighton/Science Photo Library; 149 Tony Stone Images; 150o Anup Shah/Planet Earth Pictures, 150u Kenneth W. Fink/Ardea; 151l John Reader/Science Photo Library, 151r Gerald Cubitt/Bruce Coleman; 152o Harald Sund/The Image Bank, 152u Dr D.P. Lane, University of Keele; 153o Mike Newton, 153u Peter Parks/Oxford Scientific Films; 154 Novosti Photo Library; 155o B & C Alexander/NHPA, 155u Jean Vertut; 156 Grotte Préhistorique de Rouffignac; 157o The Natural History Museum, London, 157u The British Museum; 158/159 Images Colour Library; 158o Richard Coomber/Planet Earth Pictures, 158u J.G. Paren/Science Photo Library; 159o Frank Spooner Pictures, 159u Dick Mol; 160-161 David Paterson; 162 Stuart Westmorland/Tony Stone Images, 162 inset Bettmann/Corbis; 163l Bettmann/Corbis, 163m Hulton-Deutsch Collection/Corbis, 163r Hulton-Deutsch Collection/Corbis; 165 David Bayliss/Geoscience Features Picture Library; 166l Bettmann/Corbis, 166r Bettmann/Corbis; 167 G. Brad Lewis/Tony Stone Images; 168o Archiv für Kunst & Geschichte, Berlin/AKG London, 168u Herve Gloaguen/Network; 169o Corbis, 169u The Stock Market; 170 M. Angelo/Corbis, 170 Oliver Benn/Tony Stone Images; 171Corbis; 172 Yann Arthus-Bertrand/Corbis; 173o David Muench/Corbis, 173u Yann Arthus-Bertrand/Corbis; 174 Craig Lovell/Corbis, 174 Kevin Schafer/Corbis; 176 Bettmann/Corbis; 177o John Dakers; Eye Ubiquitous/Corbis, 177u Mansell/Time Inc.; 178 World Perspectives/Tony Stone Images; 179o Bettmann/Corbis, 179u Prof. Stewart Lowther/Science Photo Library; 180 Tom Bean/Tony Stone Images; 181l François Gohier/Ardea, 181r Robert van der Hilst/Tony Stone Images; 182 Mary Evans Picture Library; 183o The Natural History Museum, London, 183u The Natural History Museum, London; 184 C. Weaver/Ardea; 186 Sinclair Stammers/Science Photo Library, 186 Mary Evans Picture Library; 189o Tom Bean/Corbis, 189m George Poinar, 189u Buddy Mays/Corbis; 190 The Kobal Collection; 192 Geoscience Features Picture Library; 193 T.A. Wiewandt/DRK Photo; 194 Richardson/Custom Medical Stock Photo/Science Photo Library; 196 Lick Observatory; 197u Robert Hadley/Impact Photos; 198-224 Ken Lucas/Planet Earth Pictures

Der Verlag der englischen Originalausgabe hat sich bemüht, sämtliche Copyrights zu ermitteln. Sollten irrtümlich Copyrights nicht beachtet worden sein, ist der Verlag der englischen Originalausgabe bereit, dem Copyright-Inhaber bei ordentlichem Nachweis das entsprechende Honorar zu zahlen und den Bildnachweis bei Nachauflagen des Buches entsprechend zu ändern.

Illustrationen

Graham Allen 106/107, 149o, 195; David Bergen 84/85, 100/101, 124/125, 126/127; Richard Bonson 134/135, 142/143, 158/159; Robin Bouttell 78/79, 110/111, 146/147; Jim Channell 60/61, 74/75, 154/155; Bill Donohoe 52/53, 56/57, 70/71, 104/105; Eugene Fleury 90/91; Gary Hincks 157; Steve Holden 148; Rob Jakeway 50/51; Steve Kirk 96/97, 190/191; Kuo Kang Chen 188; Colin Newman 64/65, 82/83, 137; Luis Rey 94/95, 118/119, 140/141; Andrew Robinson 149m & u; Peter David Scott 88/89, 116/117, 120/121, 132/133; Dick Twinney 195; Andrew Wheatcroft 156/157

Karten

3-D-Karten: Lovell Johns Limited, Witney, auf der Grundlage von Illustrationen von Hardlines Limited, Charlbury, mit der Hilfe von Datenmaterial von Paleomap Services Limited, Cambridge.

2-D-Karten: Eugene Fleury.

Der Verlag der englischen Originalausgabe bedankt sich bei folgenden Personen für ihre Unterstützung bei der Produktion dieses Buches:
Dr. Alan Smith, Department of Earth Sciences, University of Cambridge
Dr. Norman Macleod, Natural History Museum, London.